RecurDyn 在多體動力學上之應用

The Applications of RecurDyn Software in Multibody

黃運琳 著

五南圖書出版公司 印行

序　　言

動力學之研究對象，狹義而言，指機械系統之動態行為；廣義而言則指一切物質系統、工程系統、生物系統、經濟系統乃至社會系統之動態行為。在瞭解動態行為的基礎上，進一步欲控制系統之行為，使之符合吾人之各種要求，遂有控制理論及應用之發展。由此可見，二者關係之密切及其重要性自不待言。所謂機械系統之動態行為及其控制指以牛頓力學為基礎之一般原理與宏觀系統之力學現象及其控制。它主要包括分析動力學、非線性動力學、振動理論、運動穩定性、多體系統動力學(包括機器人、陀螺力學)及控制理論。這是當前國際科技與學術非常活躍的研究領域。本書作者在美國科羅拉多大學攻讀碩士之際，受到 K. C. Park， C. A. Felippa 和 M. Geradin 等教授在多體動力學領域上的啟蒙，然後於美國伊利諾大學芝加哥分校攻讀博士之時，更接受了 Ahmed A. Shabana 教授在多體動力學領域上的教導與訓練，奠定本書作者在多體動力學領域上的基礎。

在機械設計的領域中，最重要的是設計目標功能之滿足與達成。一個好的機械工程師在機械系統設計逐漸成熟之際，一般皆需要製造出產品的原型(Prototype)來加以測試與驗證。實際上，由於尋找材料與製造的試作程序，對公司或工廠而言都需要耗費相當高的時間與成本。近年來，由於電腦科技的快速演進與發展，設計分析的工作除了可以在一般電腦的工作環境下建模(CAD)，並且與數值控制工具機結合製造(CAM)之外，還可以運用數值模擬分析技術，在電腦中建立出虛擬原型的系統與環境，來模擬分析多體系統的真實動態行為，以確認其功能符合原來的設計目標，以便降低實際開模製造測試所需之成本費用。總而言之，在傳統的機械設計當中，導入CAE新興工具，可以運用更短的設計時程，更佳的設計品質來應付日趨激烈的市場競爭。

RecurDyn 軟體結合電腦科技、多體動力學、機動學、數值分析、電腦繪圖與影像處理等方面的技術，組合成一個功能與應用面皆非常廣泛的虛擬原型設計平台。除了傳統典型的機械系統如汽車與航太飛行器等之外，也可應用在彈性物體（撓性體或柔體）、機電整合控制乃至於機器人與人體運動力學模擬或仿真的跨領域之中，為新興的資訊產業與生物力學領域提供實用的工程分析與系統研發工具。因此，其學習門檻也較一般的電腦輔助軟體為高，形成在此CAE軟體的教導與學習上的困難，於是而有此書撰寫的構想，期望能夠有效地協助有興趣的大專學生、研究生或工程師，降低在初學CAE軟體時的障礙，並且進一步引發深入研究與運用這些CAE軟體的能力，以便因應我國產業朝向研究與設計方向轉型發展之所需。

本書作者自美學成返台任教後，即從事多體動力學與振動力學相關領域之教學與研究工作，有感於國內少有系統化之多體動力學教材，所以著手撰寫此書，出版這本書目的旨在:

一、提供大專院校機械相關科系，有關多體動力學課程之應用軟體入門教本。

二、提供初學者對多體動力學基本概念之瞭解與分析。

三、提供工業界人士學習基礎多體系統動力學分析之參考用書。

本書介紹電腦輔助工程設計與分析的概念及其理論基礎，並以RecurDyn的基本模組-Solid(前後處理器)、Linear(振動分析模組)、Solver(求解器)、STEP(STEP 轉換介面)與進階模組-Gear(齒輪元件模組)、Chain(鏈條分析模組)、Belt(皮帶分析模組)、HM-Track(高速履帶模組)、R-Flex(線彈性分析模組)、Control (控制分析模組)、MTT3D(送紙機構模組)等為主要撰寫內容，依照多體系統模型在建構時的工作順序加以編排，期使常用的指令格式能夠一目瞭然，以便於本書之使用與研習。本書以實際的範例檔案編寫，可以提供使用者之進階參考與相關運用引伸。

本書之架構與安排說明如下：第一章是為多體動力學的介紹以及RecurDyn軟體的發展背景與相關指令之簡介。第二章則簡介單擺的動力學分析與相關控制函數。第三章則介紹各類四連桿機構剛體動力學分析。第四章則探討機構運動與動力分析中的接觸碰撞問題。第五章則針對多體系統的剛體動力學分析應用。第六章則介紹一些RecurDyn子系統進階範例。第七章則探討多體系統撓性體分析與基本應用範例。第八章則針對多體系統控制分析與簡單應用範例。第九章則從事單自由度系統振動分析與相關應用範例。本書第二章之後的各個章節均以適當之應用例題展示說明操作步驟，另外，按照本書作者的學習過程及教學經驗，讀者若能充分自我學習，自然可以反應學習效果，而且增進對RecurDyn軟體之瞭解與認識。同時亦能舉一反三，增進學習效率，拓展讀者們的應用領域與範圍。

本書作者誠摯地感謝韓國FunctionBay公司總裁Dr. Choi以及台灣虎門科技公司廖偉志副總不吝授權使用RecurDyn之說明手冊及其相關技術資料，令本書的內容得以更加充實；而國立虎尾科技大學機械設計工程系的動態系統實驗室內之所有前後期的同學們長時間之投入與努力，更是本書得以完成問市的重要關鍵。這本書之所以能夠順利完成，要感謝很多人。首先感謝我的研究生魏禎佑、陳信樺、楊子義、黃冠倫與廖志維的幫忙校對和訂正，也很感謝五南出版社穆文娟小姐的支持與幫忙，俾使本書能付梓出版。尤其要感謝家人們對本書作者從事教學與研究工作之體諒，謹以此書獻給我的家人。本書作者才疏學淺，如果有明顯錯誤漏失之處，尚請各位讀者能不吝指正。最後，本書作者以誠摯感恩的心來祝福各位研究同好與讀者們在「多體動力學」的領域上，能有所精進，更上一層樓。

作者

黃運琳　謹識

目 錄

第一章 前言與軟體介紹

近三十年來，撓性多體系統動力學(Dynamics of flexible multibody systems)的研究受到了很大的關注。多體系統正越來越多地被用來作爲諸如機器人、機構/機器、鏈系、纜系、空間架構和生物動力學系統等實際系統的模型。Huston[1]認爲：「多體動力學是目前應用力學方面最活躍的領域之一，如同任何發展中的領域一樣，多體動力學正在擴展到許多子領域。最活躍的一些子領域是：類比與控制方程式的表述法、電腦數值計算方法、圖解表示法以及實際應用。這些領域裡的每一個都充滿著研究鍥機。」多柔體系統動力學近年來快速發展的主要推展力是傳統的機械、車輛、軍用裝備、機器人、以及航太工業現代化和高速化。傳統的機械裝置通常比較粗重，且作動速度較慢，因此可以視爲由剛體組成的系統。而新一代的高速、輕型機械裝置，要在負載/自重比很大，作動速度較高的情況下從事準確的定位和運動，針對關鍵零件的變形，特別是變形的動力學效應就不能不加以考慮了。在學術和理論上也很有意義。關於多柔體動力學方面已有不少綜和論述性文章[2]。

在多體系統動力學系統中，剛體部分：無論是建模、數值計算、先前的學者專家們都已經做得相當完善，並且已經發展出非常成熟的相關軟體[3]。但對撓性多體系統的研究才開始不久，並且撓性體完全不同于剛性體，出現了一些多剛體動力學中不曾遇到的問題，如：複雜多體系統動力學建模方法的研究，複雜多體系統動力學建模程式化與計算效率的研究，大變形及大晃動的複雜多體系統動力學研究，方程式求解的矩陣剛性數值穩定性的研究，剛柔耦合高度非線性問題的研究，剛-彈-液-控制組合的複雜多體系統的運動穩定性理論研究，變拓撲架構的多體系統動力學與控制，複雜多體系統動力學中的離散化與控制中的模態階段的研究等專題領域[4]。撓性多體動力學的發展又是與現代電腦和計算分析技術的蓬勃發展密切相關的，高性能的電腦使複雜多體動力學的模擬成爲可能，特別是電腦的功能將有更大的發展，撓性多體動力學因此抓住這個時機，加強多體動力學的計算分析法研究和軟體發展[5]。

撓性多體系統動力學包括了多剛體動力學、連續介質力學、結構動力學、計算力學、現代控制理論等構成的一門具交叉性與複雜性學科，這門學科之所以能建立和迅速發展是與當代電腦技術的爆炸式發展分不開的[6]。由於近 20 年來衛星及太空飛行器飛行穩定性、太陽帆板展開、姿態控制、交換互相的需求和失敗的教訓以及巨型太空站的構建；高速、輕型地面車輛、機器人、精密機床等複雜機械的高性能、高精度的設計要求等，撓性多體系統動力學引起了廣泛的興趣，已成為理論和應用力學的一個極其活躍的領域[7]。撓性多體系統動力學、穩定性與控制的研究已由局部擴展到全局，由小擾動擴展到有限擾動，傳統的理論和方法已經顯得不足，引入現代數學方法的成果很多、拓撲與微分方程及其代數、幾何與分析、動力系統理論等都是非常重要的[8-12]。事實上，撓性多體系統中物體的整體運動與變性的耦合可以看作兩種場的相互作用，其與量子場論及基本粒子領域中的相互作用問題是類似的，在理論物理中處理場相互作用的一般理論框架是規範場理論，在數學上規範場論和現代微分幾何學是密切相連的，其便是主纖維叢上的聯絡理論，對撓性多體系統來說，規範理論的基本幾何模型是時間軸的主纖維叢。這個主纖維叢的集合架構與撓性多體系統位移形狀空間上自由度確定的集合架構之間的關係是很值得研究的，從幾何架構角度探討撓性多體系統非線性效應的一些定性特徵，如運動穩定性，分叉及混沌，不僅有助于現代數學、物理和力學之間的交流，同時也必將為解決這類強非線性力學問題帶來新概念和新方法[13-14]。

由於撓性多體動力學動力分析的目的主要是控制其影響，因此動力學建模、控制策略設計和電腦是實施動力分析的不可分割的整體。在控制問題中，撓性多體系統是帶分佈參數的強耦合、非線性、多輸入、多輸出系統。首先，傳統的PID控制和現行方法將難以適用，應考慮其他高級控制策略，如魯棒控制、自適應控制、變架構控制、非線性補償控制等方法。其次，各彈性零件是無窮的，需要離散化，運用一個有限維空間來代替無限維的變形狀態空間，必須研究有限維模型與無限維模型間的相互關係，特別是其他子系統對受控系統的影響，研究控制輸出問題。再次，由於逆運動學的不確定性，給控制輸入的預估帶來極大困難。最後，為達到在線實時控制的目的，對計算方法、軟硬體設計等都提出了更高要求。這些都與撓性多體動力學建模息息相關。要根據動力學與控制不可分原理來進行撓性多體系統的綜合建模和最佳化。撓性多體動力學分析的內容可以包含一切宏觀機械系統動力學問題，多剛體動力學、架構動力學等都可以看成是撓性多體動力學的蛻化。應該更進一步地指出，這些學科都有著一整套適合于自身發展完善的理論體系，是任何學科都代替不了的，然而，撓性多體系統動力學若要避免所謂的「穿著新衣的老問題」，則其需要在各學科交叉基礎上形成自己的研究方法和體系，發現新的生長點，它的發展對原有各學科的補充和促進將引起不可估量的影響。但願不久的將來，在撓性多體系統動力學的所有方面的研究將有重大的進展，其所面臨的是光明和挑戰性的未來。撓性多體動力學建模、仿真與控制在這個電腦飛速發展的時代顯得尤爲重要[15-20]。最近幾年來，RecurDyn多體動力學模擬分析軟體就是在這種時空背景下發展出來，其可謂是多體動力學分析軟體中新技術的最佳代表，RecurDyn是由FunctionBay Inc.開發出的新一代多體系統動力學模擬軟體。其採用相對座標系運動方程理論和完全遞迴演算法，非常適合於求解大規模的多體系統動力學問題。傳統的動力學分析軟體對於機構中普遍存在的接觸碰撞問題解決不夠完善，這其中包括過多的簡化、求解效率低下、求解穩定性差等問題，難以滿足工程應用的需要[21]。

1.1 軟體簡介

RecurDyn(Recursive Dynamic)是由韓國 FunctionBay 公司基於其劃時代演算法-遞迴演算法開發出來的新一代多體系統動力學仿真軟體。其採用相對座標系運動方程式理論和完全遞迴演算法，非常適合於求解大規模及複雜接觸的多體系統動力學問題。傳統的動力學分析軟體對於機構中普遍存在的接觸碰撞問題解決得遠遠不夠完善，這其中包括過多的簡化、求解效率低、求解穩定性差等問題，難以滿足工程應用的需要。基於此類原因，韓國 FunctionBay 公司充分利用最新的多體動力學理論，基於相對座標系建模和遞迴求解，開發出 RecurDyn 多體系統動力學仿真軟體。該軟體具有令人震撼的求解速度與穩定性， 成功地解決了機構接觸碰撞中上述問題，極大地拓展了多體動力學軟體的應用範圍。 RecurDyn 不但可以解決傳統的運動學與動力學問題，同時也是解決工程中有關機構或機器等接觸碰撞問題的專家。

RecurDyn 借助於其特有的 MFBD(Multi Flexible Body Dynamics)多撓性體動力學分析技術，可以更加真實地分析出機構運動中的零件的變形，應力與應變等物理現象。RecurDyn 中的 MFBD 技術用於分析撓性體的大變形非線性問題，以及撓性體之間的接觸，撓性體和剛體相互之間的接觸問題。傳統的多體動力學分析軟體皆只有考慮撓性體的線型變形，對於大變形、非線性，以及撓性體之間的相互接觸就無能爲力。

RecurDyn 爲用戶提供了完整的解決方案，包含控制、電子、液氣壓以及 CFD (Computational Fluid Dynamics)，亦爲用戶的產品開發提供了完整的產品虛擬仿真開發平台。RecurDyn 的專業模組還包括送紙機構模組、齒輪元件模組、鏈條分析模組、皮帶分析模組、高速運動履帶分析模組、低速運動履帶分析模組、輪胎模組、發動機開發設計模組以及液氣壓控制模組等，其他相關的應用模組也正在發展中[22]。

鑒於 RecurDyn 的強大功能，該軟體廣泛地應用於航空、航太、軍事車輛、軍事裝備、工程機械、電器設備、娛樂設備、汽車卡車、鐵道、船舶機械、民生用品設備以及其他通用機械等行業。

1.2 多學科與多物理場一體化的仿真平台

RecurDyn 給用戶提供了一套完整的虛擬產品解決方案，可以和控制、流體、液氣壓等集合在一起進行分析。形成機、電、液一體化分析來解決剛柔耦合高度非線性問題的研究以及剛-彈-液-控制組合的複雜多體系統的運動穩定性理論研究。

1.3 FunctionBay 公司簡介

FunctionBay 成立於 1997 年，創辦人爲 Dr. Jin H. Choi 和 Dr. Dae S. Bae，這兩位分別爲世界知名多體動力學大師 Prof. Ahmed A. Shabana[23]和 Prof. Edward J. Haug[24]的門徒。RecurDyn 是 FunctionBay Inc.所研發和行銷產品名稱。目前業務行銷總部設置於日本東京，技術研究發展總部設置於韓國漢城。結合世界各地一流專家共同研發新一代多剛體與撓性體動力學的計算核心，目前共有全球 7 所大學以及 10 個研究實驗室共同參加，這些相關技術的整合也是前所未有，勝過以往軟體研發團隊陣容，全球的市場佈局也遍及五大洲，目前設有分公司區域有日本、韓國、美國、台灣、中國、德國、與印度等國家。傳統設計方式已漸漸無法因應現今多變的潮流，但由於軟體功能也隨著時代的變遷更加多樣化，所以利用電腦輔助設計產品是近年來產業界的基本共識。如何將數位資料從事生產前的的模擬分析，以確保量產的可靠度，無疑是產業界目前最重要的課題，必須分析的領域非常廣泛，其都絕對需要具有專業的知識及相關的分析軟體，RecurDyn 主要研究分析作用在剛體及撓性體機器元件上的力量，以及由這些力量所造成的運動控制與影響，確定運轉中的元件是否達到平衡或強度上是否安全，以便在設計上做考量及改善。

1.4 RecurDyn 軟體指令介面簡介[25]

New Model

■ 定義一個新模型的名字

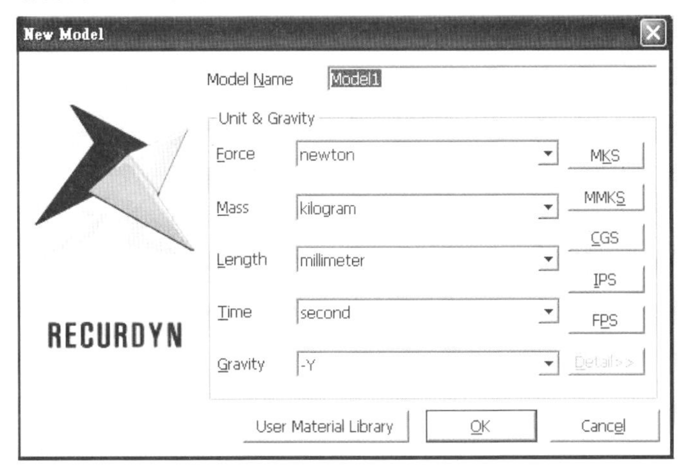

■ Re *curDyn* TM GUI 總覽

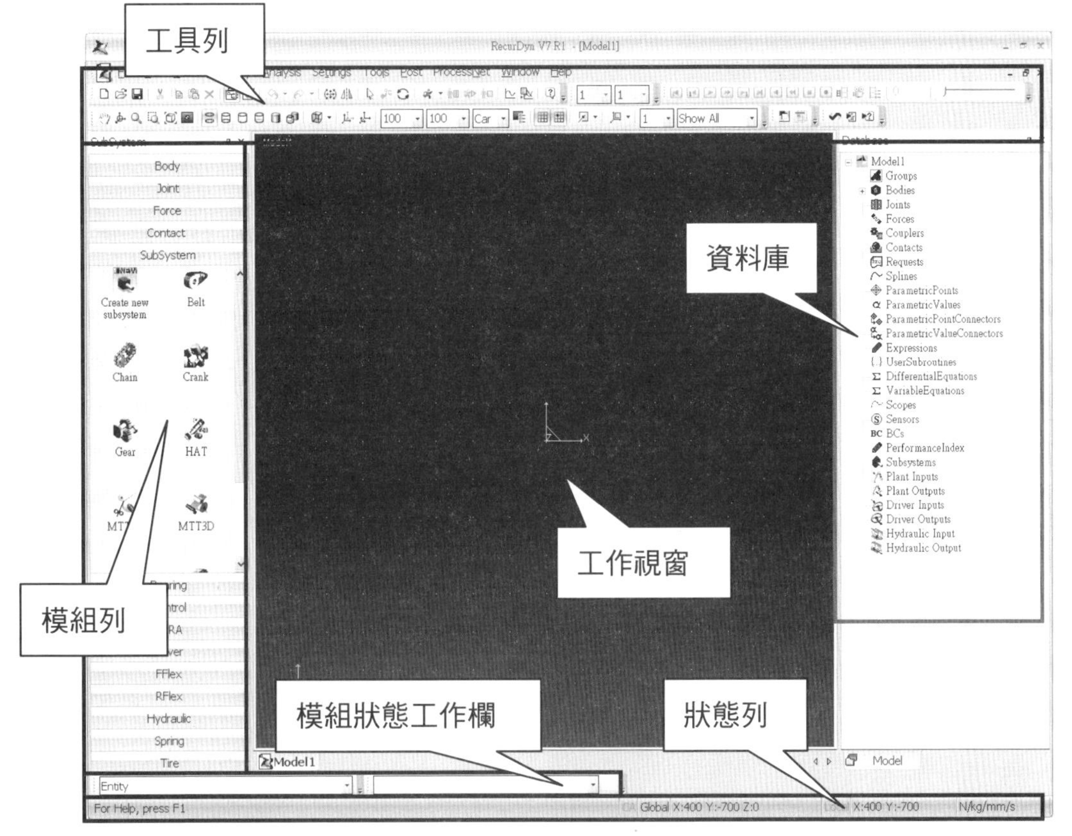

表單 & 工具

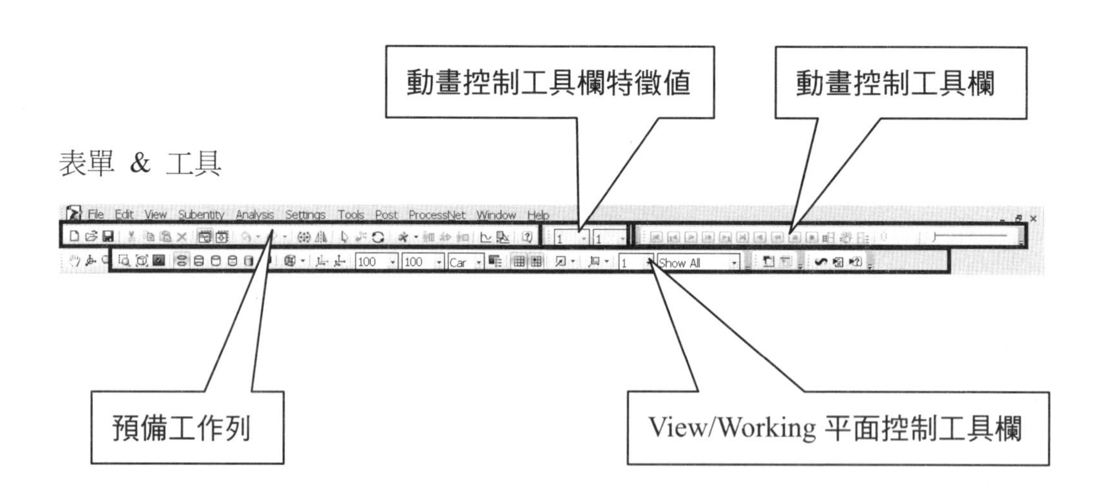
動畫控制工具欄特徵值
動畫控制工具欄
File Edit View Subentity Analysis Settings Tools Post ProcessNet Window Help
預備工作列
View/Working 平面控制工具欄

檔案選單

■ 檔案

New Ctrl+N
Open... Ctrl+O
Close
Save Ctrl+S
Save As...
Import
Export
Extract
1 E:\RD教學\...\R1\1 單擺機構模擬分析
2 E:\RD教學\7 皮帶輪\R1\Model1
3 E:\RD教學\...\R1\2 曲柄搖桿四連桿機構模擬分析
4 E:\RD教學\6 鍊輪與鍊條\R1\6 鍊輪與鍊條
Exit
New
新建檔案，可按 Ctrl+N 或點選
Open
開啓檔案，可按 Ctrl+O 或點選
副檔名必須是*.rdyn 或*.plot
Close
關閉現在的視窗，可按 close
Save
儲存檔案，可按 Ctrl+S 或點選
副檔名可以是*.rdyn 或*.plot
Save As
可變更檔案名稱或存在別的地方

■ 匯入與匯出

□ 匯入組合模型

New　Ctrl+N
Open...　Ctrl+O
Close
Save　Ctrl+S
Save As...
Import
Export
Extract

➤ Import & Export
可以匯入或匯出各種檔案
Help 第三章有詳細說明

➤ Import in the Assembly Mode
有四種模式
1.組裝 2.單一物體 3.平面構圖 4.子系統
匯入與匯出的物件不同於一般的模態

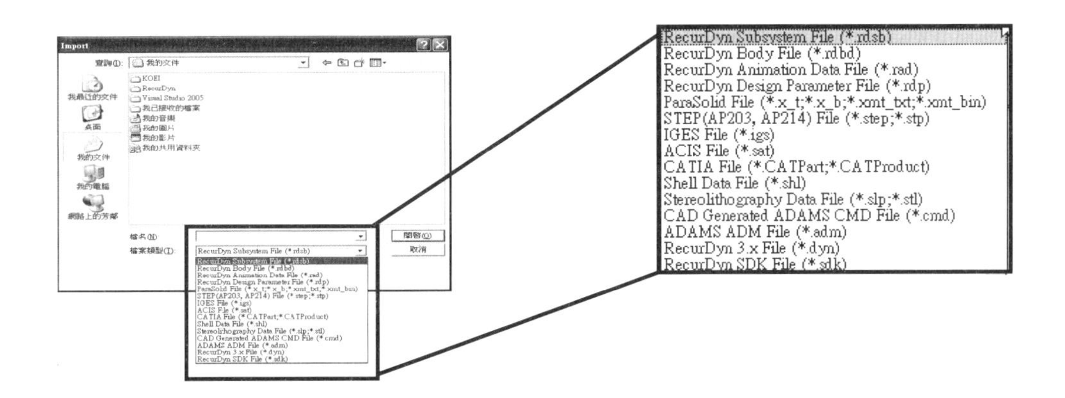

檔案選單

■ 匯入

□ 匯入組合模型

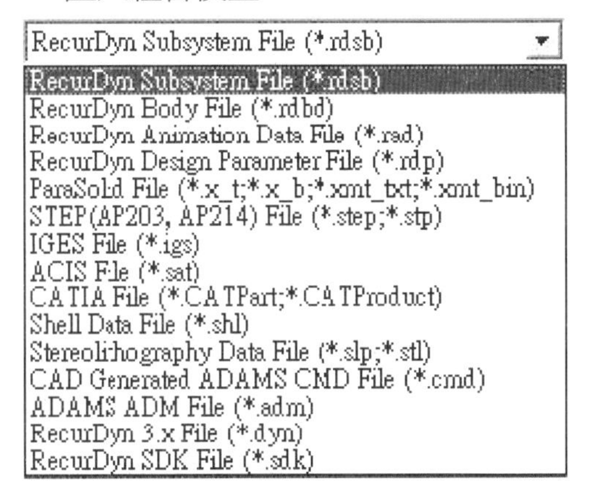

- RecurDyn Subsystem File (*.rdsd)
  這個檔案包含子系統基準，這檔案可以匯出到RecurDyn與匯入子系統會讓子系統檔案成爲獨立的，所以可以匯入多個子系統檔案
- RecurDyn Body File (*.rdbd)
  這個檔案包含物體基準，可以匯出到RecurDyn的檔案清單
- RecurDyn Animation Data File (*.rad)
  這個檔案包含動畫畫格計算結果，會在新的分析執行後自動地產生
- RecurDyn Design Parameter File (*.rdp)
- 這個檔案包含設計參數等基準
- ParaSolid File (*.x_t ; *.x_b ; *.xmt_txt)
  因爲RecurDyn使用ParaSolid核心，可以匯入或匯出一個ParaSolid檔案
  「*.x_t」,「*.x_b」這些檔案是ParaSolid的檔案
  「*.x_t」檔案包含文字格式,「*.x_b」檔案包含二進位檔案格式，這些檔案可以建立物體結構和子系統結構

檔案選單

■ 匯入

□ 匯入組合模型

RecurDyn Subsystem File (*.rdsb)

RecurDyn Subsystem File (*.rdsb)
RecurDyn Body File (*.rdbd)
RecurDyn Animation Data File (*.rad)
RecurDyn Design Parameter File (*.rdp)
ParaSolid File (*.x_t;*.x_b;*.xmt_txt;*.xmt_bin)
STEP(AP203, AP214) File (*.step;*.stp)
IGES File (*.igs)
ACIS File (*.sat)
CATIA File (*.CATPart;*.CATProduct)
Shell Data File (*.shl)
Stereolihography Data File (*.slp;*.stl)
CAD Generated ADAMS CMD File (*.cmd)
ADAMS ADM File (*.adm)
RecurDyn 3.x File (*.dyn)
RecurDyn SDK File (*.sdk)

- STEP(AP203,AP214) File (*.step ; *.stp)

  這個檔案通常產生於CAD標準交換檔程式，這些包含3-D實體結構

- IGES File (*.igs)

  這個檔案通常產生於CAD標準交換檔程式，這些包含3-D實體結構

- ACIS File (*.sat)

  這個檔案通常產生於CAD標準交換檔程式，這些包含3-D實體結構

- CATIA File (*.CATPart ; *.CATProduct)

  這個檔案通常產生於CAD(CATIA)標準交換檔程式，這些包含3-D實體結構

- Shell Data File (*.shl)

  這個檔案通常產生於CAD標準交換檔程式，這些包含3-D實體結構

- Stereolithography Data File (*.slp ; *.stl)

  這個檔案通常產生於CAD(Pro/E)標準交換檔程式，這些包含3-D實體結構

- CAD Generated ADAMS CMD File (*.cmd)

  這個檔案包含模型基準產生於CAE(ADAMS)程式，它用ASCII格式

- ADAMS ADM File (*.adm)

  這個檔案包含模型基準產生於ADAMS

- RecurDyn 3.x File (*.dyn)

  可以使用這個選項來匯入一個RecurDyn版本3.xx模型資料

- RecurDyn SDK File (sdk)

檔案選單

■ 匯入與匯出

□ 匯出組合模型

檔案選單

■ 匯入與匯出

□ 匯出組合模型

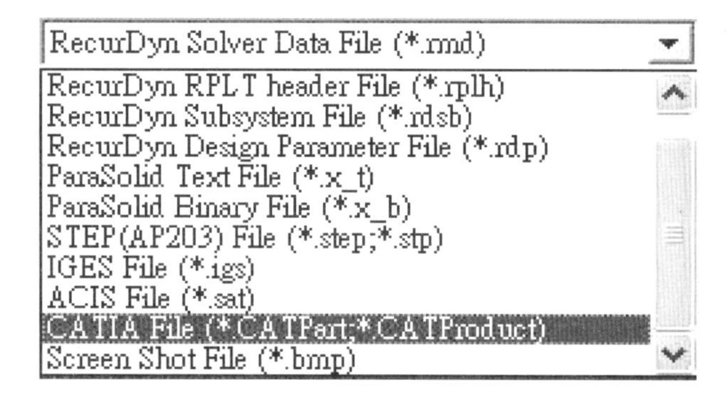

- RecurDyn Solver Data File (*.rmd)

  The rmd檔案包含Solver分析資料。在rmd檔案裡，可以看見實體的資訊，一個爲接點，一個爲力和表現，以及一個爲使用的資料筆記簿。可以確認模型的資料於rmd檔案裡

- RecurDyn RPLT header File (*.rplh)
- RecurDyn Subsystem File (*.rdsb)

  可以匯出當前的模型於一個子系統模型

- RecurDyn Design Parameter File (*.rdp)
- ParaSolid Text File (*.x_t)
- ParaSolid Binary File (*.x_b)

  可以匯出當前的模型於ParaSolid的檔案。這個指令裡，必須確認匯出的ParaSolid檔案版本

檔案選單

■ 匯出

□ 匯出到子系統模型

	New	Ctrl+N
	Open...	Ctrl+O
	Close	
	Save	Ctrl+S
	Save As...	
	Import	
	Export	
	Extract	

匯出到子系統模型

在此模式中，可以只匯出當前的子系統於RecurDyn Solver資料檔案或是RecurDyn的子系統檔案。

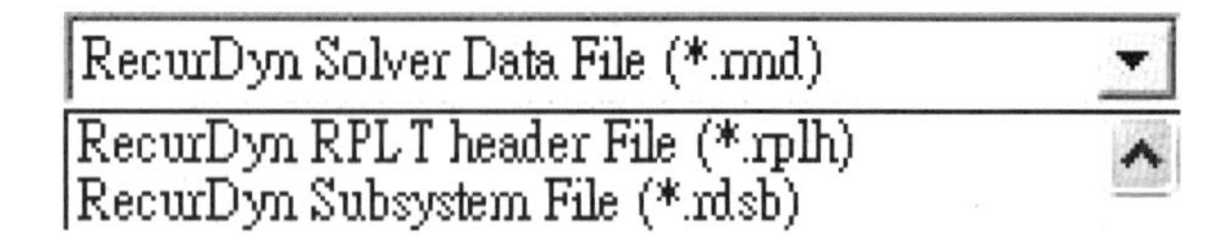

編輯清單

■ 編輯命令

編輯命令

可以從編輯清單中來選擇剪下、複製、貼上、刪除等各種命令。
能從捷徑或工具執行各個命令。
被複製的對象被建立在沿X和Y軸中被轉移的位置。
一個複製的物件若是名稱爲”C”，則第一個複製出來的物件名稱將被內定爲”C1_Body1”，若再複製一次則會變成”C2_Body1”，以此類推。

編輯工具標準工具欄

編輯清單

■　物件控制

➢ 物件控制

如果執行物件控制命令在Edit選單或選擇物件控制像，能打開物件控制板。物件控制板有三頁。第一頁爲移動物體，第二頁爲轉動物體，第三頁爲能移動一個物體向一個相對參考位置。

物件控制標準工具欄

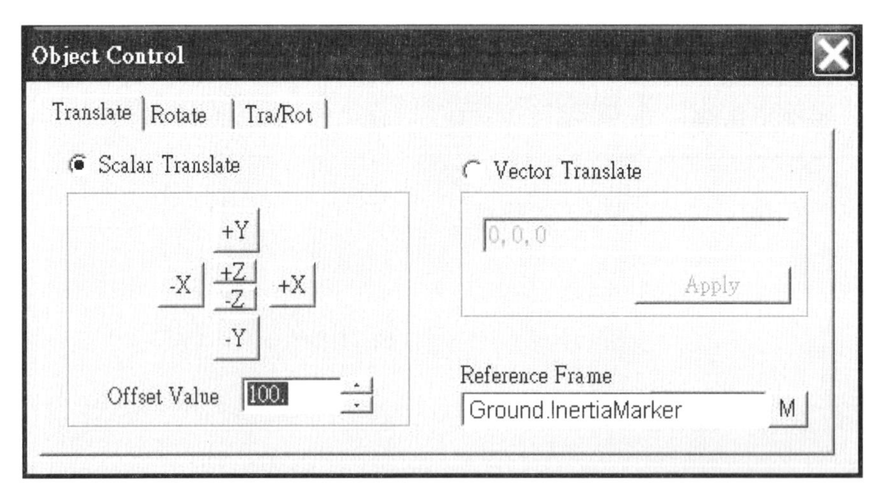
Object Control
Translate
Rotate
Tra/Rot
Scalar Translate
Vector Translate
+Y
-X
+Z
-Z
+X
-Y
0, 0, 0
Apply
Reference Frame
Offset Value
100.
Ground.InertiaMarker
M

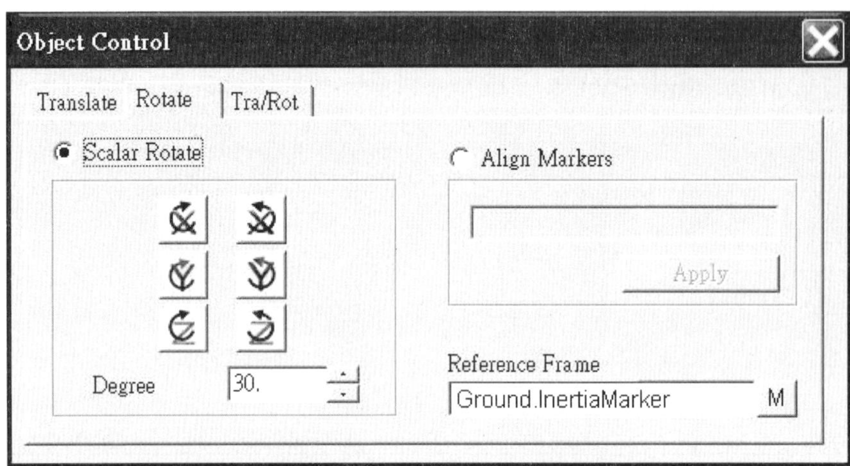
Object Control
Translate
Rotate
Tra/Rot
Scalar Rotate
Align Markers
Apply
Reference Frame
Degree
30.
Ground.InertiaMarker
M

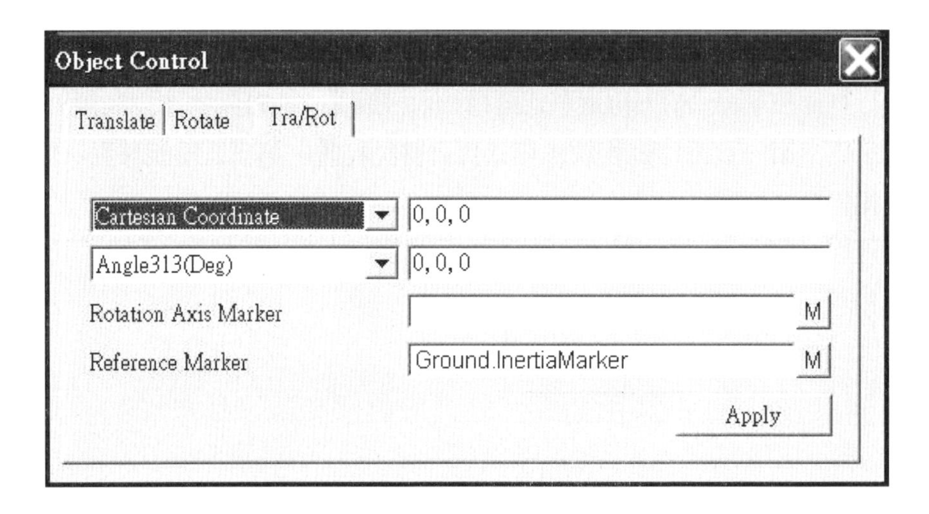
Object Control
Translate
Rotate
Tra/Rot
Cartesian Coordinate
0, 0, 0
Angle313(Deg)
0, 0, 0
Rotation Axis Marker
M
Reference Marker
Ground.InertiaMarker
M
Apply

編輯清單

■ 物件控制

□ 移動說明

> ➢ 標準移動
>
> 使用"Scalar Translate"選項可以移動物體從選擇的方向來偏移位置量。
>
> 按鈕的方向標誌定義參考框架。

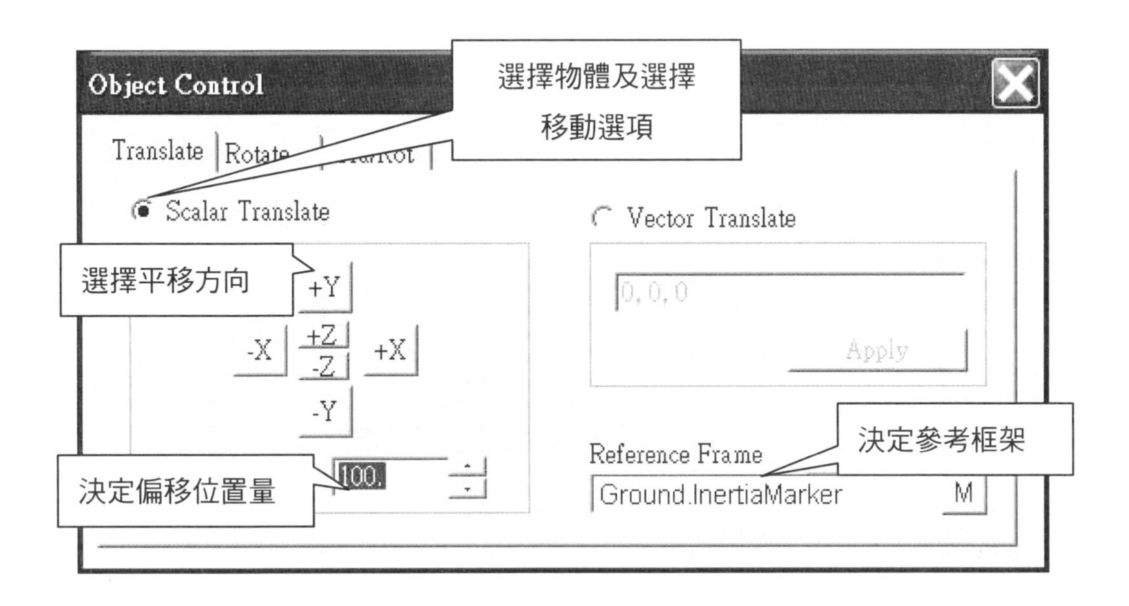

> ➢ 向量移動
>
> 能刪除定義向量的移動來從事想要的位移變化

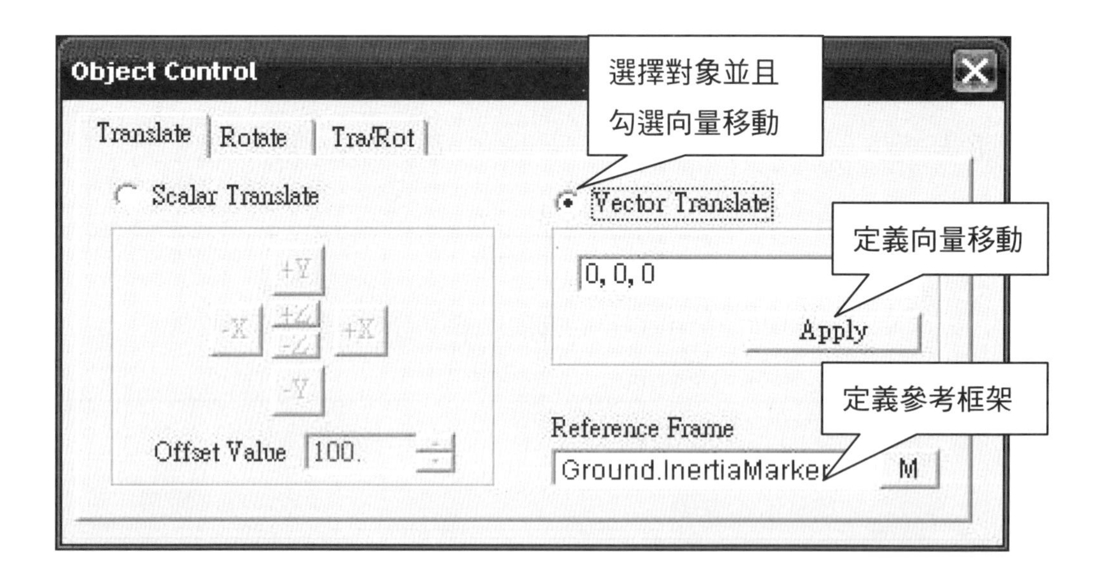

編輯清單

■ 物件控制

□ 旋轉說明

➤ 標準轉動

能轉動選擇的對象，使其沿參考框架的軸做設定旋轉。

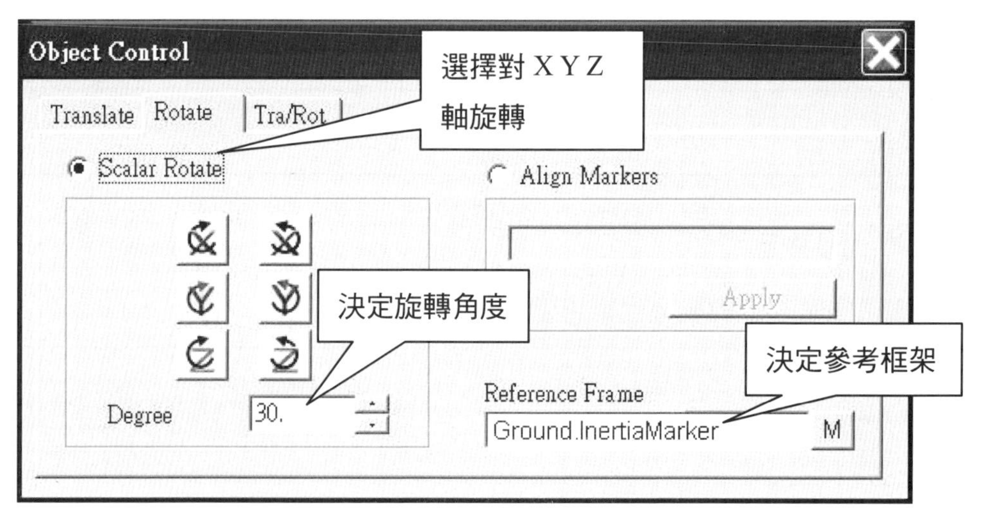

➢ Align Markers

如果使用這" Align Markers"的選擇，選擇的一個標誌能有同樣取向作爲參考框架。

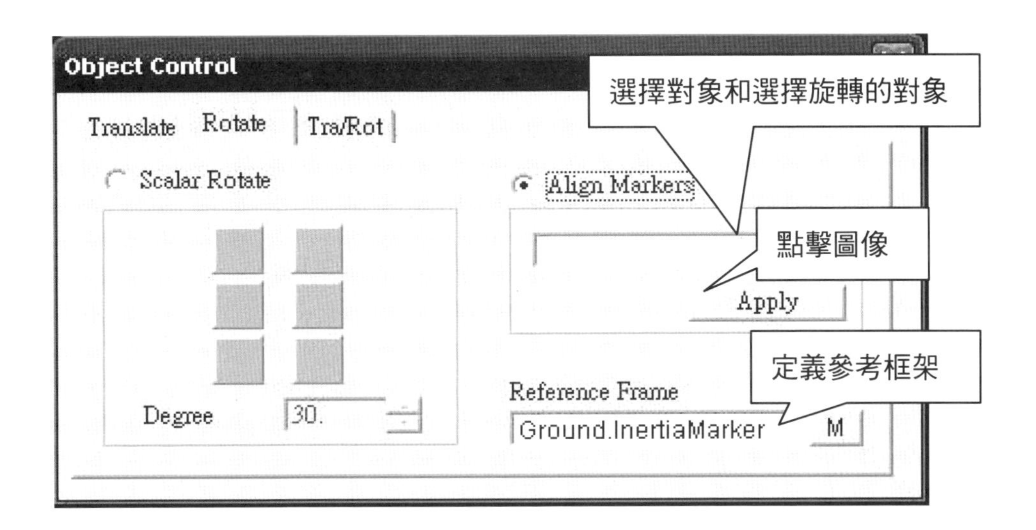

編輯清單

■ 物件控制

□ 移動/旋轉 說明

➢ 移動/旋轉 說明

在這頁，能修改位置和取向標誌當相對摽誌被定義爲參考標誌。

如果選擇參考標誌和自轉軸標誌，相對位置取向自動地被顯示在空白處。使用這樣工具，能測量在二個標誌之間的相對位置和取向。

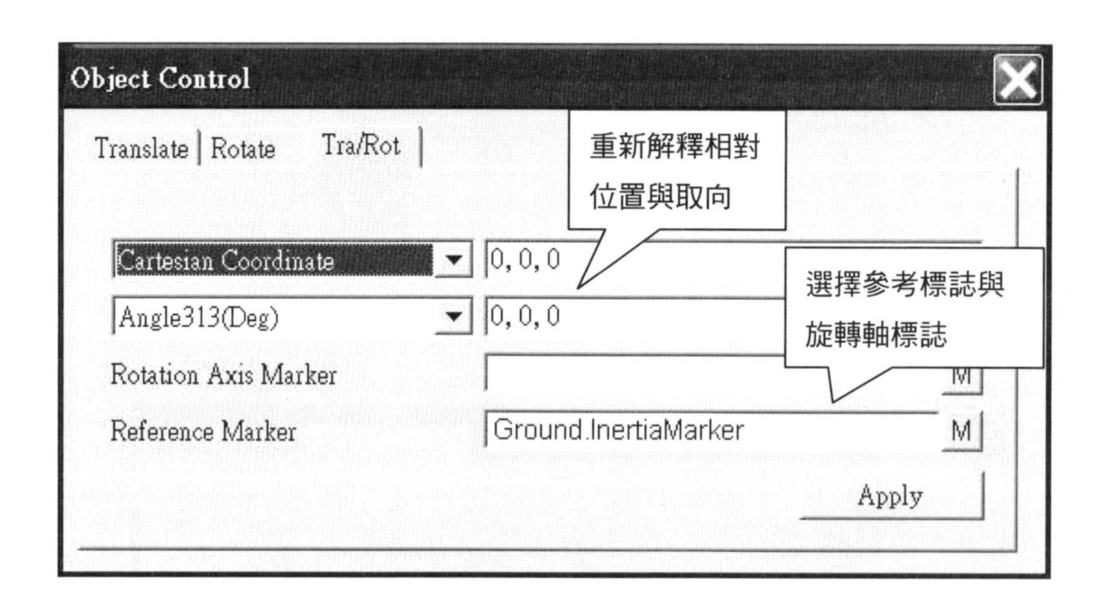
Object Control
Translate
Rotate
Tra/Rot
重新解釋相對
位置與取向
Cartesian Coordinate
0, 0, 0
Angle313(Deg)
0, 0, 0
選擇參考標誌與
旋轉軸標誌
Rotation Axis Marker
Reference Marker
Ground.InertiaMarker
M
Apply

編輯清單

■ 工具列

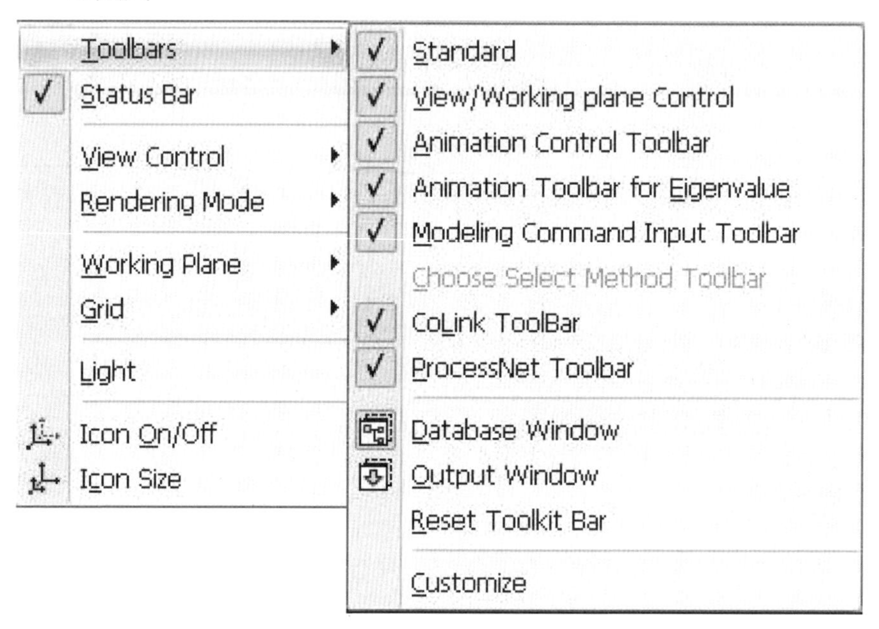
Toolbars
Status Bar
View Control
Rendering Mode
Working Plane
Grid
Light
Icon On/Off
Icon Size
Standard
View/Working plane Control
Animation Control Toolbar
Animation Toolbar for Eigenvalue
Modeling Command Input Toolbar
Choose Select Method Toolbar
CoLink ToolBar
ProcessNet Toolbar
Database Window
Output Window
Reset Toolkit Bar
Customize

➢ 視窗選擇

在視窗選單中的工具都很好用。在Help的第一章有詳細說明。

➢ 工具列

可以改變環境的工具列。有些工具列並不會自動顯示。可以在Customize中選擇想要的工具列。在Help的第一章有詳細說明。

功能表選單

➢ Menu page

在這頁面可以選擇清單欄之修改指令。首先，選擇清單欄裏的 customize 種類的對話，下一步，選擇清單欄裡的名字並且拉下指令表，然後可以往下拖曳出修改指令表。The context 爲指令表顯示每個方式要按滑鼠右鍵。假如選擇 the name of a context in the customize 對話，可以修改指令關於這個 context 有如清單欄的指令表。

■ 工具欄

Customize

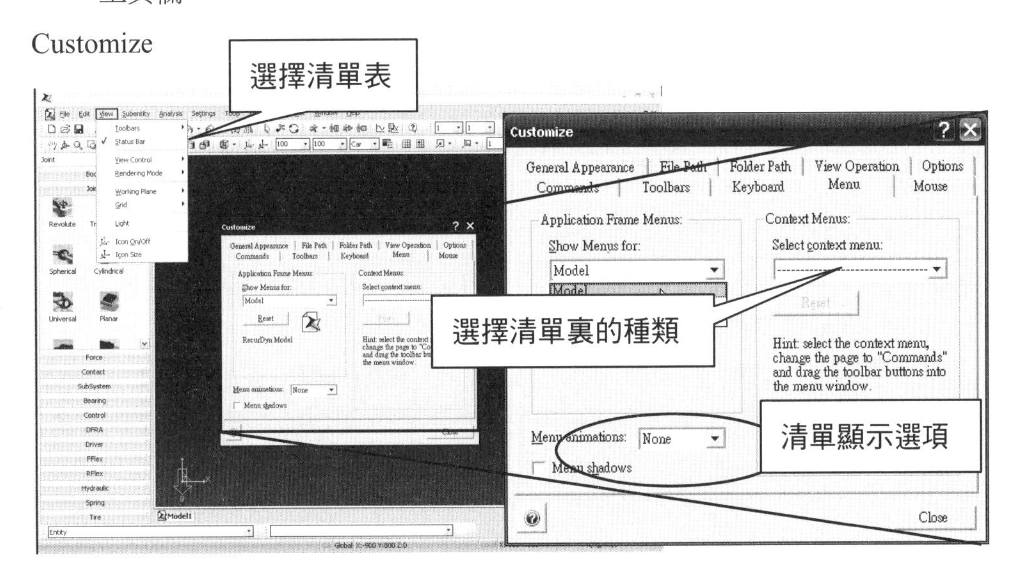

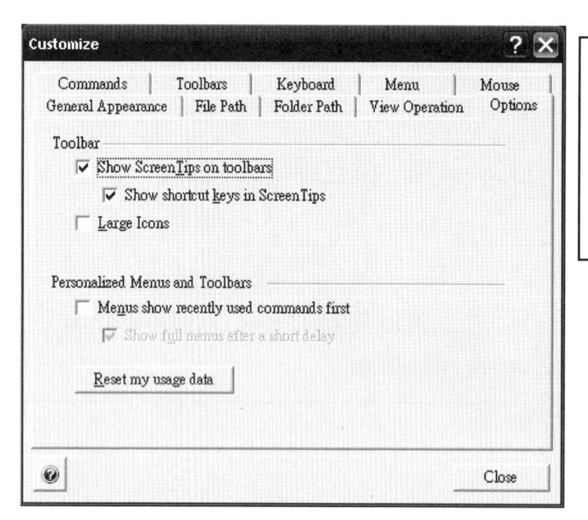

➢ 選項頁面

在這個頁面可以定義螢幕的提示，藉由拉下選單工具圖式尺寸和狀態。

檢視畫面

■ 工具列

□ 控制檢視

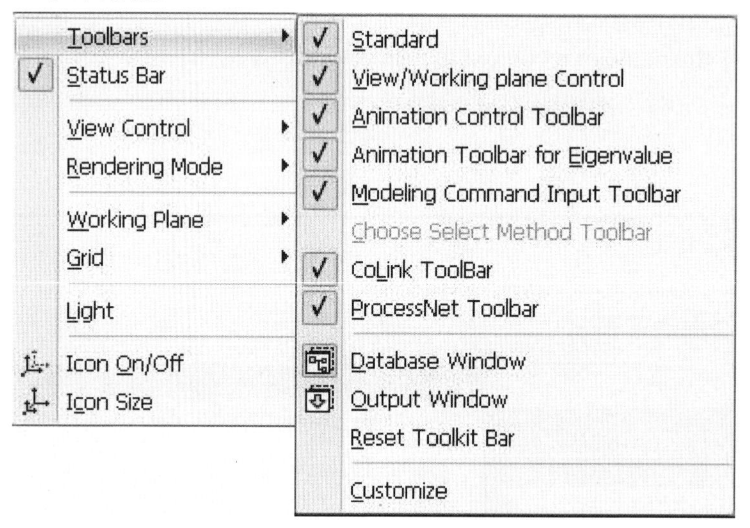

➢ 檢視控制畫面

藉由使用這一個檢視控制指令工作視窗能修改3D立體檢視體。記住關於視野的捷徑控制，因爲那是非常有用的模型系統。可以能選擇六分之一直角的視野點。在Help的第一章有詳細說明。

檢視控制工具在平面控制欄裡

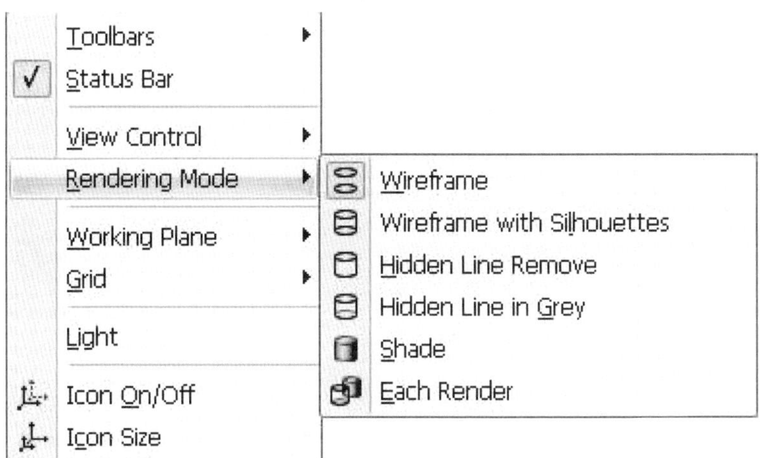

➤ Rendering 模擬畫面

能藉由改變圖形顯示的Rendering方式。如果執行這些指令由使用指令畫面或點一下工具圖像，選擇的Rendering將應用在整個的幾何物件上。

Rendering

檢視畫面

■ 工具列

□ 工作平面和網格

 工作平面

在RecurDyn/Modeler，所有元素產生必須涉及到2D平面。藉由使用網格功能，使用者更能定義點元件的精確位置。可以藉由使用工具圖像將當前的工作平面換成目前工作平面的 6 個檢視平面之一。

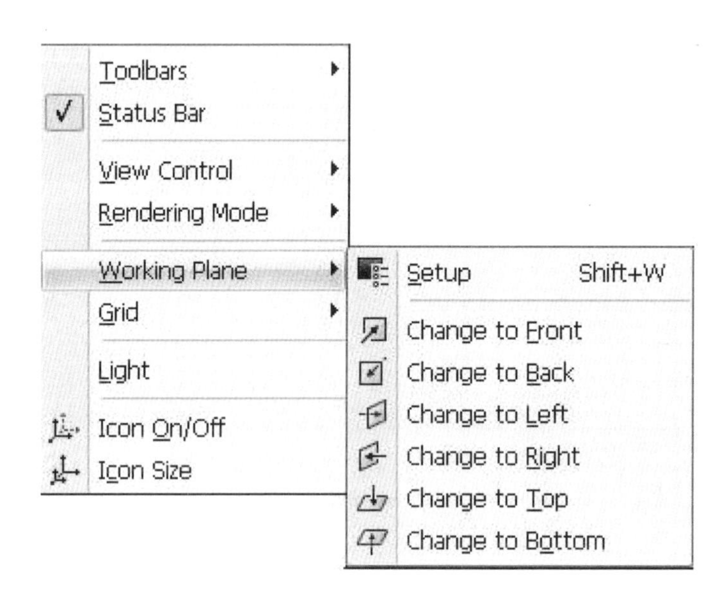

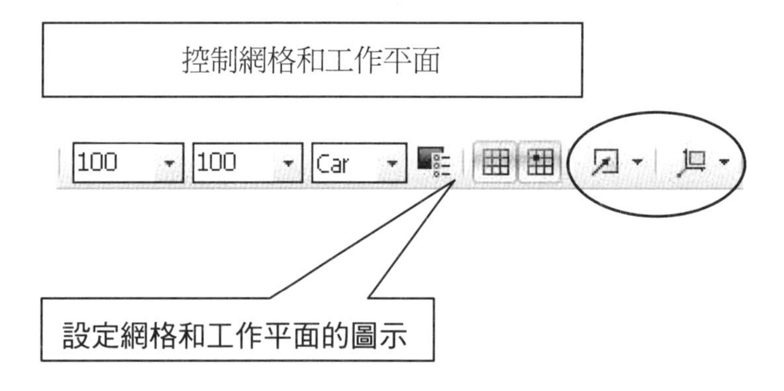

Change to Front	
Change to Back	
Change to Left	
Change to Right	
Change to Top	
Change to Bottom	

Change to XY	Shift+X
Change to YX	
Change to YZ	Shift+Y
Change to ZY	
Change to ZX	Shift+Z
Change to XZ	

檢視畫面

■ 工具列

□ 工作平面和網格

> ➤ 網格
>
> 網格工具是常用於製造各方面的有用工具。能幫助使用者選擇確切的點在工作平面上。同時在工作視窗中，能藉由看網格上的點來確切的利用網格使用所要用的座標點。

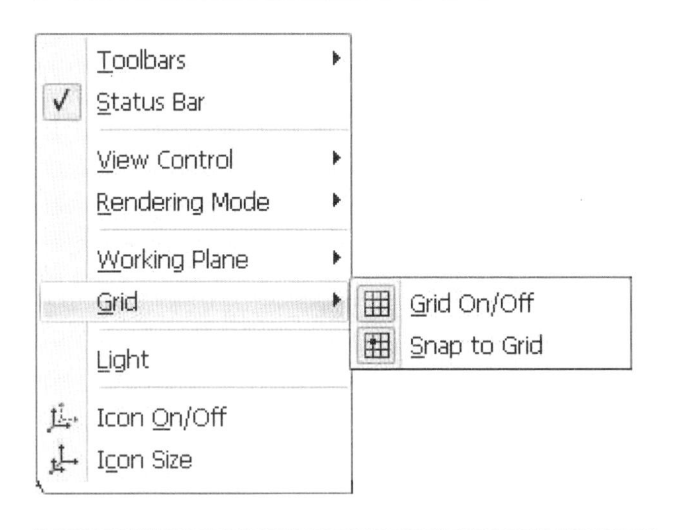

網格和工作平面的控制列

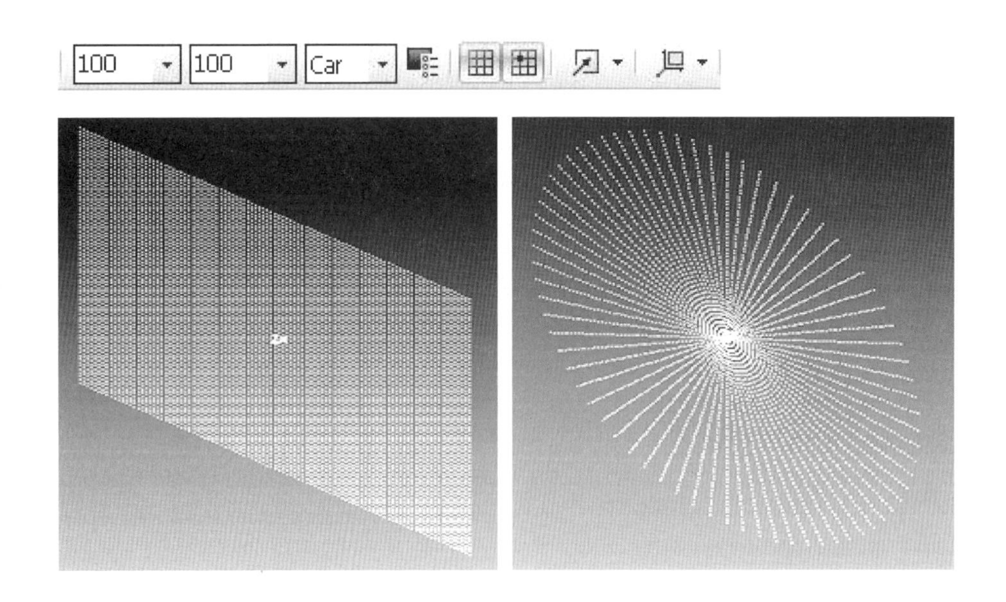

檢視畫面

■ 工具列

□ 工作面& Grid

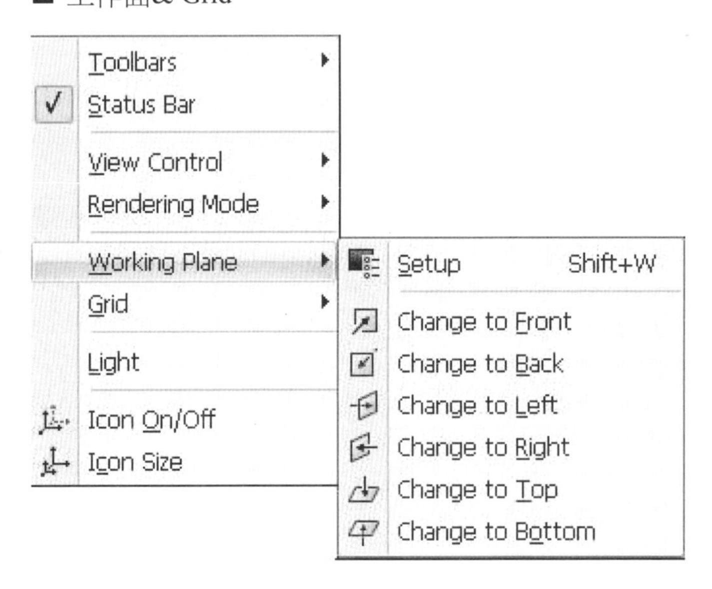

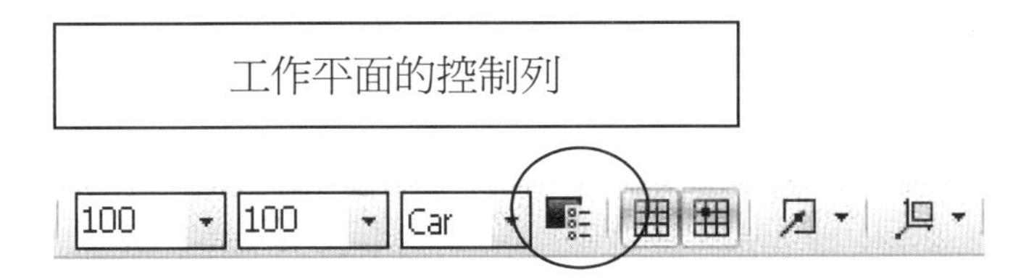

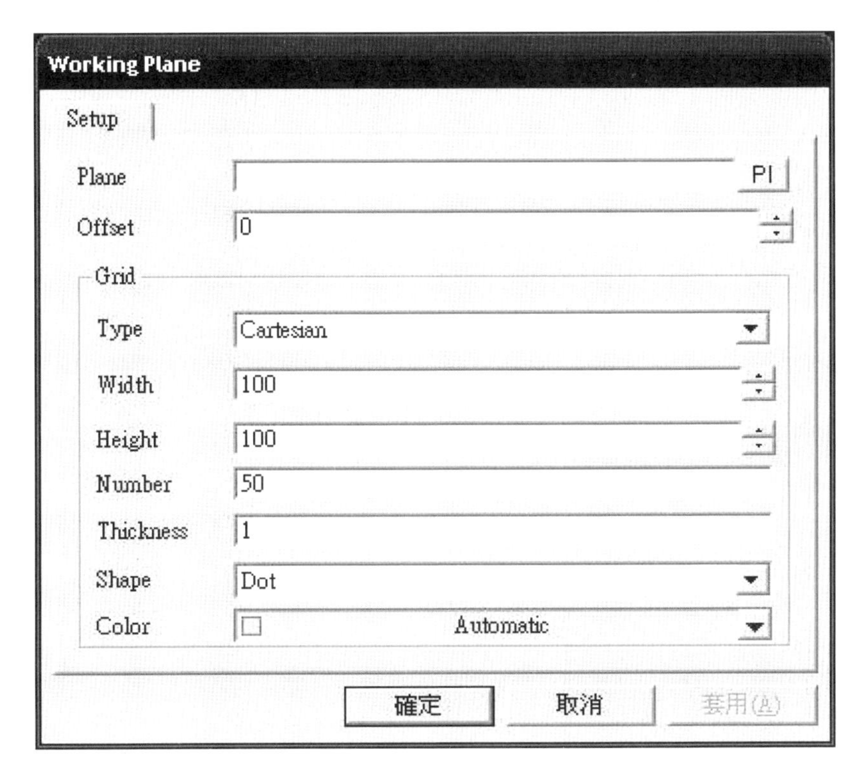

檢視畫面

■ 工具列

□ 圖像工具

如果選擇"Icon On/Off"，檢視畫面的指令(或圖像)，能開啓"Icon On/Off" ，對話窗口和設定顯示狀態圖示。

在"Icon On/Off"對話窗口，能定義圖示的大小。

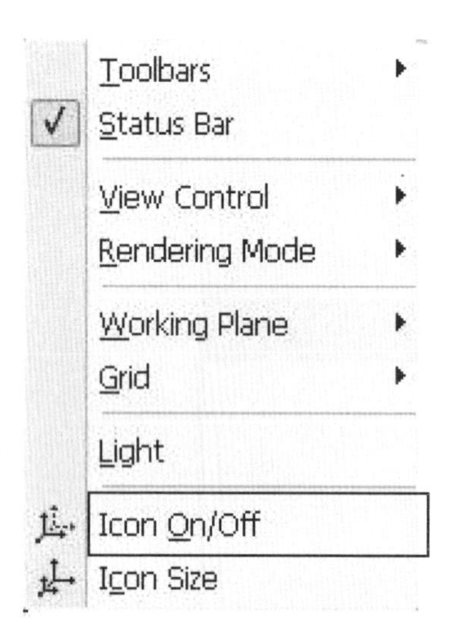
Toolbars
Status Bar
View Control
Rendering Mode
Working Plane
Grid
Light
Icon On/Off
Icon Size

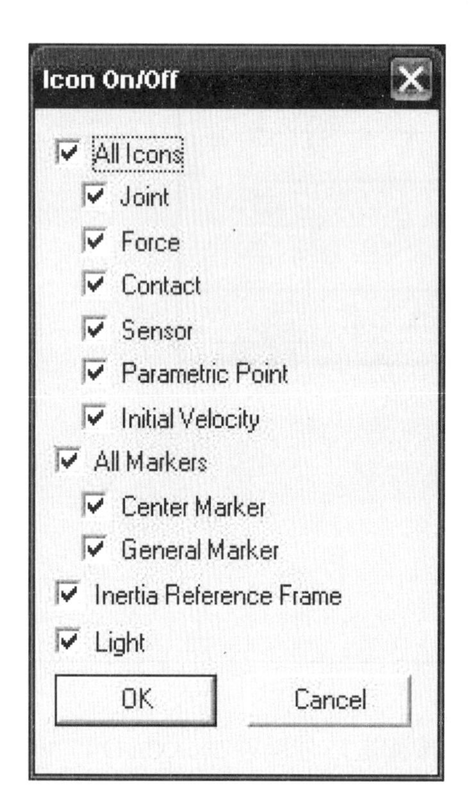
Icon On/Off
All Icons
Joint
Force
Contact
Sensor
Parametric Point
Initial Velocity
All Markers
Center Marker
General Marker
Inertia Reference Frame
Light
OK
Cancel

Icon/Marker Size
Icon Size
100
Marker Size
100
Marker Z-Axis Width
2
Initial Velocity Width
2
OK
Cancel

分析清單

■ 分析

Dynamic/Kinematic
Static
Eigenvalue
Pre
Direct Frequency Response
Design Study
Scenario File
Pause Analysis
Resume Analysis
Stop Analysis

分析控制列

- Dynamic/Kinematic
  從事動力學/運動學分析模擬
- Static
  從事靜力學分析模擬
- Eigenvalue
  從事特徵值分析模擬
- Pre
  找出多於外力和自由座標和計算自由度以及組件模擬是否合於運動學理論
- Direct Frequency Response
  搜尋設計有幾個自由變數
- Scenario File
  定義模擬程序
- Pause Analysis
  暫停分析模擬
- Resume Analysis
  開始分析模擬
- Stop Analysis
  停止分析模擬

分析清單

■ Dynamic/Kinematic 分析

Dynamic/Kinematic

➢ Dynamic/Kinematic分析(一般設定頁)

結束時間：模擬的結束時間

Step：輸出爲報告的資料數量大小

靜態分析：在動態分析之前執行一個靜態分析

包含特徵分析：勾選包含特徵項目則可對該項目也進行分析

指令文件：指令文件的名字。

隱藏RecurDyn during Simulation：在模擬的情況下將RecurDyn隱藏

如果想要停止分析或顯示RecurDyn，可以用滑鼠右鍵來點選圖示，便可設定。

顯示動畫：在模擬期間顯示動畫

重力單位：如果想分析不同的重力下的情況，那就可以直接在此設定數據

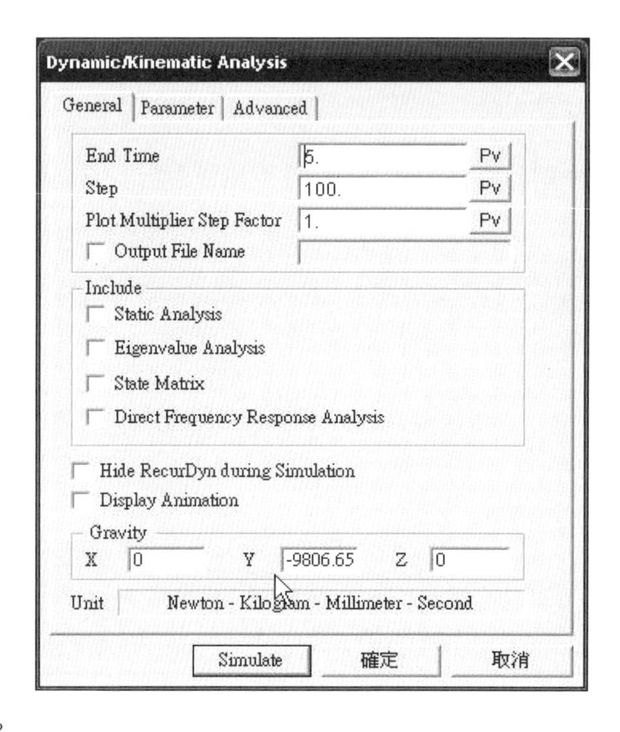

➤ Dynamic/Kinematic分析(變數頁)

最大指令：最大積分器指令爲BDF在DDASSL。當這數值變較小時，阻尼值會變大。反之，數值變大時，解答的準確性就變大。

最大步驟：積分器在模擬時的最大步驟

容忍誤差：在模擬中所能容忍的最大誤差限制

積分器類型：選擇績分器類型。RecurDyn支援二個含蓄積分器的模態，分別爲DDASSL和廣義阿爾法(IMGALPHA)方法，廣義阿爾法(IMGALPHA)方法有較大的穩定區域但是精準性較低而DDASSL有較準確的誤差控制機制

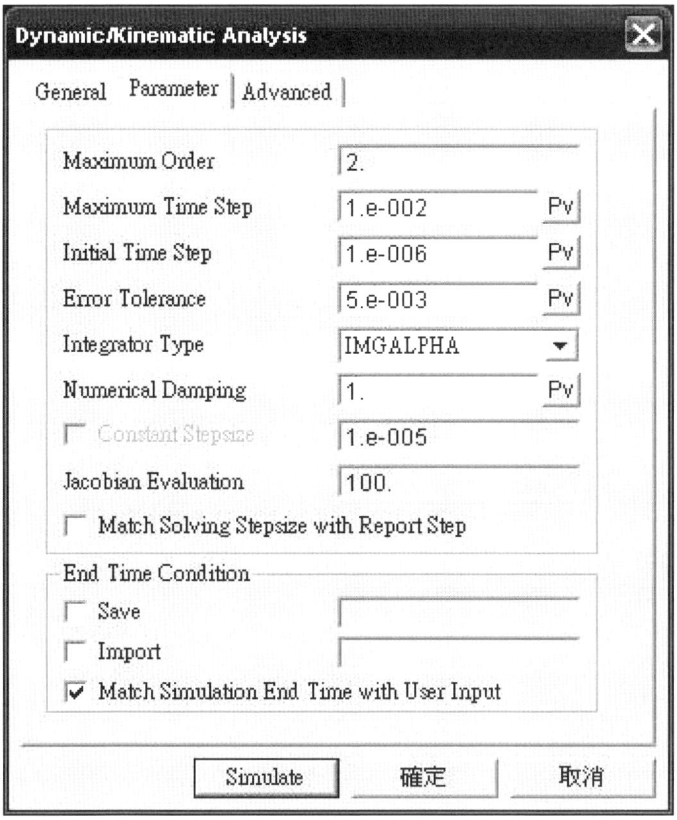

Dynamic/Kinematic Analysis

General　Parameter　Advanced

Maximum Order　2.

Maximum Time Step　1.e-002　Pv

Initial Time Step　1.e-006　Pv

Error Tolerance　5.e-003　Pv

Integrator Type　IMGALPHA

Numerical Damping　1.　Pv

Constant Stepsize　1.e-005

Jacobian Evaluation　100.

Match Solving Stepsize with Report Step

End Time Condition

Save

Import

Match Simulation End Time with User Input

Simulate　確定　取消

分析清單

■ 靜態分析

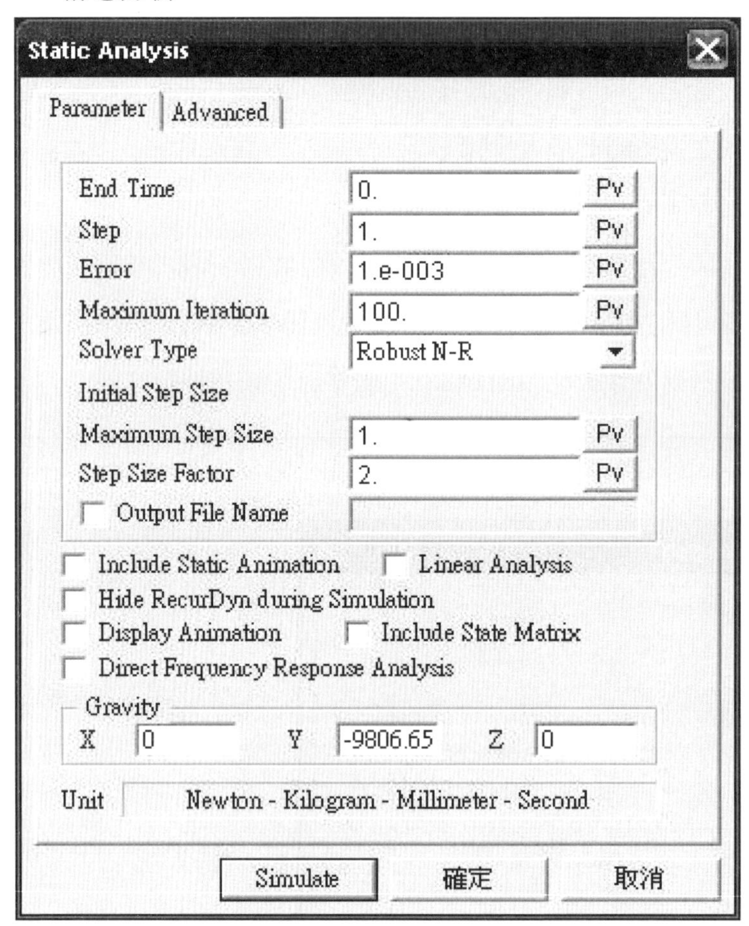

- End time：模擬的結束時間
- Step：設定報告的取樣資料的數據，特別要確定模擬的步驟尺寸
- Error：定義匯合的標準

分析清單

■ 分析

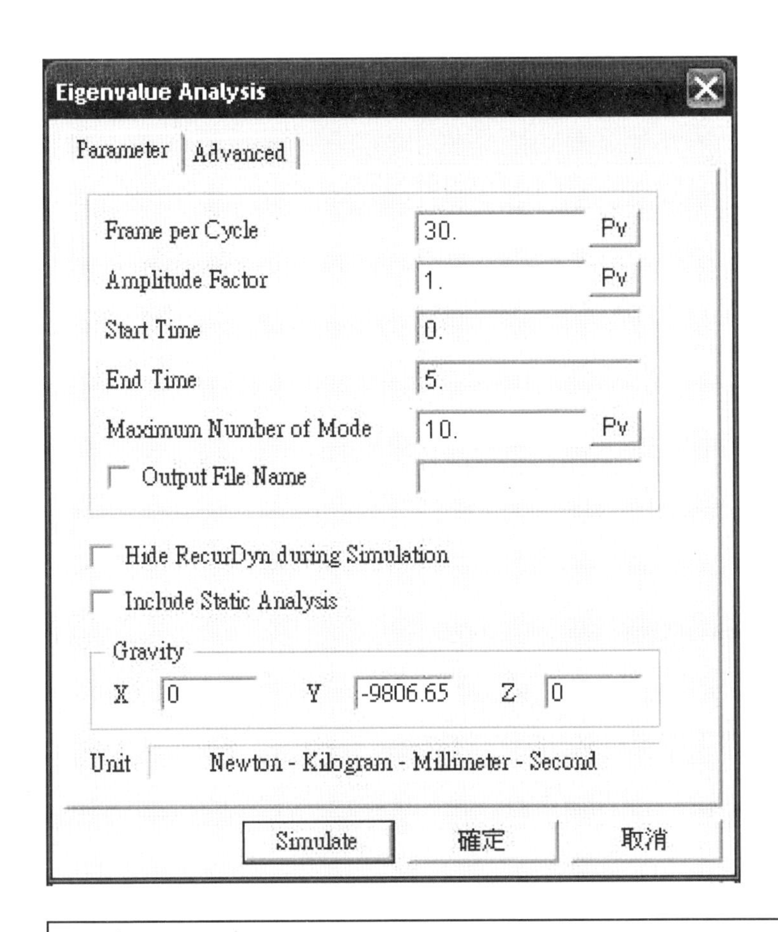

- Frame per Cycle：給予每週期的畫面數目
- Amplitude Factor：給予振幅比例因子
- Start Time & End Time：當執行選定分析領域之開始和結束的時間
- Maximum Number of Modes：最大模態數值
- Include Static Analysis：執行一個靜態分析在選定分析之前
- Gravity：定義重力的方向和大小

分析清單

■　預先分析

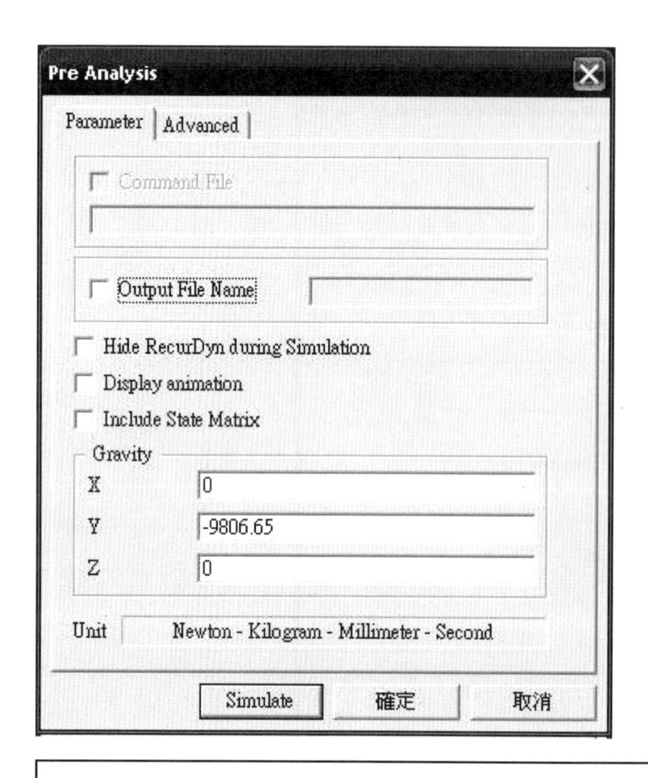

找出多於外力和自由座標和計算自由度以及組件模擬是否合於運動學理論

分析清單

■ 影片檔案

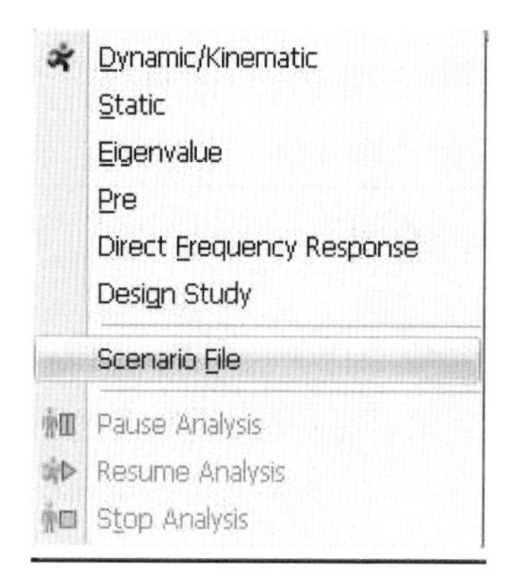

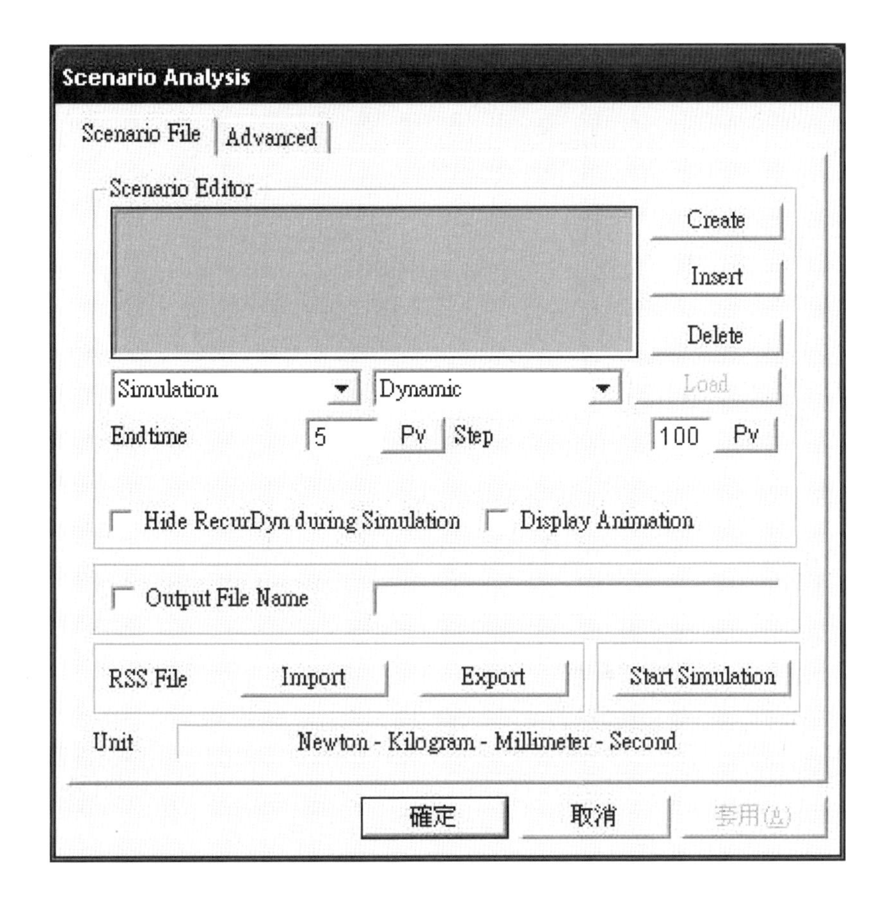

設定清單

■ 重力

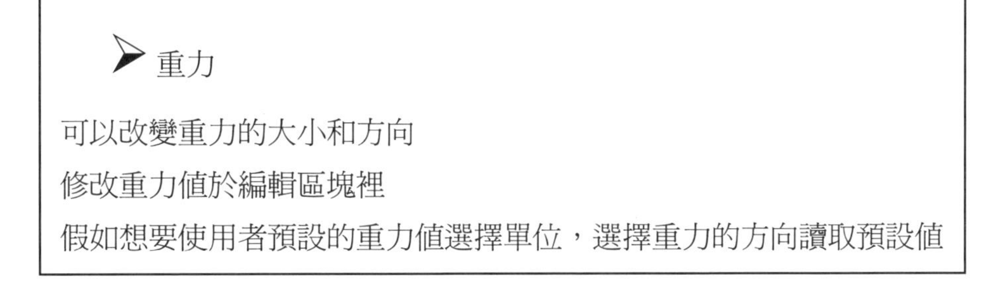

➢ 重力

可以改變重力的大小和方向

修改重力值於編輯區塊裡

假如想要使用者預設的重力值選擇單位，選擇重力的方向讀取預設值

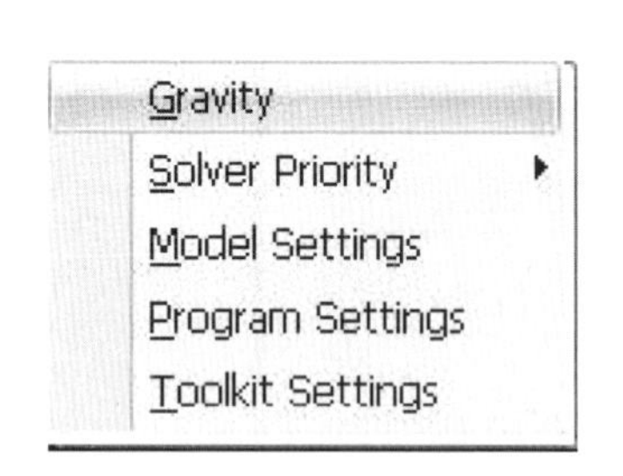

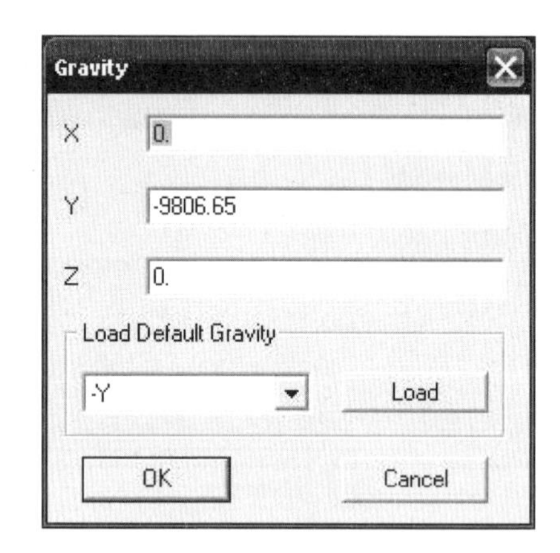

設定清單

■ Solver Priority

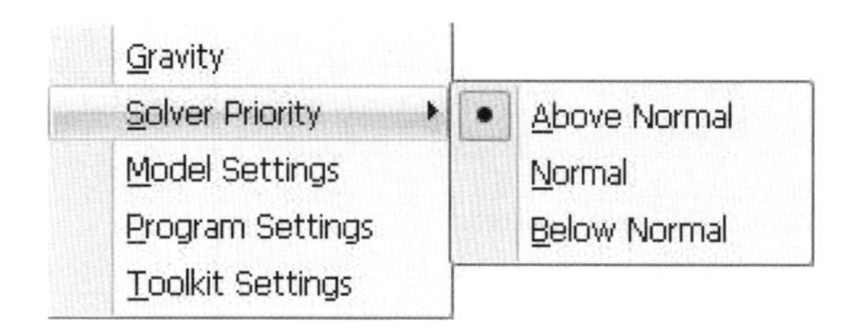

➢ Solver Thread Priority

這個指令可以在過程執行期間用在區分相對的優先權，可以在分析期間改變下面選項。

Above Normal：較高的優先權

Normal：標準的優先權

Below Normal：較低的優先權

POST

■ 動畫控制

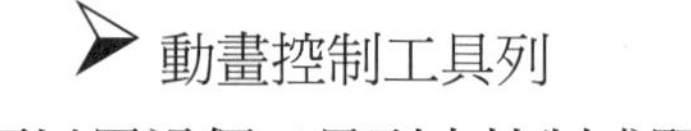

➢ 動畫控制工具列

可以用這個工具列來控制或顯示其結果的動畫情況。

第二章 單擺動力學與控制

2.1 單擺動力學

問題：

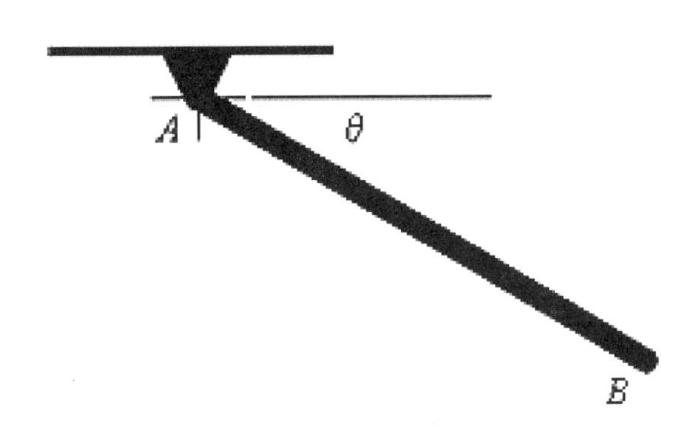

如圖所示之單擺(OA) 和水平軸呈 30 度之夾角；假如單擺質量 m=2kg，長度 l=450mm，g=9.8m/s^2，並且以 3rad/s 初角速度釋放之，試求出單擺在釋放瞬間之角加速度 α、與繞 A 點旋轉時之 A 點反作用力。並以 RecurDyn 模擬本範例。

解答： 理論值： F_A=14.493 Newtons

數值分析值：

1. 開啟 RecurDyn 軟體，進入開始畫面
2. 選擇所要的檔名、單位（MMKS）與重力方向（-Y）

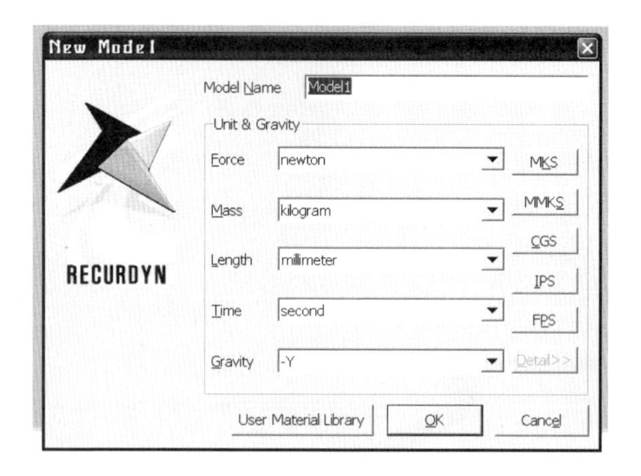

3. 開始 Body 繪圖，選擇 Link 爲繪圖的零件

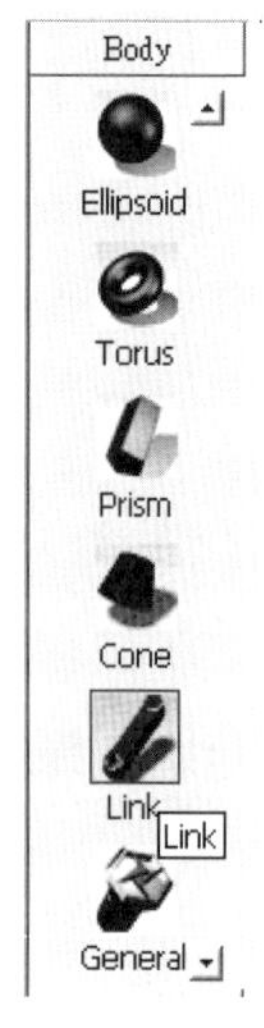

4. 先繪製一個 Link，以原點爲中心

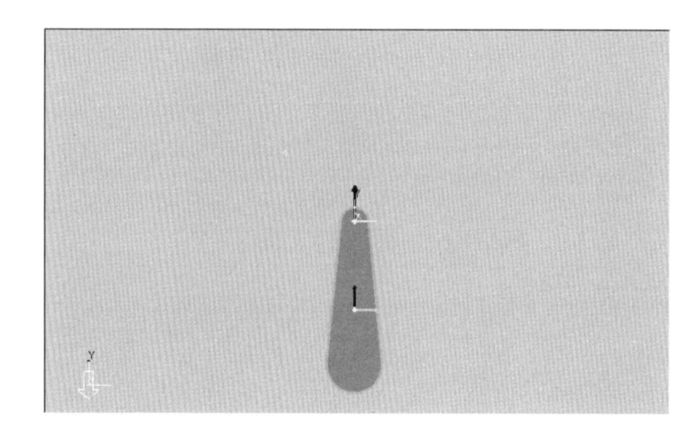

5.　可看到增加新的 Bodies　—>　Body1

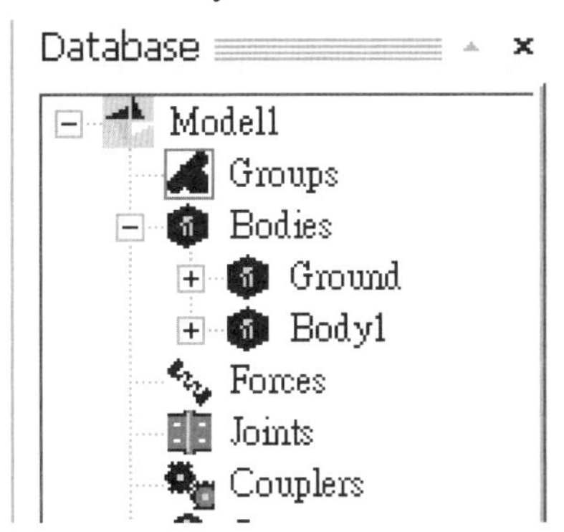

6.　對新增加的 Link 進行修改，選擇 Edit

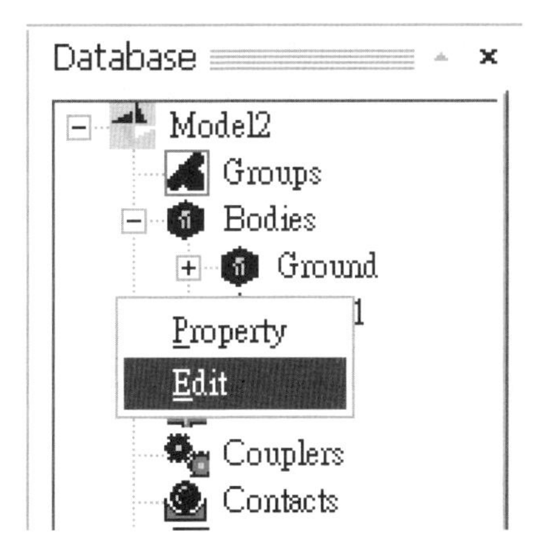

7.　進入零件的編輯修改畫面

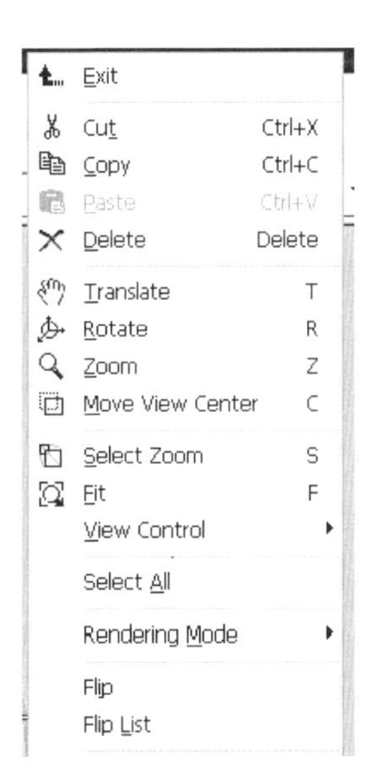

8. 並選擇所要修改的零件並按滑鼠右鍵，選擇 Properties

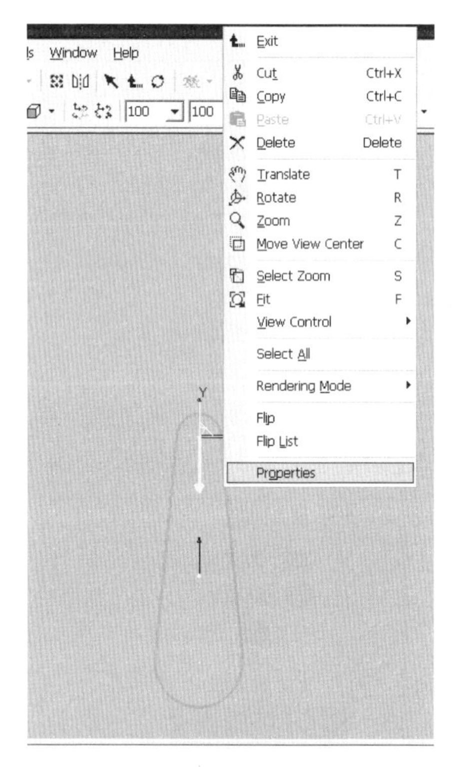

9. 可以看到原本繪製圖形的尺寸設定
10. 修改成所要的尺寸設定

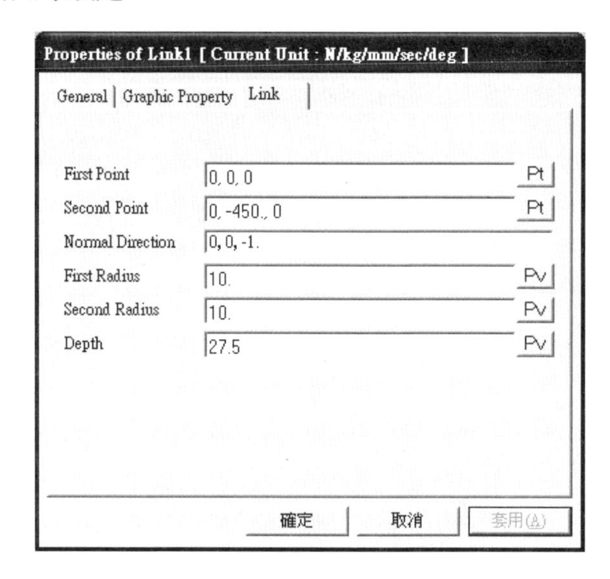

11. 修改完畢後可看到新產生的零件圖形

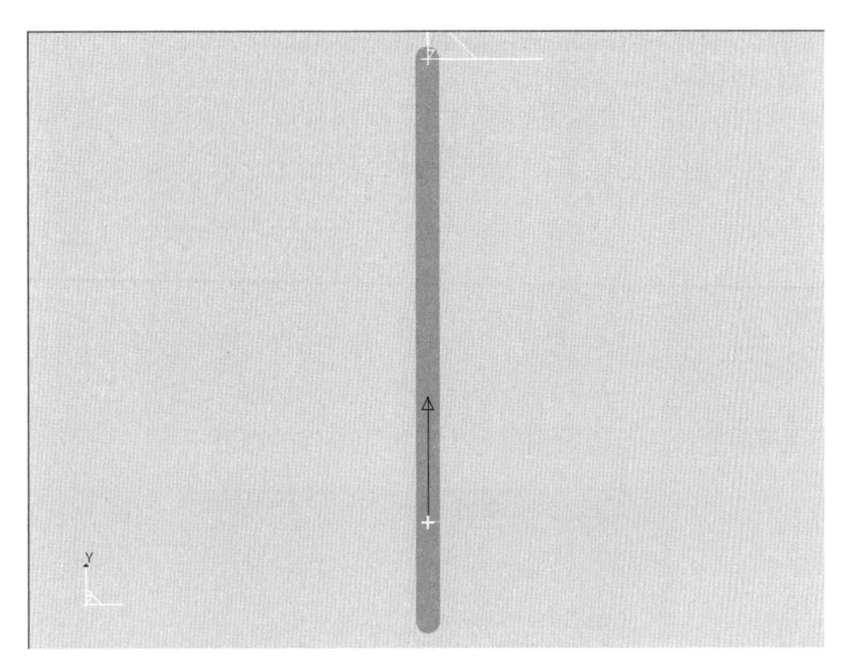

12. 選擇 Exit，離開編輯修改畫面（或將游標移至上再按滑鼠右鍵選擇 Exit）

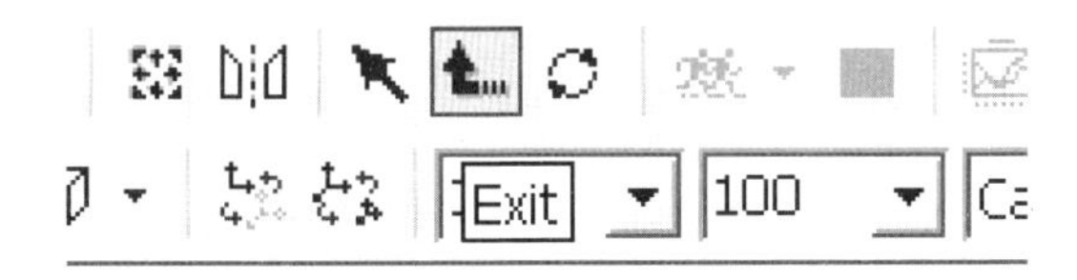

13. 選擇拘束條件(Constraint)，依照所需的拘束條件來選擇，這裡使用 Revolute（銷接點）

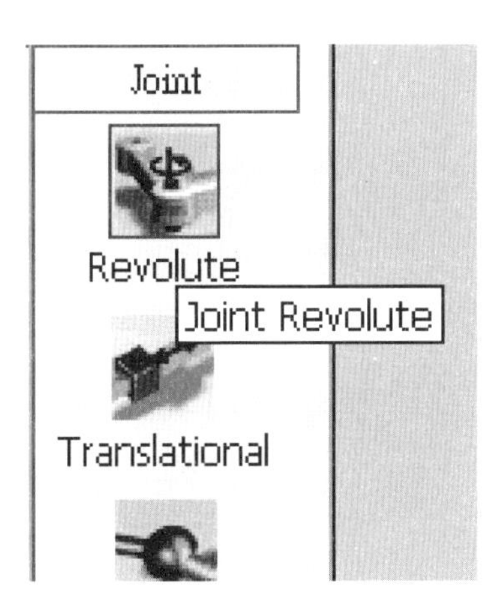

14. 選擇要建立拘束條件的位置

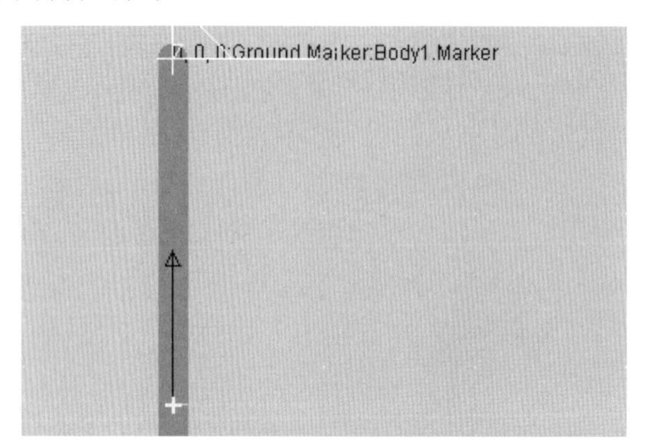

15. 拘束條件建立完成後可以看到圖形上有拘束條件的圖形

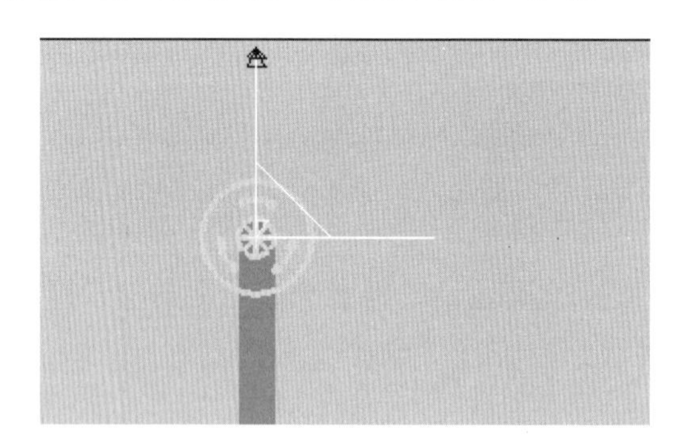

16. 可以看到 Joints 中產生一個新的 RevJoint1

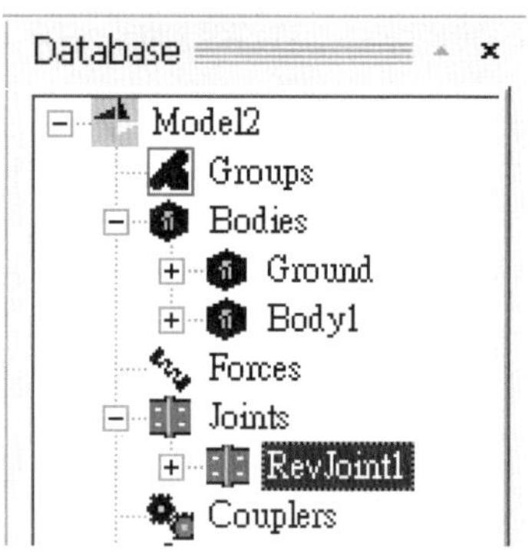

17. 對零件進行旋轉，使用 Object Control

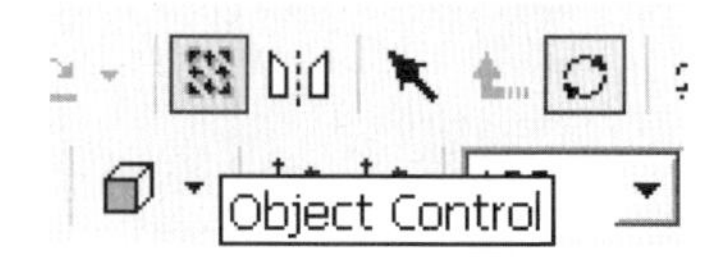

18. 進入 Object Control 中的 Rotate

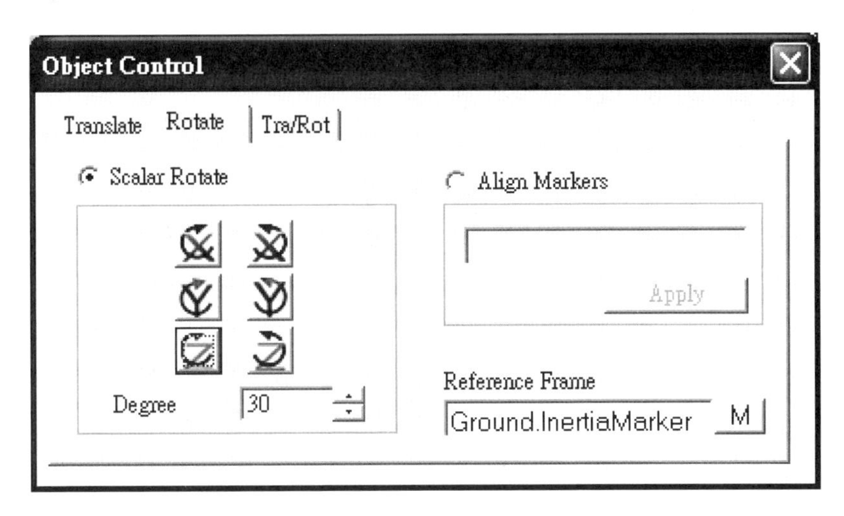

19. 選擇要旋轉的零件

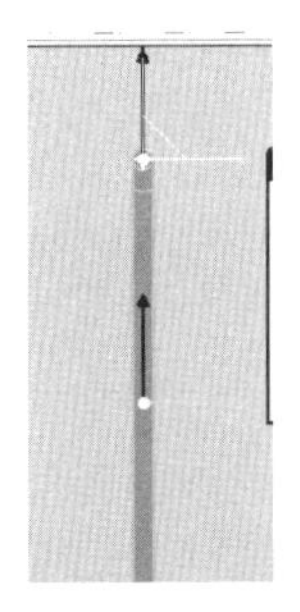

20. 選擇要旋轉的角度（60 度），點選要旋轉的方向（Z），可看到旋轉後的零件

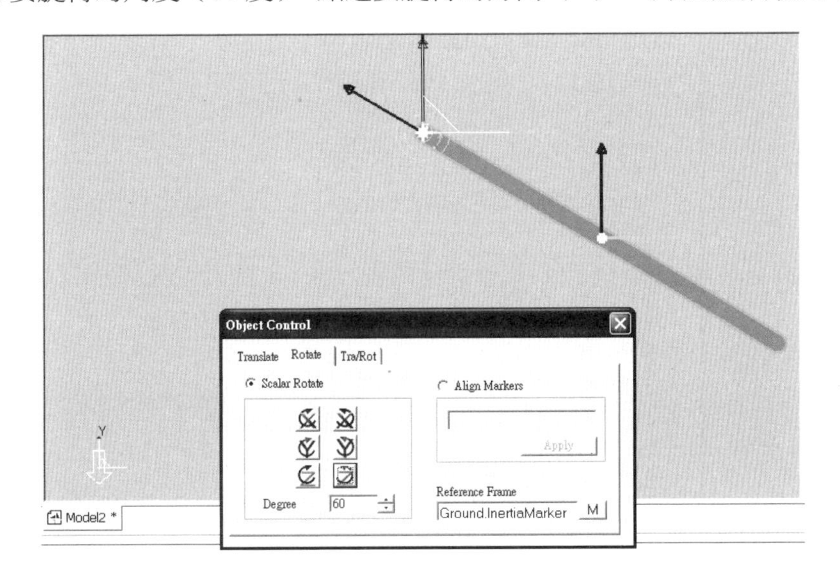

21. 進行零件的質量設定，選擇所要的零件，點選 Properties

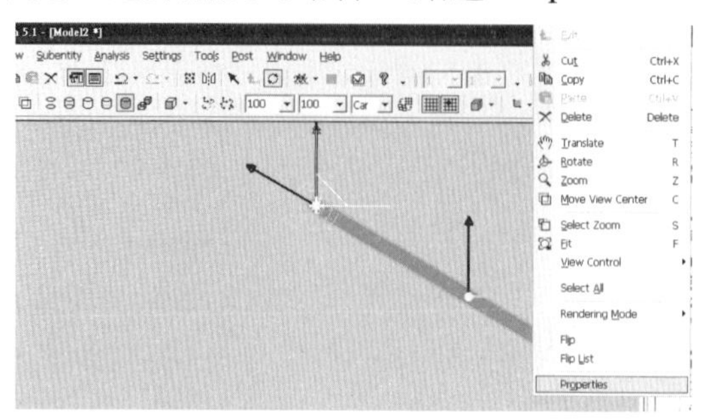

22. 選擇 Body —> Material Input Type —> User Input ，設定 Mass（2.0kg）

Properties of Body1 [Current Unit : N/kg/mm/sec/deg]
General | Graphic Property | Origin & Orientation | Body
Material Input Type: User Input
Mass 2.0
Ixx 9252.3206 Ixy 15691.096
Iyy 27371.016 Iyz 0.
Izz 36370.014 Izx 0.
Center Marker: CM
Inertia Marker: Create IM
Initial Condition: Initial Velocity
Scope 確定 取消 套用(A)

23. 對零件設定初始角速度，選擇 Initial Condition —> Initial Velocity

Properties of Body1 [Current Unit : N/kg/mm/sec/deg]
General | Graphic Property | Origin & Orientation | Body
Material Input Type: User Input
Mass 2.0
Ixx 9252.3206 Ixy 15691.096
Iyy 27371.016 Iyz 0.
Izz 36370.014 Izx 0.
Center Marker: CM
Inertia Marker: Create IM
Initial Condition: Initial Velocity
Scope 確定 取消 套用(A)

24. 進入 Initial Velocity 畫面，設定角速度的大小（3.0）與作用軸（Z）

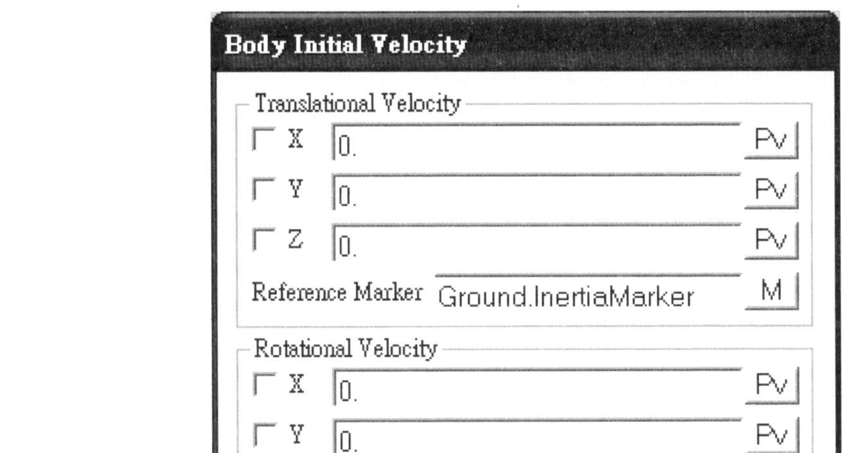

25. 可以看到經過上面設定後，零件已經產生的畫面

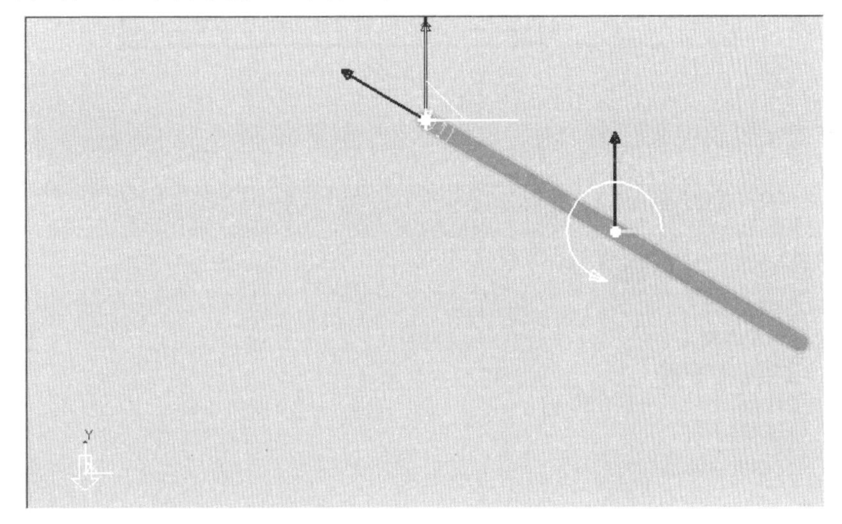

26. 進行結果計算，選擇 Analysis

27. 設定結束時間與時間間距，還有一些所需要的計算設定

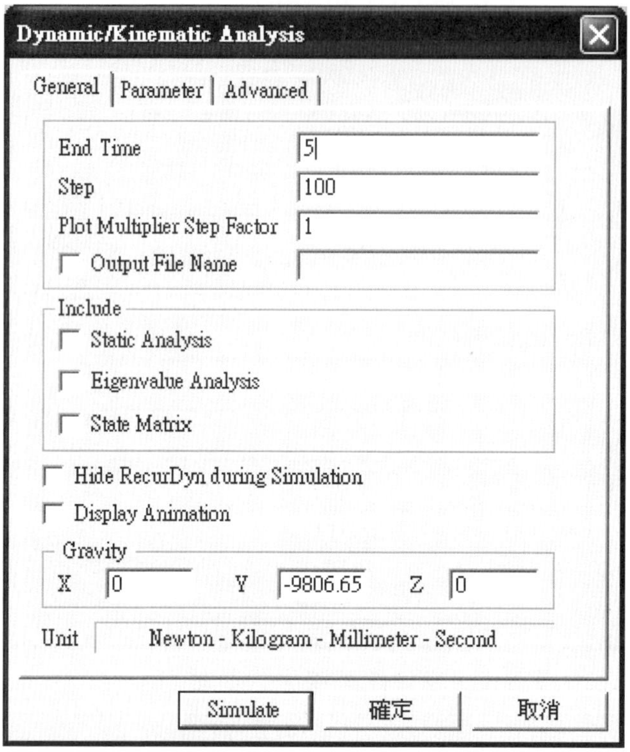

Dynamic/Kinematic Analysis

General | Parameter | Advanced

End Time 5
Step 100
Plot Multiplier Step Factor 1
Output File Name

Include
Static Analysis
Eigenvalue Analysis
State Matrix

Hide RecurDyn during Simulation
Display Animation

Gravity
X 0 Y -9806.65 Z 0

Unit Newton - Kilogram - Millimeter - Second

Simulate 確定 取消

28. 系統會提示需要儲存檔案，設定要儲存的位置與檔名

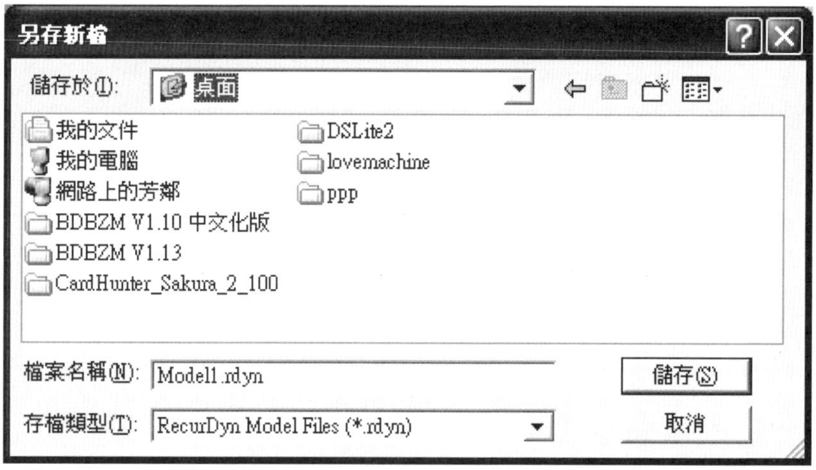

另存新檔

儲存於(I): 桌面

我的文件
我的電腦
網路上的芳鄰
BDBZM V1.10 中文化版
BDBZM V1.13
CardHunter_Sakura_2_100
DSLite2
lovemachine
ppp

檔案名稱(N): Model1.rdyn 儲存(S)
存檔類型(T): RecurDyn Model Files (*.rdyn) 取消

29.　計算完畢後，進入下面畫面

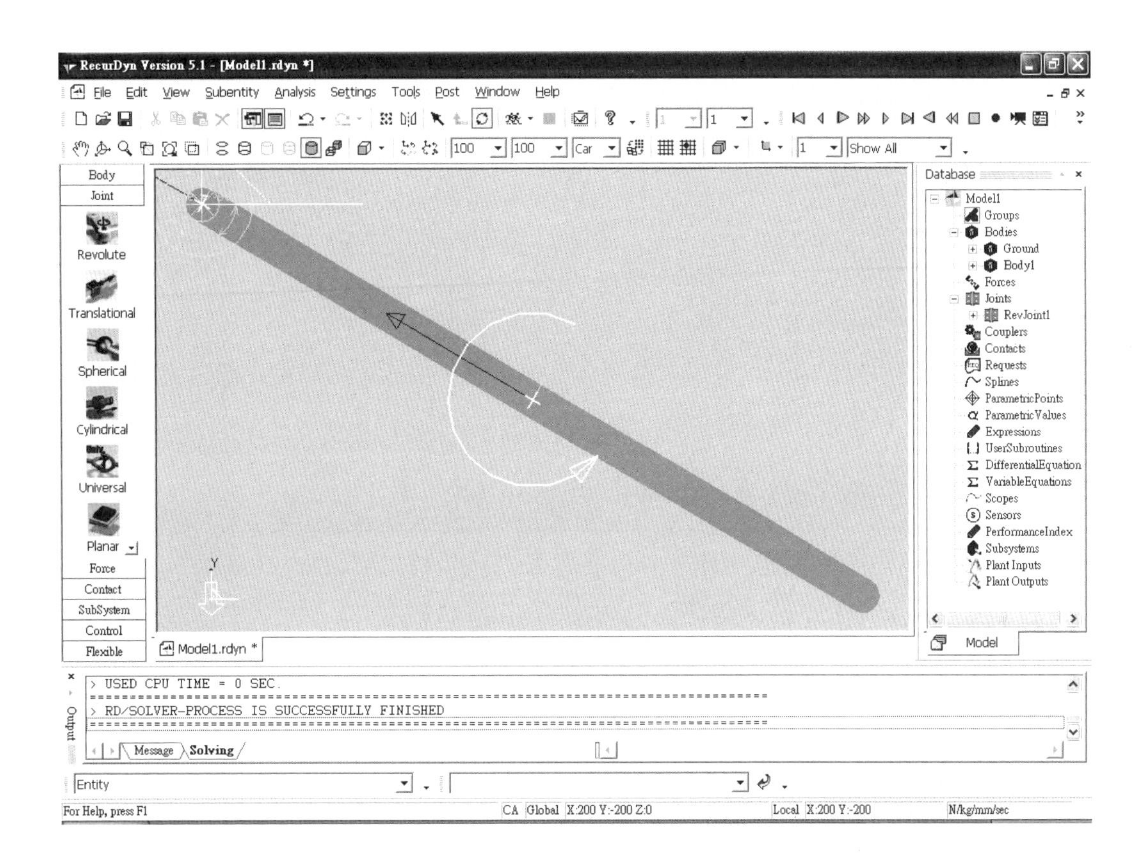

30.　可點選下面工具列，來觀看結果的動畫

31.　顯示所需要的數值，點選 Plot Result

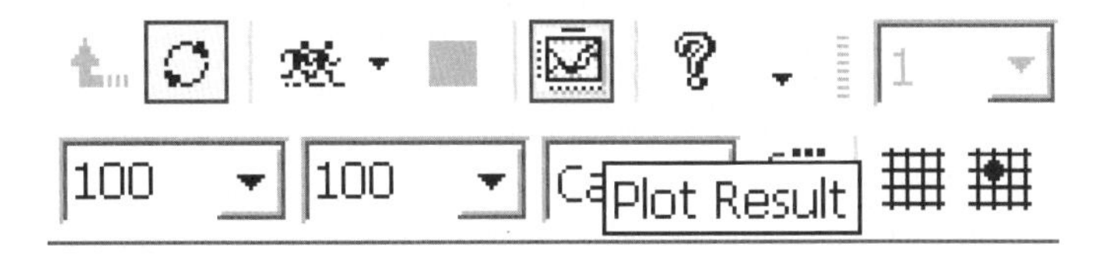

32. 進入 Plot Result 的畫面

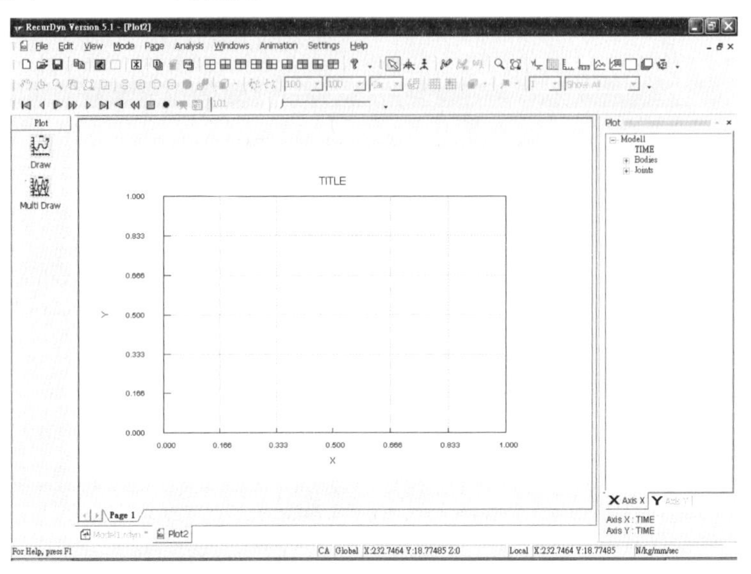

33. 觀看所需要的物體一質量中心點之 X 方向位移結果圖形(Body1 —> Pos_TX)

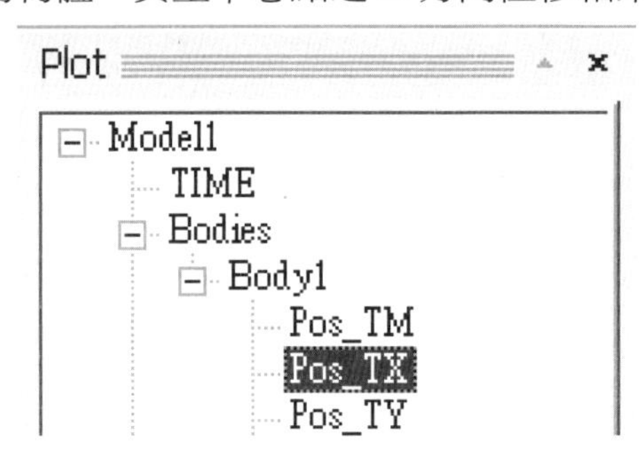

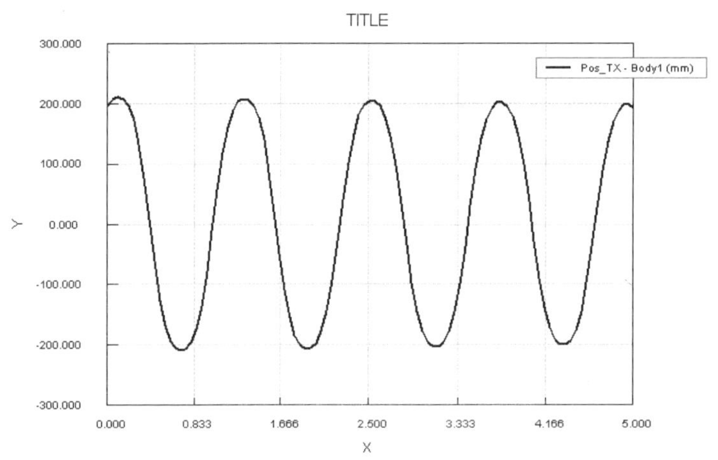

34. 觀看所需要的物體一質量中心點繞 Z 方向角位移結果圖形（Body1 —> Pos_PSI）

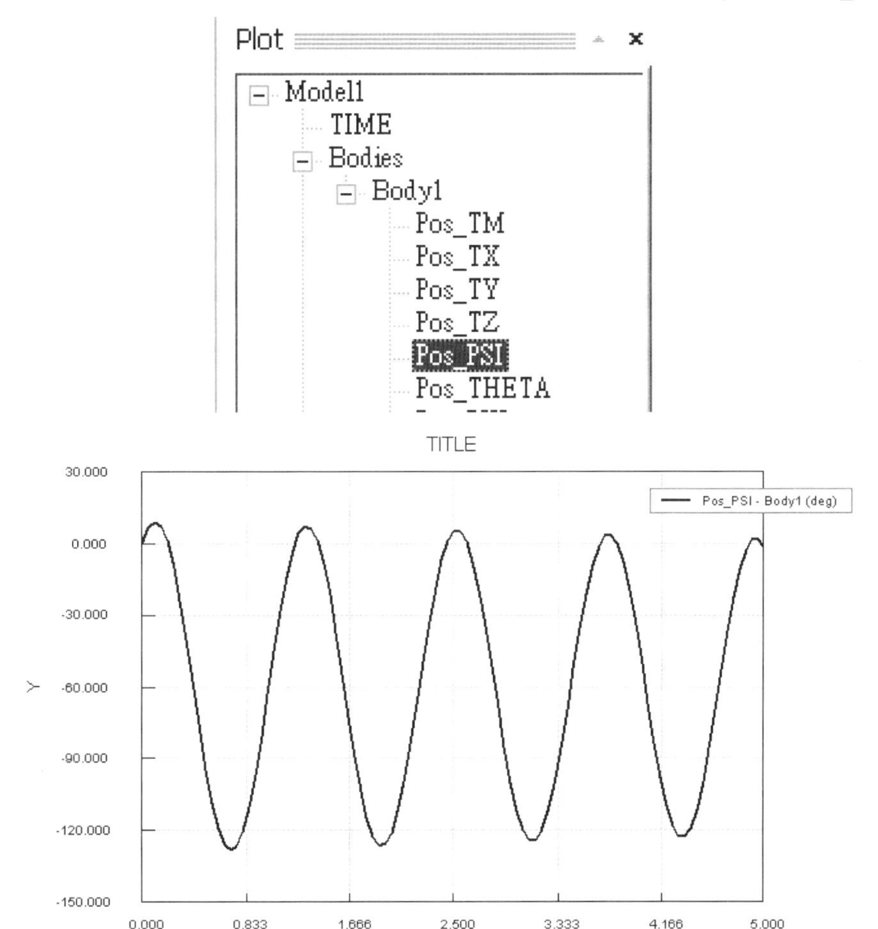

35. 觀看所需要的物體一質量中心點之速度和大小結果圖形（Body1 —> Vel_TM）

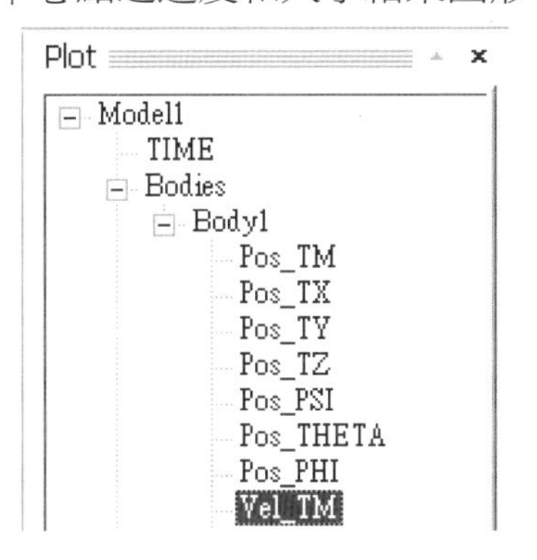

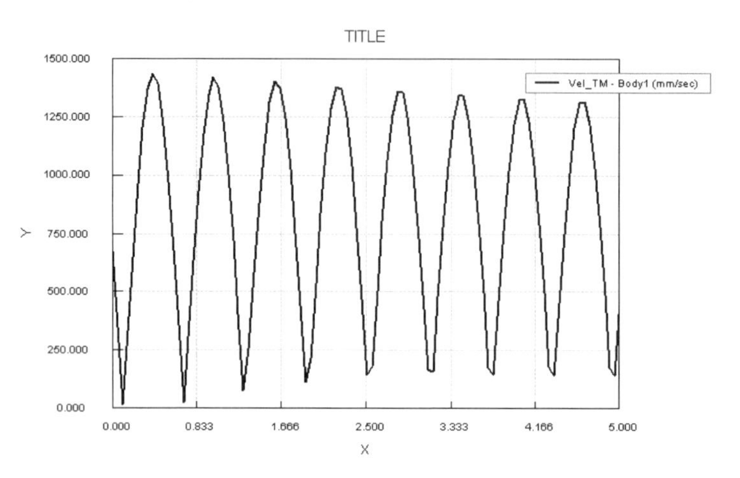

36. 觀看所需要的物體一質量中心點之加速度和大小結果圖形(Body1 —> Acc_TM)

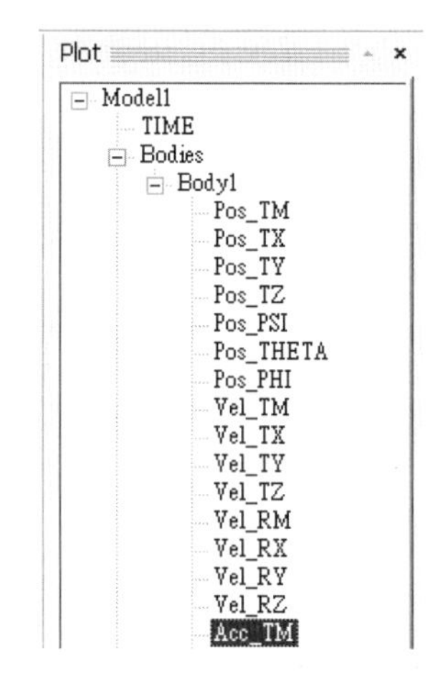

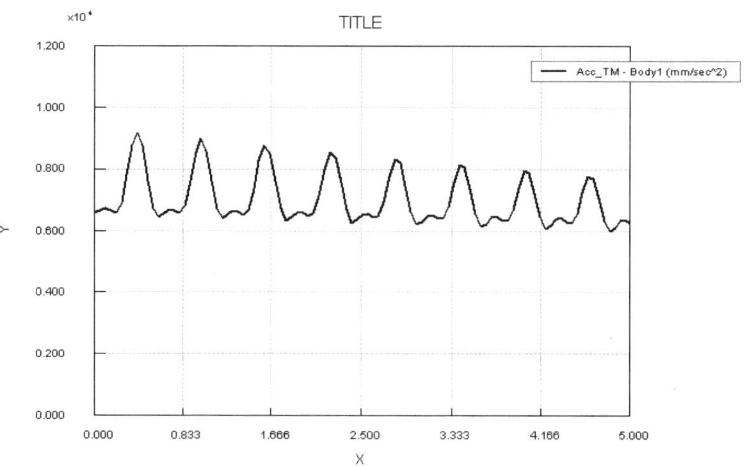

37. 觀看所需要的物體一與銷接點之作用力大小結果圖形（Joints1－> FM_Reaction_Force）

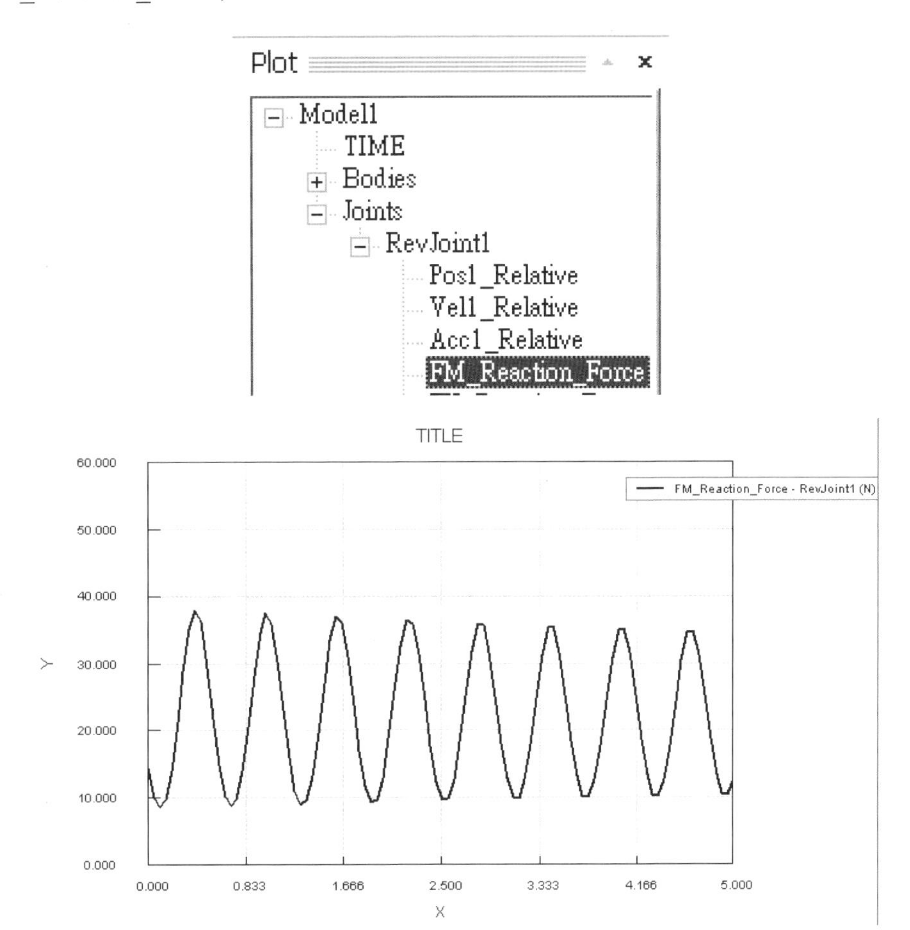

38. 觀看所需要的物體一與銷接點之 X 方向作用力結果圖形（Joints－> RevJoint1－> FX_Reaction_Force）

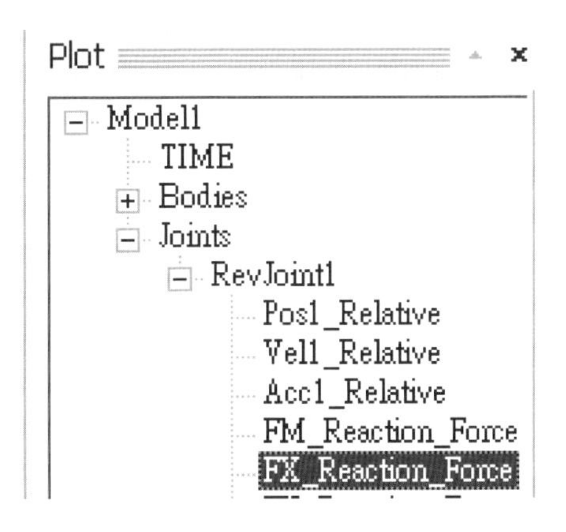

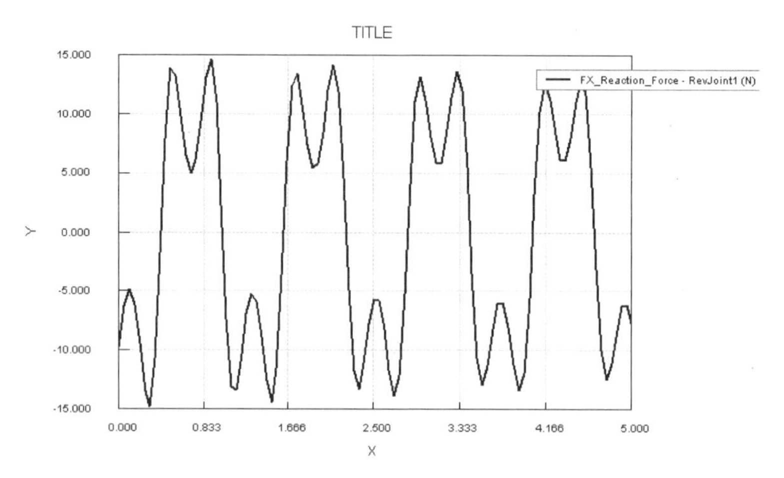

39. 輸出所需要物理量的數值，點選 File —> Export —> Export Data

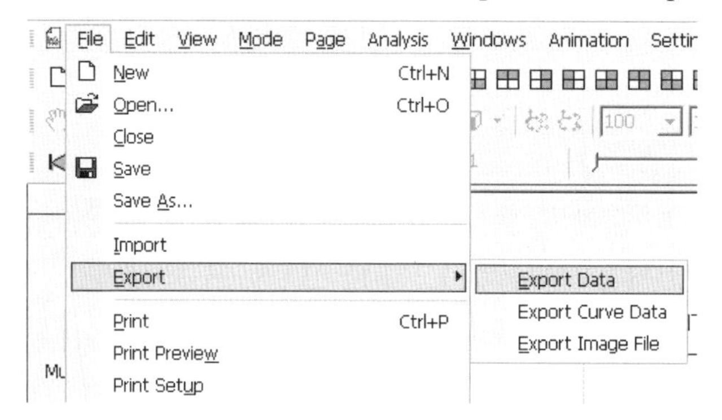

40. 選擇需要輸出的數值

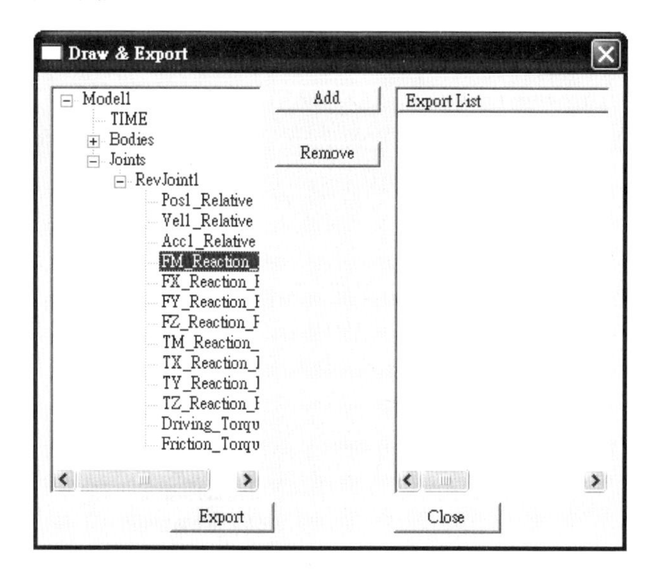

41. 輸出 FM_Reaction

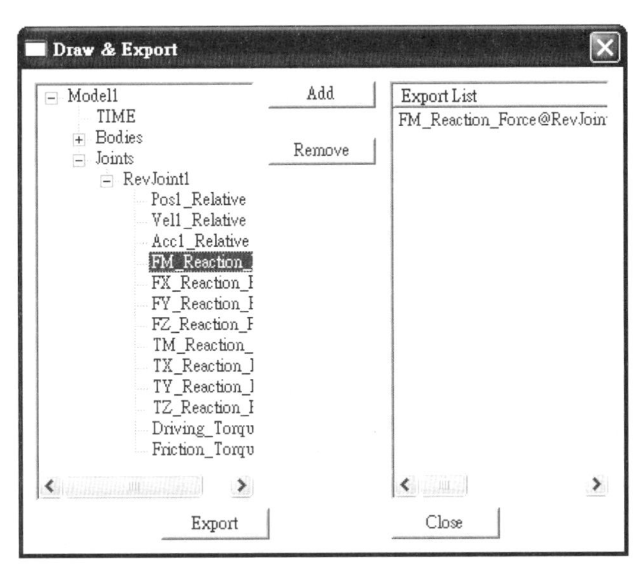

42. 設定儲存輸出參數的檔名與路徑

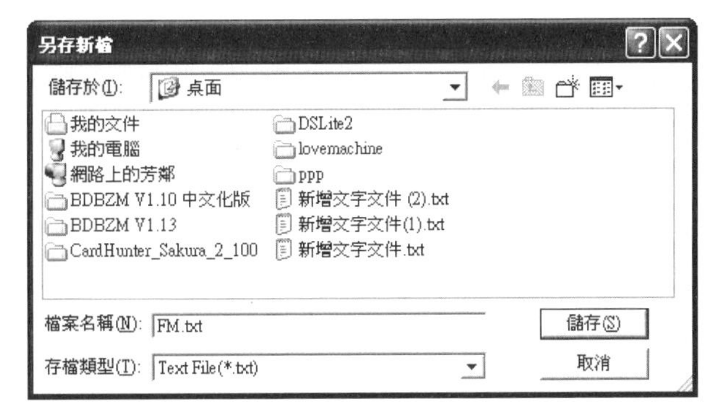

43. 觀看輸出的結果

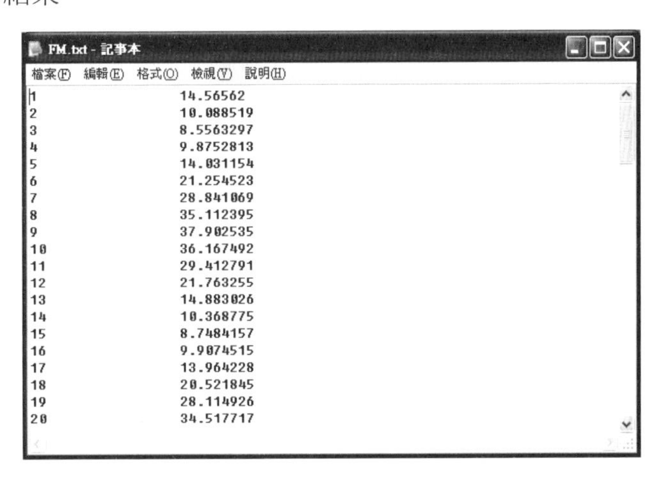

44. 驗證數值分析結果(起始值 F_A=14.56562)的正確性與誤差
45. 存檔討論&結束

2.2 單擺的位移控制

1. 進入 RecurDyn 之後，在拉開左方的工具欄裡的 Body，選取 Link。

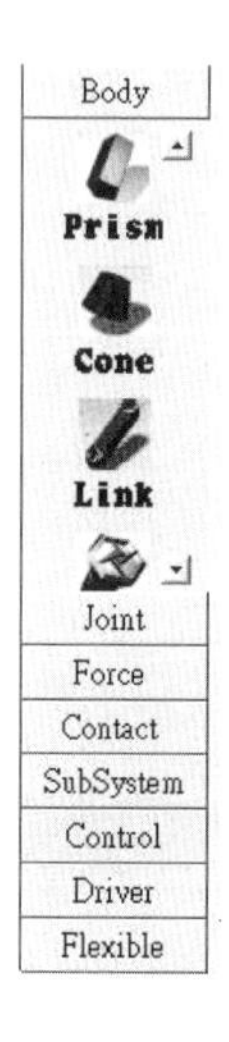

2. 選擇(0.0.0)當工作原點。拉開左方工具欄的 Joint，選擇 Revolute (銷接點)，放置在工作原點(0.0.0)。

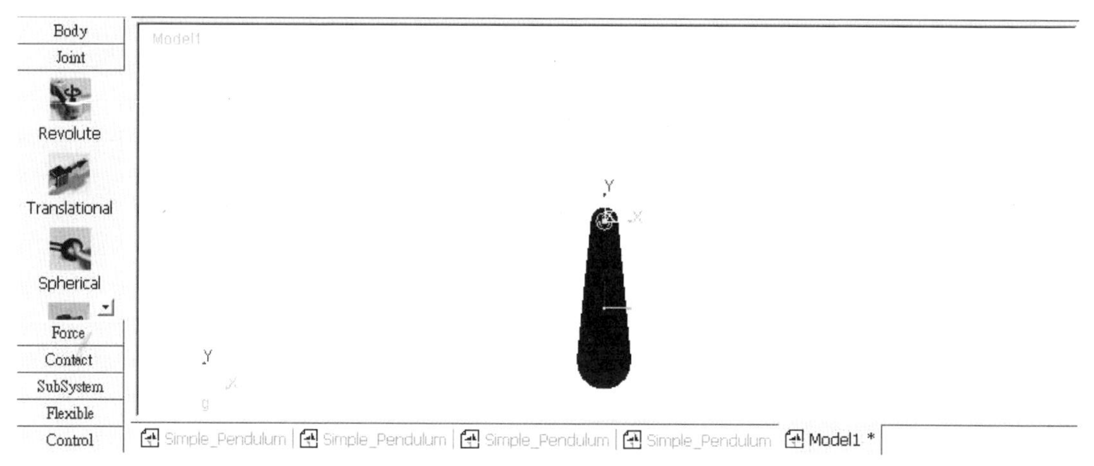

3. 點選接點之後按滑鼠右鍵，選取 Properties 後出現一個對話方塊，將 Include Motion 打勾，點入 Motion 鈕，進入對話方塊。

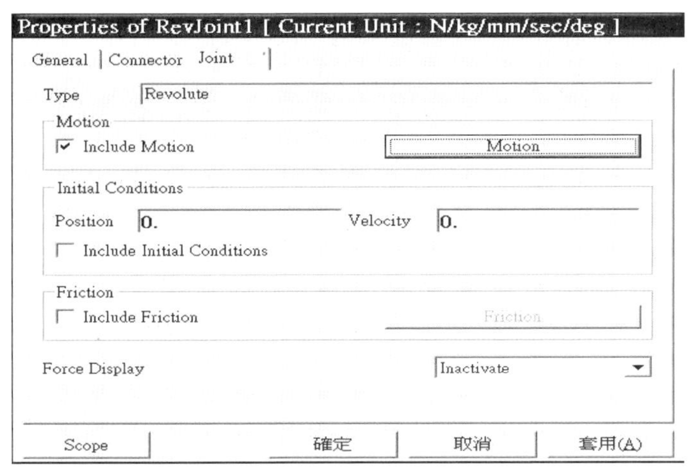

4. 進入對話方塊之後選取 EL 鈕。

Motion
Motion
Type
Standard Motion
Displacement (time)
Expression
Name
EL
Expression
確定
取消
套用(A)

5. 選取左下角的 Create 進入函數定義對話方塊。

Expression List
Expressions
No
Name
Expression
Create
Insert
Delete
確定
取消
套用(A)

6. 輸入期望作動的函數，例如：2*pi*time。($\theta = 2\pi * t$)

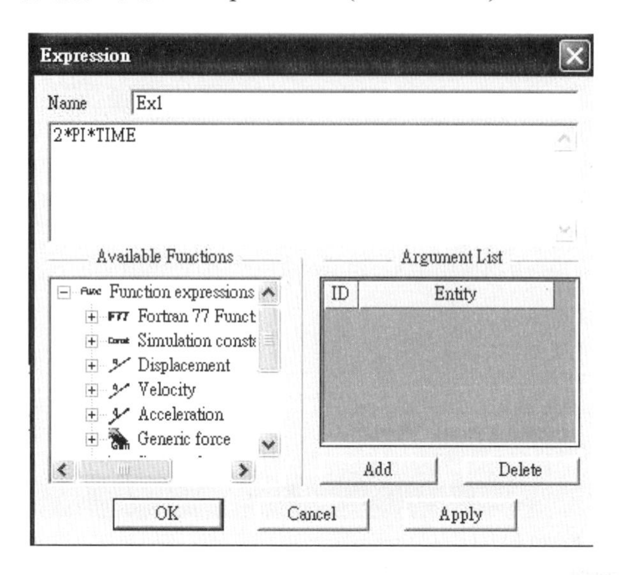

7. 確定套用之後，回到操作介面，點取上方工具欄的 Analysis 。在對話方塊中更改其他的設定值，如：End Time(終止時間)、Step(模擬動作次數，次數越多作動速度越慢)、Gravity(重力的設置)，基本設定值已經將重力加入，可依照需要決定是否放置重力或是增加某方向軸的重力。

8. 選取 Simulate 開始分析，分析結束之後點選右上角的 Run 開始觀察作動情形。

File Edit View Subentity Analysis Settings Tools Post Window Help

100 100 Play/Pause

2.3 庫存函數介紹

RecurDyn 可以由輸入的函數來控制其作動，RecurDyn 所支援的函數有許多種，在下圖的左下方區域可以看到所有的庫存函數名稱。

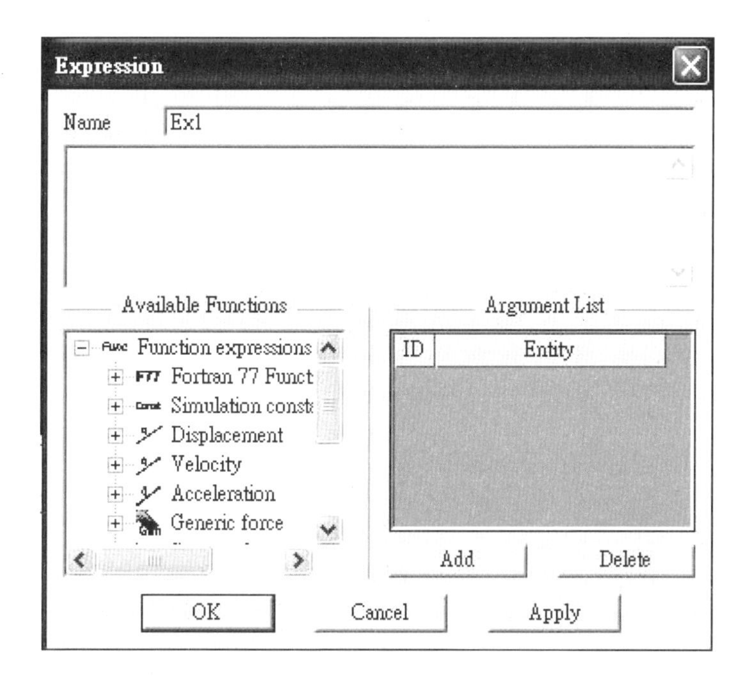

接下來是 General 函數，General 函數是 RecurDyn 軟體自己定義運算公式的函數庫，名稱、表達方式和運算公式如下。

Arithmetic Functions:

1. 函數 IF:

IF(TIME-2.5: -1.0, 0.0, 1.0)

•Expression1 = TIME – 2.5

•Expression2 = -1.0

•Expression3 = 0

•Expression4 = 1.0

IF TIME < 2.5 Result: = -1.0

IF TIME = 2.5 Result: = 0

IF TIME > 2.5 Result: = 1.0

2. 函數 STEP:

STEP(x, x_0, h_0, x_1, h_1)

Example：STEP(TIME, 2.0, 0.0, 3.5, 2)

•x = time: Independent variable

•x_0 = 2.0: X-value at which the STEP function begins

•h_0 =0.0: Initial value of the STEP function

•x_1 = 3.5: X-value at which the STEP functions ends

•h_1 = 2: Final value of the STEP function

起始爲 0 再 2 秒後轉動 ，結束於 3.5 秒停留在 2

3. 函數 CHEBY:

運算方程式：$C(x)= \sum_{j=0}^{n} C_j * T_j(x - x_0)$ 0≦j≦n

where $$T_j(x-x_0) = 2*(x-x_0)*T_{j-1}(x-x_0) - T_{j-2}(x-x_0)$$

$$T_0(x-x_0) = 1. \quad T_1(x-x_0) = x - x_0$$

CHEBY (x, x_0, c_0, c_1, c_2)

EX：CHEBY (time, 1, 1, 1, 1)

•x = time: Independent variable

•x_0 = 1: Shift in the Chebyshev polynomial

•c_0, c_1, c_2 : Define coefficient for the Chebyshev polynomial

•c_0 = 1　•c_1 = 1　•c_2 = 1

C(x) =1*1+1*(time-1)+1*(2*(time-1)^2-1)

=time+2*time^2-4time+2-1

=2*time^2-3time+1

4. 函數 FORCOS:

運算方程式：$F(x)=c_0+\sum_{j=1}^{n} c_j * T_j(x-x0)$,　$0 \leqq j \leqq n$

Where $T_j(x-x_0)=\cos[j*\omega*(x-x_0)]$

表達方式：FORCOS (x, x_0, ω, c_0, c_1, c_2)

Example：FORCOS (time, 0, 360D, 1, 2, 3)

•x = time: Independent variable

•x_0 = 0: Shift in the Fourier cosine series

•ω= 360D: Frequency of the Fourier cosine series

•c_0, c_1, c_2: Define coefficient for the Fourier series

•c_0 = 1

•c_1 = 2

•c_2 = 3

F(x)=1+2*cos(1*360D*time)+3*cos(2*360D*time)

5. 函數 POLY:

運算方程式：$P(x) = \sum_{j=0}^{n} a_j(x-x_0)^j$

表達方式：POLY (x, x_0, a_0, a_1, a_2)

Example：POLY (time, 0, 1, 1, 1)

•x = time: Independent variable

•x_0 = 0: Shift in the polynomial

•a_0, a_1, a_2: Define coefficient for the polynomial series

•$a_0 = 1$

•$a_1 = 1$

•$a_2 = 1$

P (x) = 1+1*time+1*time^2

= time^2+time+1

6. 函數 SHF：

運算方程式：SHF=a*sin(ω*(x-x_0)-ψ)+b

表達方式：SHF(x, x_0, a, ω, ψ, b)

Example：SHF(time, 10D, PI,360D,0,3)

•x = time: Independent variable in the function

•x_0 = 10D: Offset in the independent variable x

•a = PI: Amplitude of the harmonic function

•ω= 360D: The frequency of the harmonic function.

•ψ=0: Phase shift in the harmonic function

•b = 3: Average Displacement of the harmonic function.

•SHF = pi*sin (360D*(time-10D)-0)+3

7. 函數 FORSIN：

運算方程式：$F(x)=a_0+\sum_{j=1}^{n} c_j * T_j(x-x0),\qquad 0\leqq j\leqq n$

Where $T_j(x+x_0)=\cos[j*\omega*(x+x_0)]$

表達方式：FORSIN (x, x_0, ω, a_0, a_1, a_2, a_3)

Example：FORSIN (time, 0.25, π, 0, 1, 2, 3)

•x = time: Independent variable

•x_0 = 0.25: Shift in the Fourier sine series

•ω = π：Frequency of the sine series

•a_0, a_1, a_2: Define coefficient for the sine series

•a_0 =0

•a_1 =1　•a_2 =2　•a_3 =3

F(x)=0+1*sin (1*π*(time+0.25)) + 2 * sin (2 *π*(time+0.25))+3 * sin (3 *π*(time+0.25))

8. 函數 HAVSIN：

運算方程式 HAVSIN=h_0　　when　$X \leqq X_0$

$$=\frac{(h_0+h_1)}{2}+\frac{(h_1-h_0)}{2}*\sin\frac{x-x_0}{x_1-x_0}*\pi-\frac{\pi}{2}\quad, \text{when}\quad X_0 \leqq X \leqq X_1$$

$=h_1$　　, when　$X \geqq X_1$

表達方式：HAVSIN(x, x_0 , h_0, x_1, h_1)

•x : Independent variable

•x_0 : The x-value at which the HAVSIN function begins

•h_0 : Initial value of the HAVSIN function

•x_1 : The x-value at which the HAVSIN function ends

•h_1 : Final value of the HAVSIN function

2.4 庫存函數範例介紹

在這節吾人會將剛剛介紹的函數挑選幾個出來驗證以及結合物體拘束條件與驅動條件使用之。

(一) SHF 函數控制單擺

範例一

連桿長度：6mm。重力設置：-9806.65N，在 Y 方向。質量：18.634259。

以 SHF 函數控制單擺

1. 進入 RecurDyn 之後，在拉開左方的工具欄裡的 Body，選取 Link。
2. 擇(0.0.0)當工作原點。
3. 拉開左方工具欄的 Joint，選擇 Revolute (銷接點)，放置在工作原點(0.0.0)上。

4. 點選接點之後按滑鼠右鍵，選取 Properties 後出現一個對話方塊，將 Include Motion (動作)打勾，點入 Motion 鈕，進入對話方塊之後選取 EL 鈕。

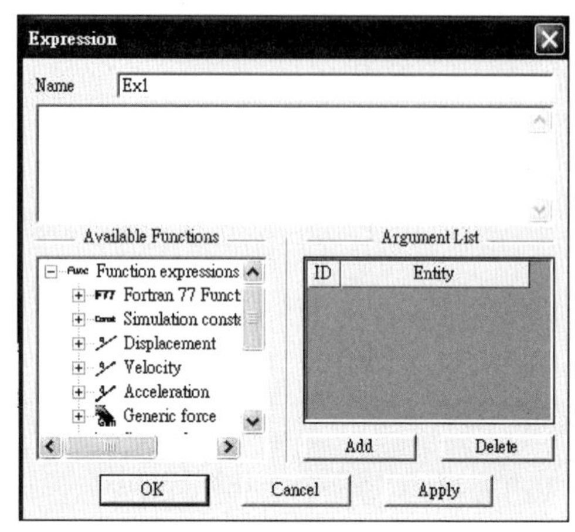

5. 選取左下角的 Create 進入函數定義對話方塊。
6. 輸入期望作動的函數，例如：
   SHF(TIME,0,0.5*PI,360D,0,0)。

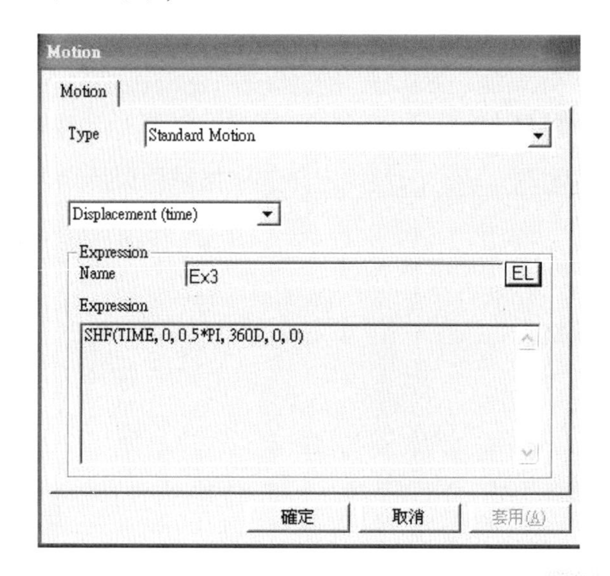

7. 確定套用之後，回到操作介面，點取上方工具欄的 Analysis (End Time 設定 5 秒,Step 設定 100)選取 Simulate 開始分析，分析結束之後點選右上角的 Run 開始觀察作動情形。
8. Body1 的位移分析說明圖如下所示。

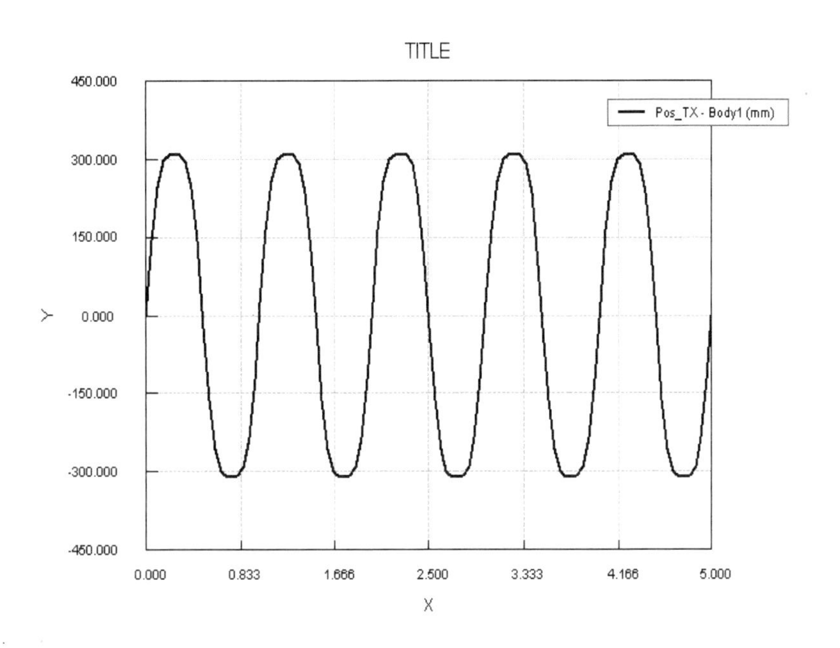

Body1 之 X 軸的位移分析圖

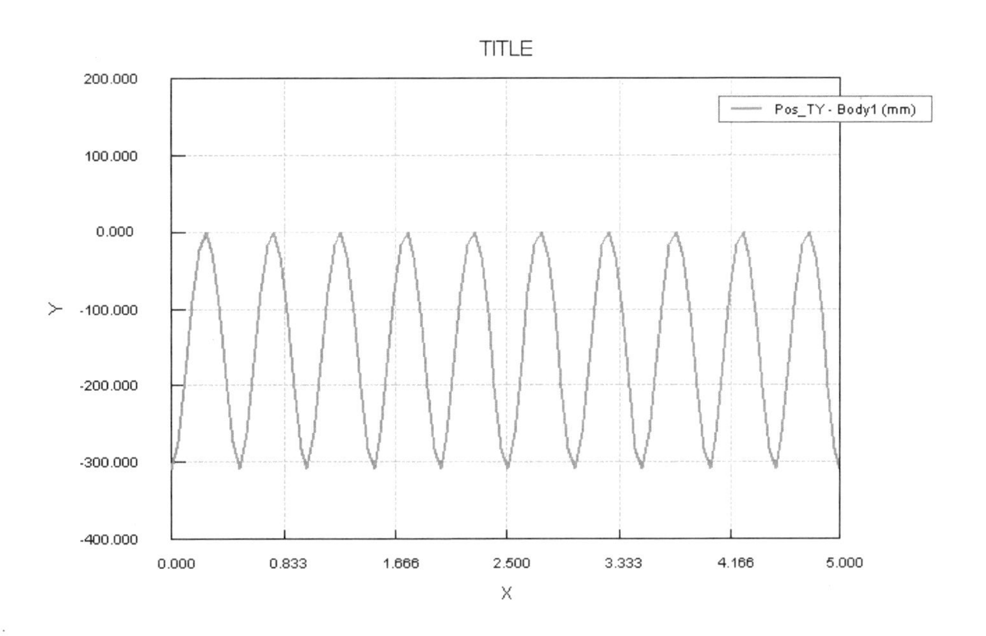

Body1 之 Y 軸的位移分析圖

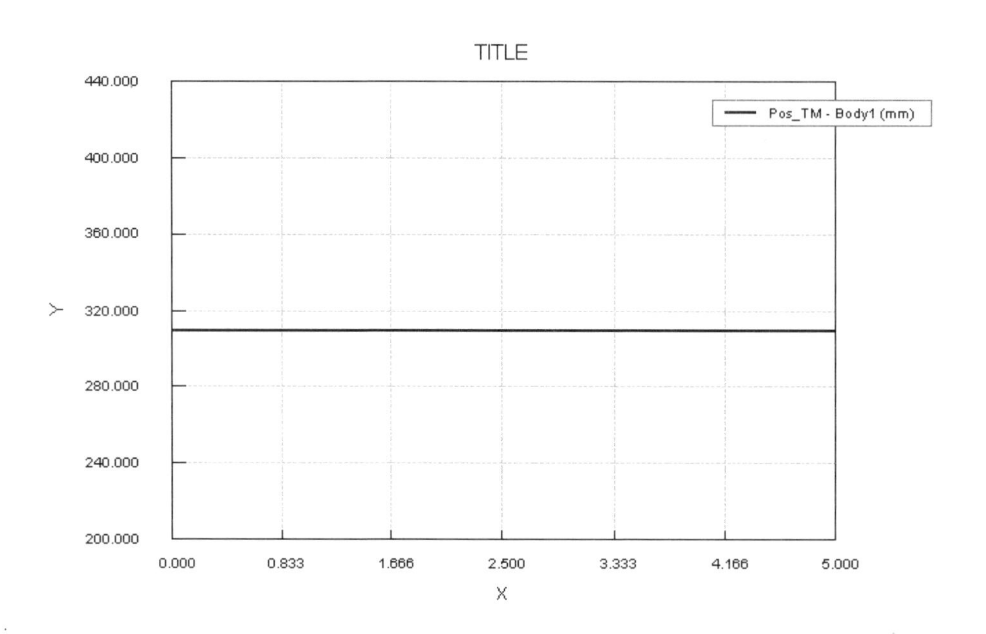

Body1 之總和位移分析圖

9. Body1 的速度分析說明圖如下所示。

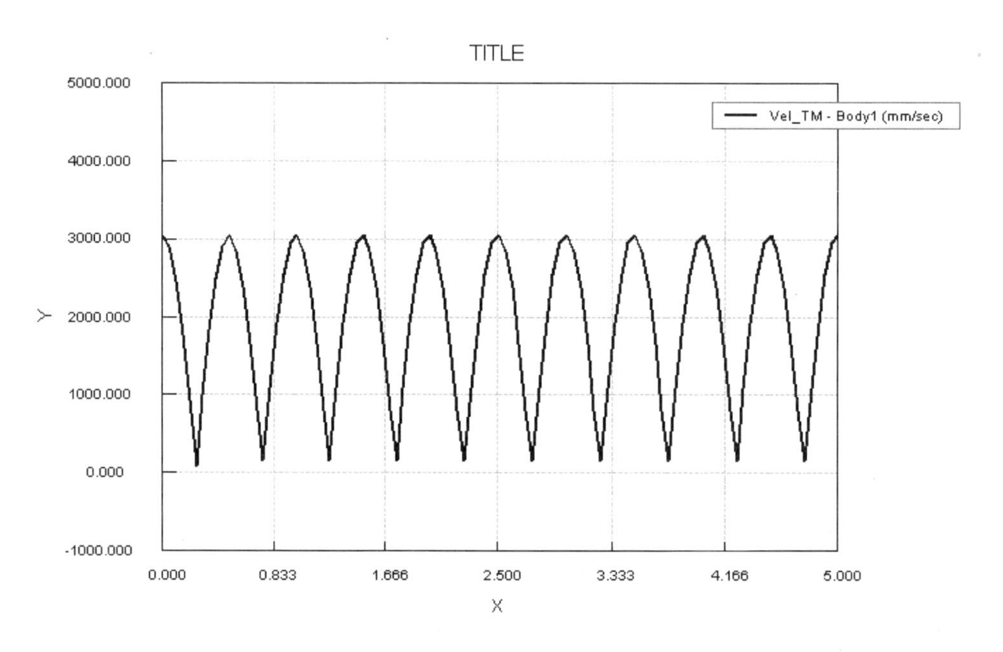

Body1 之總和速度分析圖

10. Body1 的加速度分析說明圖如下所示。

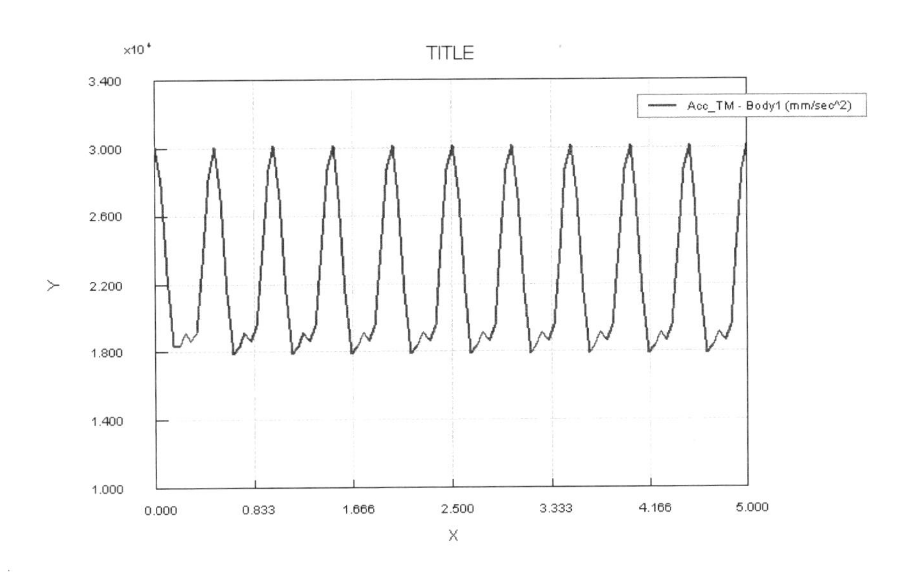

Body1 之總和加速度分析圖

11. 銷接點反力分析說明圖如下所示。

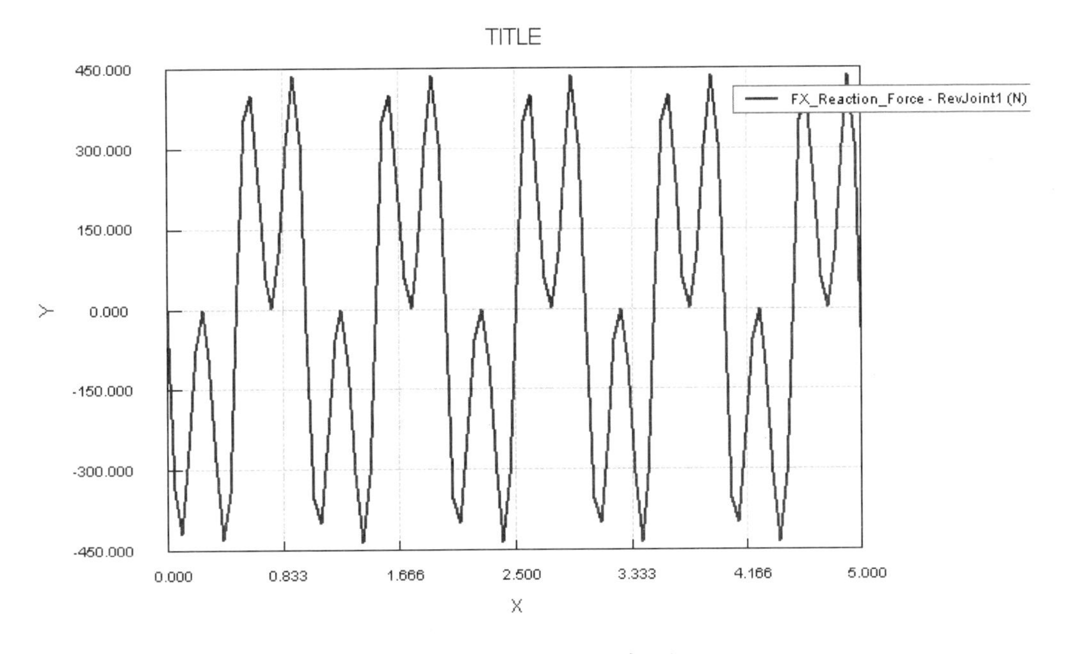

銷接點的 X 軸反作用力圖

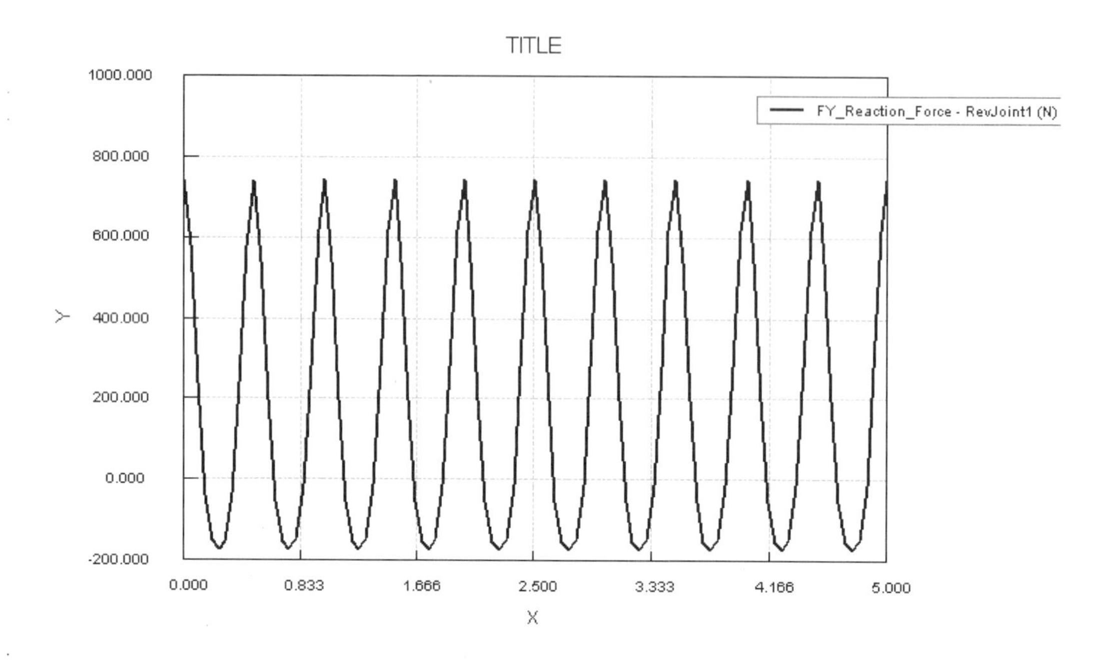

銷接點的 Y 軸反作用力圖

(二) IF 與 STEP 函數運用

範例二

IF 與 STEP 函數混合運用分析

1. 開啓 RecurDyn 軟體，設定成 MMKS 制，Length: millimeter，Force: newton，Time: second，Gravity: –Y 。
2. 把工作平面設成 XY 平面。
3. 開始繪製桿件，點選 Body -> Link ,位置在(0,0,0)連桿長度=7mm。
4. 點選 Joint -> Revolute ,位置在(0,0,0)，點選 Revolute，按滑鼠右鍵，進入 Properties，修改 Revolute 的性質。
5. 打勾 Include Motion 並點選 Motion，再點選 Expression 的 EL-> 點選 Create。
6. 設定接點性質-> OK -> 確定。

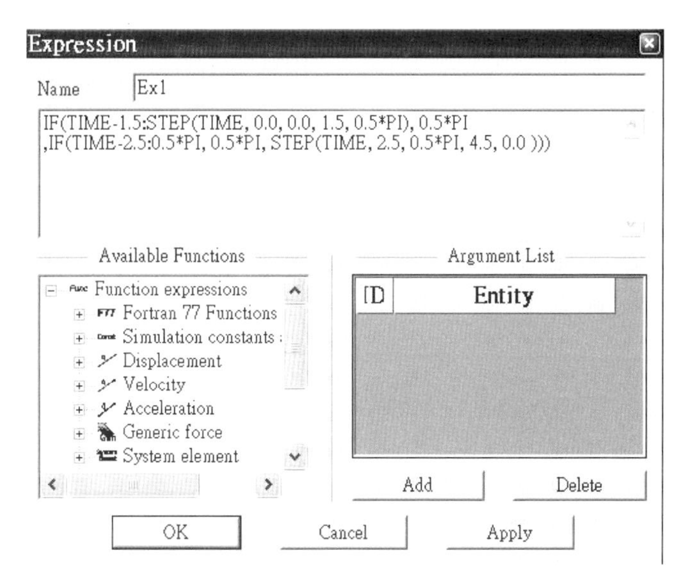

7. 討論運用方程式。

IF(TIME-1.5:STEP(TIME, 0.0, 0.0, 1.5, 0.5*PI)

, 0.5*PI,IF(TIME-2.5:0.5*PI, 0.5*PI, STEP

(TIME, 2.5, 0.5*PI, 4.5, 0.0)))

•Expression1 = TIME – 1.5

•Expression2 = STEP(TIME, 0.0, 0.0, 1.5, 0.5*PI)

•Expression3 = 0.5*PI

•Expression4 = IF(TIME-2.5:0.5*PI, 0.5*PI, STEP

(TIME, 2.5, 0.5*PI, 4.5, 0.0))

IF TIME < 1.5　　Result: = STEP(TIME, 0.0, 0.0, 1.5, 0.5*PI)

IF TIME = 1.5　　Result: = 0.5*PI

IF TIME > 1.5　　Result: =IF(TIME-2.5:0.5*PI, 0.5*PI,STEP(TIME,2.5,0.5*PI,4.5,0.0))

STEP(TIME, 0.0, 0.0, 1.5, 0.5*PI)

•x = time: Independent variable

•x_0 = 0.0: X-value at which the STEP function begins

•h_0 =0.0: Initial value of the STEP function

•x_1 = 1.5: X-value at which the STEP functions ends

•h_1 = 0.5*PI: Final value of the STEP function

起始爲 0 再 0 秒後轉動，結束於 1.5 秒停留在 0.5*PI。

8. 實體連桿完成。

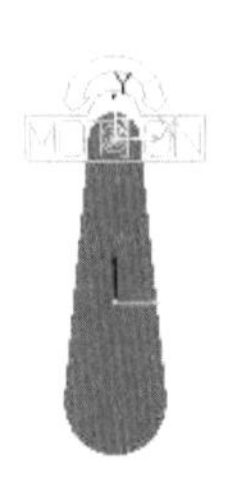

9. 進行分析點選 -> Analysis -> Simulate (End Time 設定 5 秒，Step 設定 100)-> 儲存完成-> 即可按 Run。

10. Body1 的位移說明圖如下圖所示。

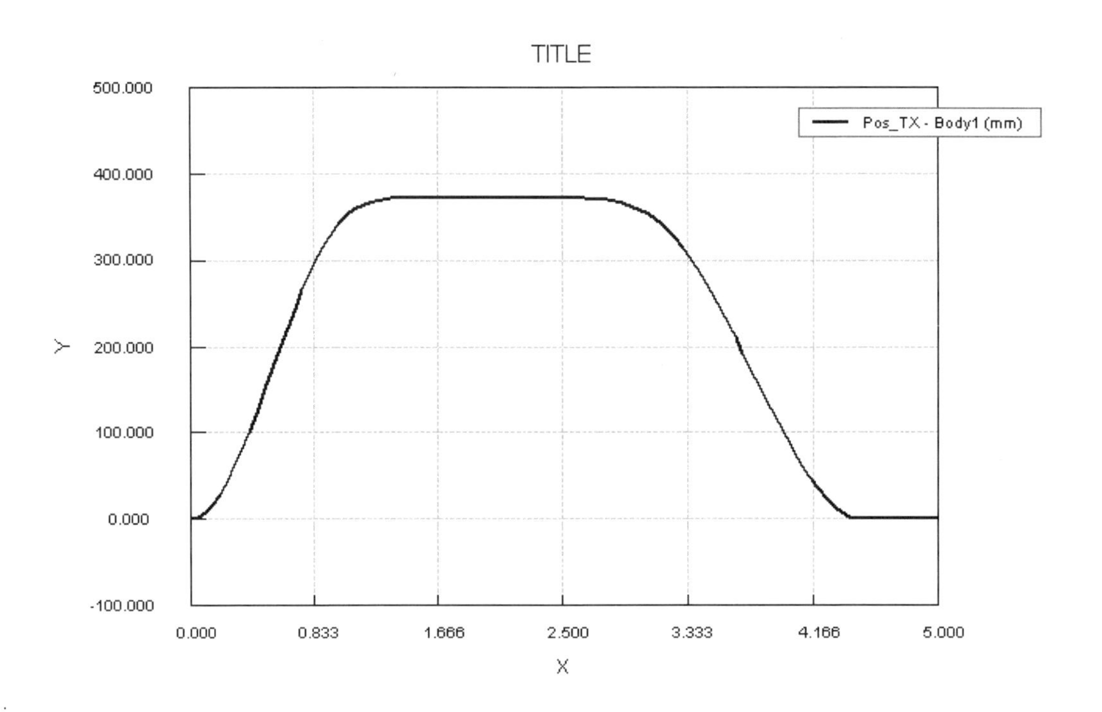

Body1 之質量中心點 X 方向的位移分析圖

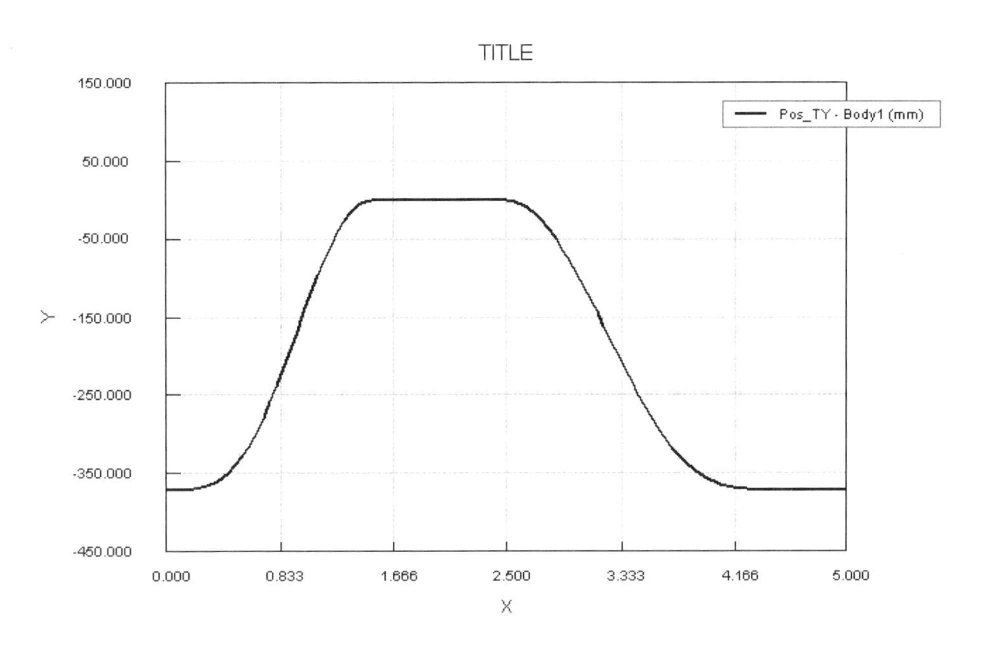

Body1 之質量中心點 Y 方向的位移分析圖

11. Body1 的加速度說明圖如下圖所示。

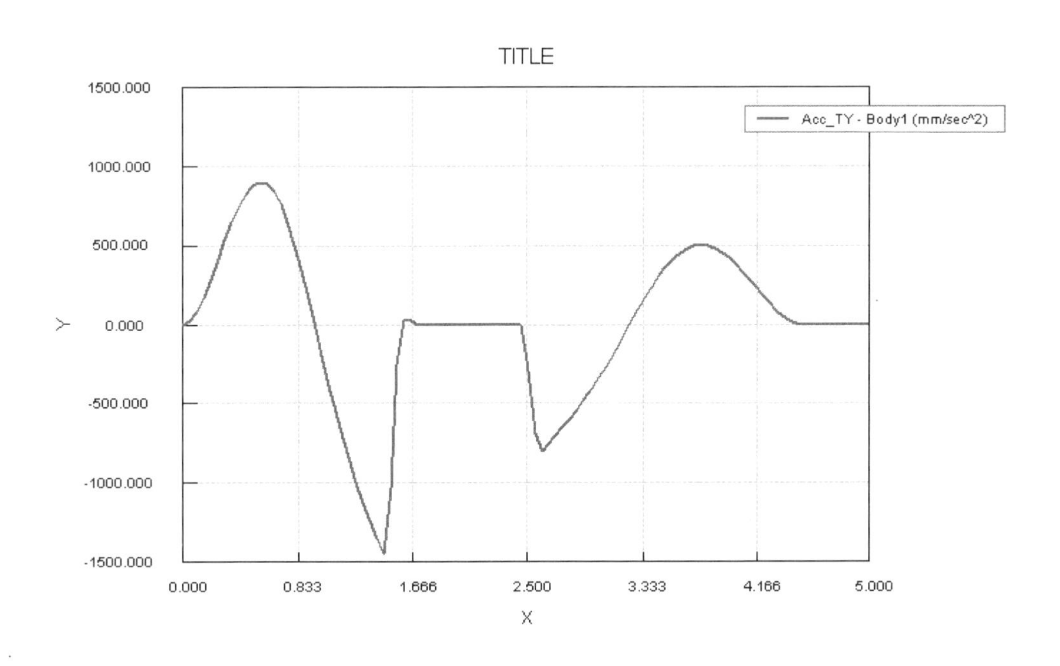

Body1 之總和加速度分析圖

12. 接點反作用力說明圖如下圖所示。

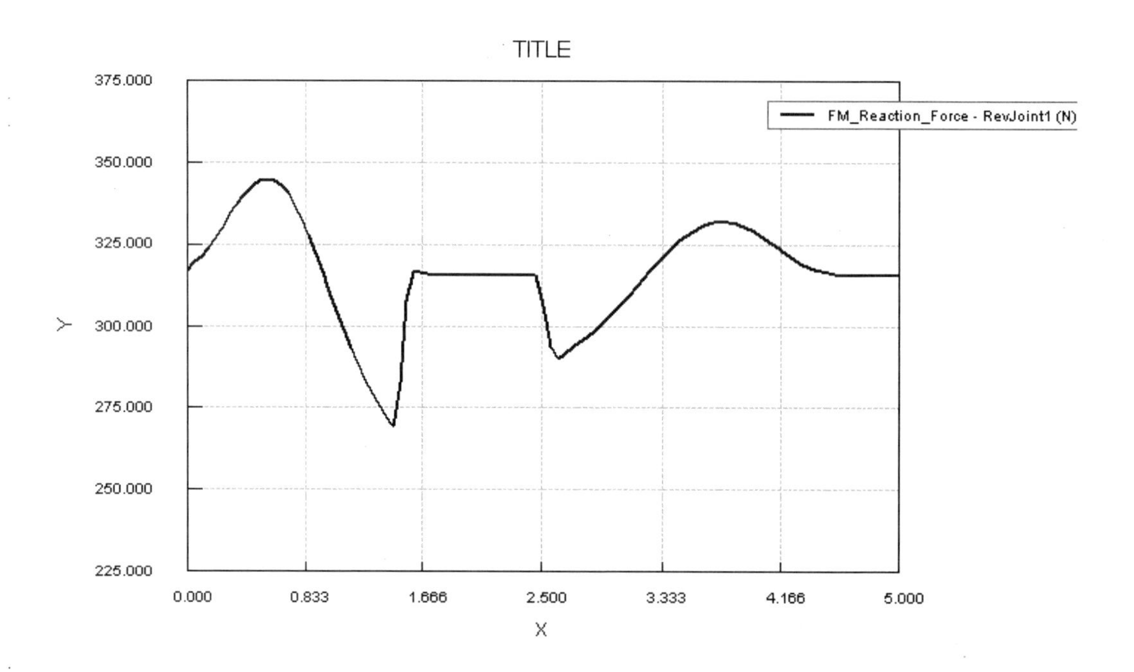

接點的總和反作用力圖

第三章 四連桿機構剛體動力分析

3.1 平面四連桿的曲柄搖桿機構動力分析

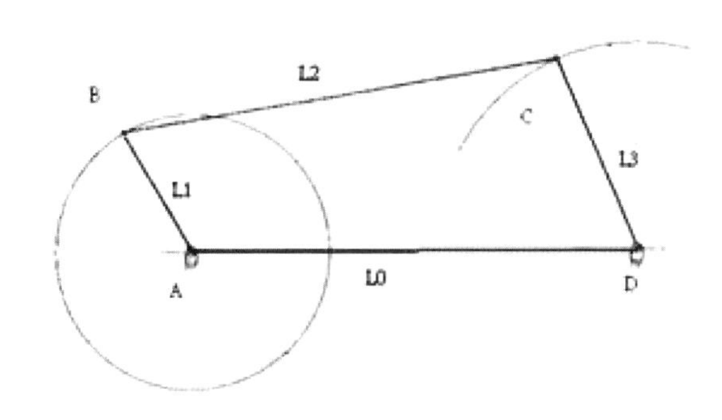

四連桿曲柄搖桿機構圖

根據 Grashoff 定理[26]，四連桿曲柄搖桿機構需符合

$L0 < L2 - L1 + L3$; $L2 - L1 < L0 + L3$; $L3 < L0 - L1 + L2$

$L0 < L1 + L2 + L3$; $L1 + L2 < L0 + L3$; $L3 < L0 + L1 + L2$

且最短桿爲主動桿

假使符合上述公式，則主動曲柄作連續旋轉，導致從動桿(搖桿)，作固定範圍的搖擺運動。

本節將要模擬之四連桿曲柄搖桿規格如下

1. 固定桿(Body1):長 L0 = 2m，半徑 0.1m，質量 0.156kg。
2. 主動桿又稱曲柄(Body2):長 L1 = 1m (最短桿) ，半徑 0.1m ，質量 0.078kg。
3. 連接桿(Body3): 長 L2 = 3m，半徑 0.1m ，質量 0.702kg。
4. 從動桿又稱搖桿(Body4):長 L3 = 3.5m(最長桿)，半徑 0.1m，質量 0.9555kg。
5. A=旋轉接點，B=旋轉接點，C=旋轉接點，D=旋轉接點。
6. 馬達設定在 A 的旋轉接點上，轉速 Displacement = 0.4*pi*time rad/sec。

(一) 四連桿之曲柄搖桿的繪製及定義

1. 開啓 RecurDyn 軟體，設定成 MKS 制，Force= newton， Length= meter，Time= second，Gravity= –Z 。
2. 把工作平面設成 YZ 平面。

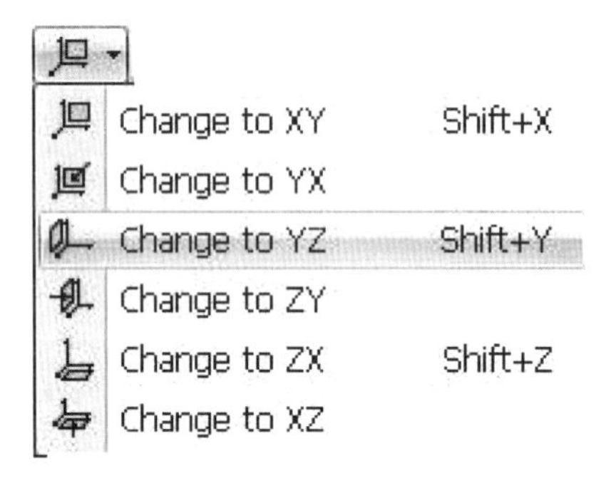

3. 開始繪製桿件。

(1) Body1

a. 點選工具列 Body -> Cylinder，建構 Body1，在 Modeling Option 選擇 -> Point,Point,Radius，選擇 Body1 起始位置在(0,0,0)，Length = 2m，Radius = 0.1m 。

b. 點選 Body1，按滑鼠右鍵，進入 Properties，修改 Body1 原點(Origin)座標設在(0,1,0)上。

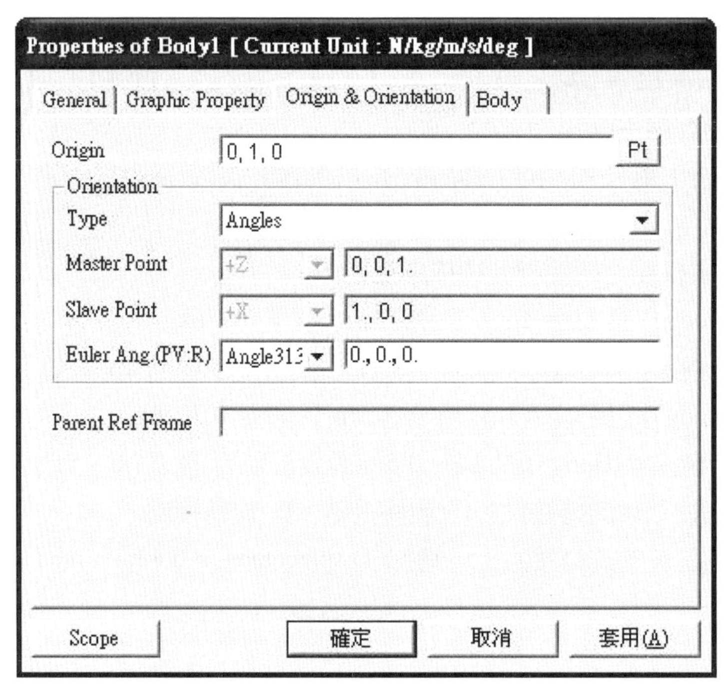

c. 此時，Body1 會向右位移 1m，使用 Object Control 來移動 Body1，點選 -Y ->偏移量 1m，使其左端與系統原點(0,0,0)相接觸。

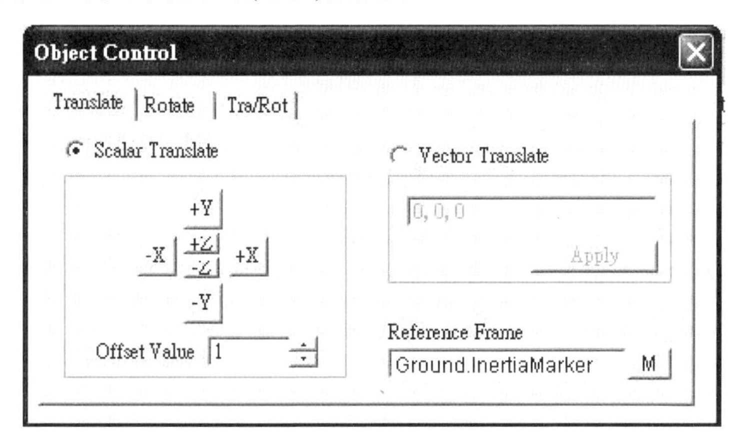

d. 點選 Body1，按滑鼠右鍵，進入 Properties，修改 Body1 的質量，Mass = 0.156、Ixx = 7.8e-4、Iyy = 0.05239、Izz = 0.05239。

e. Body1 完成。

(2) Body2

a. 點選工具列 Body -> Cylinder，建構 Body2， Modeling Option 選 -> Point, Point, Radius，位置在(0,0,0)，Length = 1m，Radius = 0.1m。

b. 點選 Body2，按滑鼠右鍵，進入 Properties，修改 Body2 把原點(Origin)座標設在(0,0,0.5)上。

c. Body2 會向上位移 0.5m，使用 Object Control 來移動 Body2，點選 -Z ->偏移量 0.5m，使其下端與系統原點(0,0,0)相接觸。

d. 點選 Body2，按滑鼠右鍵，進入 Properties，修改 Body2 的質量 Mass = 0.078、Ixx = 3.9e-4、Iyy = 0.006695、Izz =0.006695。

e. Body2 完成。

(3) Body3

a. 點選工具列 Body -> Cylinder 建構 Body3，Modeling Option 選取 -> Point, Point, Radius，Body3 位置在(0,0,1)，Radius = 0.1m，Length = 3m。

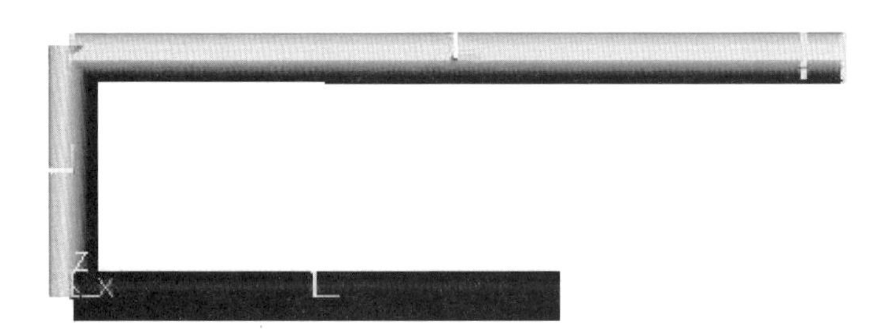

b. 點選 Body3，按滑鼠右鍵，進入 Properties，修改 Body3，把原點(Origin)座標設在(0,0,1)上。

c. Body3 會向上位移 1m，使用 Object Control 來移動 Body3，點選 -Z ->偏移量 1m，使其與 Body2(0,0,1)相接觸。

d. 點選 Body3，按滑鼠右鍵，進入 Properties，對 Body3 作旋轉，旋轉 56 度。

Properties of Body3 [Current Unit : N/kg/m/sec/deg]

General | Graphic Property | Origin & Orientation | Body

Origin: 0, 0, 1. [Pt]

Orientation

Type: Angles

Master Point: +Z | 0, -0.82903757, 1.5591929

Slave Point: +X | 1., 0, 1.

Euler Angle: Angle313 | 0., 56., 0.

Parent Ref Frame

Scope　確定　取消　套用(A)

e. 把 Body3 的原點(Origin)座標設在(0, 0.83878936,2.2435564) 。

f. Body3 會向上位移 0.83878936m，再向左移 1.2435564m，用 Object Control 來移動 Body3，點選 -Z ->偏移量 1.2435564m，點選 -Y ->偏移量 0.83878936m，使其與 Body2 相接觸。

g. 點選 Body3，按滑鼠右鍵，進入 Properties，修改 Body3 質量， Mass = 0.702、Ixx = 3.51e-3、Iyy = 0.528255、Izz = 0.528255。

h. Body3 完成。

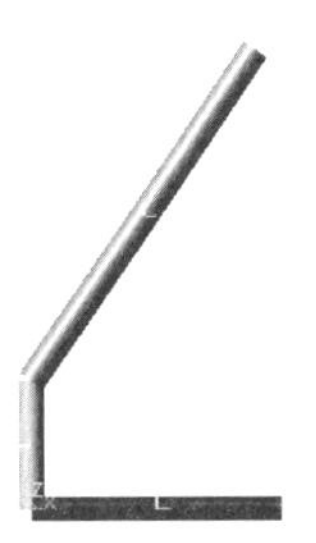

(4) Body4

a. 點選工具列 Body -> Cylinder 建構 Body4，Modeling Option 選取 -> Point, Point, Radius，Body4 位置在(0, 2, 0)，Radius = 0.1m，Length = 3.5m。

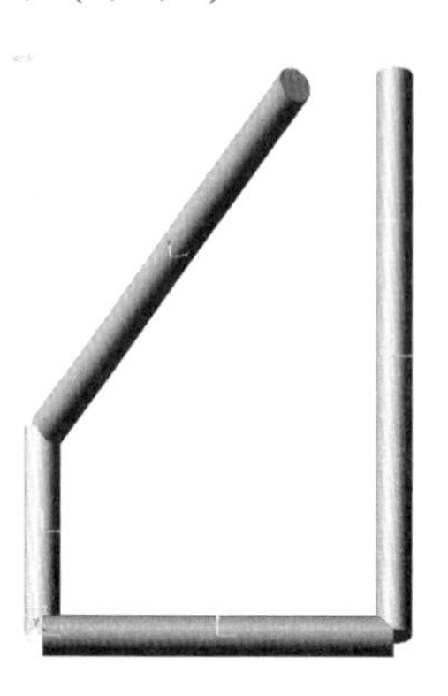

b. 點選 Body4，按右鍵進入 Properties，修改 Body4，把原點(Origin)座標設在(0,2,0)上。

c. Body4 會向右位移 2m，用 Object Control 來移動 Body4，點選 -Y ->偏移量 2m，使其與 Body1 相接觸。

d. 點選 Body4，按滑鼠右鍵，進入 Properties，對 Body4 作旋轉，旋轉 5 度。

e. 把 Body4 的原點(Origin)座標設在(0,1.8474775,1.7433407)。

f. Body4 會向上位移 1.7433407m，向左移(2-1.8474775=0.1525225m)，用 Object Control 來移動 Body4，點選 -Z ->偏移量 1.7433407m，點選 +Y ->偏移量 0.1525225m，使其下端與 Body1 相接觸。

g. 點選 Body4，按滑鼠右鍵，進入 Properties，修改 Body4 的質量，Mass = 0.9555、Ixx = 4.7775e-3、Iyy = 0.977795 、Izz =0.977795 。

h. 完成桿件的繪製。

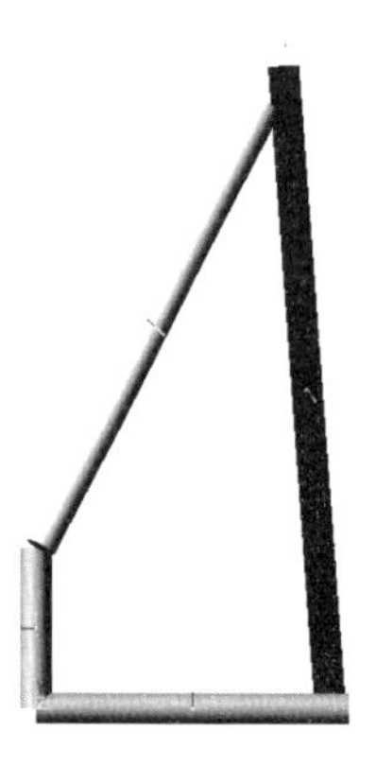

(二) 設定曲柄搖桿旋轉接點

1. 設置固定接點 Fixed1，點選 Joint -> Fixed， 位置在(0,1,0)。點選 Fixed1，按滑鼠右鍵，進入 Properties，如下圖修改 Fixed1 的連接對象。

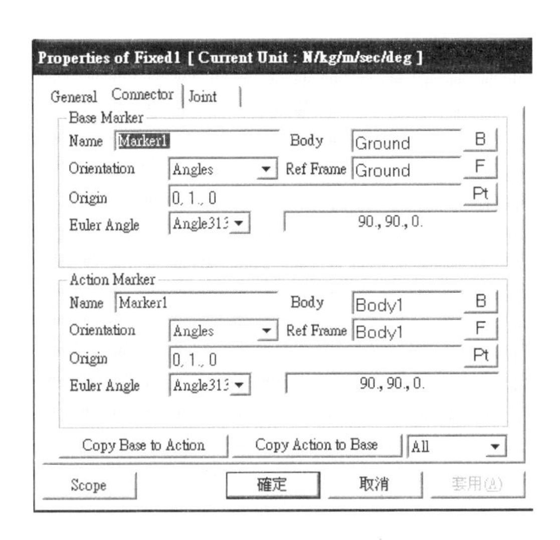

2. 設置機構的旋轉接點。

(1) RevJoint1

a. 點選 Joint -> Revolute，位置在 (0,0,0)。

b. 選取 RevJoint1，按滑鼠右鍵，進入 Properties，如下圖修改 RevJoint1 的相接對象。

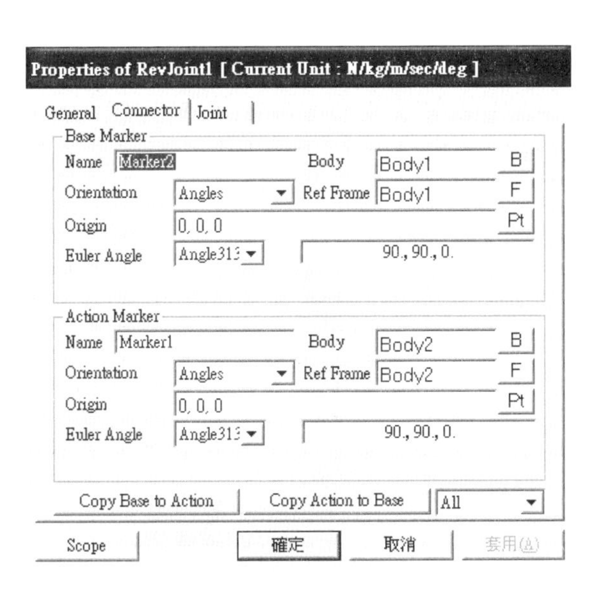

c. 在 Properties of RevJoint1 -> Joint 上設置 Motion 。

轉速為 Displacement = 0.4*pi* time。

d. RevJoint1 設定完成。

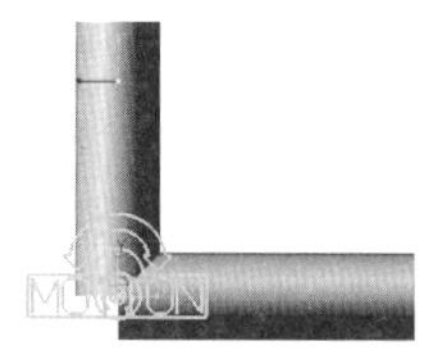

(2) RevJoint2

a. 點選 Joint -> Revolute，RevJoint2 位置在(0,0,1)。

b. 選取 RevJoint2，按滑鼠右鍵，進入 Properties，如下圖修改 RevJoint2 的連接對象。

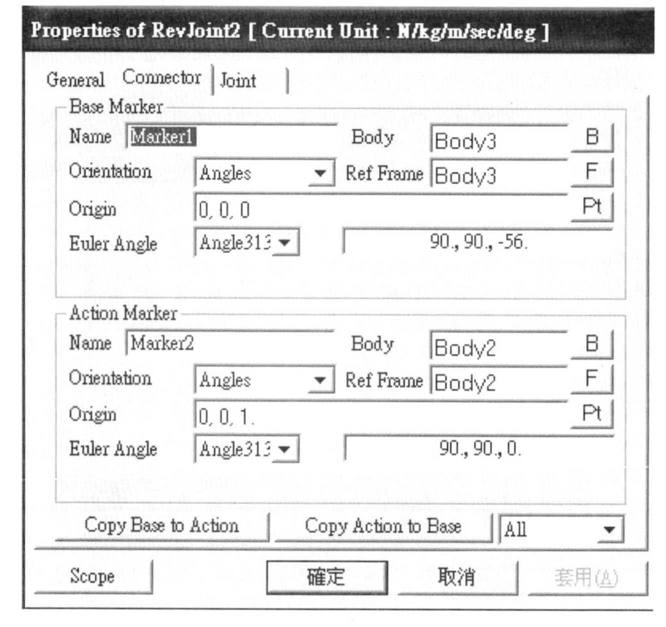

c. RevJoint2 設定完成。

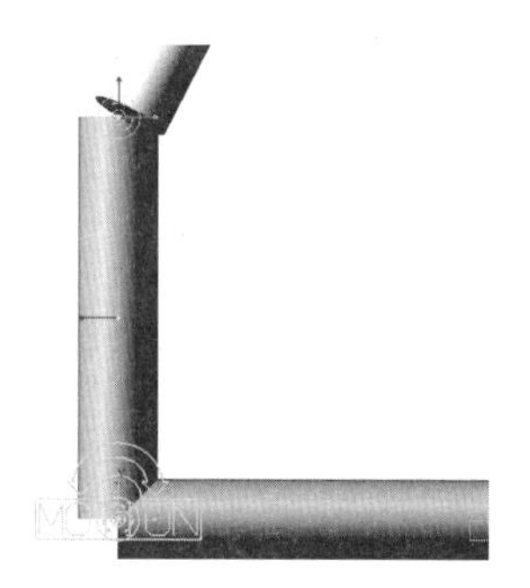

(3) RevJoint3

a. 點選 Joint -> Revolute，RevJoint3 位置在(0,1.677,3.487)。

b. 選取 RevJoint3，按滑鼠右鍵，進入 Properties，如下圖修改 RevJoint3 的連接對象。

Properties of RevJoint3 [Current Unit : N/kg/m/sec/deg]

General Connector Joint

Base Marker

Name	Marker1	Body	Body4	B
Orientation	Angles	Ref Frame	Body4	F
Origin	0, -1.727248e-002, 3.5019441			Pt
Euler Angle	Angle313	90., 90., -5.		

Action Marker

Name	Marker2	Body	Body3	B
Orientation	Angles	Ref Frame	Body3	F
Origin	0, 3., 0			Pt
Euler Angle	Angle313	90., 90., -56.		

Copy Base to Action　Copy Action to Base　All

Scope　確定　取消　套用(A)

c. RevJoint3 設定完成。

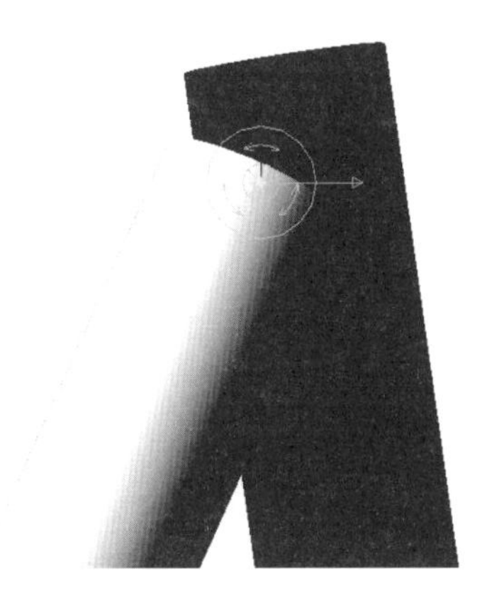

(4) RevJoint4

a. 點選 Joint -> Revolute，RevJoint4 位置在(0,2,0)。

b. 選取 RevJoint4，按滑鼠右鍵，進入 Properties，如下圖修改 RevJoint4 的連接對象。

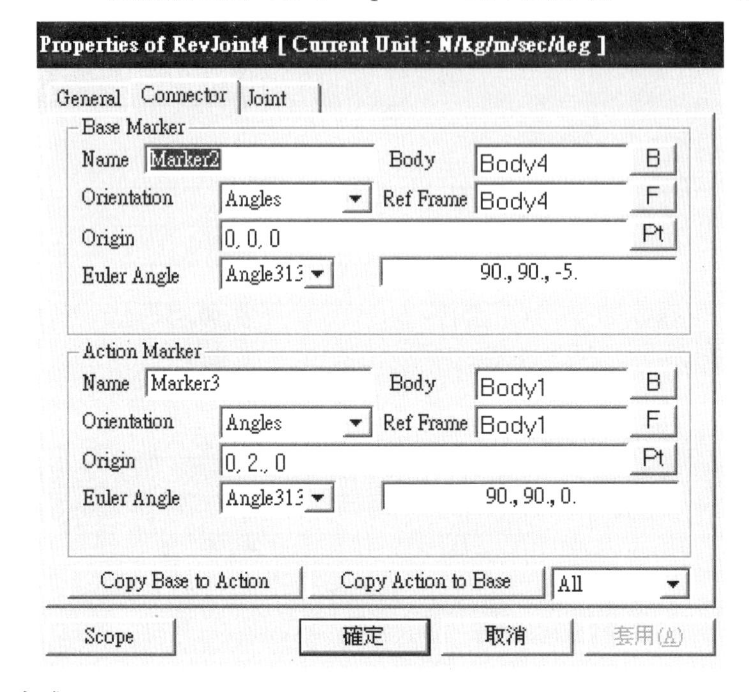

c. 接點設定完成。

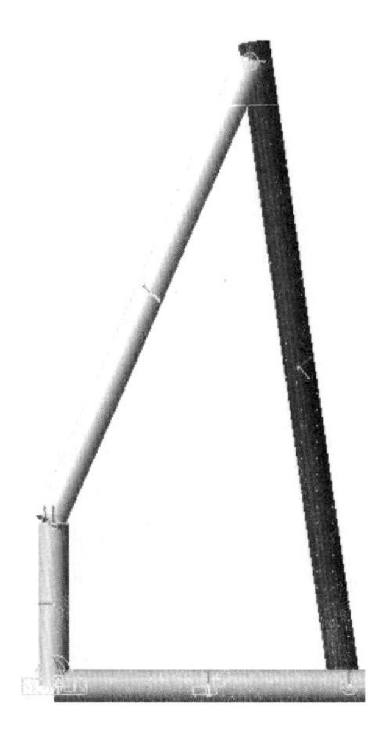

（三）分析曲柄搖桿機構

1. 進行結果分析，使用 Analysis ，End Time 設定 5 秒。

2. 系統會提示需要儲存檔案，設定要儲存檔案的位置與檔名。

3. 求解計算完畢，訊息列出現成功訊息。

```
> RD/SOLVER-PROCESS IS SUCCESSFULLY FINISHED
Message  Solving
Select <1> Entity : SubSystem edit mode.    CA  Global  X:0 Y:1.8 Z:0.4    Local  X:1.8 Y:0.4    N/kg/m/sec
```

4. 點選 Animation Control Toolbar，觀看動態結果。

5..驗證結果的正確性。

(1) Body3 的位移，速度，加速度。

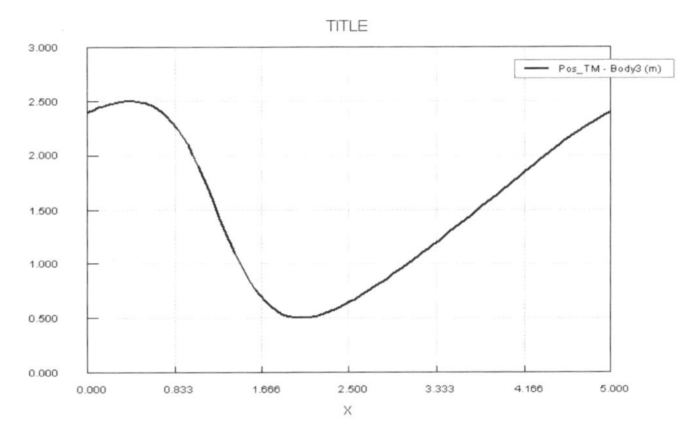

Body3 的質量中心點總和位移分析圖

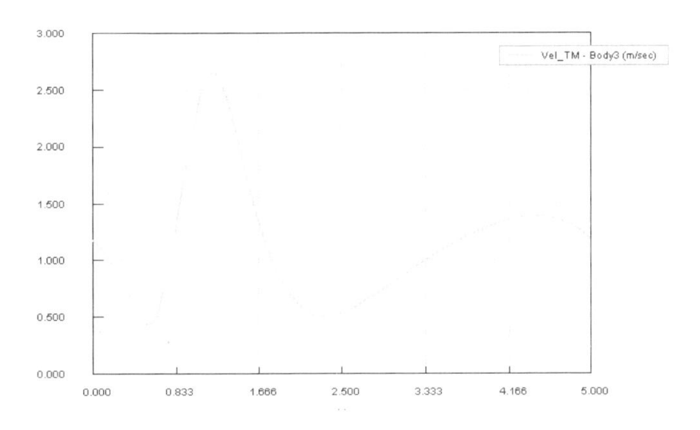

Body3 的總和速度分析圖

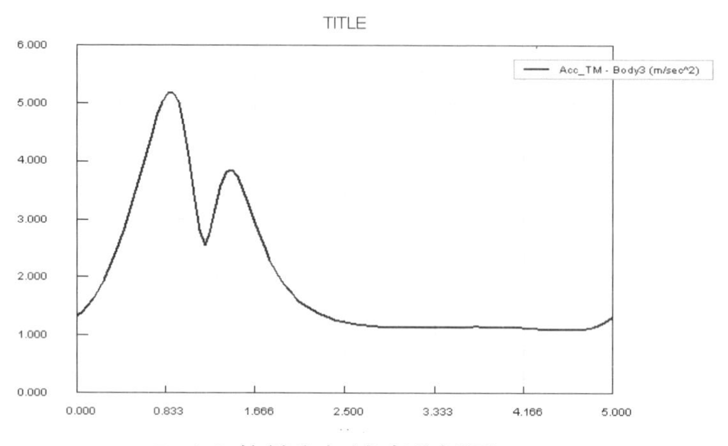

Body3 的總和加速度分析圖

(2) 4 個 RevJoint 的反作用力

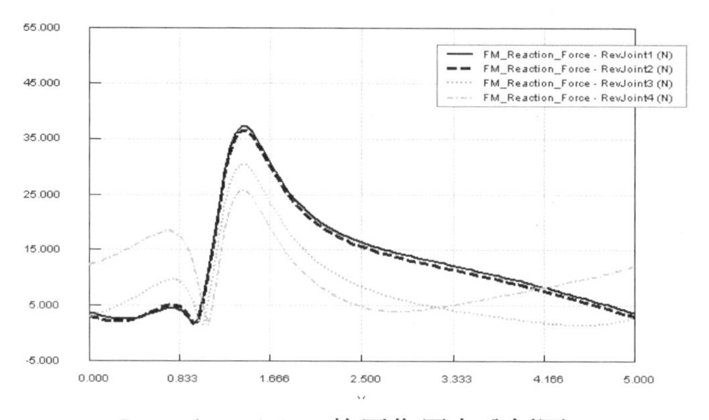

RevJoint 1,2,3,4 的反作用力分析圖

6. 以此類推也可繪出其他的關係分析圖。

3.2 平面四連桿的雙曲柄機構動力分析

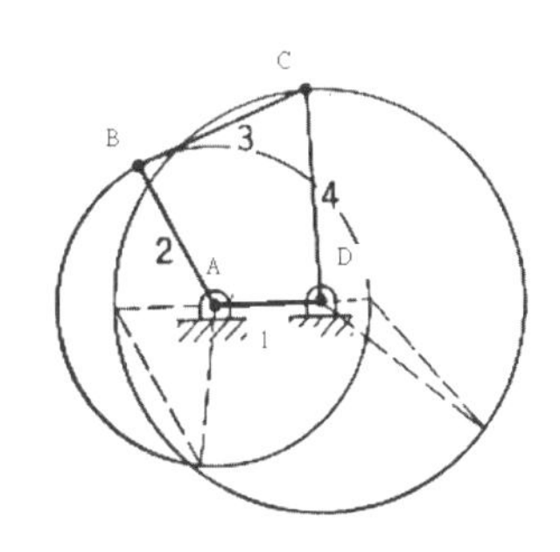

四連桿雙曲柄機構圖

根據 Grashoff 定理，四連桿雙曲柄機構需符合:

L1 < L2 + L4 ; L4 < (L2 – L1) + L 3 ; L3 < (L4 – L1) + L 2

且最短桿為固定桿

假使符合上述公式，則主動桿(曲柄)和從動桿(曲柄)皆作連續整周迴轉，這種四連桿組稱為牽桿機構(Drag-Link mechanism)，又稱為雙曲柄機構。

本節將要模擬之四連桿雙曲柄規格如下:

1. 固定桿(Body1):長 L0 = 1m，半徑 0.05m，質量 0kg 。
2. 主動桿: 曲柄(Body2):長 L1 = 2m (最短桿)，半徑 0.05m，質量 2kg 。
3. 連接桿(Body3):長 L2 = 2.5m，半徑 0.05m，質量 3kg 。
4. 從動桿: 曲柄(Body4):長 L3 = 3m(最長桿)，半徑 0.05m，質量 4kg 。
5. A=旋轉接點，B=旋轉接點，C=旋轉接點，D=旋轉接點。
6. 馬達設定在 A 的旋轉接點上，轉速: Displacement = -0.4 *pi*time rad/sec。

(一) 四連桿之雙曲柄的繪製及定義

1. 開啟 RecurDyn 軟體，設定成 MKS 制，Force= newton，Length= meter，Time=second，Gravity=–Z 。
2. 把工作平面設成 YZ 平面。

Change to XY Shift+X
Change to YX
Change to YZ Shift+Y
Change to ZY
Change to ZX Shift+Z
Change to XZ

3. 開始繪製桿件。

(1) Body1

a. 點選 Body -> Cylinder，建構 Body1，Modeling Option 選擇 -> Point,Point,Radius，Body1 位置在(0,0,0)，Length = 1m，Radius = 0.05m。

b. 點選 Body1，滑鼠右鍵，進入 Properties，修改 Body1 把原點(Origin)座標設在(0,0.5,0)

c. 此時，Body1 會向右位移 0.5m，使用 Object Control 來移動 Body1，點選 -Y ->偏移量 0.5m，其左端與系統原點(0,0,0)相接觸。

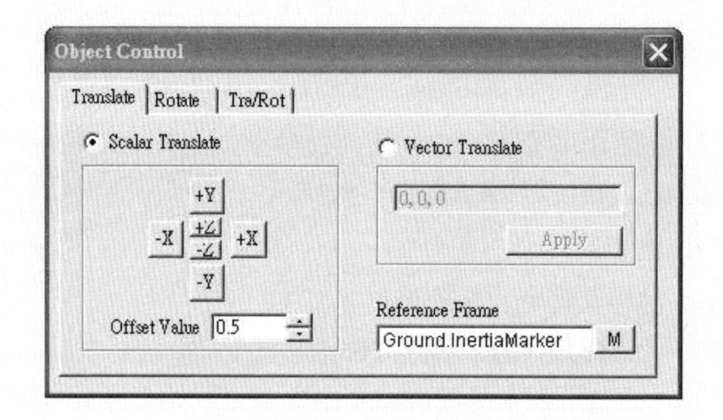

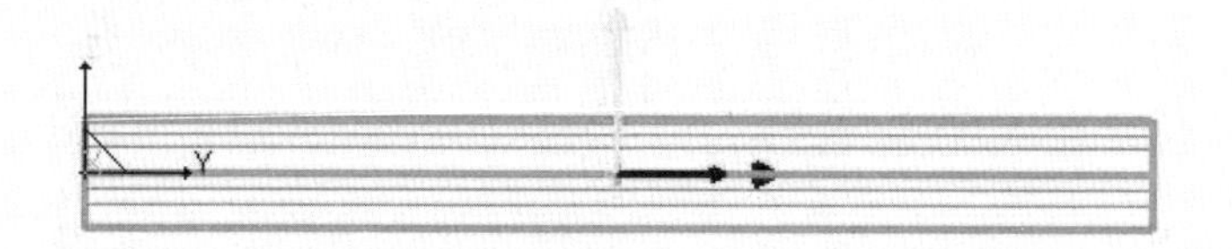

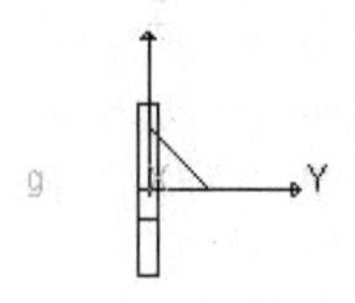

d. 點選 Body1，按滑鼠右鍵，進入 Properties， 修改 Body1 的質量，Mass =0，Ixx =0，Iyy = 0， Izz = 0。

e. Body1 完成。

(2) Body2

a. 點選 Body -> Cylinder 建構 Body2，Modeling Option 選->Point,Point,Radius，位置在(0,0,0)，Length = 2m ，Radius= 0.05m 。

b. 點選 Body2，按滑鼠右鍵，進入 Properties，修改 Body2 把原點(Origin)座標設在(0,0,1)上。

c. Body2 會向上位移 1m，使用 Object Control 來移動 Body2，點選 -Z ->偏移量 1m，使其下端與系統原點(0,0,0)相接觸。

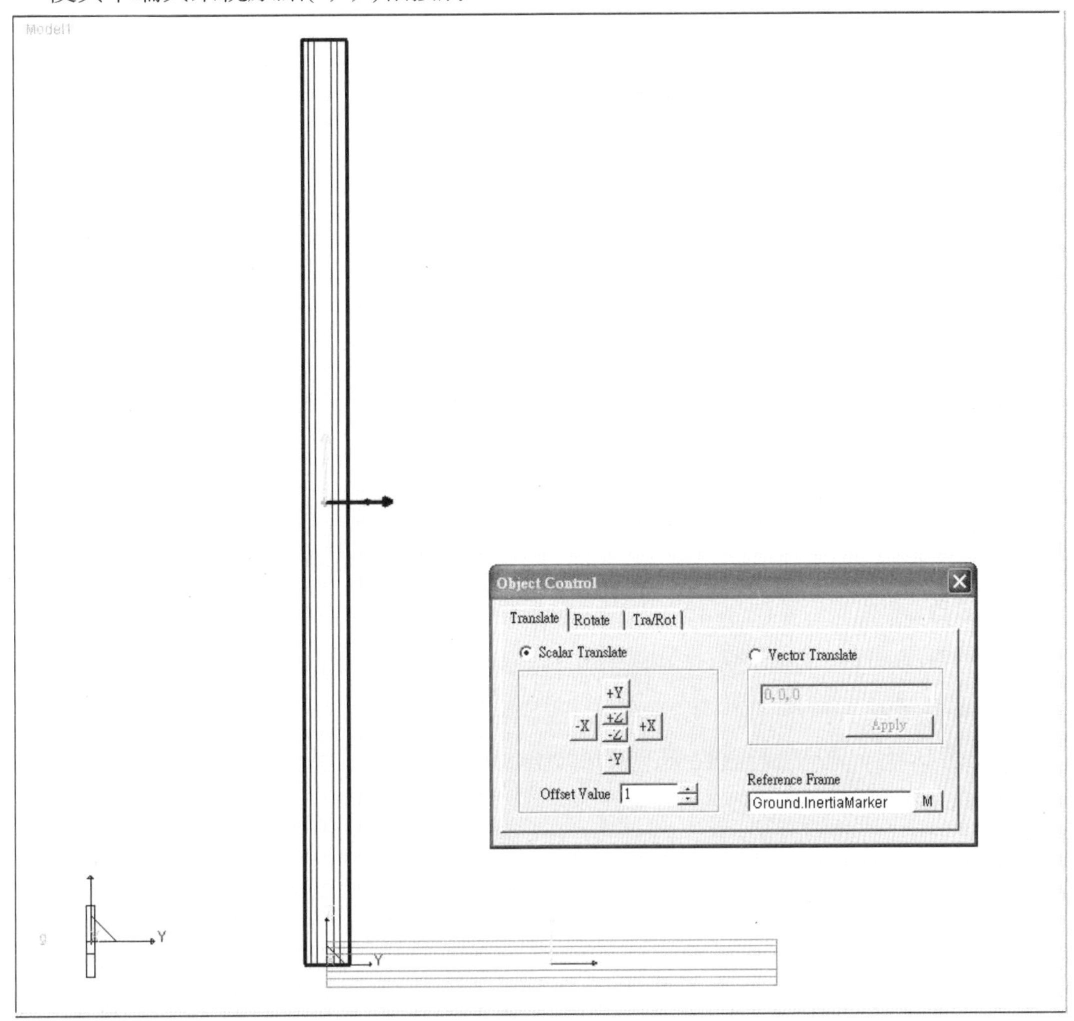

d. 點選 Body2，按滑鼠右鍵，進入 Properties，修改 Body2 的質量

Mass = 2，Ixx =0.79167，Iyy = 0.25，Izz =0.79167。

e. Body2 完成。

(3) Body3

a. 點選 Body -> Cylinder 建構 Body3，Modeling Option 選擇 -> Point, Point, Radius，Body 3 位置在(0,0,2)，Radius = 0.05m，Length =2.5m 。

b. 點選 Body3，按滑鼠右鍵進入 Properties，修改 Body3 把原點(Origin)座標設在(0,0,2)。

c. Body3 會向上位移 2m，使用 Object 來移動 Body3，點選 -Z -> 偏移量 2m，使其與 Body2(0,0,2)相接觸。

d. 點選 Body3，按滑鼠右鍵，進入 Properties，對 Body3 作旋轉，旋轉 15 度。

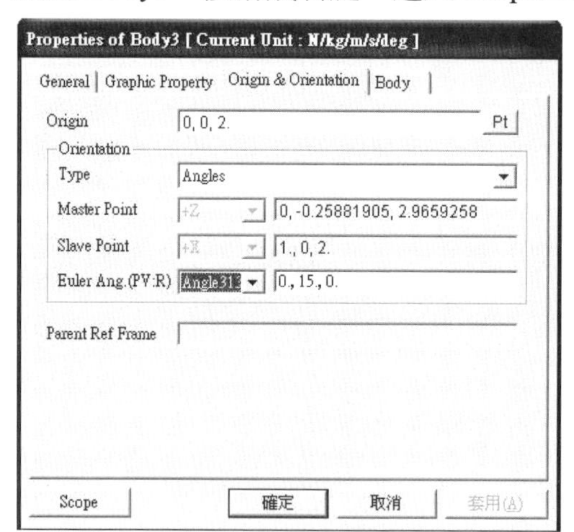

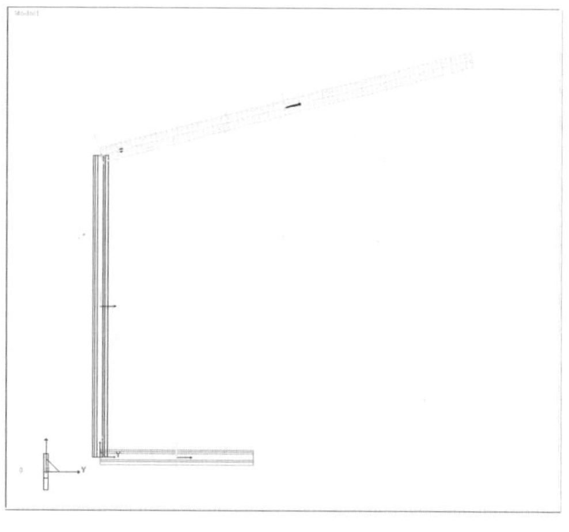

e. 把 Body3 的原點(Origin)座標設在(0 ,1.2015771,2.3445467) 。

f. Body3 會向上位移(2.3445467-2=0.3445467m)，再向右移 1.2015771m，用 Object 來移動 Body3，點選 -Z ->偏移量 0.3445467m，點選 -Y ->偏移量 1.2015771m，使其與 Body2 相接觸。

g. 點選 Body3，按滑鼠右鍵，進入 Properties，修改 Body3 質量， Mass =3，Ixx = 1.75，Iyy = 0.375，Izz =1.75。

h. Body3 完成。

(4) Body4

a. 點選 Body -> Cylinder 建構 Body4，Modeling Option 選 ->Point,Point,Radius，Body4 位置在(0,1,0)，Radius = 0.05m，Length = 3m。

b. 點選 Body4，按滑鼠右鍵，進入 Properties，修改 Body4 把原點(Origin)座標設在(0,1,0)上。

c. Body4 會向右位移 1m，用 Object Control 來移動 Body4，點選 -Y ->偏移量 1m，使其與 Body1 相接觸。

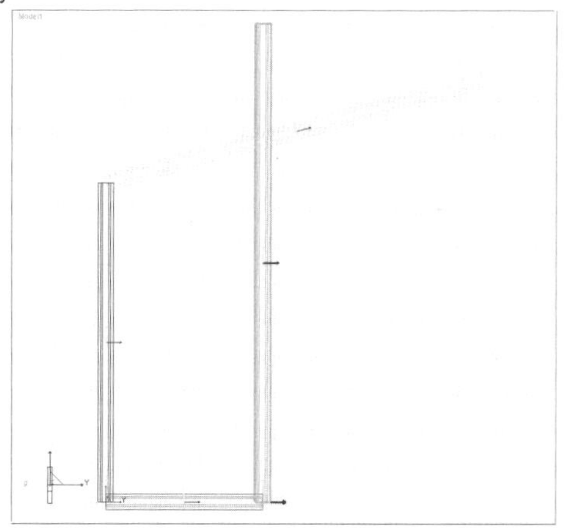

d. 點選 Body4，按滑鼠右鍵，進入 Properties，對 Body4 作旋轉 ，旋轉-28 度。

e. 把 Body4 的原點(Origin)座標設在(0,1.7042073,1.3244214) 。

f. Body4 會向上位移 1.3244214m，向右移(1.7042073 -1=0.7042073)，用 Object 來移動 Body4，點選 -Z ->偏移量 1.3244214m，點選 Y ->偏移量 0.7042073m，使其下端與 Body1 相接觸。

g. 點選 Body4，按滑鼠右鍵，進入 Properties，修改 Body4 的質量，Mass =4，Ixx = 3.25，Iyy = 0.5，Izz =3.25 。

h. 完成桿件的繪製。

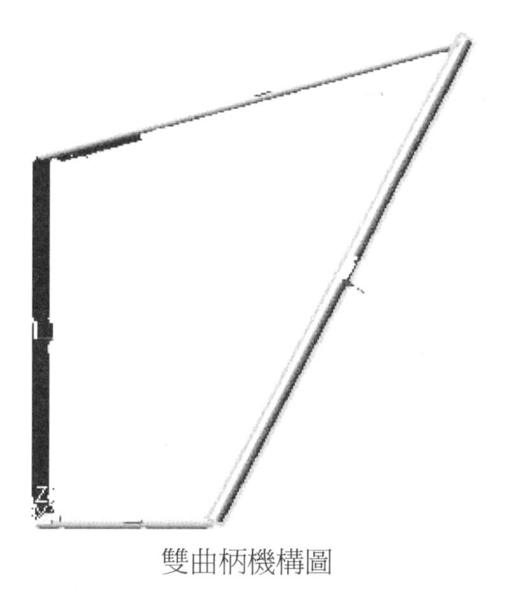

雙曲柄機構圖

(二) 設定雙曲柄接點

1. 設置固定接點 Fixed1，點選 Joint -> Fixed，位置在(0,0.5,0)。點選 Fixed1，按滑鼠右鍵，進入 Properties，修改 Fixed1 相接對象。

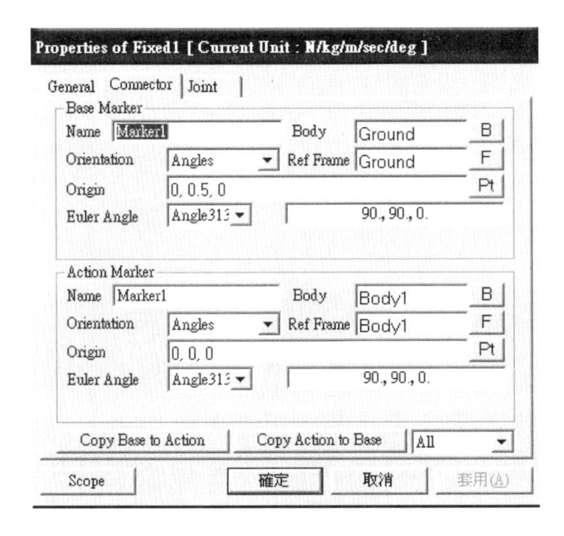

2. 設置機構的旋轉接點

(1) RevJoint1

a. 點選 Joint -> Revolute，位置在 (0,0,0)。

b. 選取 RevJoint1，按滑鼠右鍵，進入 Properties，修改 RevJoint1 的相接對象。

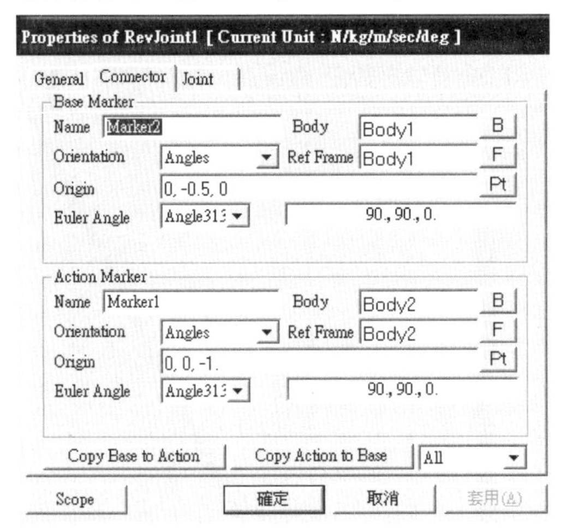

c. 在 Properties of RevJoint1 -> Joint 上設置 Motion 。

Motion 轉速為 Displacement = -0.4 * pi * time。

d. RevJoint1 設定完成。

(2) RevJoint2

a. 點選 Joint -> Revolute，RevJoint2 位置在(0,0,2) 。

b. 選取 RevJoint2，按滑鼠右鍵，進入 Properties，修改 RevJoint2 的相接對象。

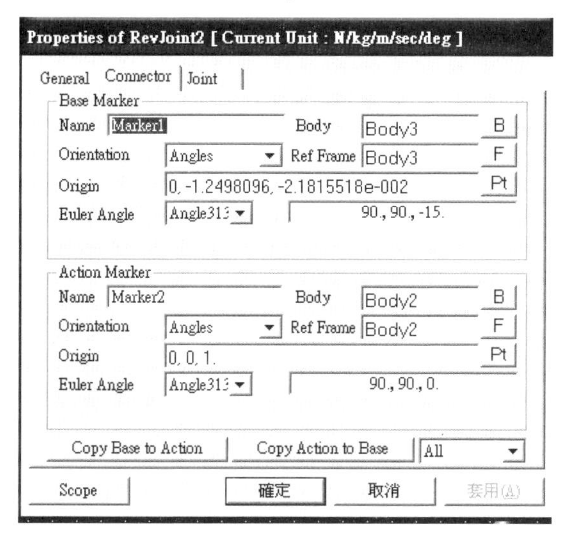

c. RevJoint2 設定完成。

(3) RevJoint3

a. 點選 Joint -> Revolute，RevJoint3 位置在(0,2.4148146,2.6470476)。

b. 選取 RevJoint3，按滑鼠右鍵，進入 Properties，修改 RevJoint3 的相接對象 。

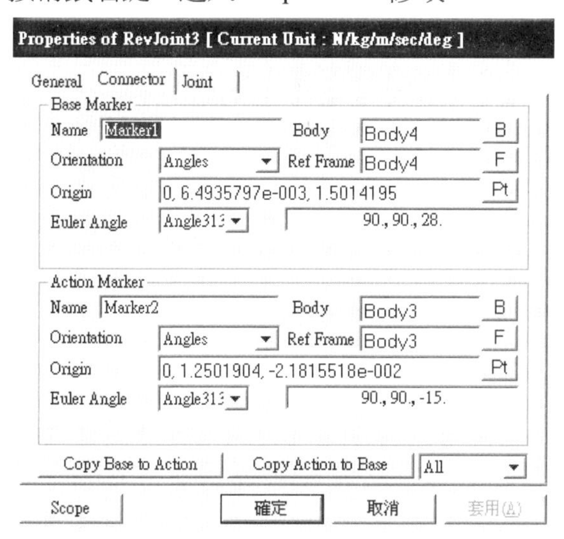

c. RevJoint3 設定完成。

(4) RevJoint4

a. 點選 Joint -> Revolute，RevJoint4 位置在(0,1,0) 。

b. 選取 RevJoint4，按滑鼠右鍵，進入 Properties，修改 RevJoint4 的相接對象 。

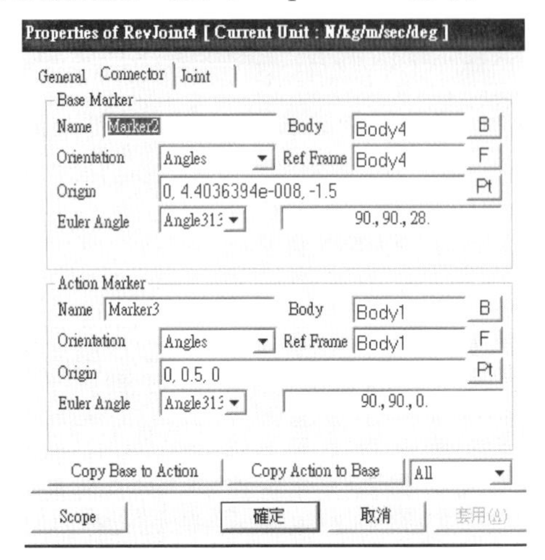

c. RevJoint4 接點設定完成。

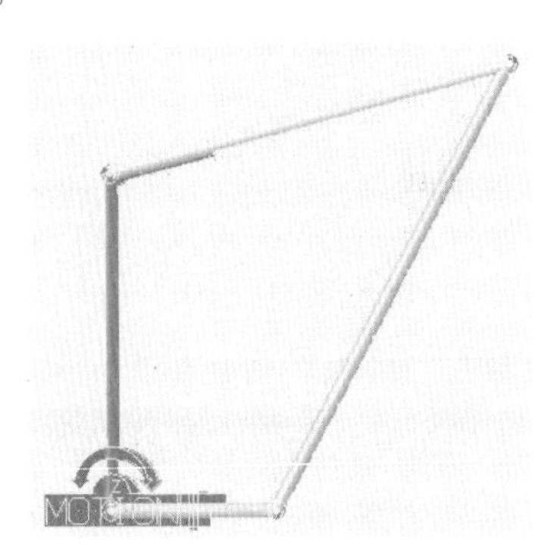

(三) 分析雙曲柄機構

1. 進行結果分析，利用 Analysis，設定 End Time=5 秒，Step=100，Gravity -> Z= -9.80665。
2. 設定儲存的位置與檔名。
3. 求解計算完畢，訊息列出現此訊息。

4. 點選 Animation Control Toolbar，觀看動態結果。

5.驗證結果的正確性。

(1) Body3 的位移,速度,加速度

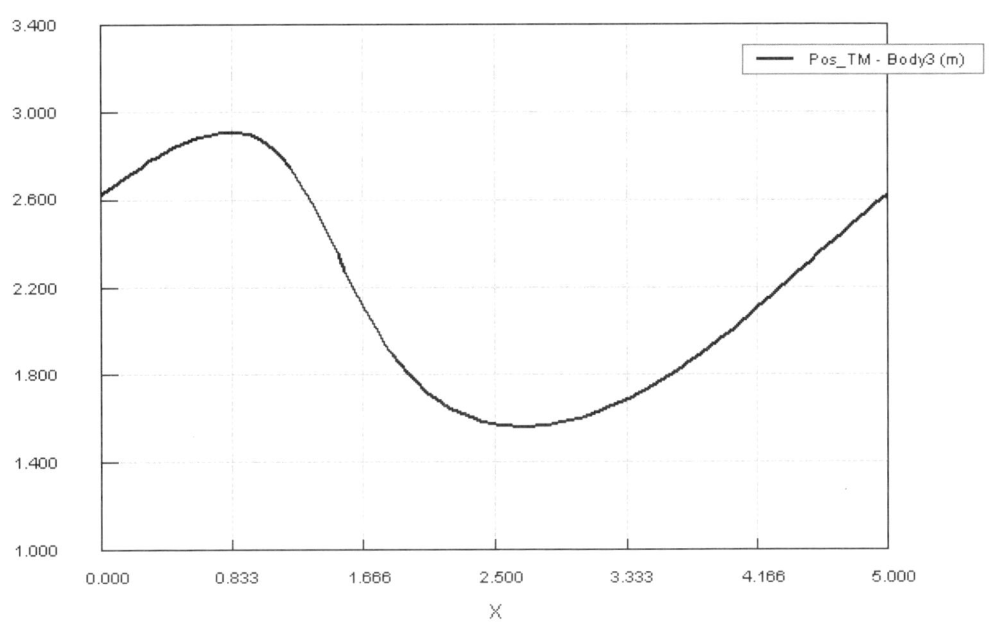

Body3 的質量中心點總和位移分析圖

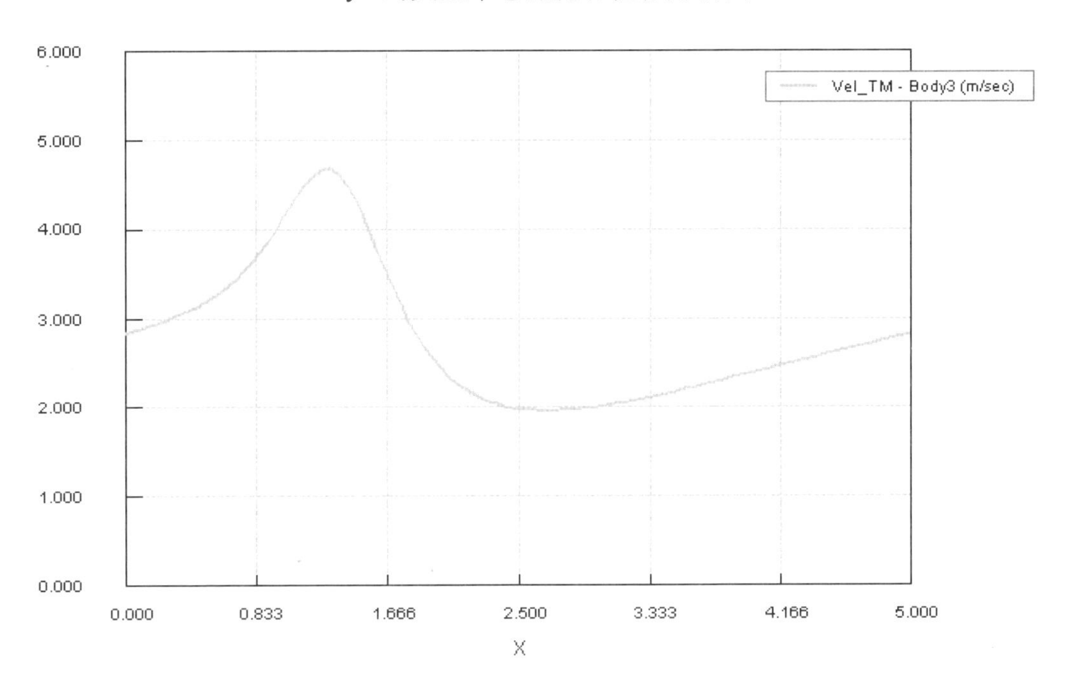

Body3 的總和速度分析圖

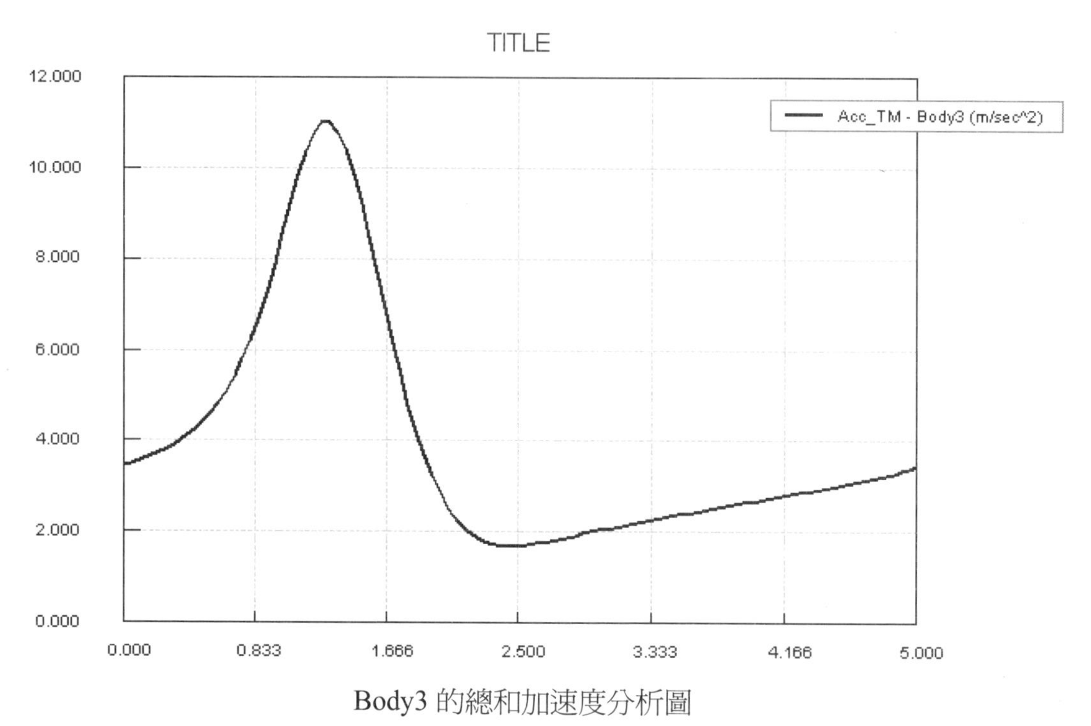

Body3 的總和加速度分析圖

(2) 4 個 RevJoint 的反力

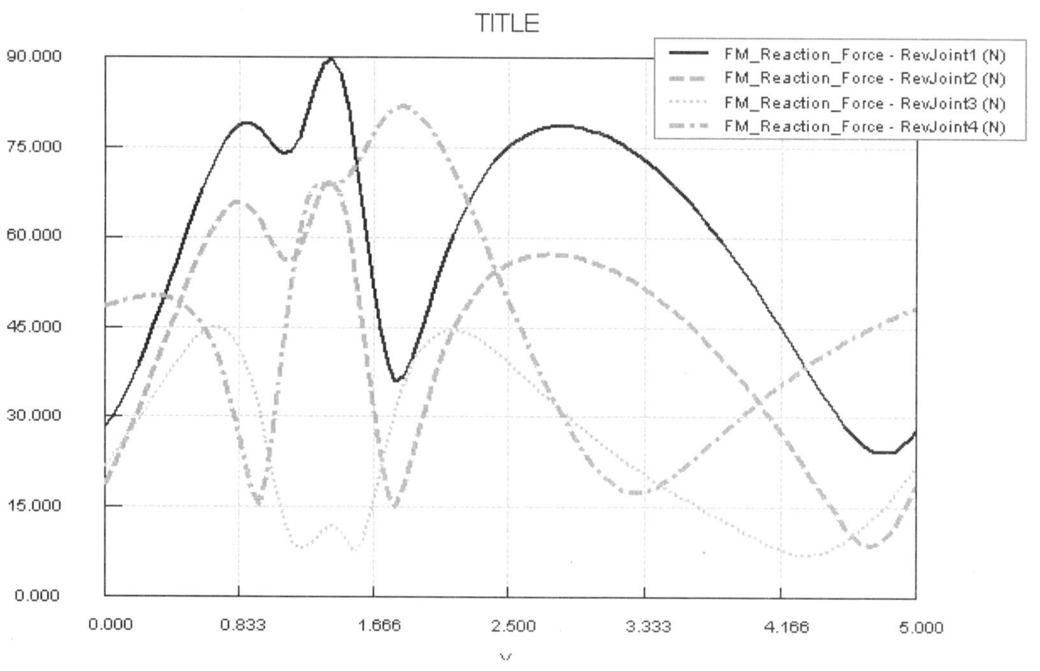

6.以此類推也可繪出其他的關係圖。

3.3 平面四連桿的雙搖桿機構動力分析

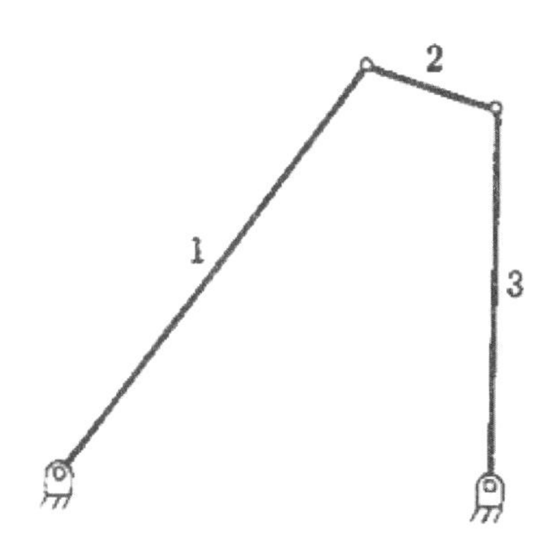

四連桿雙搖桿機構圖

引述上節雙曲柄機構，根據 Grashoff 定理，若連接桿最短則此曲柄搖桿的機構裝置稱爲雙搖桿結構(double-rocker)，即各連桿長度關係

$$Lmax + L\ min < La + Lb$$

Lmin :最短連桿長度　Lmax :最長連桿長度　La 及 Lb :其餘兩連桿長度

本節將要模擬之四連桿雙曲柄規格如下:

1. 固定桿(Body1): 寬=1m、高= 0.2m、深=1m、質量=2kg。
2. 主動桿(Body2): 半徑= 0.2m、長= 2m、質量=4kg。
3. 固定桿(Body3): 寬=1m、高= 0.2m、深=1m、質量=2kg。
4. 連接桿(Body4): 半徑= 0.2m、長= 1m、質量=2kg
5. 從動桿(Body5): 半徑= 0.2m、長= 2.5m、質量=5kg。

6.A=旋轉接點，B=旋轉接點，C=旋轉接點，D=旋轉接點

7.馬達設定在 A 的旋轉接點上，轉速爲 Displacement = 0.2 *pi*time rad/sec。

(一) 四連桿之雙搖桿的繪製及定義

1. 開啓 RecurDynn 軟體，設定 MKS 制，Force= newton ,Length= meter，Time=second，Gravity= –Z。
2. 把工作平面設成 YZ 平面。
3. 開始繪製桿件。

(1) Body1

a. 點選 Body ->box，建構 Body1，位置在(0,0,0)，Width=1.0m、Height = 0.2m、Depth =1.0m。

b. 在 Database 目錄下按滑鼠右鍵進 Body1 子目錄的 Box 修改 Width、Height、Depth。

c. 由於軟體內定 depth 爲 0.2，設定 depth 完 Body1 會向 x 軸位移 0.8，用 移動 Body1 使中心點與(0,0,0)相接觸，再移動使 Body1 中心點座標爲 (0,-1.5,0) 。

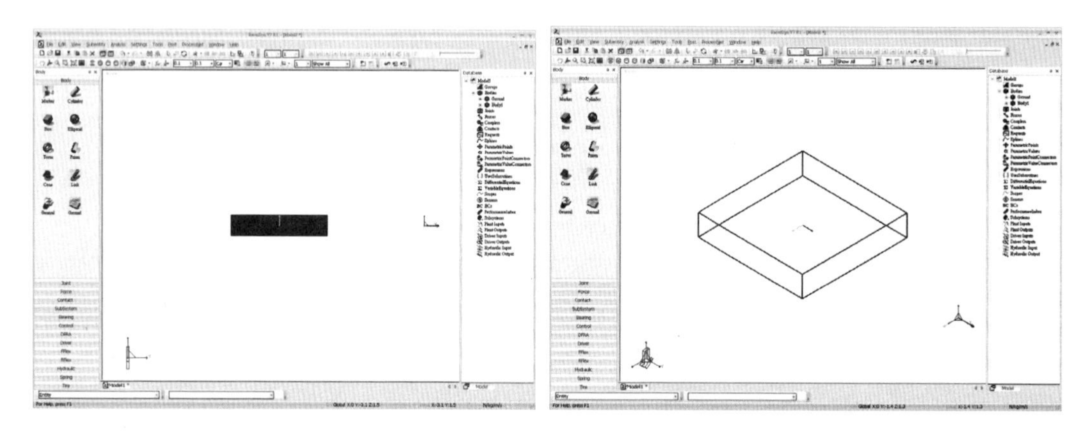

d.離開子目錄(右鍵點選 EXIT)後，選 Body1 按滑鼠右鍵，進入 Properties 修改 Body1 的質量:Mass =2，慣性矩 Inertia XX =1、Inertia YY=1、Inertia ZZ=1。

e.Body1 完成。

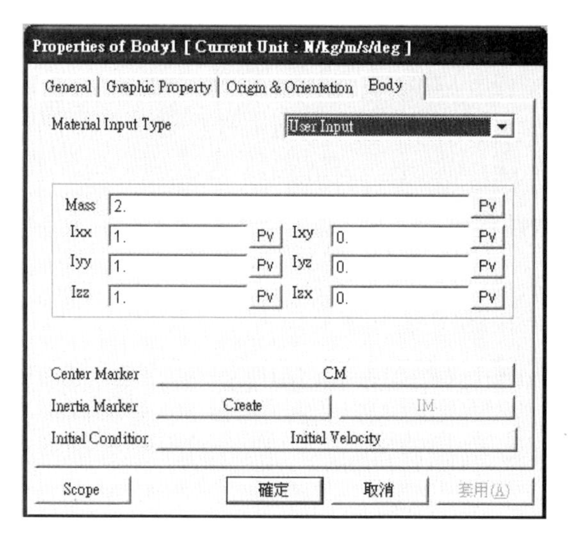

(2) Body2

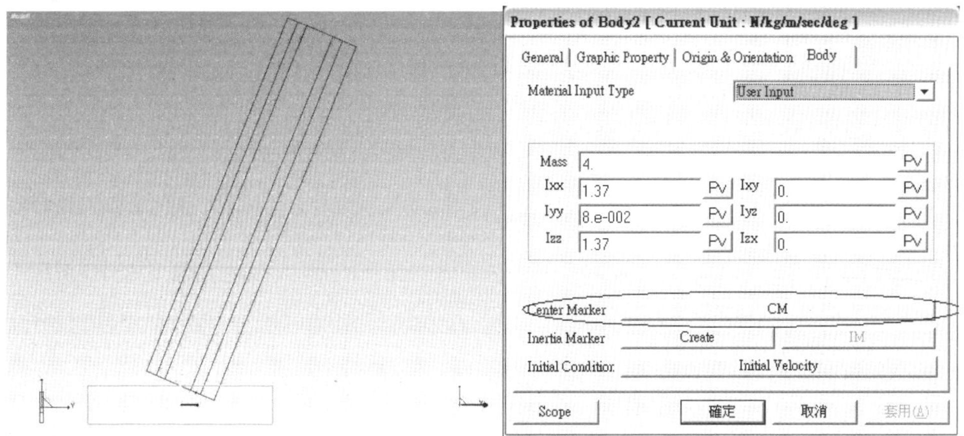

a.點選 Body ->Cylinder 建構 Body2，Modeling Option 選 ->Point，Point，Radius，位置在(0,-1.5,0.1)，Length = 2.0m、Radius = 0.2m 。

b.選 Body2 按滑鼠右鍵，進入 Properties 修改 Body2 的質量，Mass =4，慣性矩 Inertia XX =1.37、Inertia YY =0.08、Inertia ZZ =1.37，選 Center Marker 修改中心座標並修改 Origin (0,-1.5,0.1)爲座標點。

c.選 Body2 再選 繞 x 軸順時鐘旋轉 22.5 度 (Angle1 = 67.5)並點選 Reference Frame 選擇旋轉中心。

e. Body2 完成。

(3) Body3

a. 點選 Body ->box，建構 Body3 位置在(0,0,0)，Width=1.0m、 Height = 0.2m、Depth =1.0m。

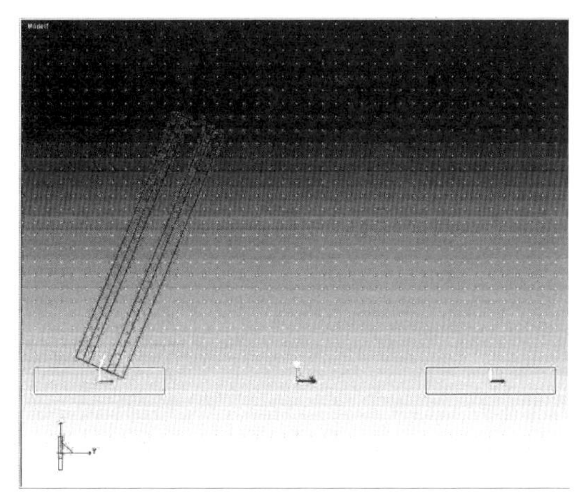

b. 點滑鼠右鍵進 Body3 子目錄修改 Width、Height、Depth。

c. 同 Body1 步驟使 Body3 中心點座標爲(0,1.5,0) 。

d. 離開子目錄後，選 Body3 按滑鼠右鍵，進入 Properties 修改 Body3 的質量，Mass =2，慣性矩 Inertia XX =1、Inertia YY=1、Inertia ZZ=1。

e. Body3 完成。

(4) Body4

a. 點選 Body ->Cylinder 建構 Body4， Modeling Option 選 -> Point，Point，Radius，位置在(0,-0.6,2)，Length = 1.0m ，Radius = 0.2m。

b. 選 Body4，按滑鼠右鍵進入 Properties 修改 Body4 的質量，Mass =2，慣性矩 Inertia XX =0.187、Inertia YY =0.04、Inertia ZZ =0.187，點選 Center Marker 修改中心座標並修改 Origin (0,-0.6,2)爲座標點。

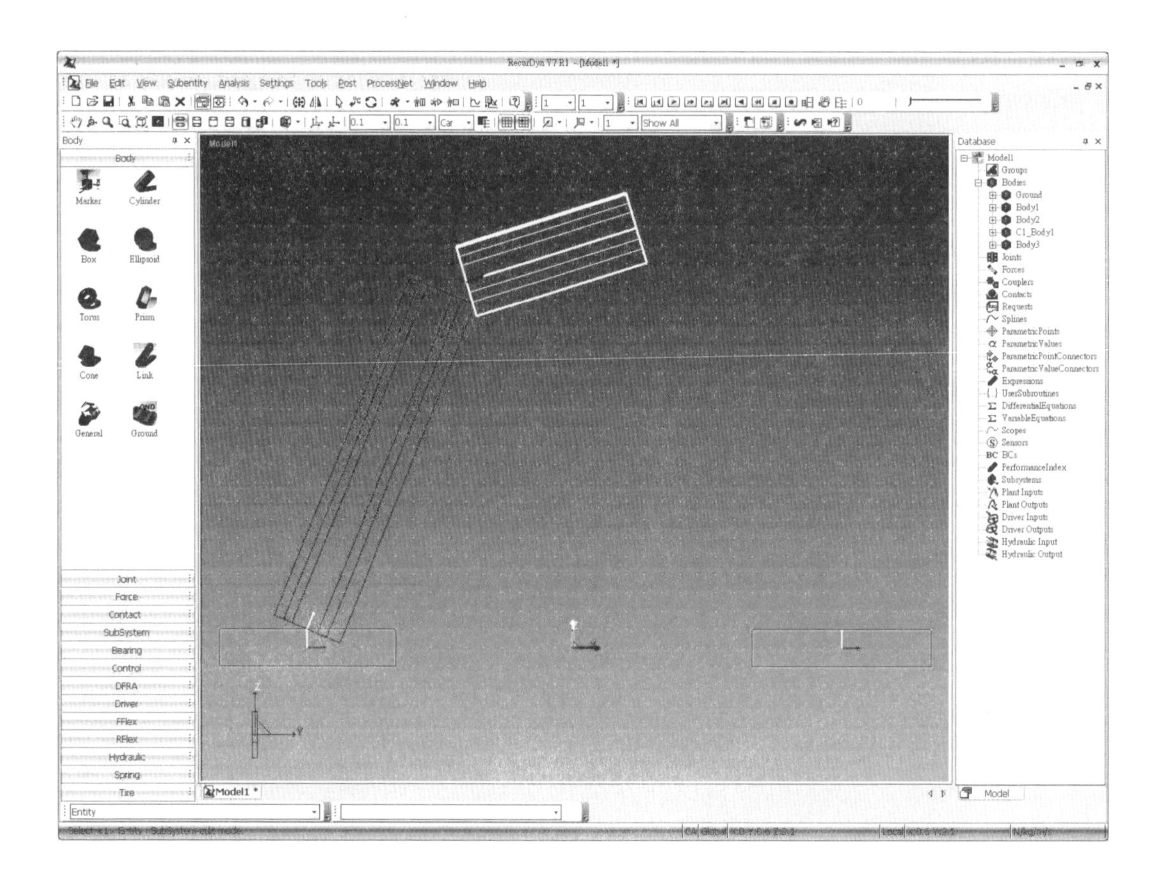

c. 點選 Body4 再選 繞 x 軸逆時鐘旋轉 17 度 (Angle1 = 17)，並點選 Reference Frame 選擇旋轉中心。

d. 改 Body2 Center Marker 中心座標，可知端點座標為 (0,-0.73463314,1.9477591) 。

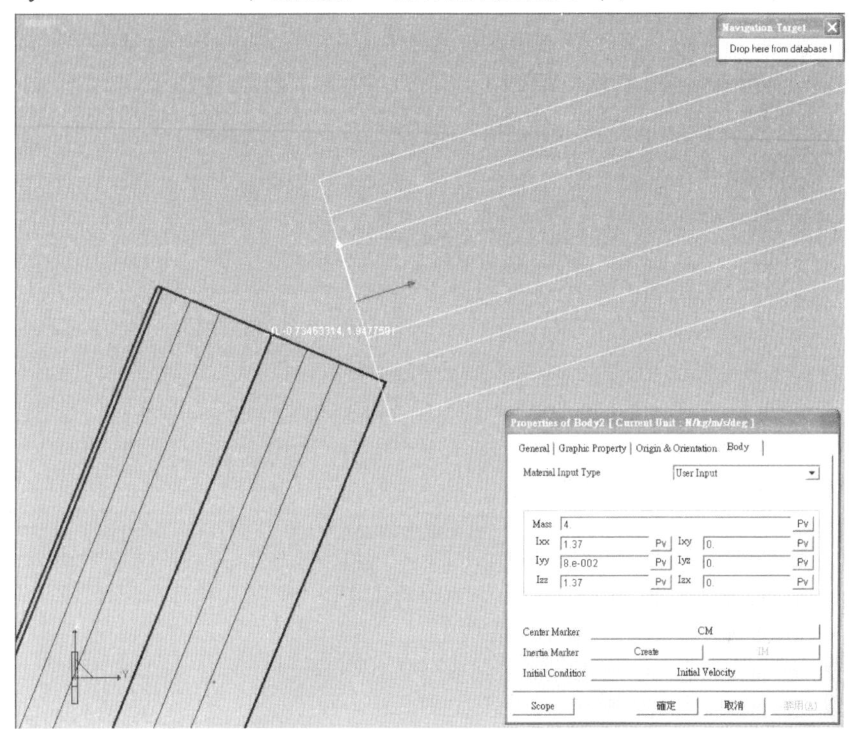

e. 由座標差 (0.,-0.6,2)- (0 -0.73463314,1.9477591)可得將 Body4 移至 Body2 上需將 y 軸向左移 0.13463314、z 軸向下移 0.0522409。

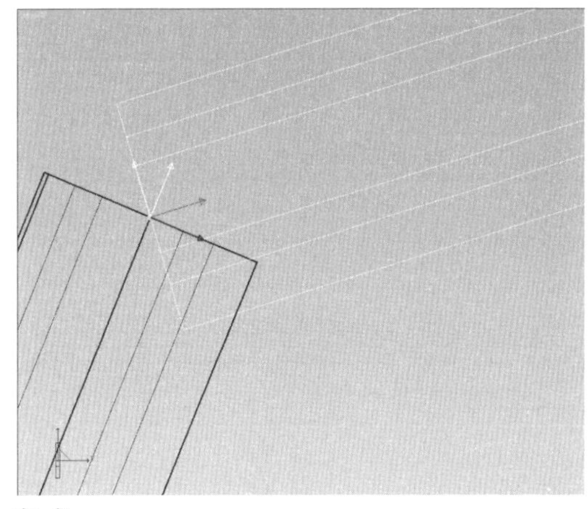

f. Body4 完成。

(5) Body5

a. 點選 Body ->Cylinder 建構 Body5，Modeling Option 選 -> Point，Point，Radius，位置在(0,1.5,0.1)，Length = 2.5m、Radius = 0.2m 。

b. 選 Body5 按滑鼠右鍵，進入 Properties 修改 Body4 的質量，Mass =5，慣性矩 Inertia XX =2.654、Inertia YY =0.1、Inertia ZZ=2.654，點選 Center Marker 修改中心座標並修改 Origin (0,1.5,0.1)爲座標點。

c. 點選 Body5 再選 Object 繞 x 軸逆時鐘旋轉 31 度 (Angle1 = -59)並點選 Reference Frame 選擇旋轉中心。

d. Body5 完成。

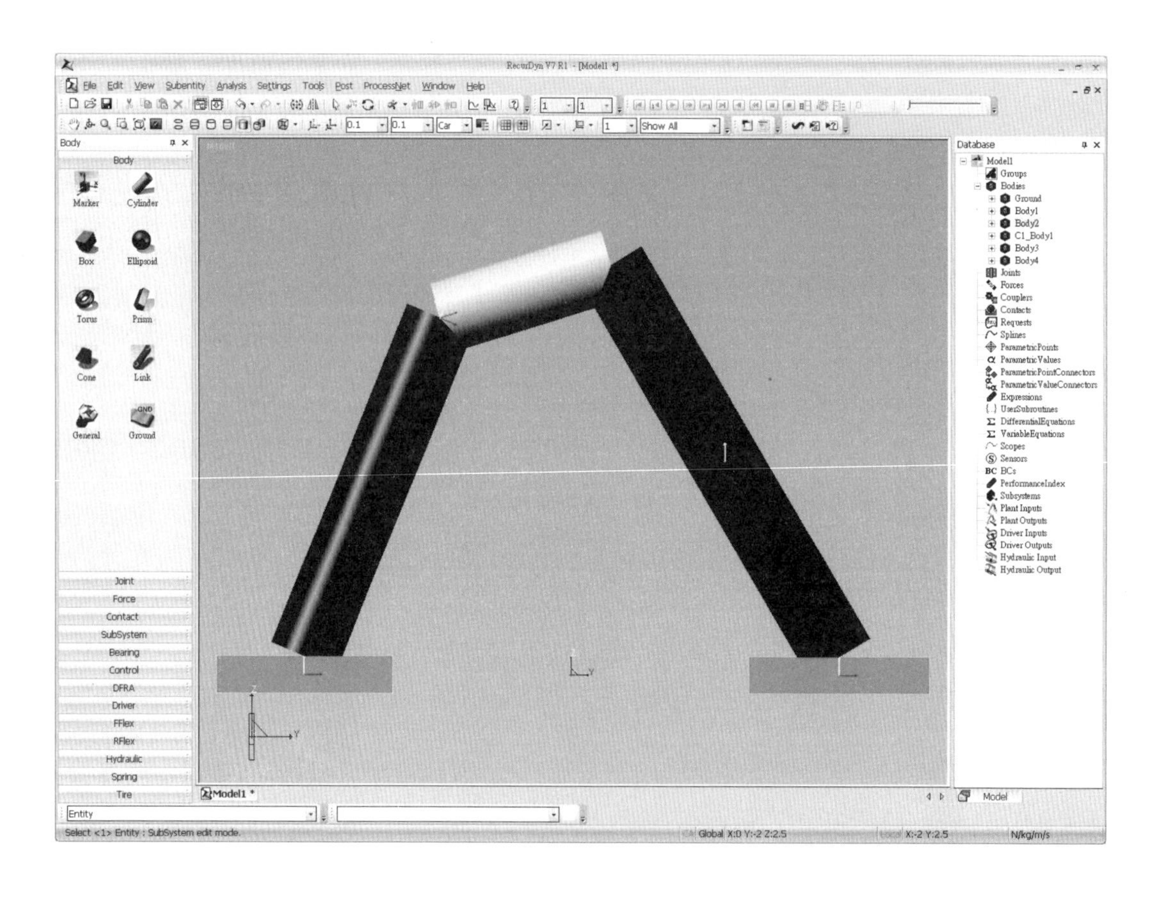

(二) 設定雙曲柄旋轉接點

1. 依序建出旋轉接點。

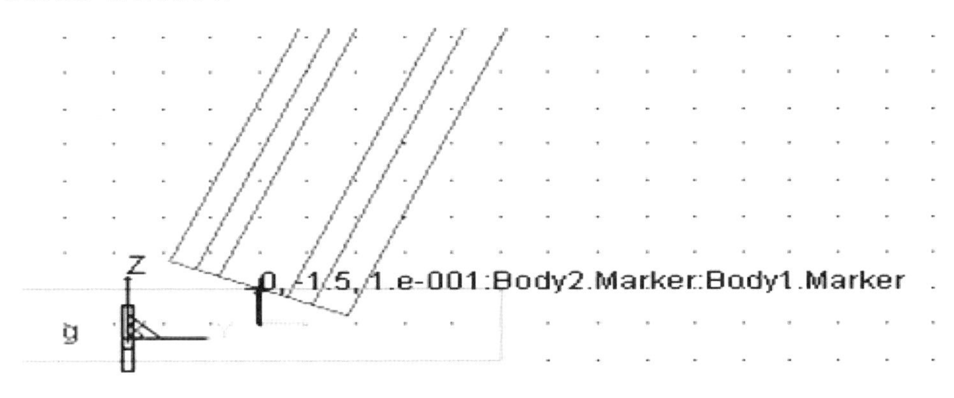

RevJoint1 設置圖

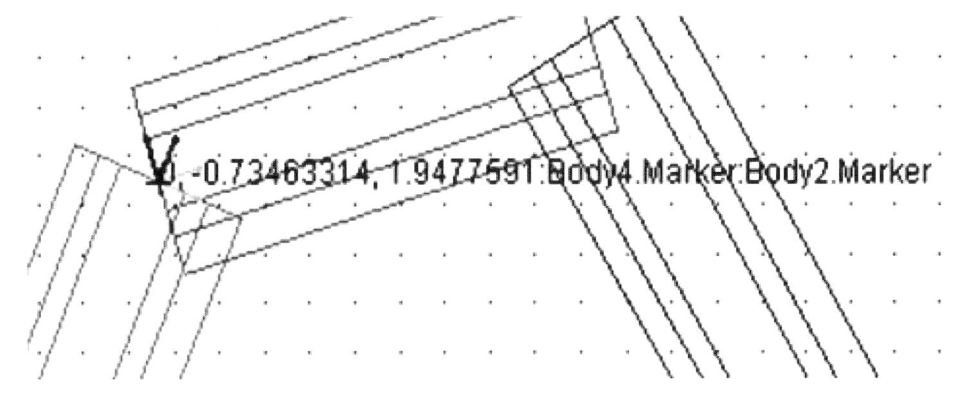

RevJoint2 設置圖

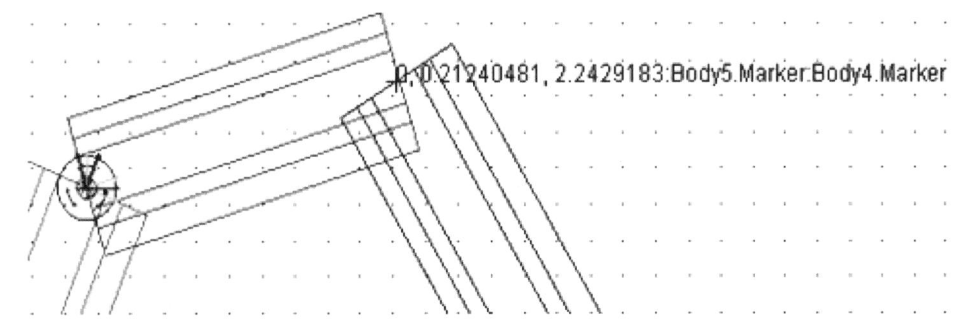

RevJoint3 設置圖

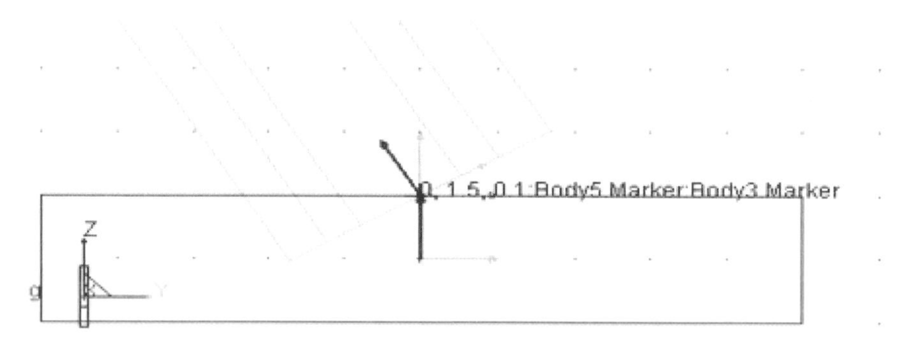

RevJoint4 設置圖

2. 在 Properties of RevJoint1 -> Joint 上設置 Motion，轉速爲 Displacement = 0.2*pi*sin(0.28*pi*time)。

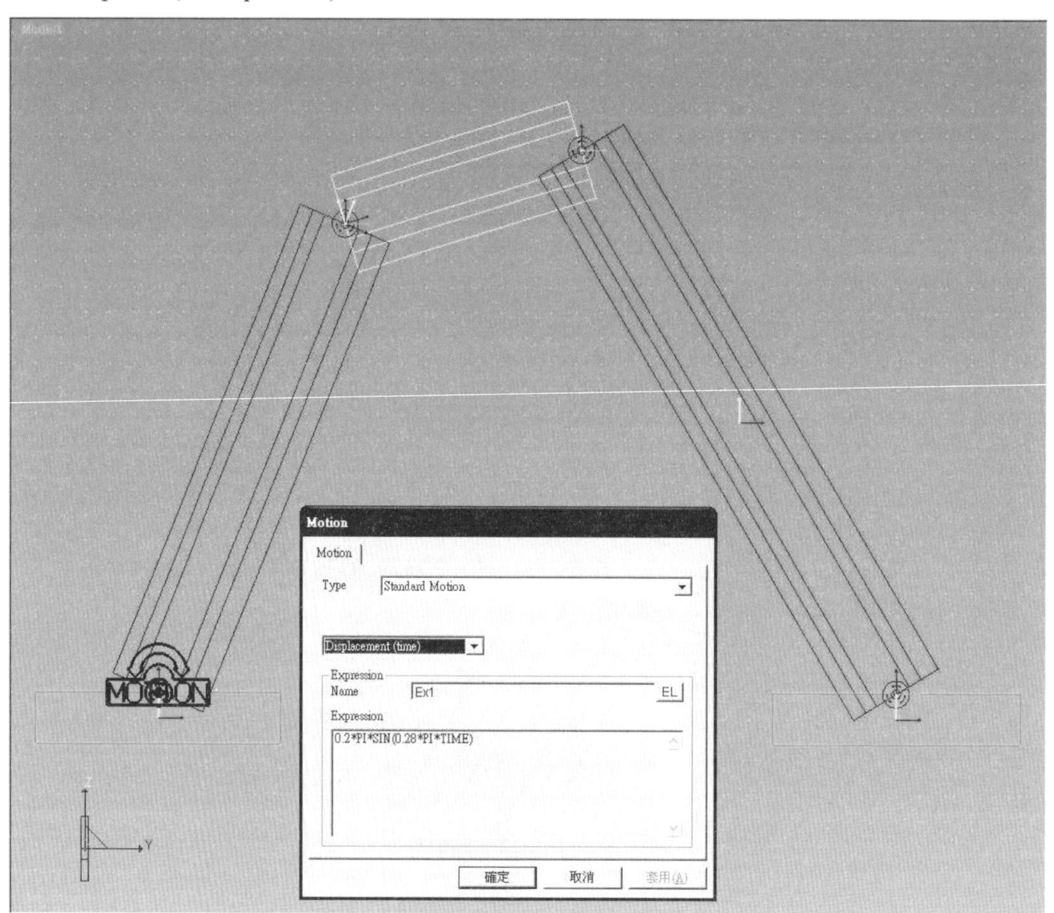

3. 分別在 Body1 與 Body4 設固定端接點。

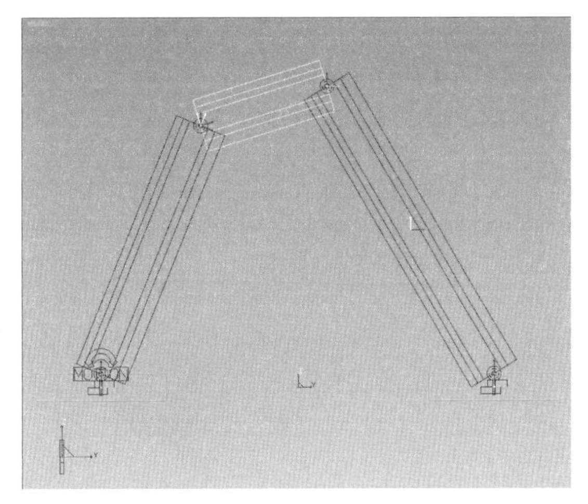

(三) 分析雙曲柄機構

1. 進行結果分析，使用 Analysis ，設定 End Time=5 秒，Step=100，Gravity -> Z= -9.80665。
2. 設定儲存的位置與檔名。
3. 求解計算完畢，點選 Animation Control Toolbar，觀看動態結果。
4. 驗證結果的正確性。

   X 軸爲時間(單位 sec)，Y 軸爲反力(單位 N)

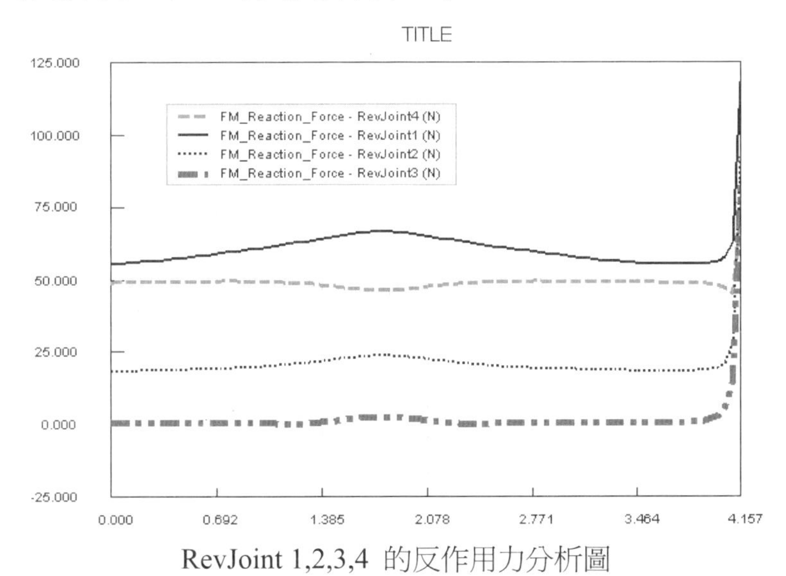

RevJoint 1,2,3,4 的反作用力分析圖

5. 以此類推，也可繪出其他的關係圖。

3.4 空間連桿機構的 3D 曲柄滑塊動力分析

3D Slider Crank[27]

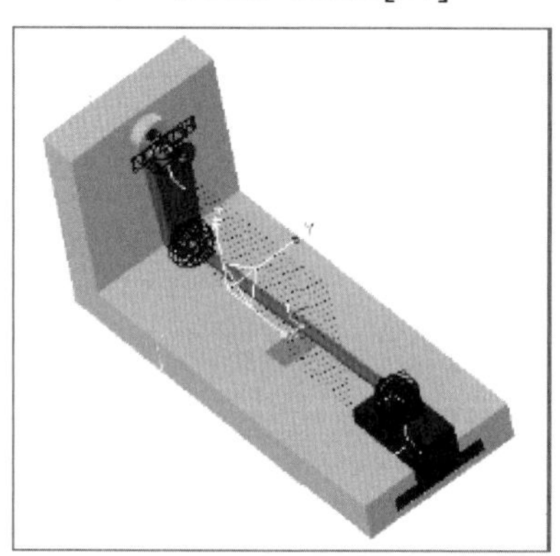

1. 開啓 RecurDyn 軟體。
2. 輸入想要的檔名(Slider_Crank_3D)並且選擇單位(MMKS)和重力單位(-Z)。

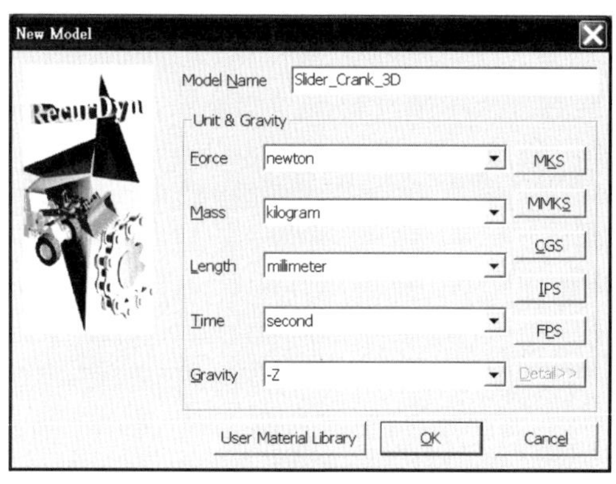

3. 點選 Body －＞ Ground

4. 轉換座標到 XZ 平面

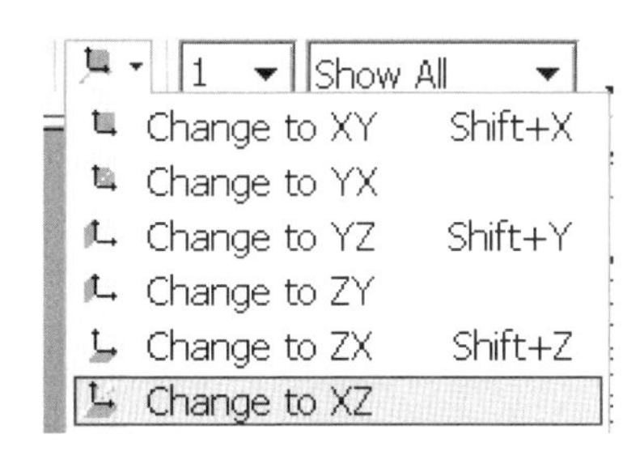

5. 點選 Box，繪製 Point1 [100, 0, -50]，Point2 [-100, 0, 0]，Depth=200

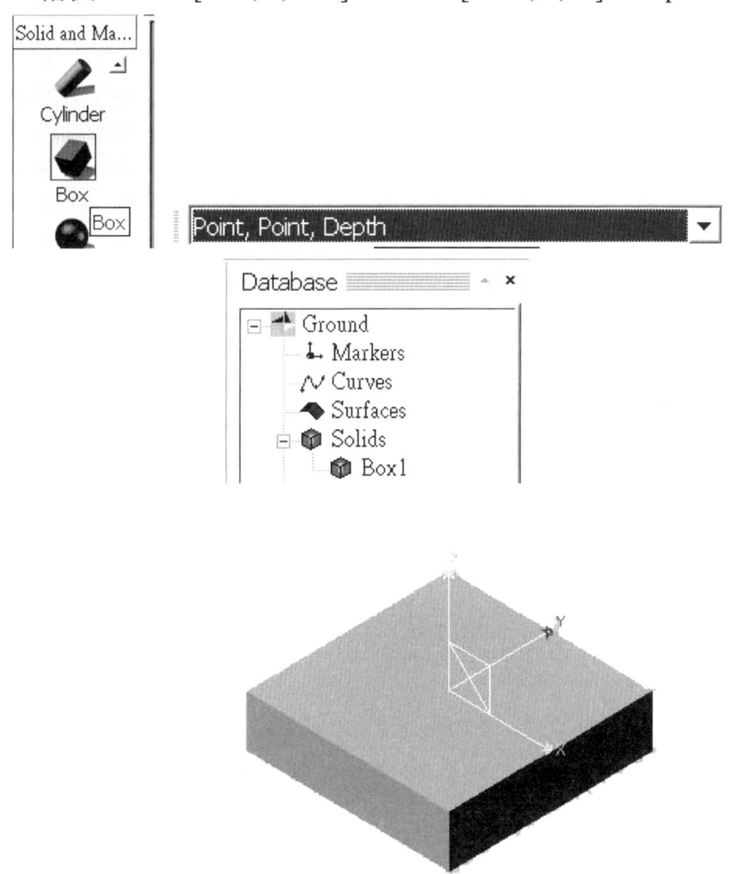

6. 點選Box，繪製• Point1 [-100, 0, 200]，Point2 [-150, 0, -50]，Depth=200

7. 點選Cylinder，Point1 [-100, 0, 170]，Point2 [-80, 0, 170]

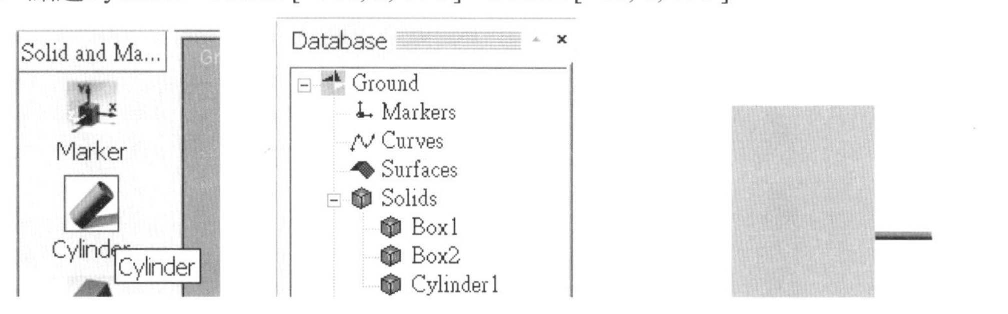

8. 修改 Cylinder1，Radius=20

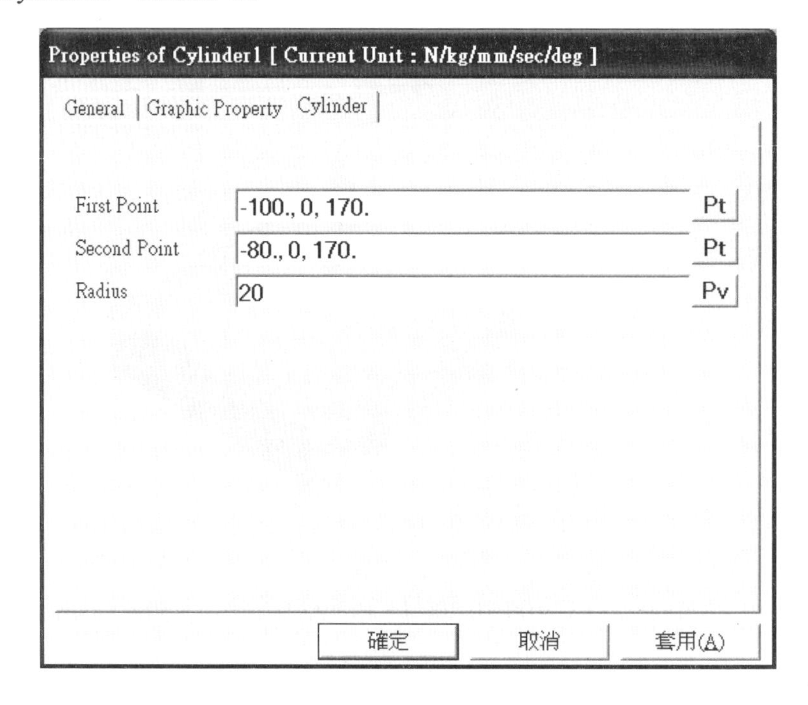

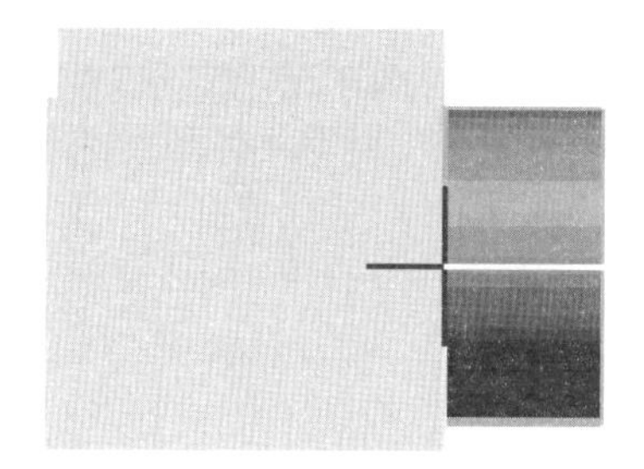

9. 點選Cylinder，Point1 [-80, 0, 170]，Ponit2 [-40, 0, 170]，Radus=5

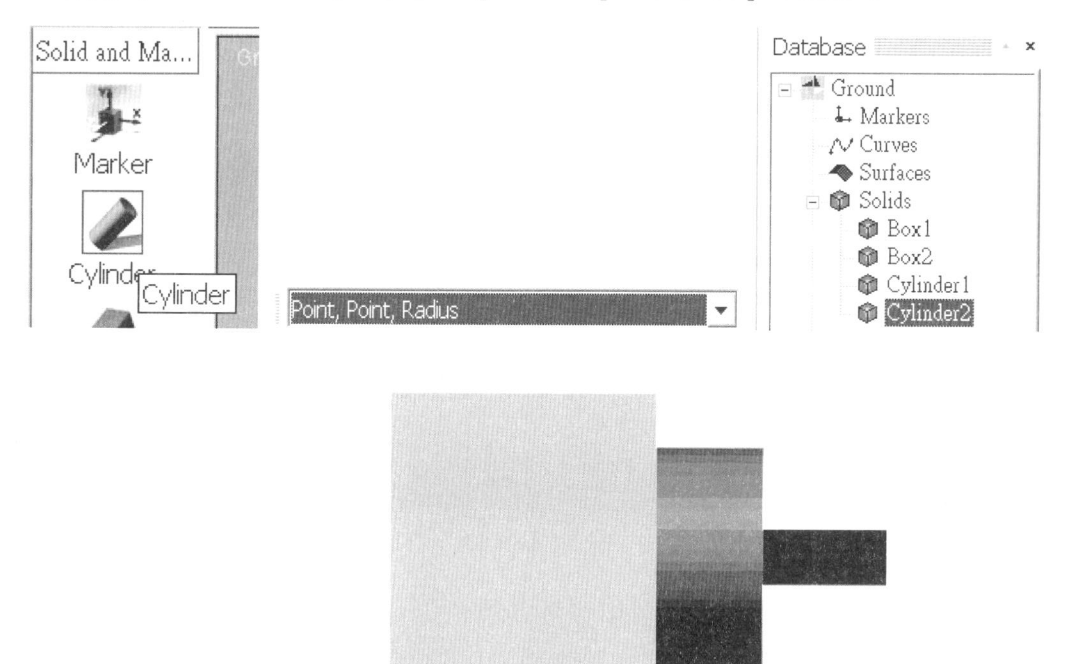

10. 轉換座標到 YZ 平面

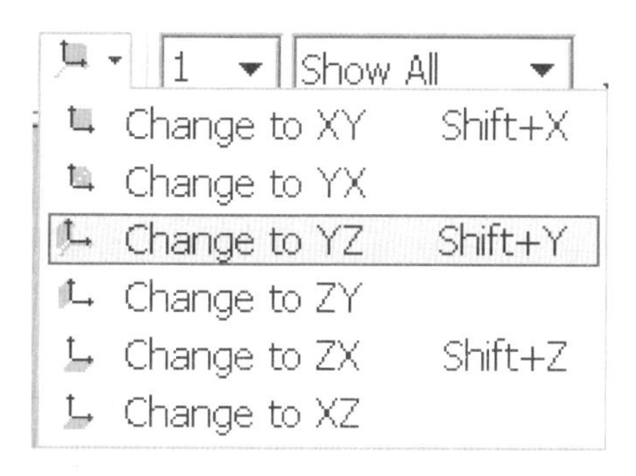

11. 點選 Profile

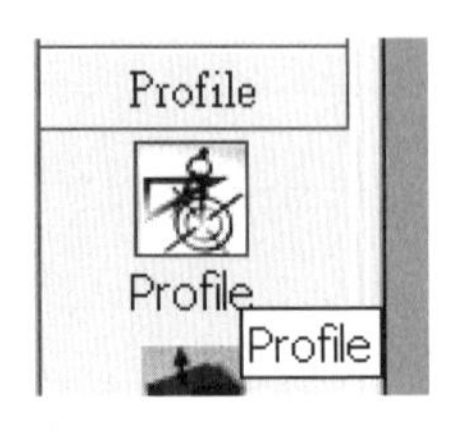

12. 點選Line，依序下面座標連接

1. [X : -100, Y : 0]
2. [X : -100, Y : -50]
3. [X : 100, Y : -50]
4. [X : 100, Y : 0]
5. [X : 30, Y : 0]
6. [X : 30, Y : -20]
7. [X : 60, Y : -20]
8. [X : 60, Y : -40]
9. [X : -60, Y : -40]
10. [X : -60, Y : -20]
11. [X : -30, Y : -20]
12. [X : -30, Y : 0]
13. [X : -100, Y : 0]
14. Right mouse button

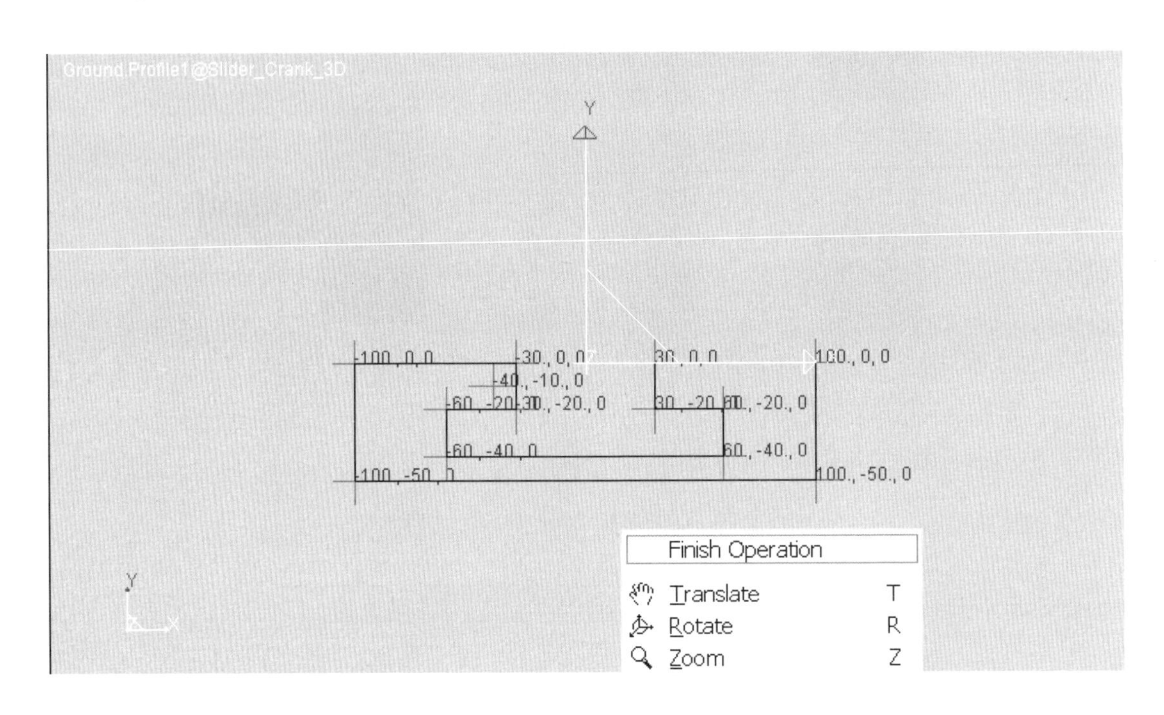

13. 點選 Exit，離開編輯畫面

14. 轉換座標到 YZ 平面

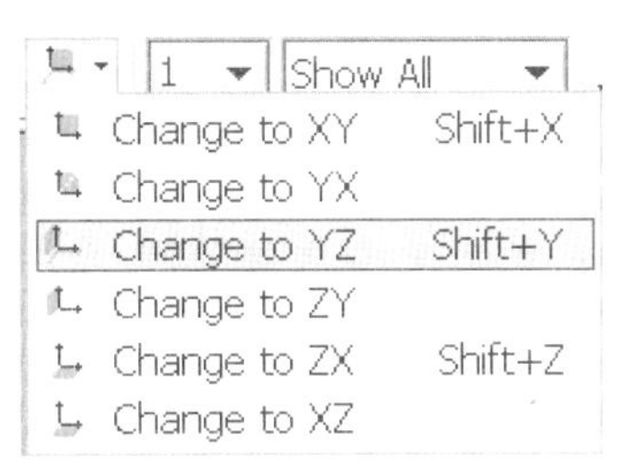

15. 點選 Extrude，選擇要擠出的面，Distance=250

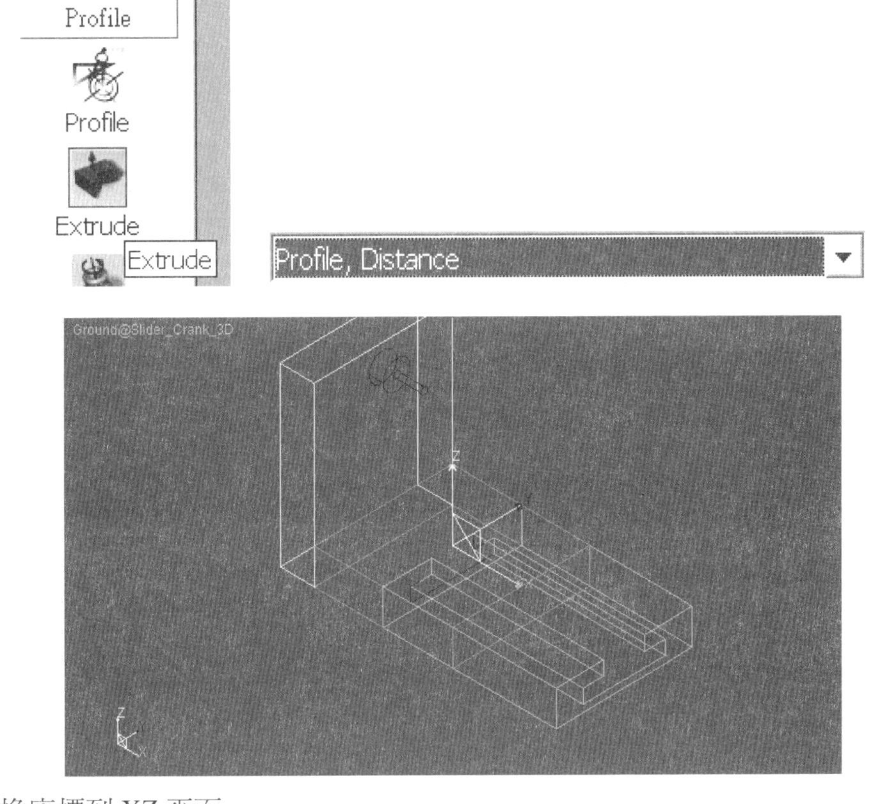

16. 轉換座標到 XZ 平面

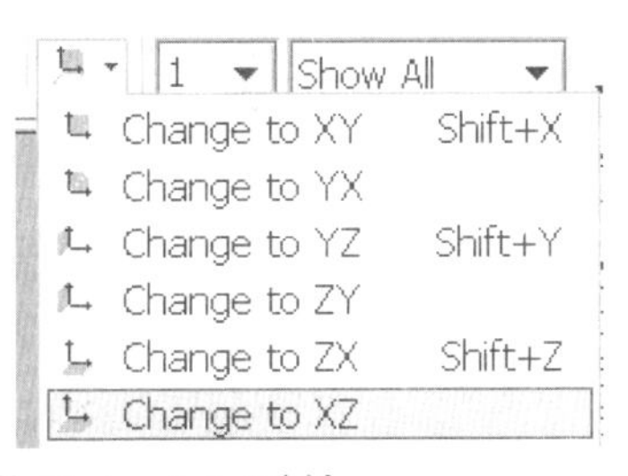

17. 點選 Object Control，移動 Extrude1 零件

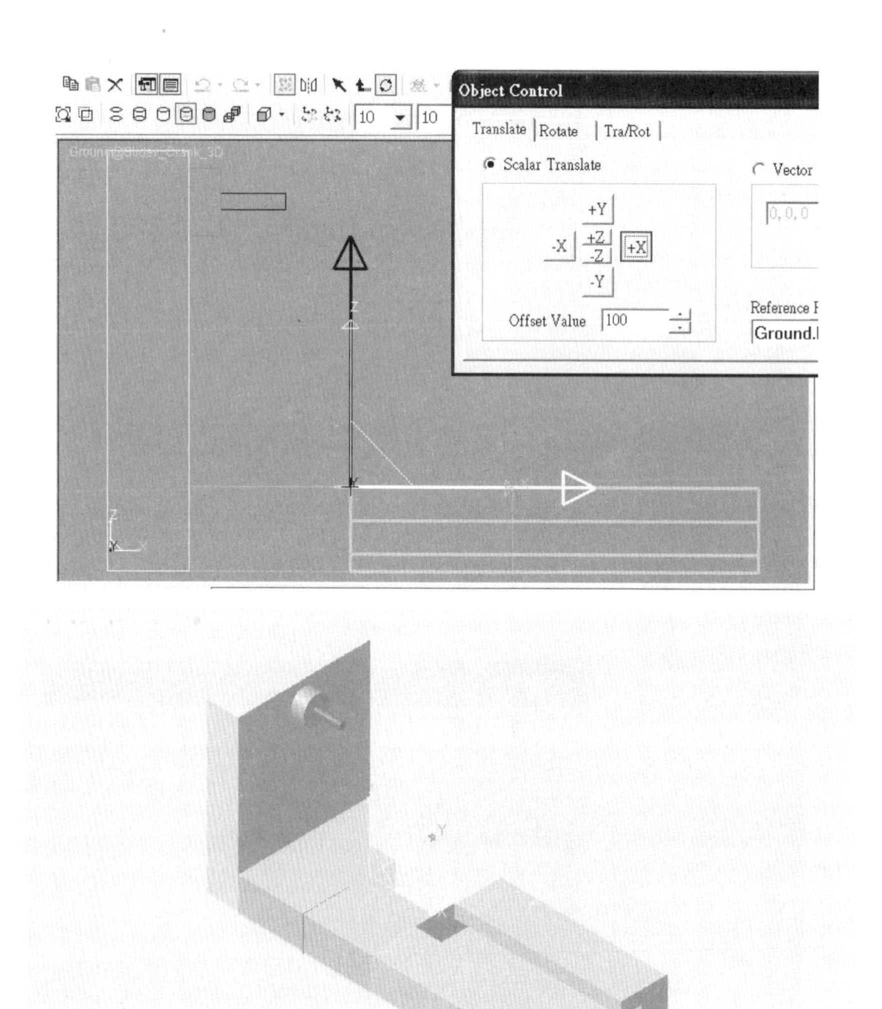

18. 點選 Exit，離開編輯畫面

19. 轉換座標到 YZ 平面

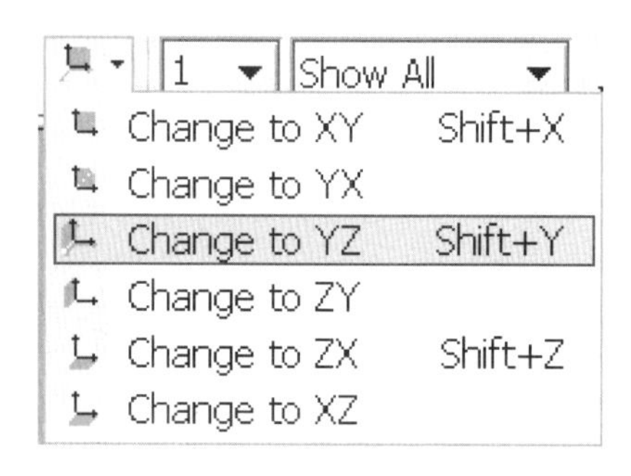

20. 點選Link，繪製Point1 [0, 0, 30]，Point2 [0, 0, 170]

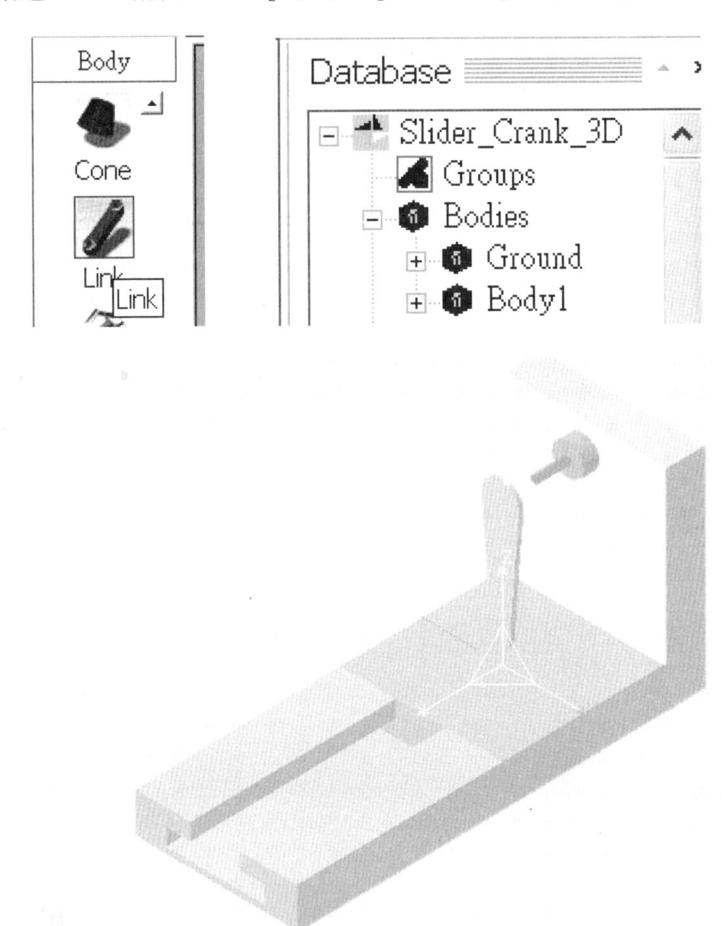

21. 對 Body1 重新命名為 Link1，並對 Link1 編輯

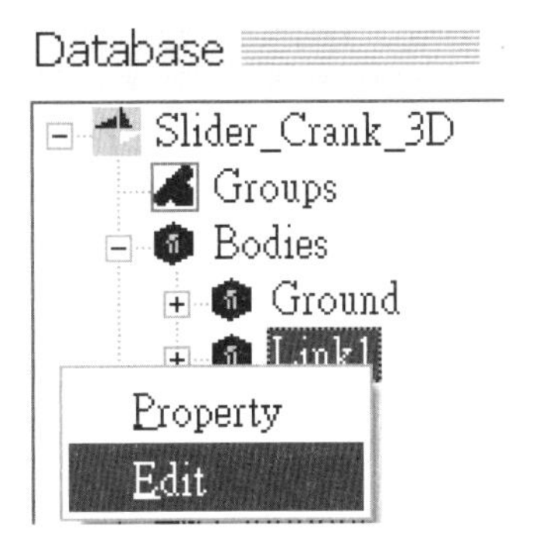

22. 修改Link1的參數

Left Radius : 20mm，Right Radius : 25mm，Depth : 20mm

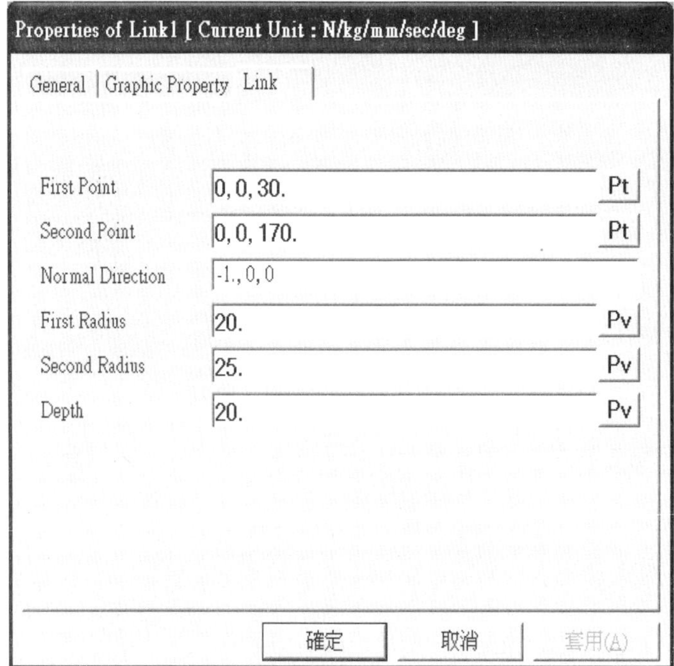

23. 點選Ellipsoid，Origin : 0, 0, 30，Radius : 15

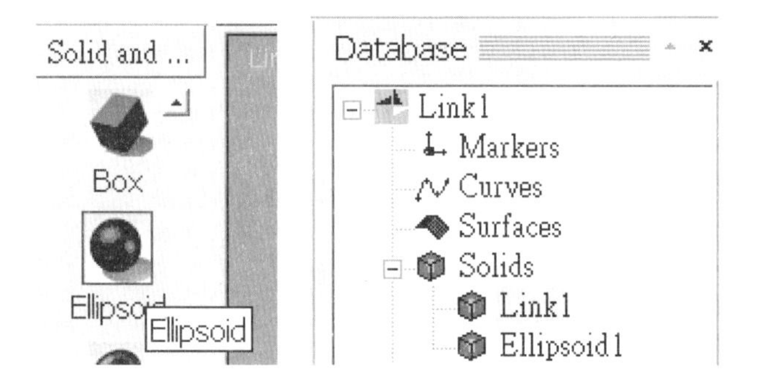

24. 點選 Unite，選擇 Link1 和 Ellipsoid1

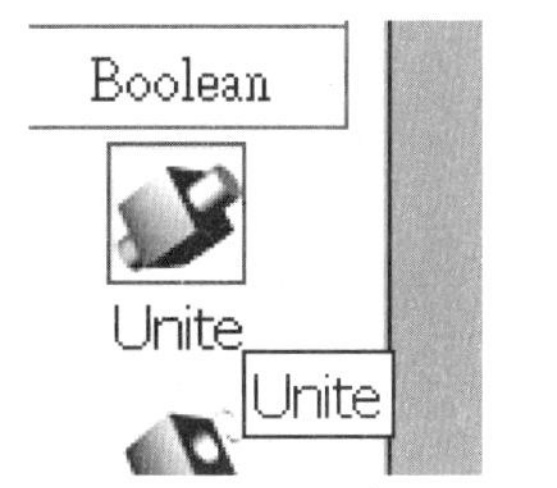

25. 點選Ellipsoid，Origin : 0, 0, 30，Radius : 15

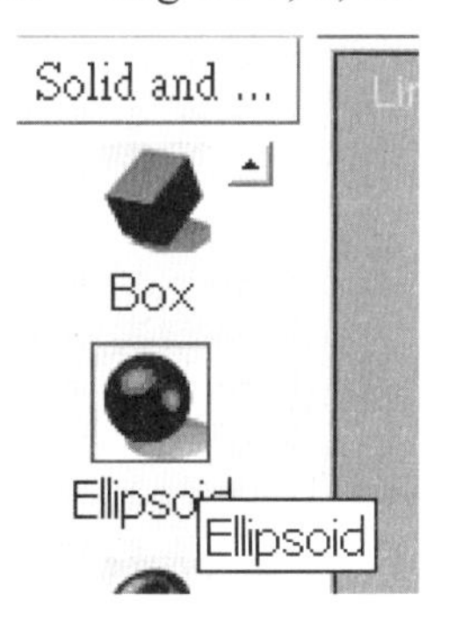

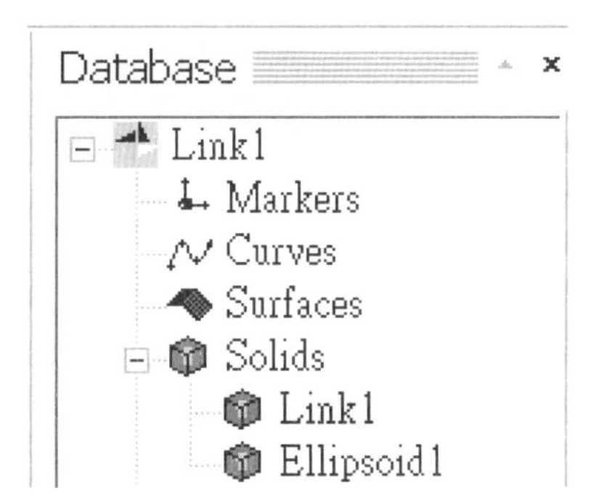

26. 點選 Object Control，移動 Ellipsoid2 零件，+X 方向=5

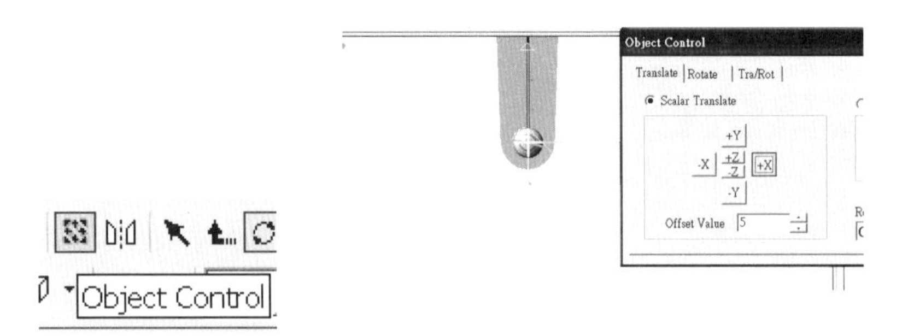

27. 點選 Subtract，選擇 Unite1 和 Ellipsoid2

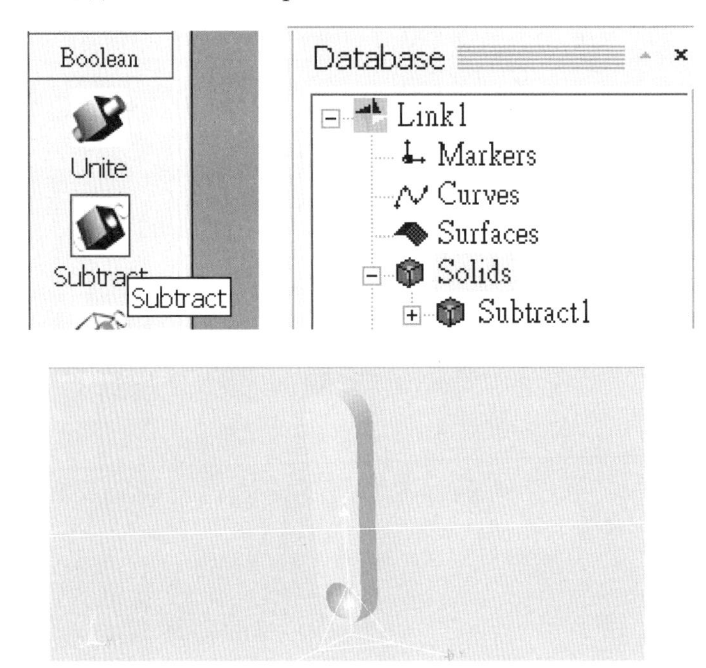

28. 轉換座標到 XZ 平面

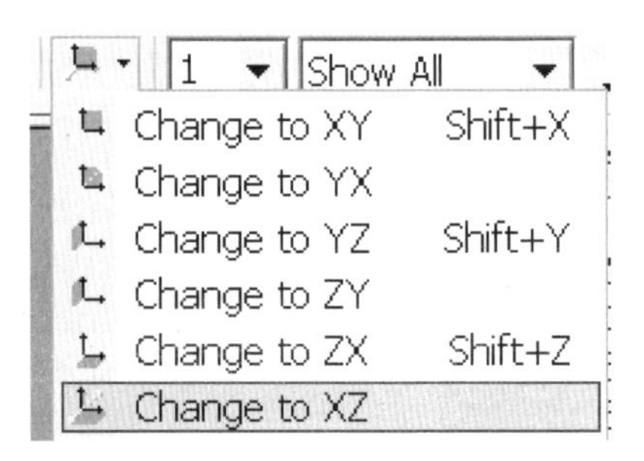

29. 點選Cylinder，Point1 [10, 0, 170]，Point2 [30, 0, 170]，Radius=20

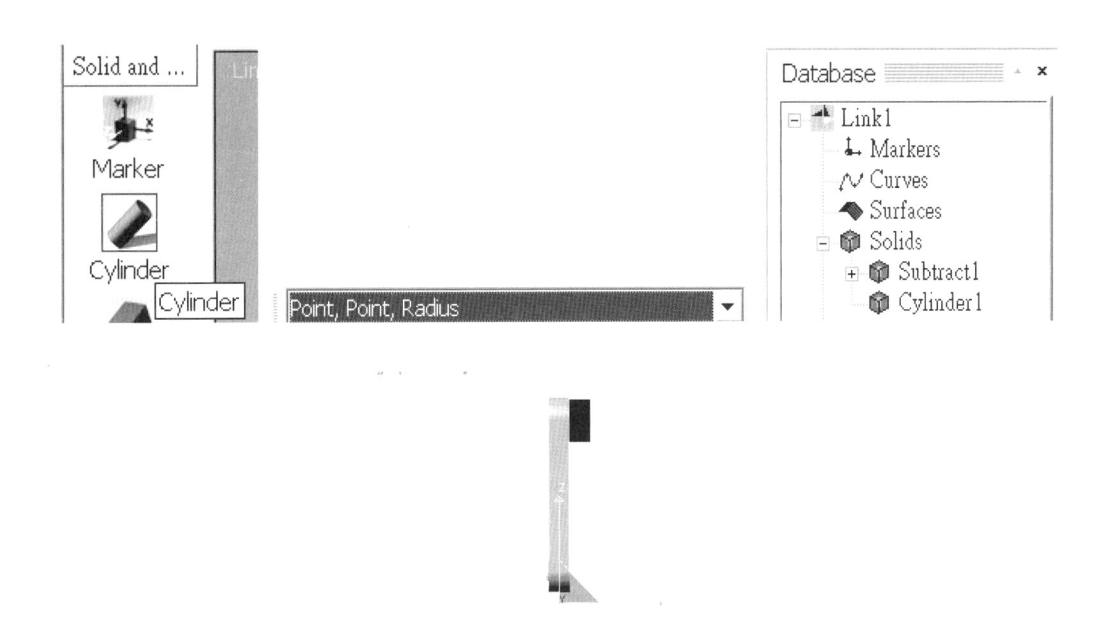

30. 點選 Exit，離開編輯畫面

31. 點選 Object Control，移動 Link1 零件，-X 方向=70

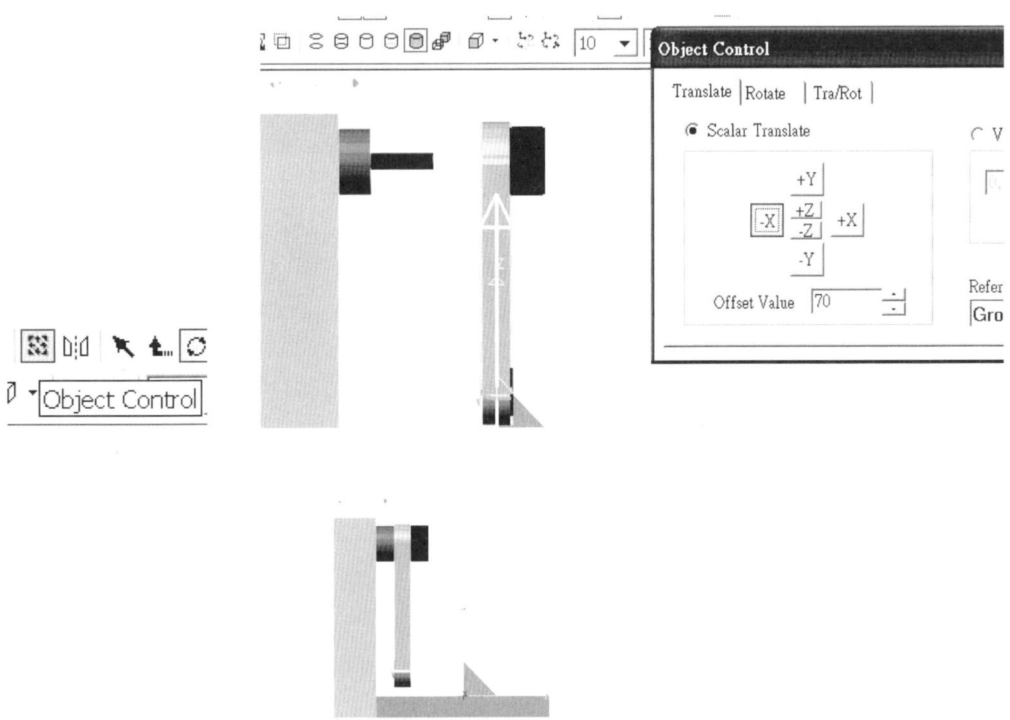

32. 點選Cylinder，Point1 [-60, 0, 30]，Point2 [290, 0, 50]，Radius : 7mm

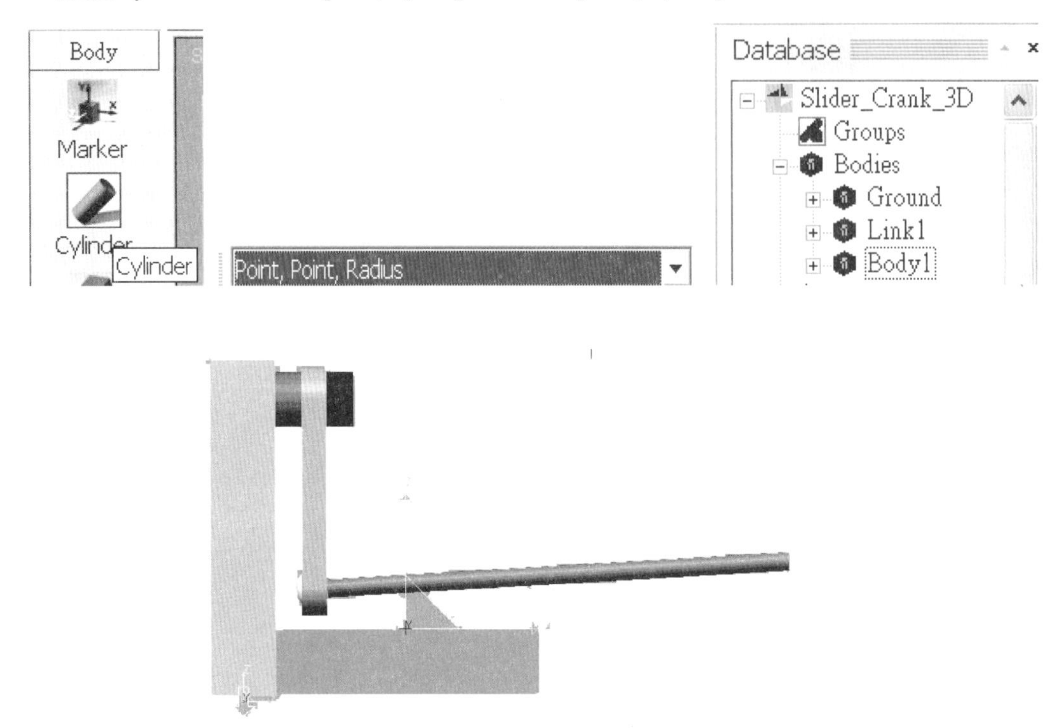

33. 重新命名，將 Body1 改爲 Link2

Properties of Body1 [Current Unit : N/kg/mm/sec/deg]

General | Graphic Property | Origin & Orientation | Body

Name: Link2

Unit

Force	newton	MKS
Mass	kilogram	MMKS
Length	millimeter	CGS
Time	second	IPS
Angle	degree	FPS

Comment

Layer Number: 1

Scope | 確定 | 取消 | 套用(A)

34. 對 Link2 編輯

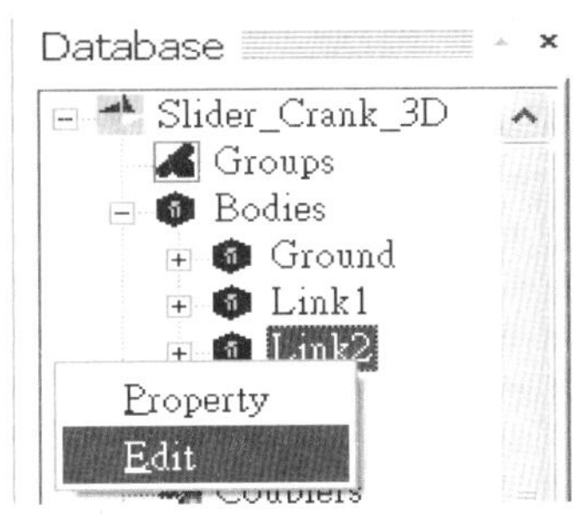

35. 點選Ellipsoid，Origin [-60, 0, 30]，Radius : 13mm

36. 點選Ellipsoid，Origin [290, 0, 50]，Radius : 13mm

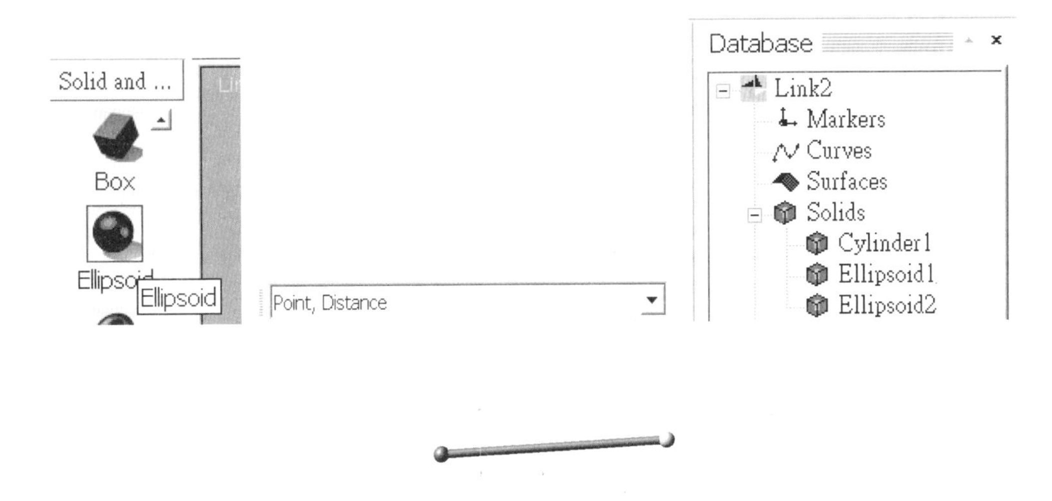

37. 點選Exit，離開編輯畫面

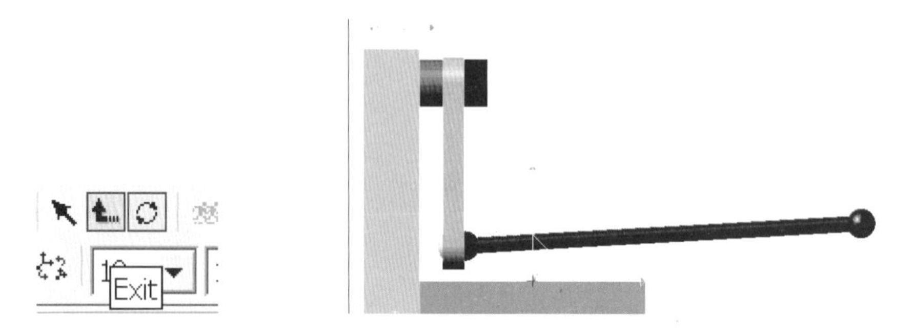

38. 轉換座標到 YZ 平面

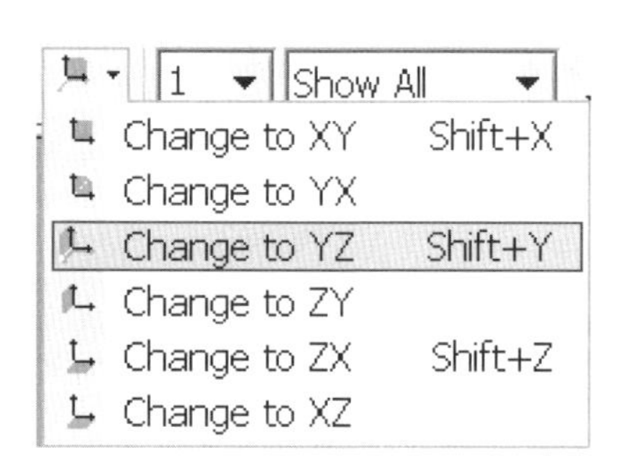

39. 點選Box

繪製Point1 : [0, -60, -20]，Point2 : [0, 60, -40]，Depth : 100

40. 重新命名，將 Body1 改為 Link3

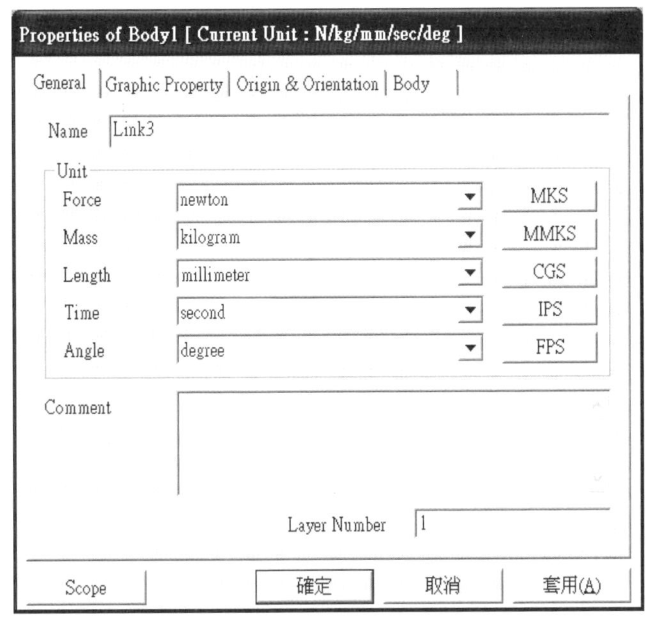

41. 對 Link3 編輯

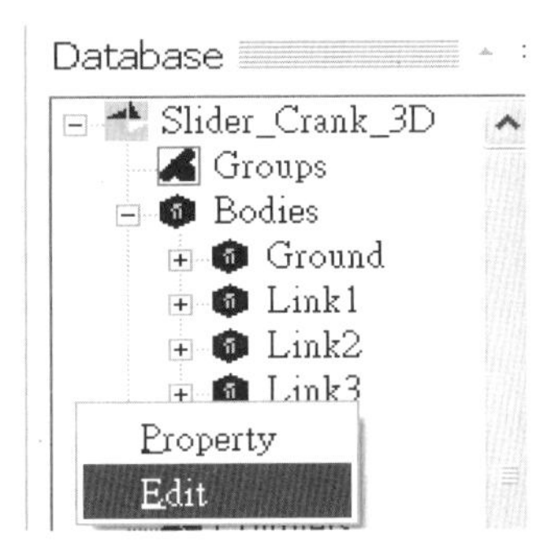

42. 點選Box

繪製Point1 : [0, -30, 20]，Point2 : [0, 30, -20]，Radius : 100mm

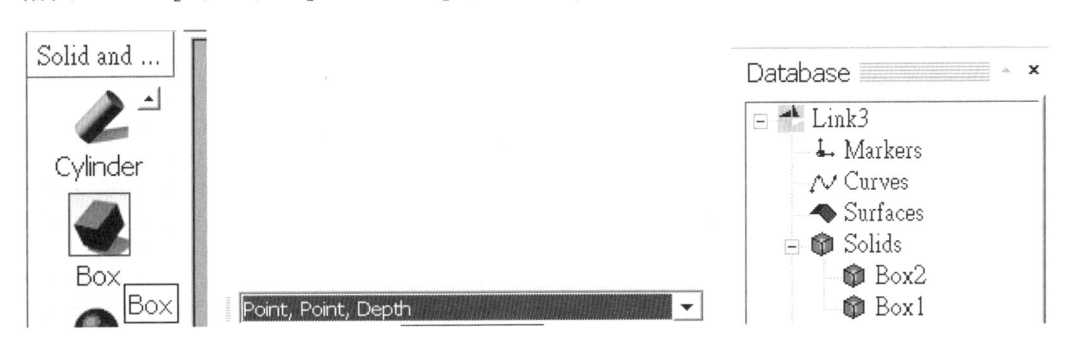

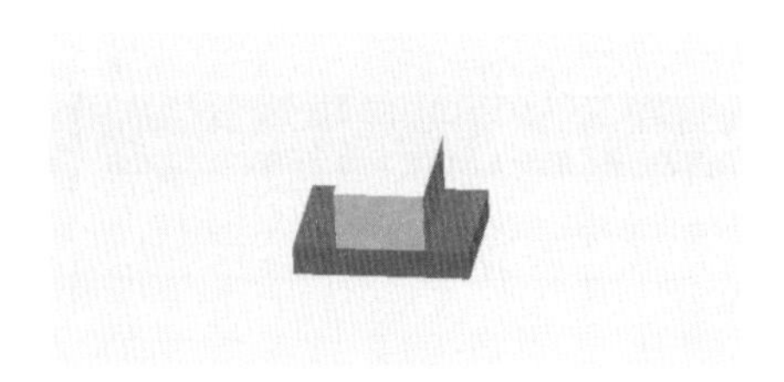

43. 點選Link，Point1 [0, 0, 50]，Point2 [0, 0, -10]，Depth : 20mm

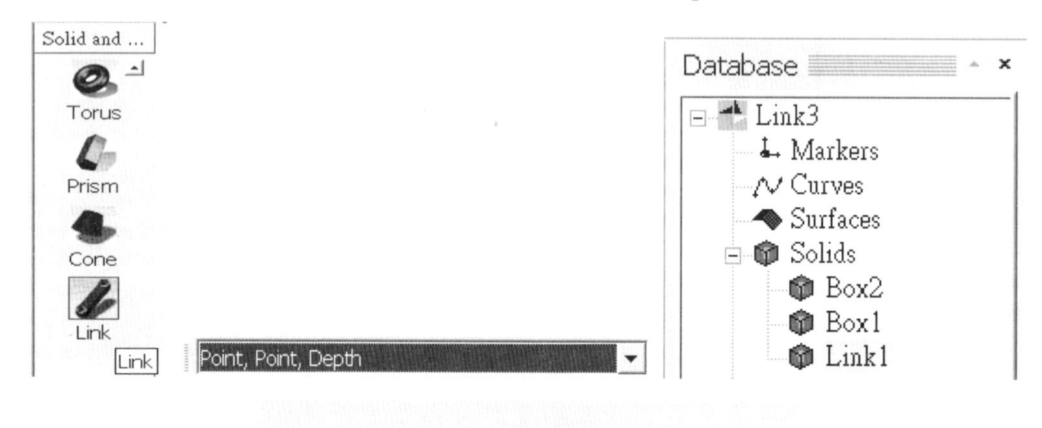

44. 修改Link1的參數，First Radius : 20mm，Second Radius : 25mm

Properties of Link1 [Current Unit : N/kg/mm/sec/deg]

General | Graphic Property | Link

First Point	0, 0, 50.	Pt
Second Point	0, 0, -10.	Pt
Normal Direction	1., 0, 0	
First Radius	20	Pv
Second Radius	25	Pv
Depth	20.	Pv

確定 取消 套用(A)

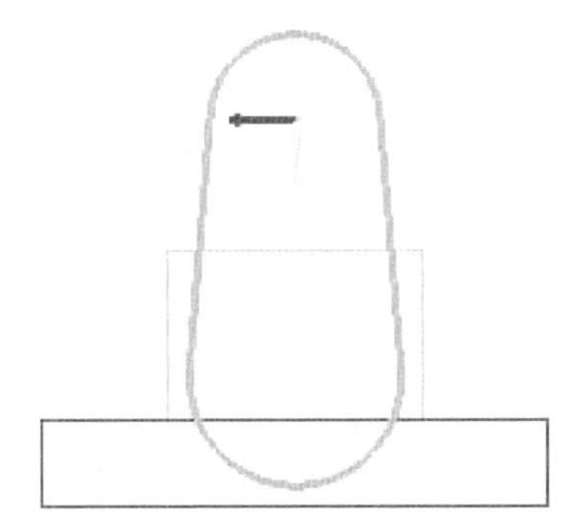

45. 點選Ellipsoid，Origin [0, 0, 50]，Radius : 15mm

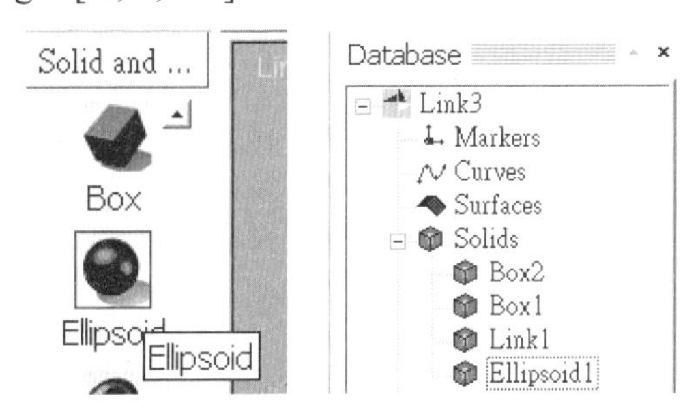

46. 點選 Unite，選擇 Link1 和 Ellipsoid1

47. 點選Ellipsoid，Origin [0, 0, 50]，Radius : 15mm

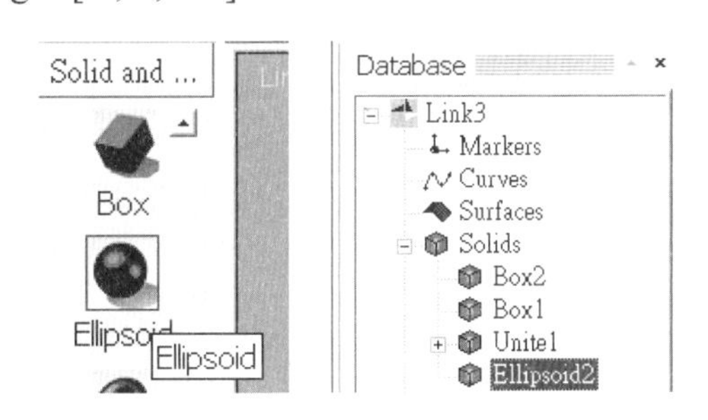

48. 點選 Object Control，移動 Ellipsoid2 零件，+X 方向=5

49. 點選 Subtract，選擇 Unite1 和 Ellipsoid2

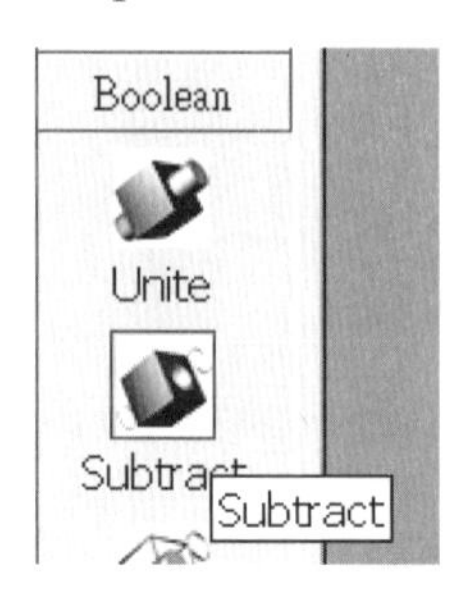

50. 點選 Object Control，移動 Subtract1 零件，Z 軸轉 180 度

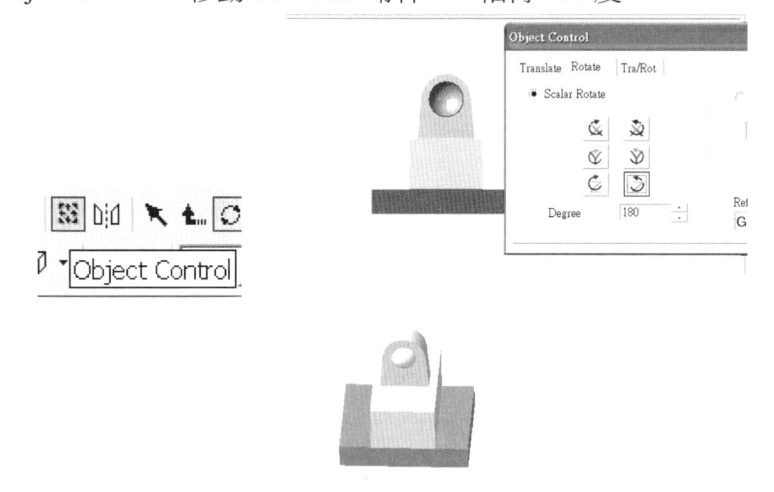

51. 點選 Exit，離開編輯畫面

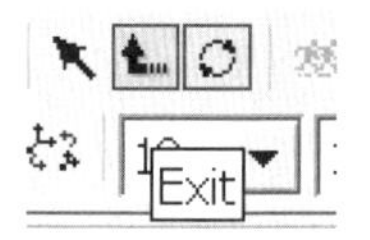

52. 轉換座標到 XZ 平面

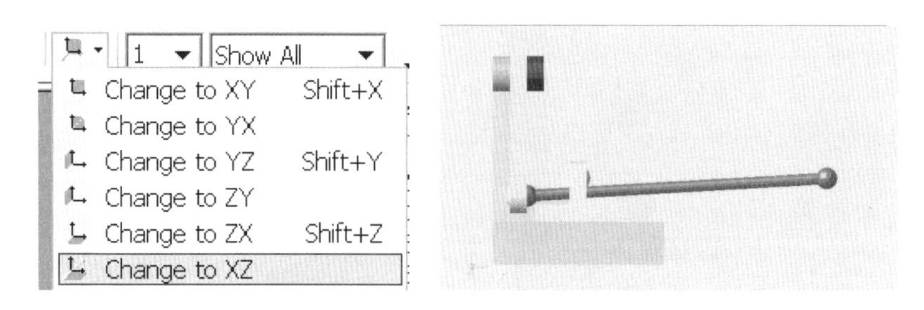

53. 點選 Object Control，移動 Link3 零件， +X 移動 300mm
54. 點選Revolute，Point1 [-70, 0, 170]，Point2 [-20, 0, 170]

55. 點選 Spherical
    連接Body : Link1 and Link2，Point1 [-60, 0, 30]
    連接Body : Link2 and Link3，Point2 [290, 0, 50]

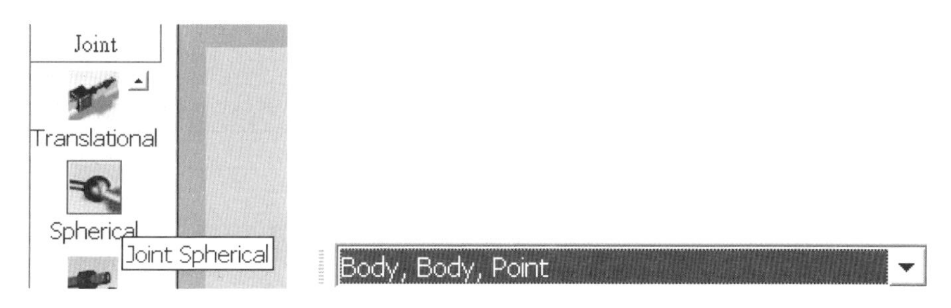

56. 點選Translational，連接Body : Link3 and Ground
    Point1 [300, 0, -20]，Point2 [400, 0, -20]

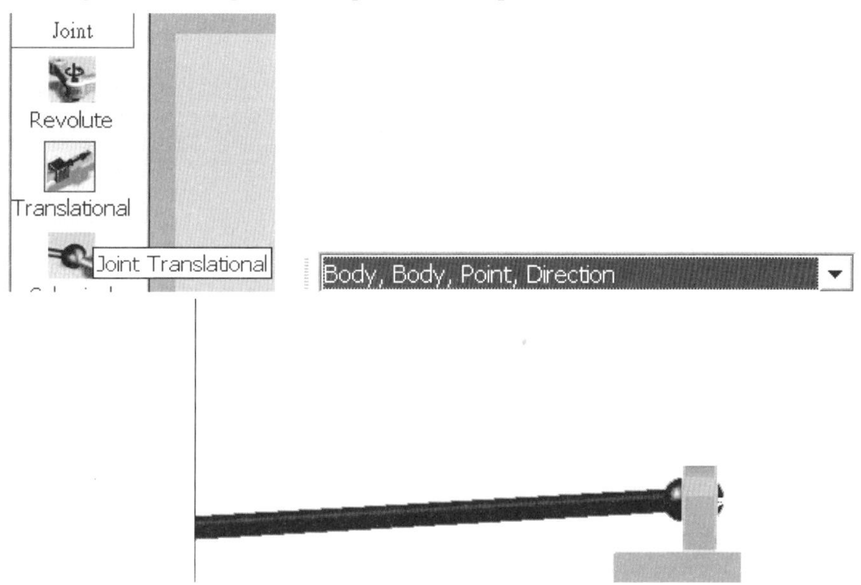

57. 修改 RevJoint1 參數，建立 Motion

Properties of RevJoint1 [Current Unit : N/kg/mm/sec/deg]

General | Connector | Joint

Type: Revolute

Motion

☑ Include Motion　　Motion

Initial Conditions

Position: 0.　　Velocity: 0.

☐ Include Initial Conditions

Friction

☐ Include Friction　　Friction

Force Display: Inactivate

Scope　　確定　　取消　　套用(A)

Motion

Motion

Type: Standard Motion

Displacement (time)

Expression

Name: Ex1　　EL

Expression

2*PI*TIME

確定　　取消　　套用(A)

58. 進行結果計算，選擇 Analysis

59. 設定結束時間與時間間距，還有一些所需要的計算設定

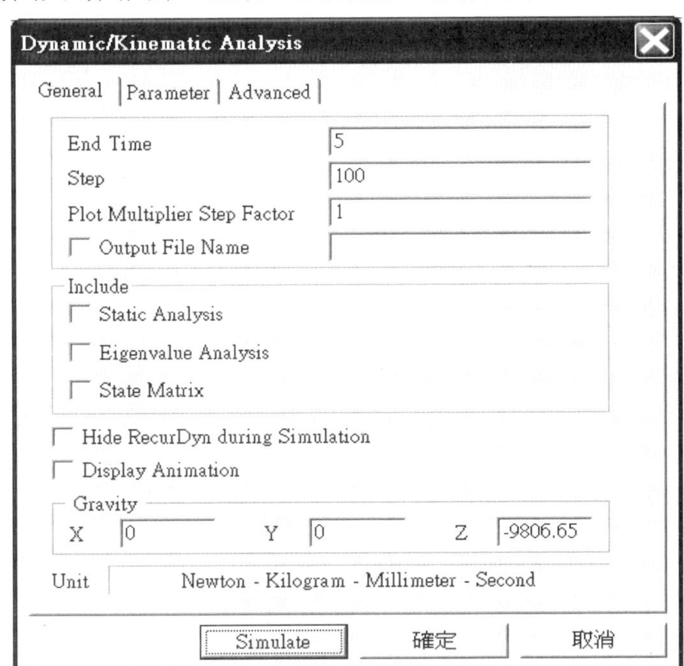

60. 系統會提示需要儲存檔案，設定要儲存的位置與檔名

61. 可點選下面工具列，來觀看結果的動畫

62. 可以從事後處理或結束分析工作

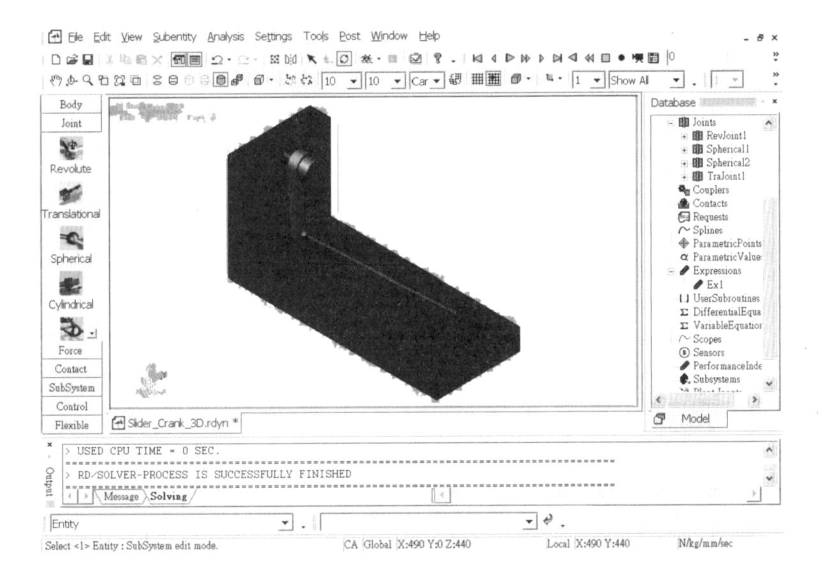

第四章 機構運動與動力分析中的接觸碰撞問題

機構運動與動力分析問題中想要遇不到接觸碰撞問題則是絕對不可能的，因爲許多機構上的設計就是利用物體間的接觸關係而產生移動上拘束，例如門鎖結構，利用鎖蕊去帶動連桿機構，完成開啓或關閉動作。其他如電路開關器主要功能是當電流過載時，必須根據不同過載形況下，在指定時間內完成跳脫，對於設計工程師而言所必須考慮的因素有機構內之彈簧選定及支點位置布置、爪撐板與支架的接觸以及其他零件間的接觸分析，一個典型的電路開關器機構運動分析大約有 25 個接觸力，這些接觸介面往往都是複雜曲面，同時也必須考慮靜、動摩擦力的影響，特別像電路關關器的作用時間是以微秒（ms）長度計算，因此對每一個接觸問題必須仔細定義，才能精準預測跳脫時間和跳脫力的大小。一旦機構分析遇到碰撞問題會有兩種狀況發生，第一種是不支援自由曲面的碰撞接觸定義，換言之接觸分析能力不夠。第二種是計算時間很久，不同碰撞接觸演算法其效能也所不同，同時也必須將動力學公式法一併考量，才能真正決定出計算總體效能。特別要再強調動力學公式法在機構運動分析效能是最重要的因素，它是將所有物件邊界條件設計轉爲可數值解析的重要核心，就像汽車的引擎和人體的心臟。實務上接觸碰撞分析需要的碰撞接觸形式有[28]：

1. 實體對實體

   實體對實體間的三維接觸自動建立是非常令人興奮功能，只要指定兩個幾何體是接觸關係即可。但是這種定義方式不利於複雜幾何，因爲會花費大量搜尋碰撞面時間，同時，假如實體具有不良的曲面時，很容易判斷錯誤甚至無法求解，例如凸輪的溝槽設計。

2. 實體對曲面

   可以直接判斷出實體接觸曲面，直接定義出接觸面，可以加速分析效能，簡單幾何仍可以用實體方式直接定義。

3. 曲面對曲面

   對於複雜幾何間的接觸問題，定義出有效接觸曲面是符合常理需要。同時，可以不考慮幾何是否有缺陷的因素。針對問題定義出最小的接觸曲面，計算效能絕對可以明顯提升。充分定義有效接觸曲面，去除不必無效的接觸曲面計算可大幅縮短計算時間。

4. 曲線對曲線

可直接應用對稱幾何的接觸分析，或是接面接觸的邊緣對邊緣，可用於快速分析需求或是平面機構分析上。

5. 標準幾何接觸

實務上有些零件是規則幾何，例於鋼珠（球）、管壁（圓柱和環形柱）、壁（方塊）。例如彈珠台機構分析，許多零件都是鋼珠和壁所構成，利用標準幾何間接觸除了簡化定義流程外，更可以加速分析效能和準確度。因爲這些標準物件的幾何接觸模式是連續，而非離散。像實體、曲面和曲線均爲離散幾何。

6. 凸輪接觸

大體上機構內部都有簡單凸輪機構，除了可以使用三維方式定義以外，有可以使用凸輪接觸方式定義，使用凸輪接觸最大意義在於接觸介面會自動以較密的點構成曲線，能夠滿足高精度接觸問題，且速度也不至於太慢。同時，由於曲線的連續性較佳，分析結果也比較平順。凸輪接觸力與一般接觸力對分析解具有一定的差異性，使用凸輪接觸力所得到的分析解不會發生不正常的高低震盪。

7. 紙片接觸

紙片接觸是較爲特殊的介質，因爲紙片結構是非常柔軟且自由度極高。對於分析來說都是一項艱鉅工作，同時分析計算時間比起一般機構分析來說是較久的。一張紙片所需要的基本參數包含彈性係數(Ex)、普松比(P)、密度(d)、厚度(d)和阻尼率(x)。理想的紙張更可以定義爲非等向性材質，換言之額外具有 Ey,Ez,Pxz 和剪模數 Exz。所以，必須將紙張離散化成爲有限單元，網格數目越多對於紙張的柔性更能表現出來，但需要更多計算時間和記憶體容量。網格化後的每個元素/節點都必須跟各式滾輪（組）、導向板等建立接觸力，如此紙張才能被牽引移動。一個基本進紙機構模型可以分析由於板形的尺寸、重量和剛度的不同所引起的潛在擾動、因惡劣溫度和濕度環境所引起的板材特性變化、由於未對準驅動滾軸所引起的板材間的速度差，因間隙磨損所導致的滾軸速度差等。

8. 特殊元件接觸

有輪胎、鍊條、皮帶和履帶元件。這些因爲模型本身不是自由度過大較大就是運動中同時與其他物體間的不斷進行接觸撞擊。這已經不是一般機構運動分析範疇，而是必須引進特殊的處理程序和演算法才能有效率的完成一次分析。

4.1 實體對實體接觸碰撞

在本範例中，吾人模擬一顆圓球掉落在一塊斜板上之接觸碰撞問題。

1. 開啓 RecurDyn 軟體，設定單位 MMKS，重力方向-Z。

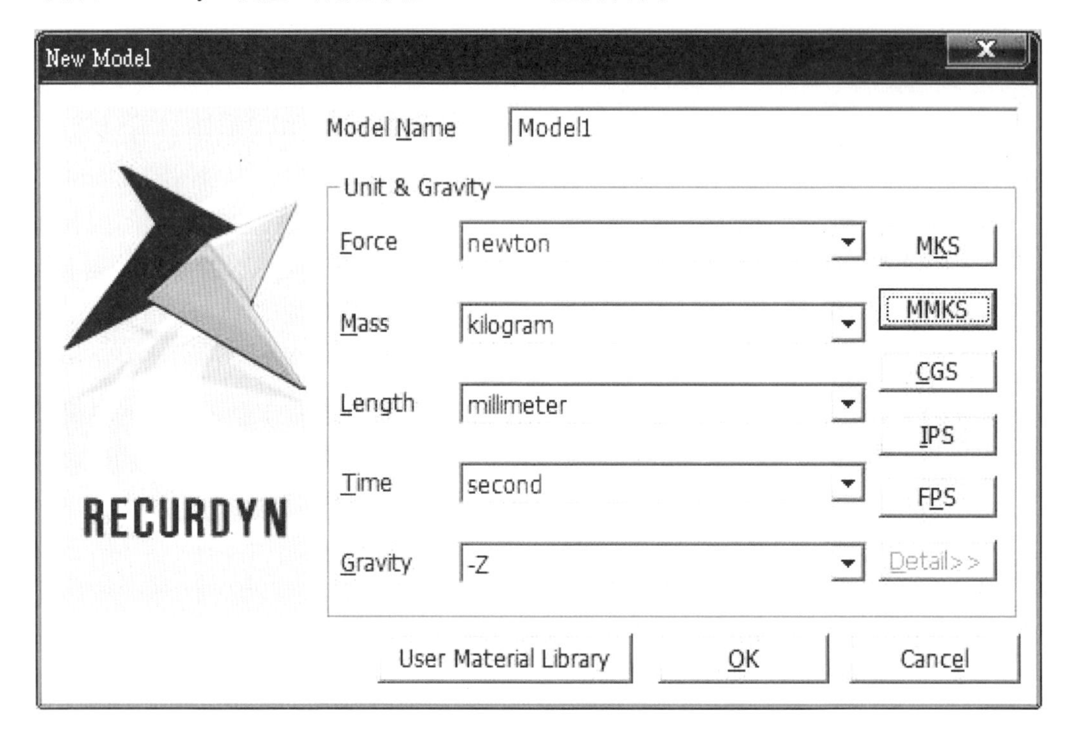

2. 開始繪製零件

   Body1:

   點選box建構Body1的位置Origin (0 ,0 ,0), Width= 2000, Height=100, Depth=1000, Angle1 =-30

3. 設定固定接點

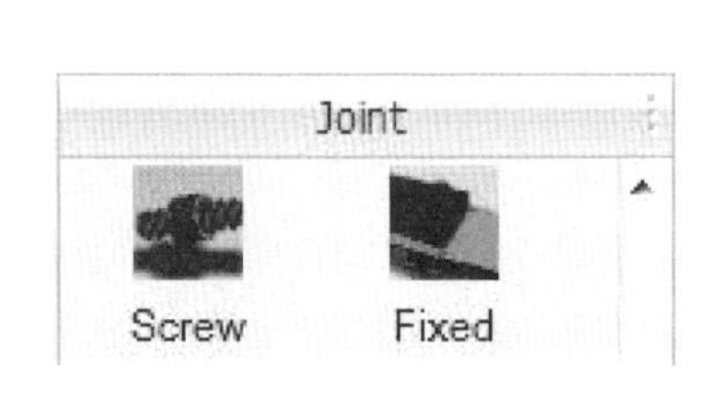

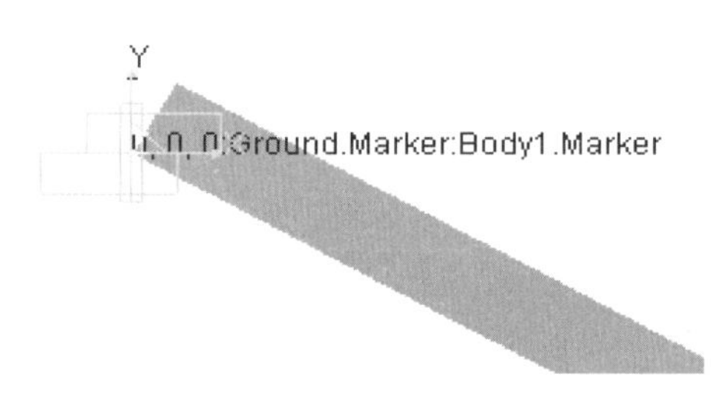

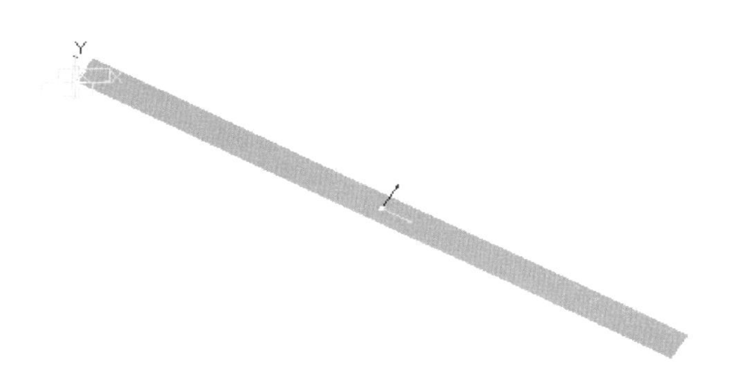

4. 繪製零件

Body2:

點選Ellipsoid建構Body2 的位置Origin (0 ,1000 ,1000), Radius = 100

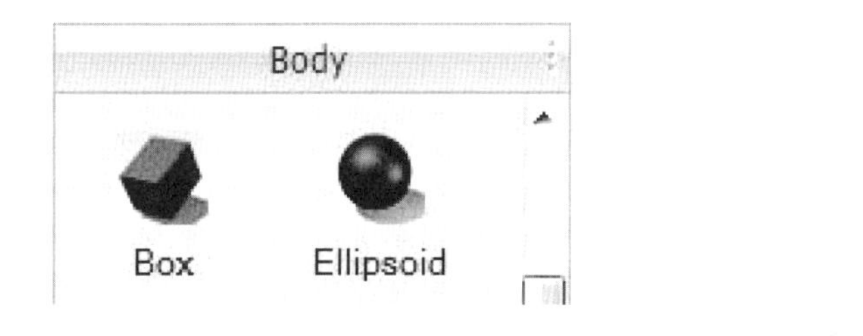

1000., 1000., 0

5. 設定碰撞

點選 Contact Sphere To Box 連接Body1和Body2

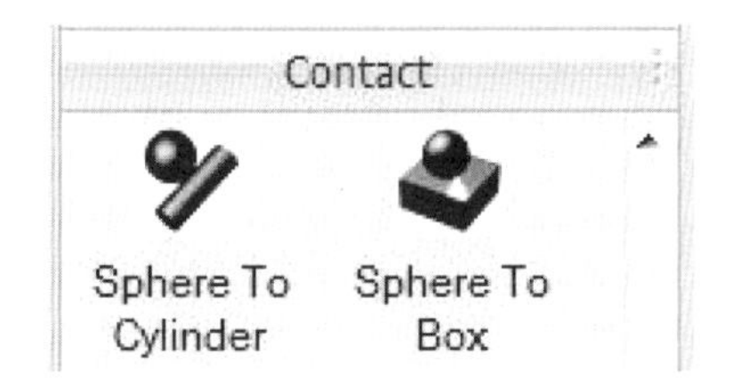

Box, Sphere

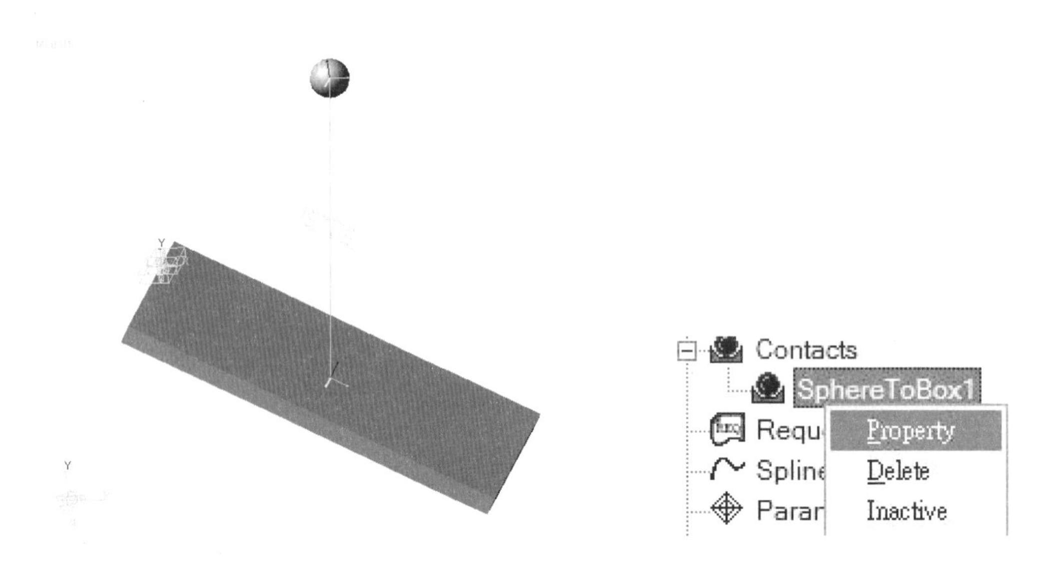

6. 修改成所需要的數據，設定Spring Coefficient=1000
   Damping Coefficient=1 Friction Coefficient=0.03

7. 進行結果分析，使用 Analysis 

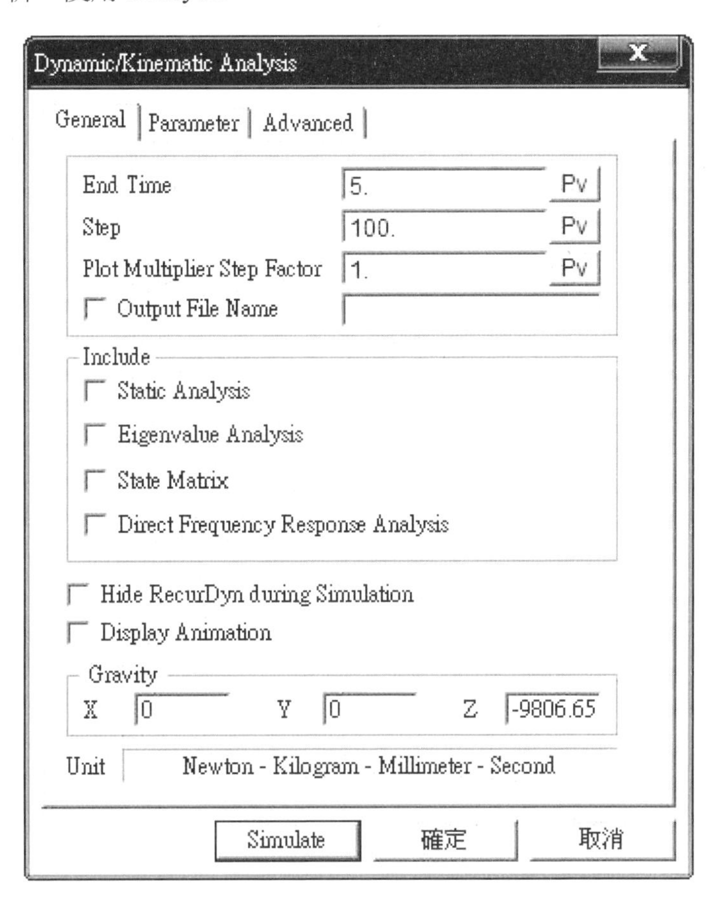

8. 系統會提示需要儲存檔案，設定要儲存的位置與檔名
9. 求解計算完畢，訊息列會出現此訊息

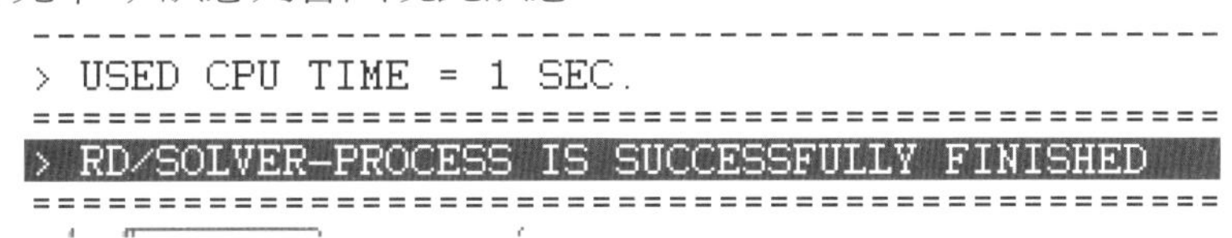

10. 點選下面工具列，來觀看結果的動畫

11. 可以從事後處理或結束

4.2 實體對曲面接觸碰撞

在本範例中，吾人模擬三顆圓球沿著一曲面上之互相碰撞接觸問題。

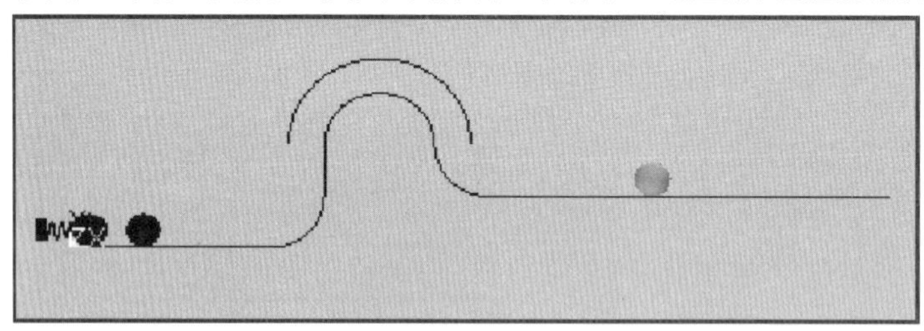

1. 開啓 RecurDyn 軟體，進入啓始畫面。
2. 輸入想要的檔名並且選擇單位(MMKS)和重力單位(-Y)

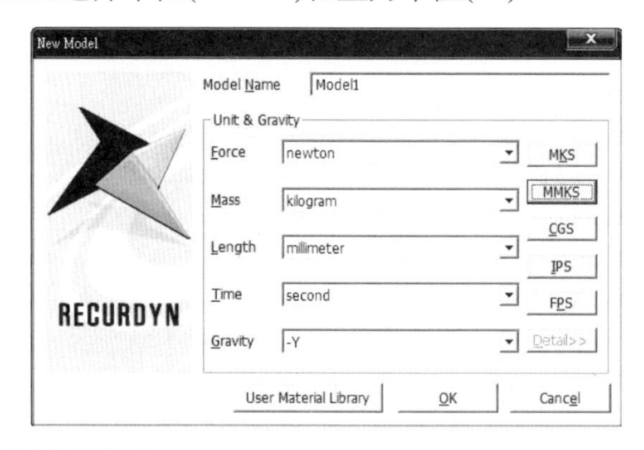

3. 選擇 Ground 進入編輯模式

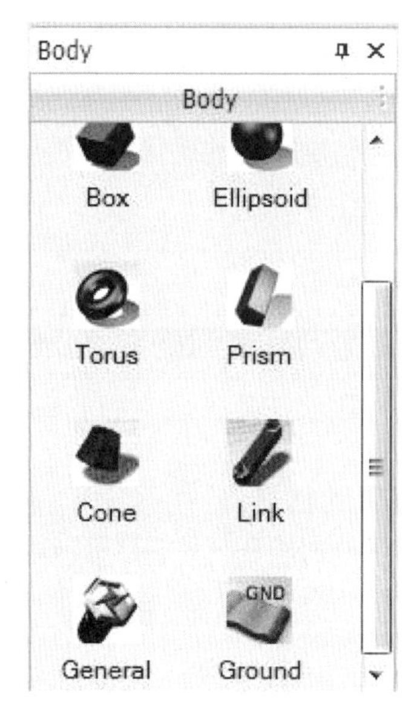

4. 進入後選取 Curve and surface 中的 Outline 繪製線段

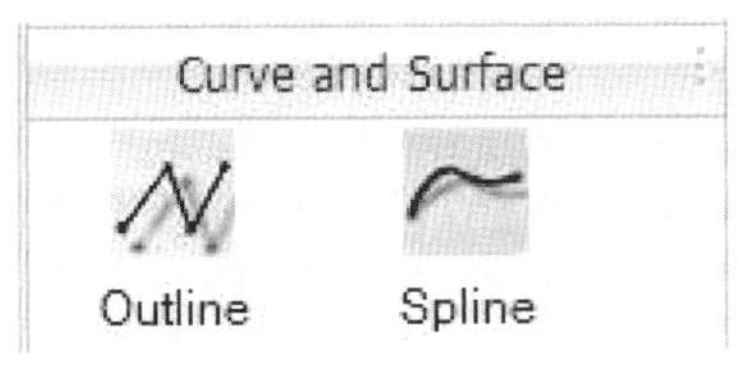

5. 將繪圖平面設定在 XY 平面上

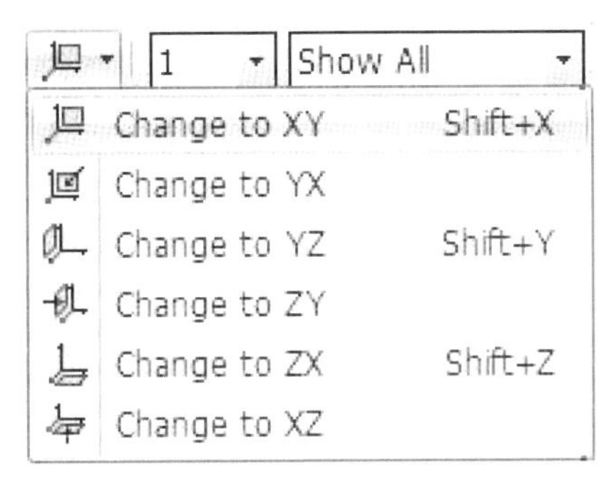

6. 依照所給定第一條線的座標繪製出線段，第一點爲(0,0,0)，第二點爲(1100,0,0)

Y

1100., 0, 0

7. 選完第二點後按右鍵，在出現的功能表中選取Finish Operation結束線段繪製

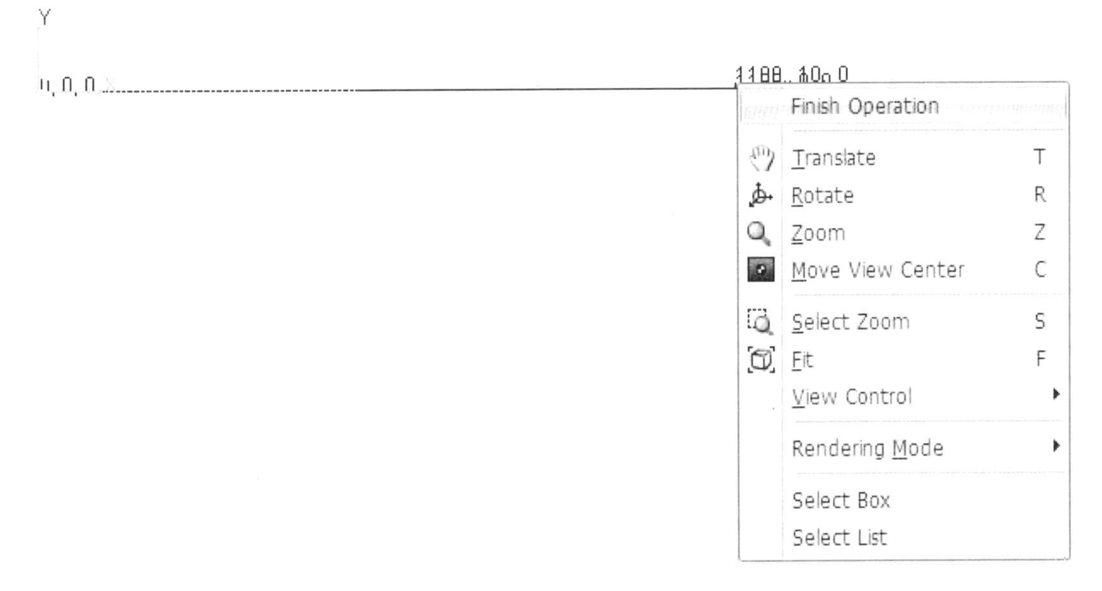

8. 依照所給的座標依序繪製出其他的兩個線段

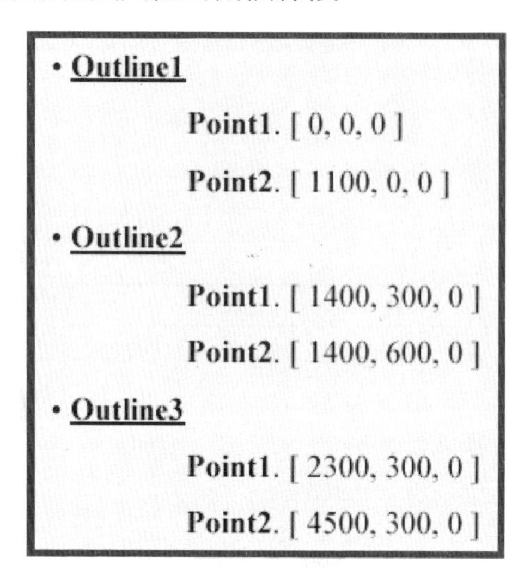

- **Outline1**
  - **Point1.** [0, 0, 0]
  - **Point2.** [1100, 0, 0]
- **Outline2**
  - **Point1.** [1400, 300, 0]
  - **Point2.** [1400, 600, 0]
- **Outline3**
  - **Point1.** [2300, 300, 0]
  - **Point2.** [4500, 300, 0]

9. 選取快捷功能表中的 Select 按鈕以確定離開 Outline 繪圖環境

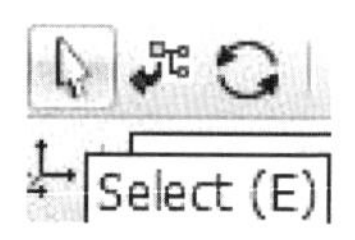

10. 選取 Arc 的圖形依照所給的座標繪製弧，圓心座標(1100,300,0)，半徑座標(1400,300,0)，選完兩點後所出現的箭頭指向-Y 方向，最後再點選所要連接的線段端點

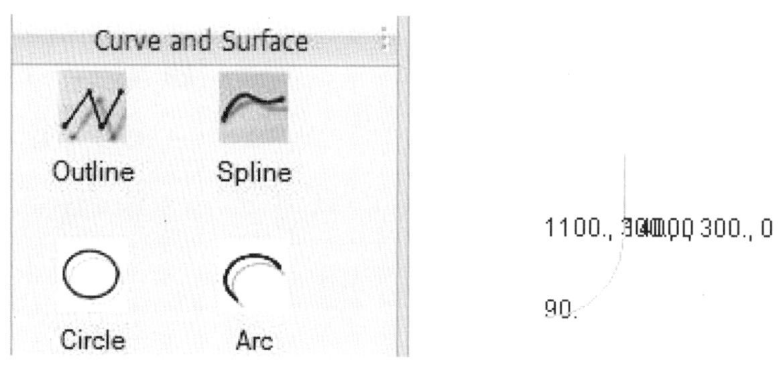

11. 點選 Arc 繪製弧，圓心座標(1700,600,0)，半徑座標(1400,600,0)，所指箭頭向上，當游標出現 3.1415927 按左鍵確定即完成所需的半圓路徑

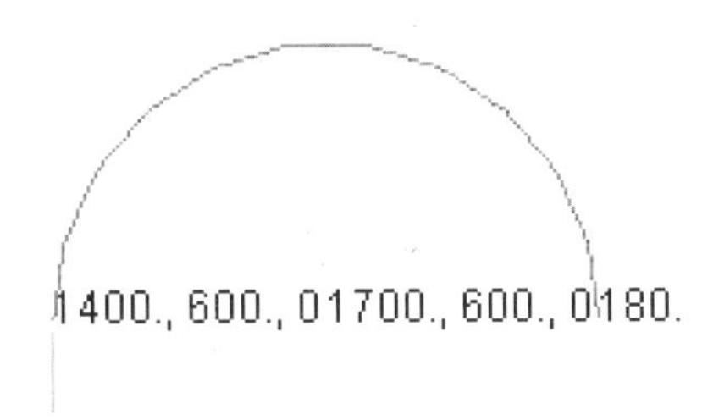

12. 依照上述步驟再繪製一個半圓弧，圓心座標(1700,600,0)，半徑座標(1200,600,0)，箭頭方向向上

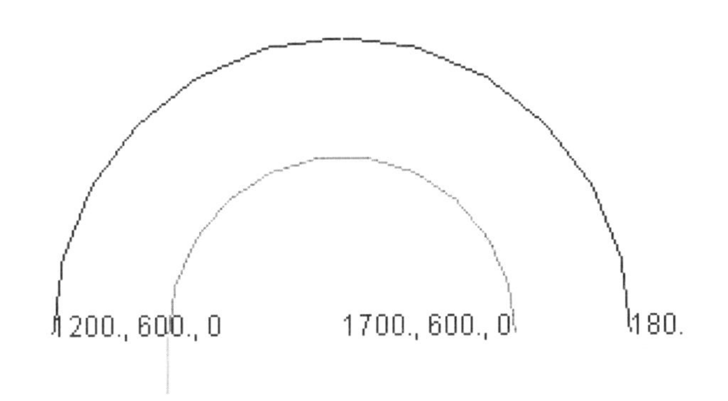

13. 選取 Arc 繪製最後一個圓弧，圓心座標(2300,600,0)，半徑座標(2000,600,0)，所指箭頭向下，完成所需之圓弧路徑

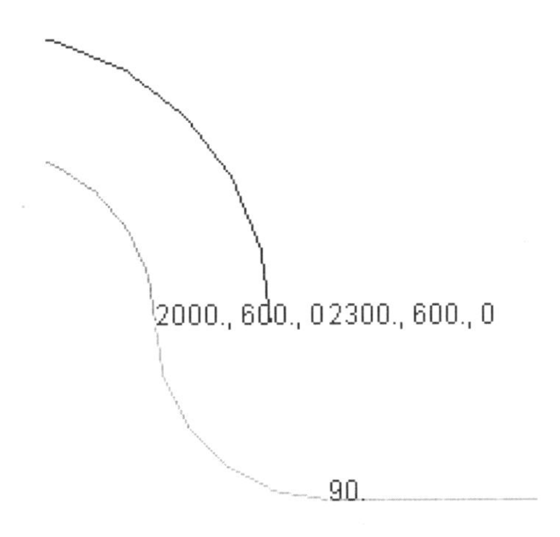

14. 完成後的路徑如下圖

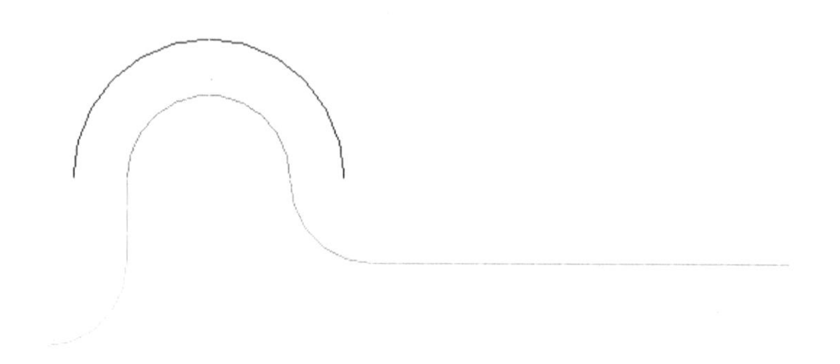

15. 按右鍵選取 Exit 離開 Ground 編輯模式

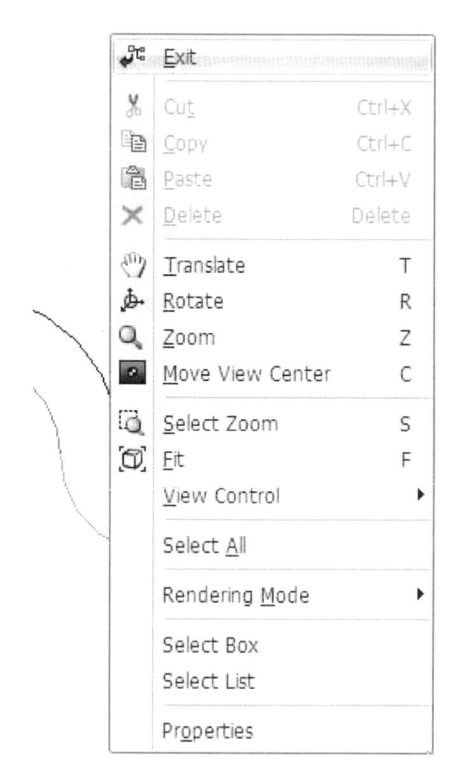

16. 選取 Body 中的 Ellipsoid 畫球指令，第一顆圓心座標爲(100,100,0)，半徑爲 100mm

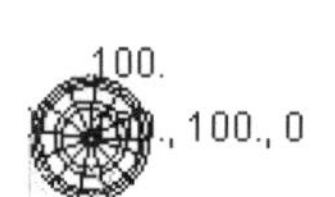

17. 依照所給的座標依序繪製出另外兩個圓球(每繪製一個後必須再點選一次Ellipsoid指令)，第二顆球心座標爲(400,100,0)，第三顆球 心座標爲(3200,400,0)，半徑皆爲100mm

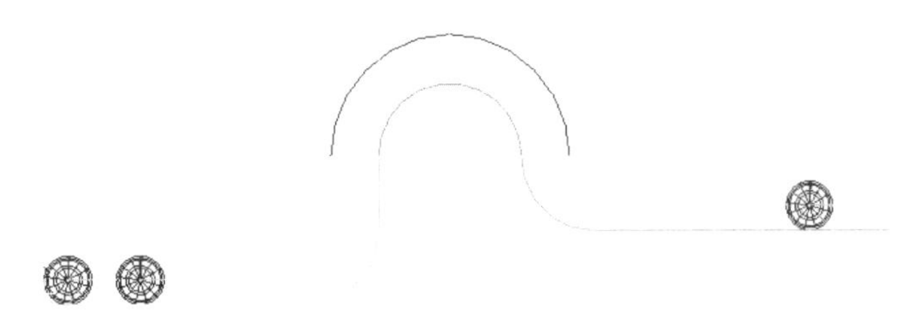

18. 按住 Ctrl 鍵選取三顆球，選取完畢後按右鍵在功能表中選取Properties

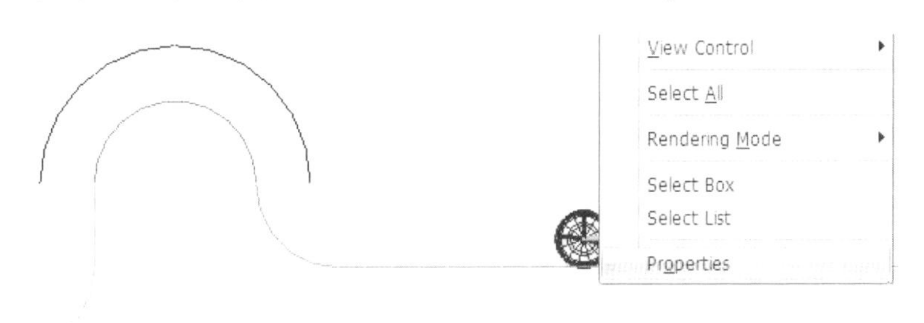

19.選擇 Body －＞ Material Input Type －＞ User Input，設定 Mass 爲 1.0kg

3 entities [Current Unit : N/kg/mm/s/deg]
General | Graphic Property | Body
Material Input Type: User Input
Mass: 1
Ixx: 131528.01 Ixy: 0.
Iyy: 131528.01 Iyz: 0.
Izz: 131528.01 Izx: 0.
Center Marker: CM
Inertia Marker: Create IM
Initial Condition: Initial Velocity
確定 取消 套用(A)

20. 選擇 Force－＞Spring，第一點座標(-200,100,0)，第二點座標(100,100,0)

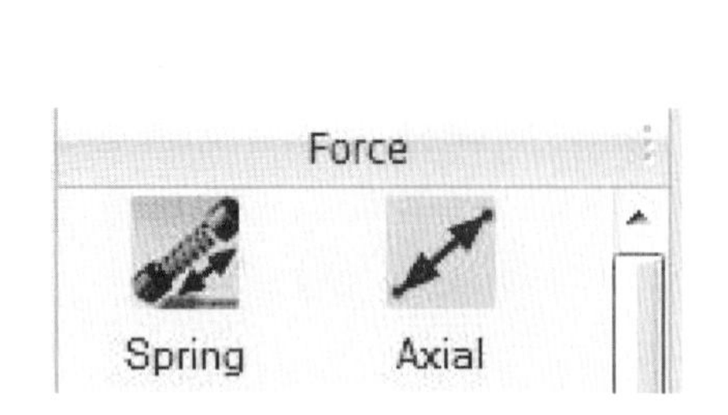

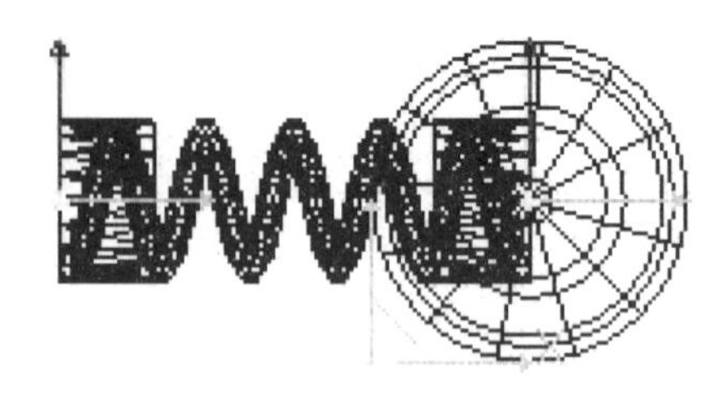

21. 修改彈簧參數

Database
Model1
Groups
Bodies
Joints
Forces
Spring1

Properties of Spring1 [Current Unit : N/kg/mm/s/deg]

General | Connector | Spring | Graphic

Spring Coefficient 100. Pv
Damping Coefficient 1. Pv
Stiffness Exponent 1.
Damping Exponent 1.
Free Length 300. Pv
Pre Load 0. Pv
Distance between Two Markers 300. R
Force Display Inactivate

Scope 確定 取消 套用(A)

22. 修改成所需要的數據

Properties of Spring1 [Current Unit : N/kg/mm/s/deg]

General | Connector | Spring | Graphic

Spring Coefficient	10	Pv
Damping Coefficient	0.05	Pv
Stiffness Exponent	1.	
Damping Exponent	1.	
Free Length	450	Pv
Pre Load	0.	Pv
Distance between Two Markers	300.	R
Force Display	Inactivate	

Scope　確定　取消　套用(A)

23. 選取 Contact－＞Sphere to Sphere，選取第一顆跟第二顆球

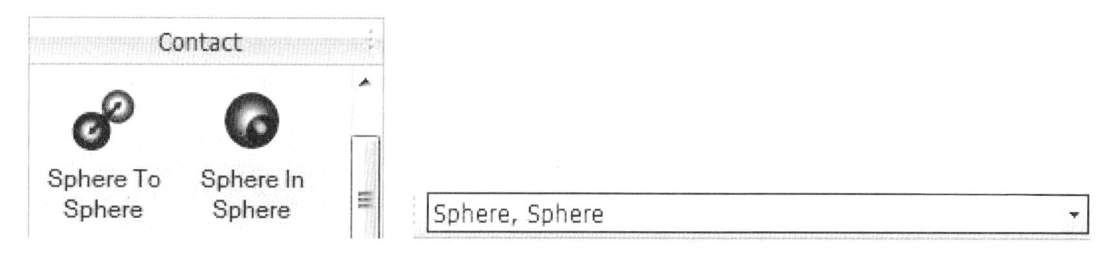

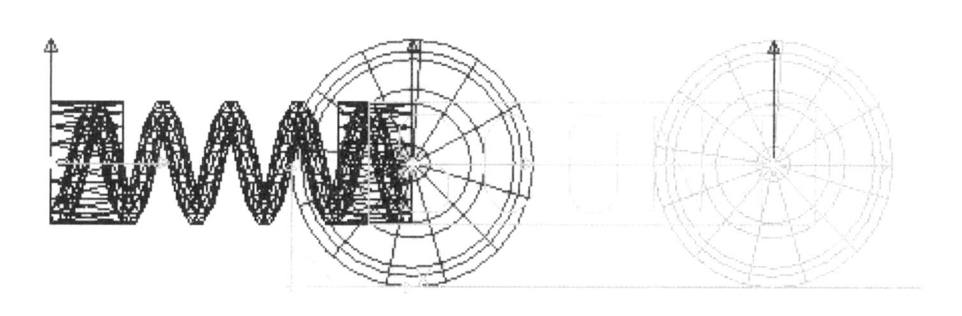

24. 修改 Contact 參數

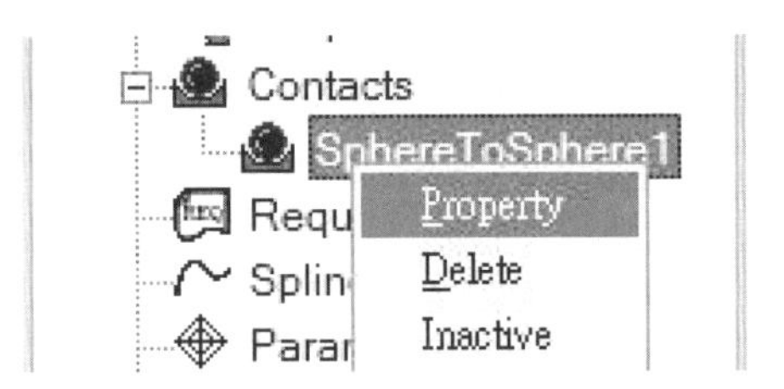

25. 修改成所需要的數據，設定 Spring Coefficient : 100N/mm，Damping Coefficient : 0.2N·sec/mm， Friction Coefficient : 0.03，

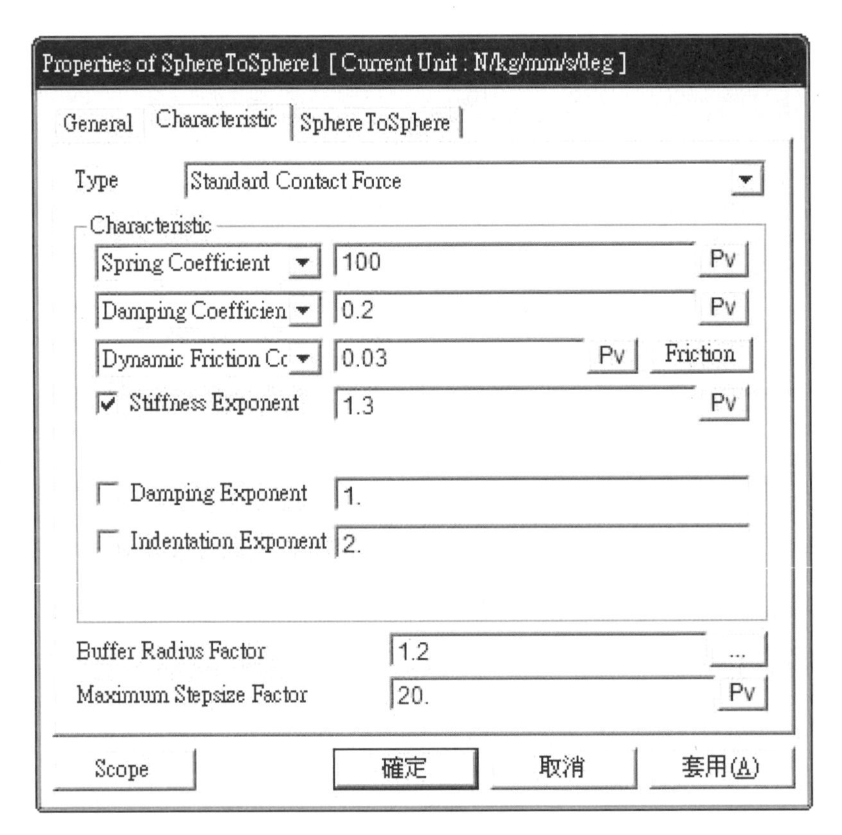

26. 選取 Contact－＞Sphere to Sphere，選取第二顆跟第三顆球

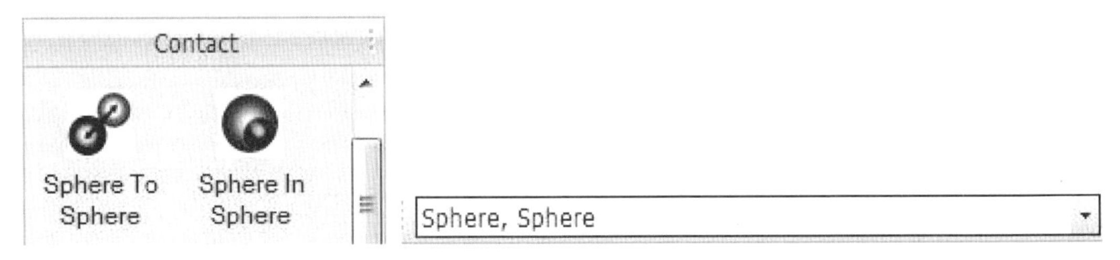

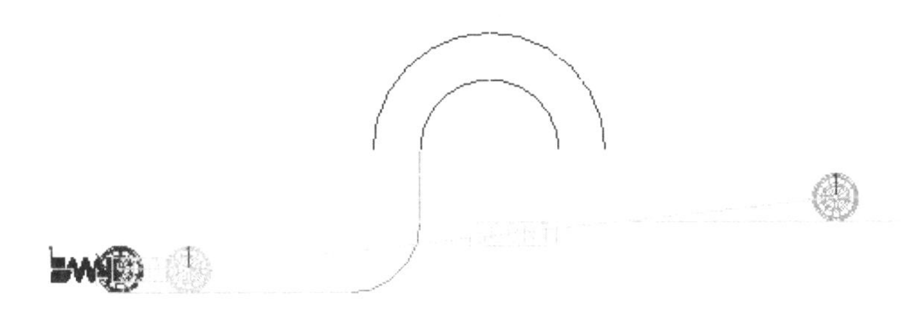

27. 修改成所需要的數據，設定 Spring Coefficient : 100N/mm，Damping Coefficient : 0.2N·sec/mm， Friction Coefficient : 0.03

Properties of SphereToSphere1 [Current Unit : N/kg/mm/s/deg]

General Characteristic SphereToSphere

Type Standard Contact Force

Characteristic

Spring Coefficient 100 Pv

Damping Coefficien 0.2 Pv

Dynamic Friction Cc 0.03 Pv Friction

Stiffness Exponent 1.3 Pv

Damping Exponent 1.

Indentation Exponent 2.

Buffer Radius Factor 1.2 ...

Maximum Stepsize Factor 20. Pv

Scope 確定 取消 套用(A)

28. 選取Contact－＞Circle to Curve

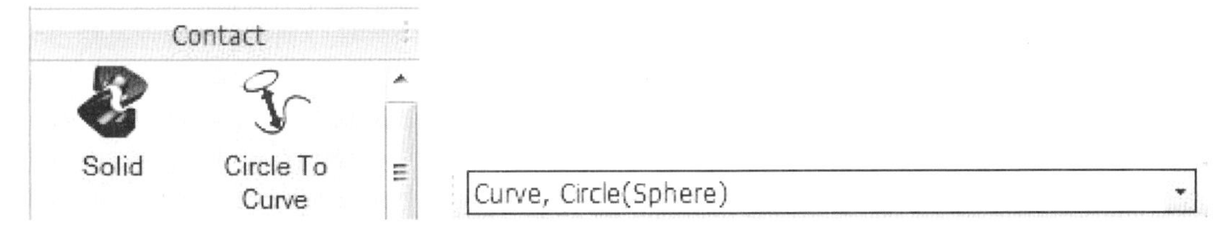

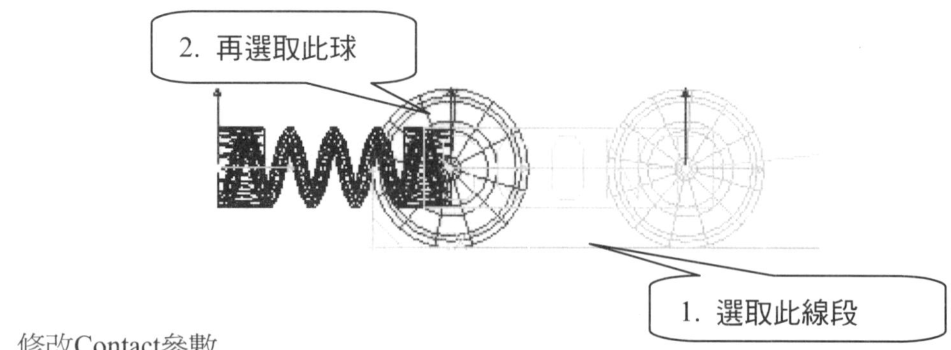

29. 修改Contact參數

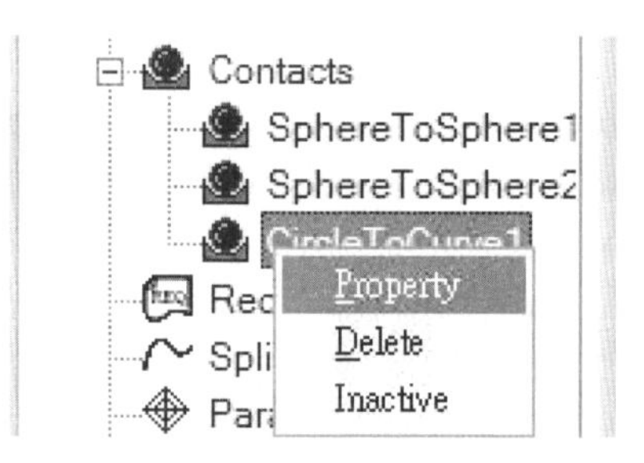

30. 修改成所需要的數據，設定Spring Coefficient : 100N/mm，Damping Coefficient : 0.2N·sec/mm， Friction Coefficient : 0.03，

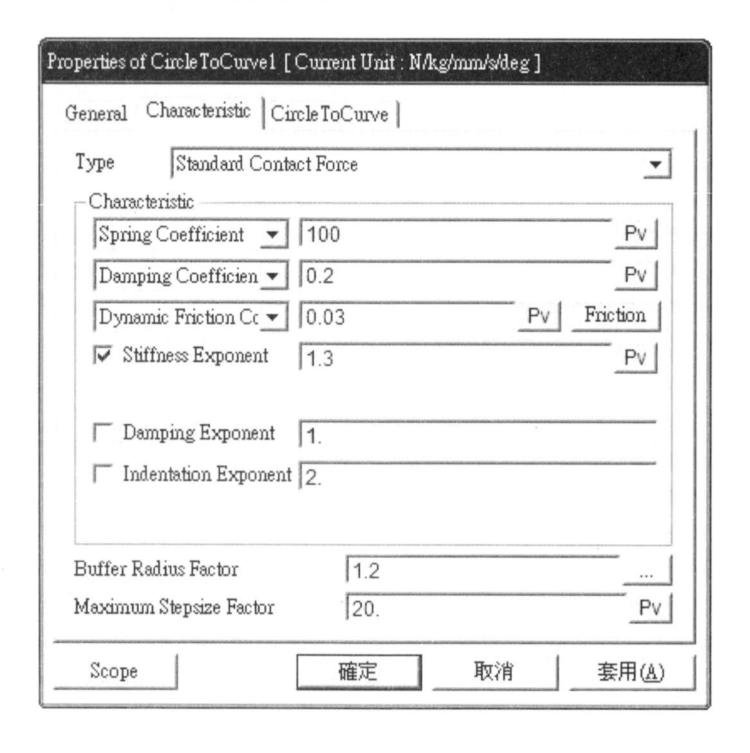

31. 選取Contact－＞Circle to Curve

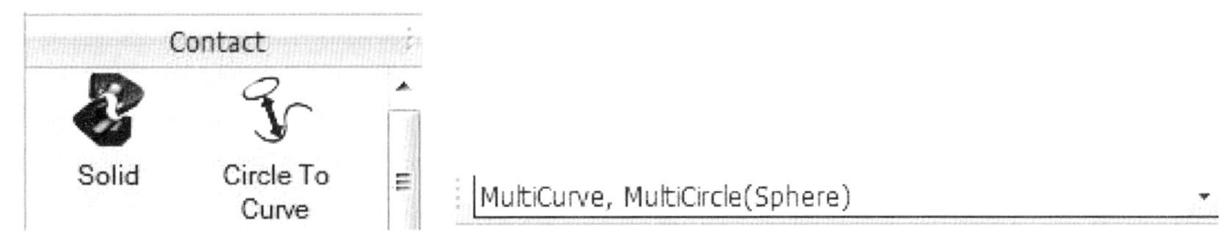

32. 選取線，再點選Done1，再選取球，再點選Done2

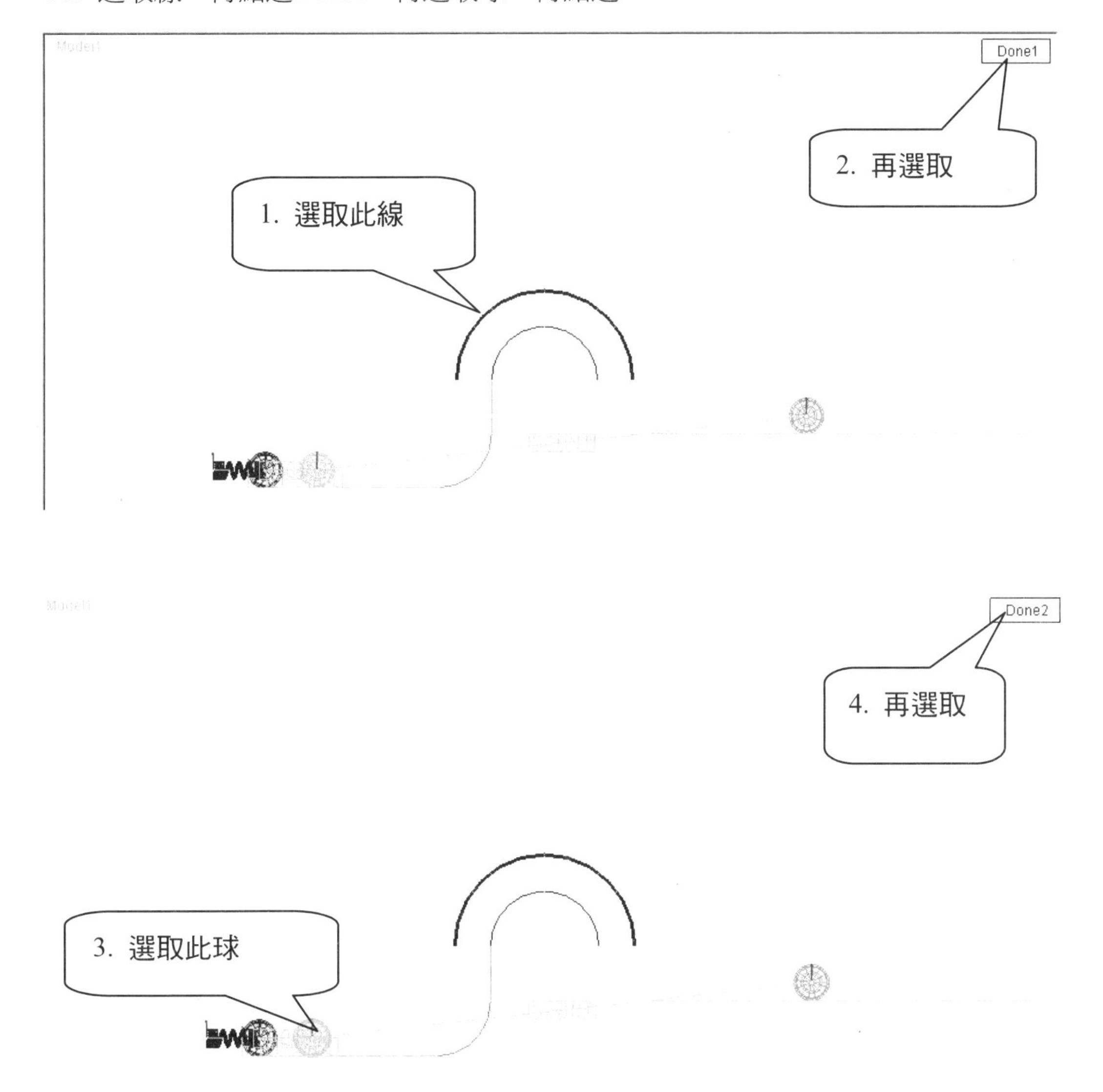

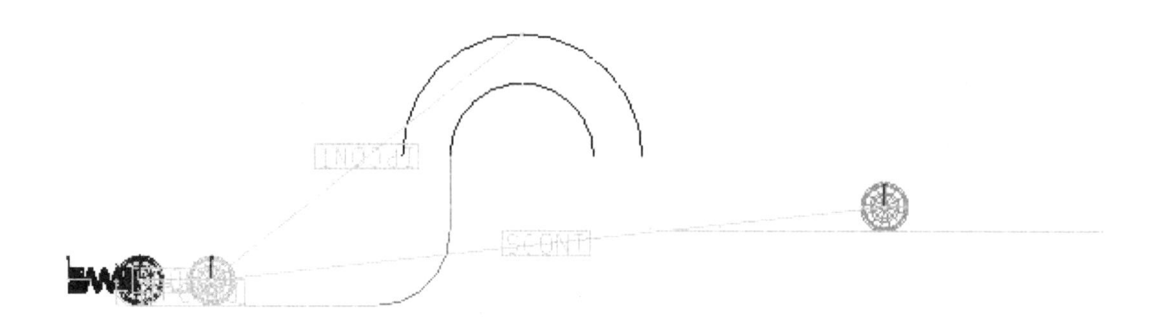

33. 選取Contact－＞Circle to Curve

選取線，再點選Done1，再選取球，再點選Done2

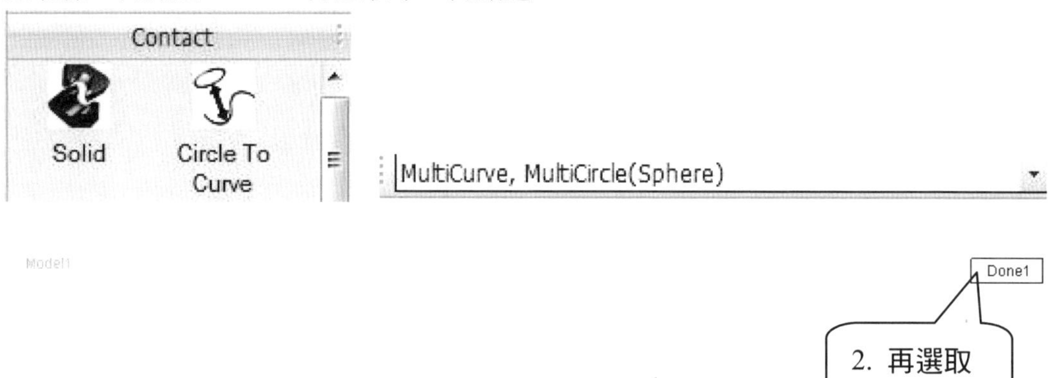

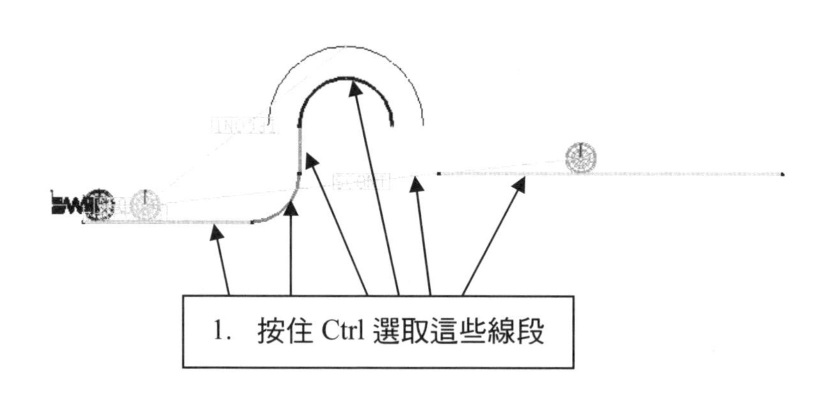

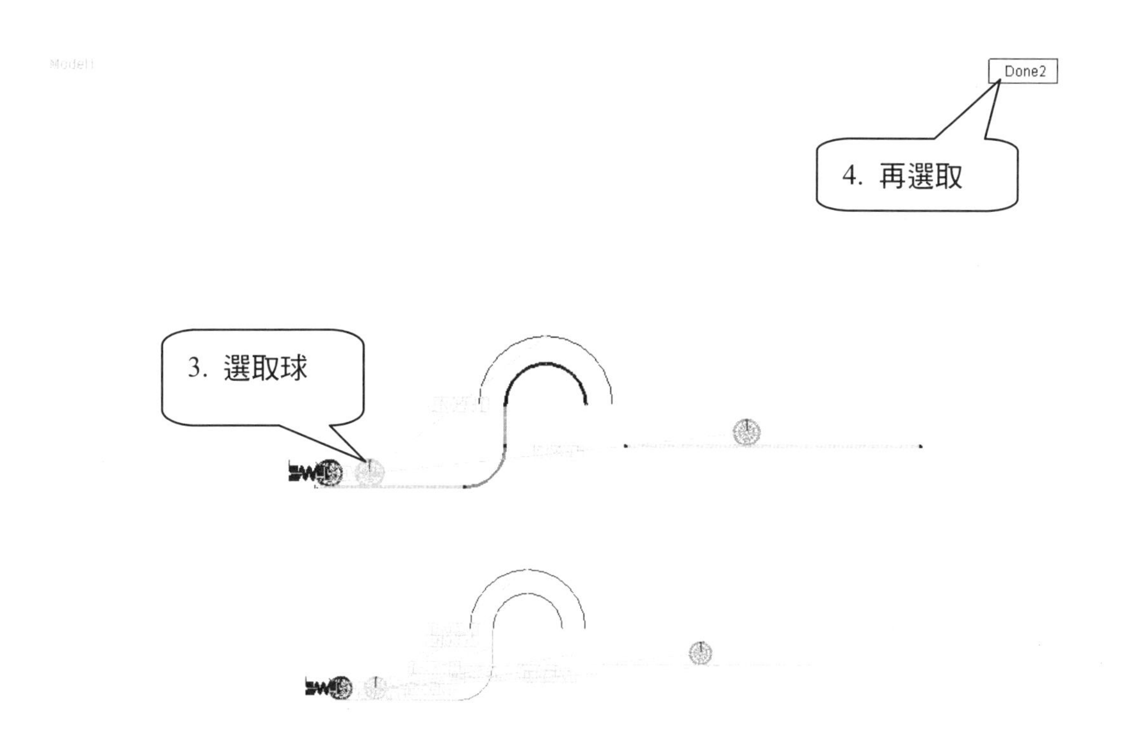

34. 選取Contact－＞Circle to Curve

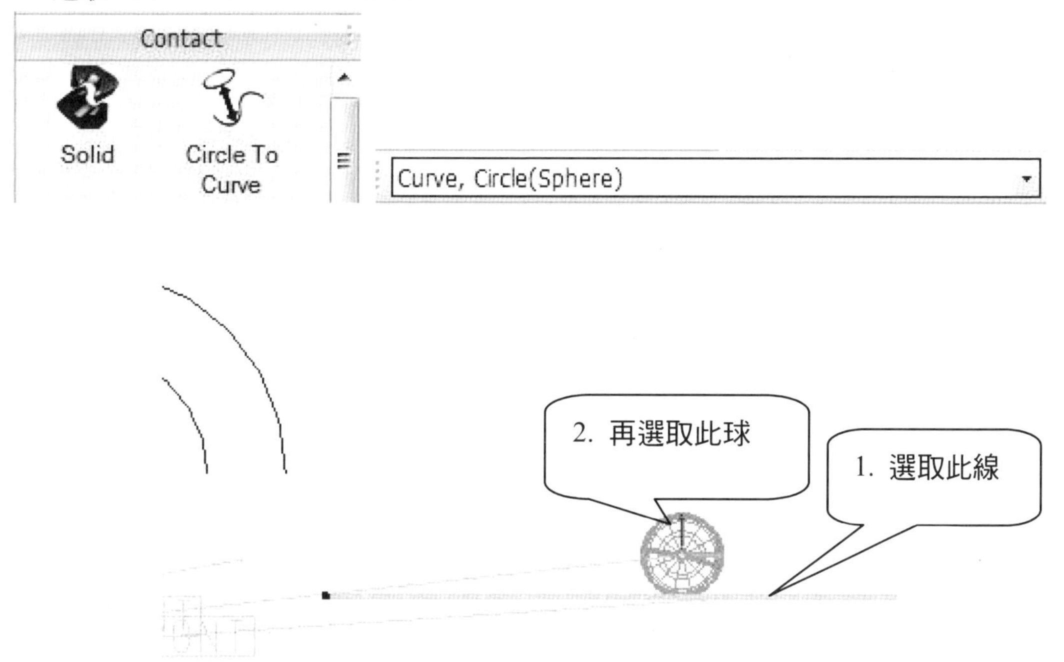

35 .修改Contact參數

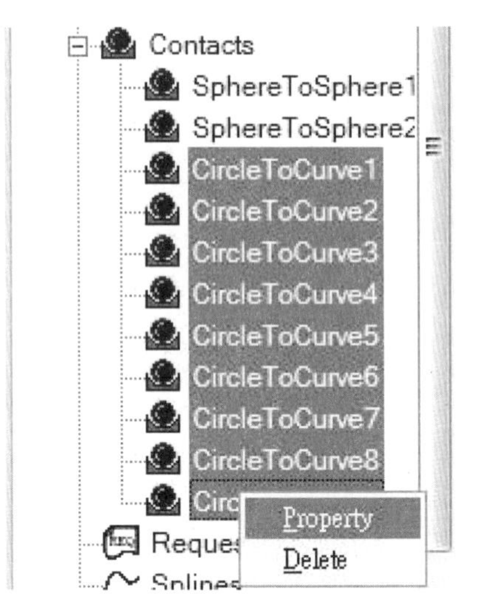

36. 修改成所需要的數據，設定Spring Coefficient : 100N/mm，Damping Coefficient : 0.2N·sec/mm， Friction Coefficient : 0.03

Properties of CircleToCurve7 [Current Unit : N/kg/mm/s/deg]
General Characteristic CircleToCurve
Type Standard Contact Force
Characteristic
Spring Coefficient 100. Pv
Damping Coefficien 0.2 Pv
Dynamic Friction Cc 0.03 Pv Friction
Stiffness Exponent 1.3 Pv
Damping Exponent 1.
Indentation Exponent 2.
Buffer Radius Factor 1.2 ...
Maximum Stepsize Factor 20. Pv
Scope 確定 取消 套用(A)

37. 選取下面四條圓弧的Contacts

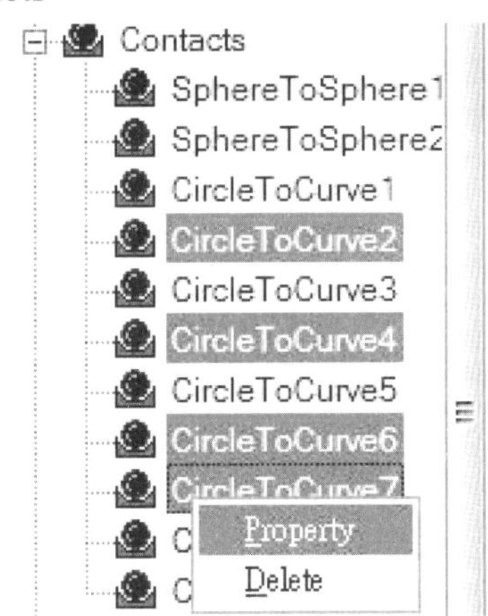

38. 修改Base Curve Segment內的curve segment參數為20

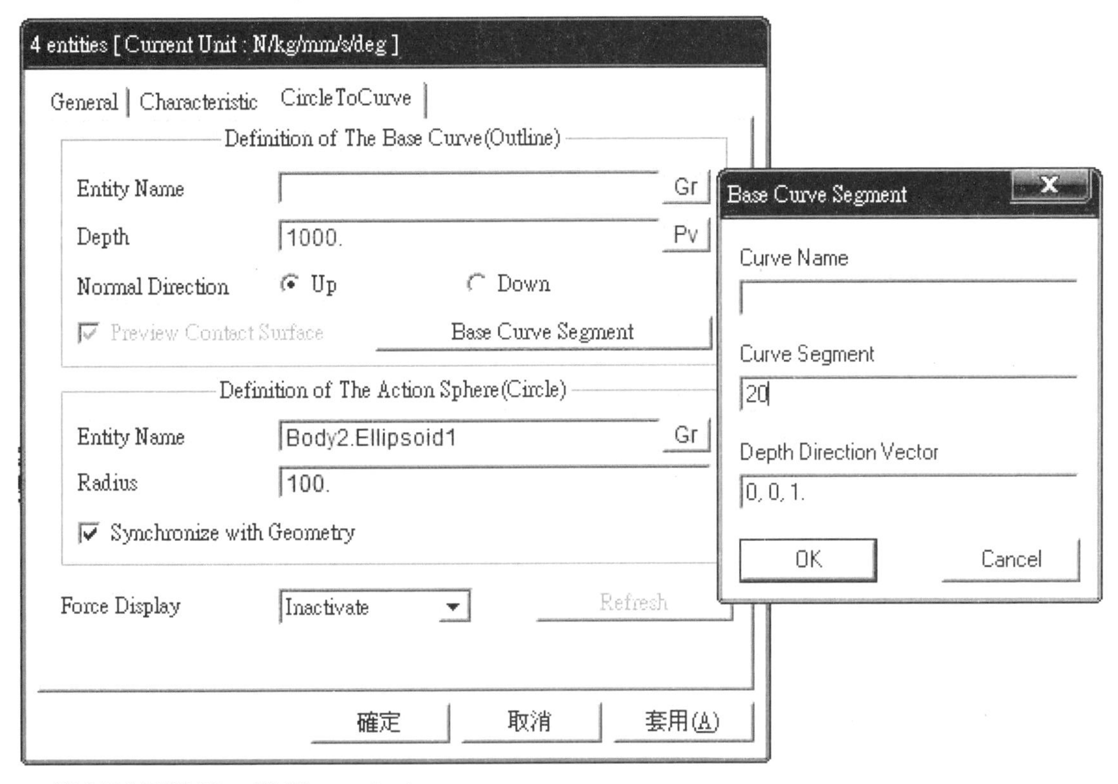

39. 進行結果計算，選擇 Analysis

40. 設定結束時間爲2.5，時間間距爲250，還有一些所需要的計算設定

Dynamic/Kinematic Analysis

General | Parameter | Advanced

End Time 2.5 Pv
Step 250 Pv
Plot Multiplier Step Factor 1. Pv
Output File Name

Include
Static Analysis
Eigenvalue Analysis
State Matrix
Direct Frequency Response Analysis

Hide RecurDyn during Simulation
Display Animation

Gravity
X 0 Y -9806.65 Z 0

Unit Newton - Kilogram - Millimeter - Second

Simulate 確定 取消

41. 系統會提示需要儲存檔案，設定要儲存的位置與檔名

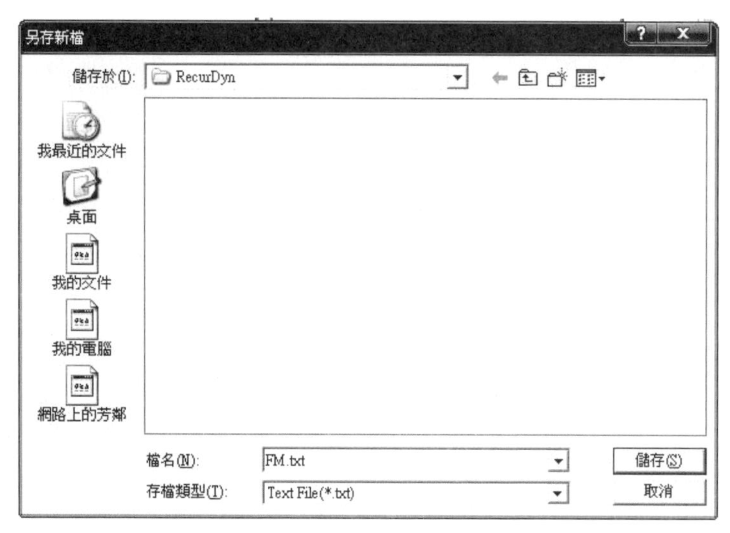

42. 計算完畢後，進入下面畫面

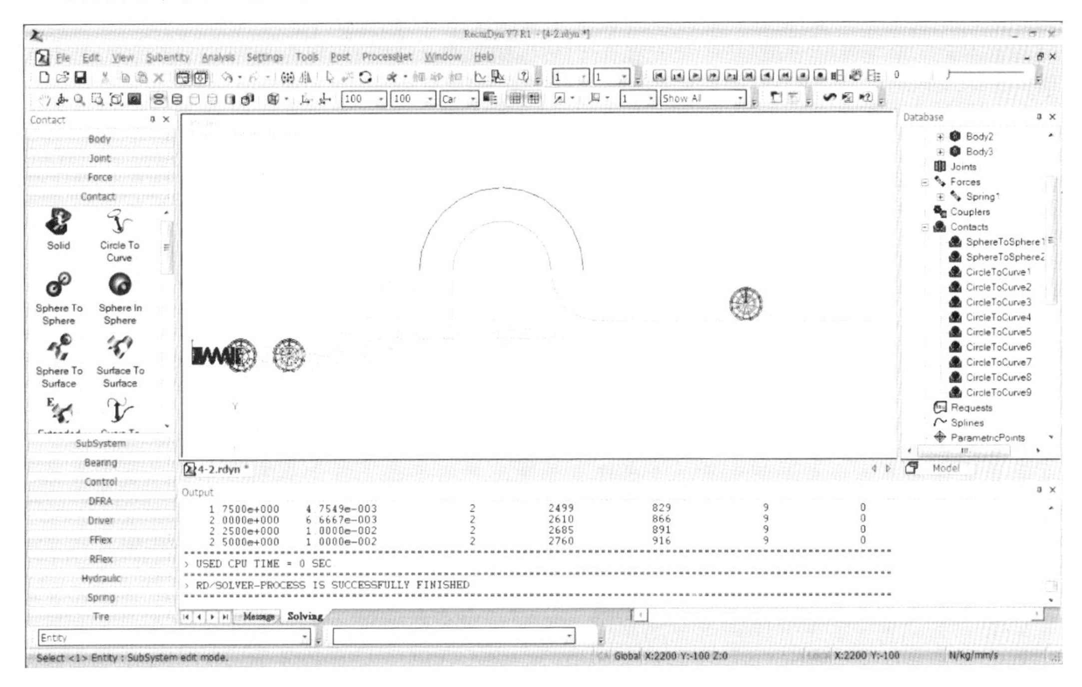

43. 可以從事後處理或結束

4.3 齒輪或凸輪接觸碰撞

在本範例中，吾人模擬兩個速比爲2:1正齒輪之接觸碰撞問題，請注意在RecurDyn軟體工具箱中之齒輪模組是ISO制，如果要分析模擬其他如CNS制等各類齒輪，可以運用其他CAD軟體中之齒輪模組來繪製，然後組裝再Import至RecurDyn軟體從事進階之CAE分析工作。

1. 操作過程：

點選 Subsystem→Gear

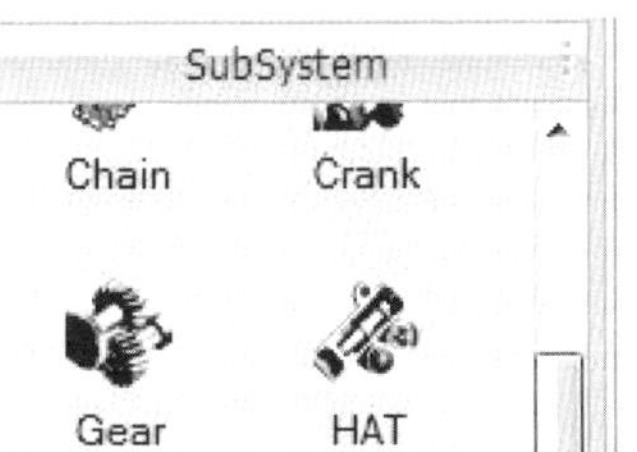

點選 Spur（正齒輪）

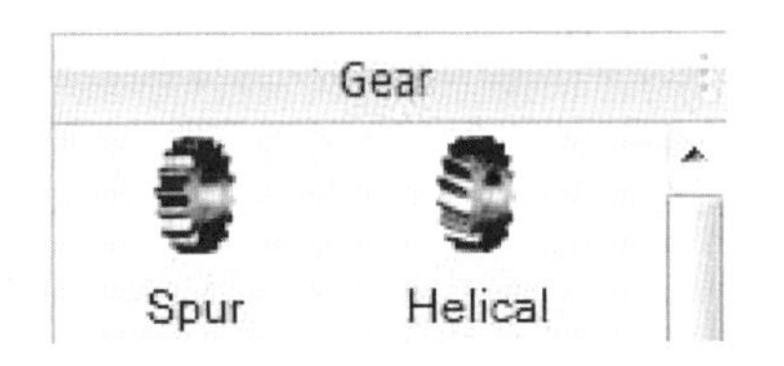

2. 在圖面上任一位置繪製兩齒輪(齒數比為 2:1，其餘參數皆為預設值)

3. 點選 Assembly

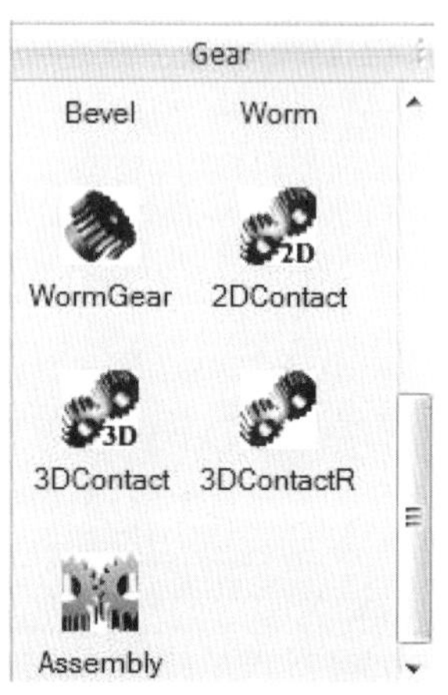

4. 點選所繪製的兩齒輪，會出現以下頁面，，在 Center Distance 輸入 72 後，按 Auto Engagement。Theoretical Center Distance 代表兩齒輪間的最佳距離，Center Distance 帶表目前的兩齒輪間的距離(使用者可以自行輸入)，Direction 代表第二顆齒輪的位置(使用者可以自行輸入)

Assembly

Definition of The Base Gear

Entity Name SpurGear1

Definition of The Action Gear

Entity Name SpurGear2

Theoretical Center Distance	72	
Center Distance	150.	Pv
Direction	1., 0, 0	Pt

Auto Engagement

Close

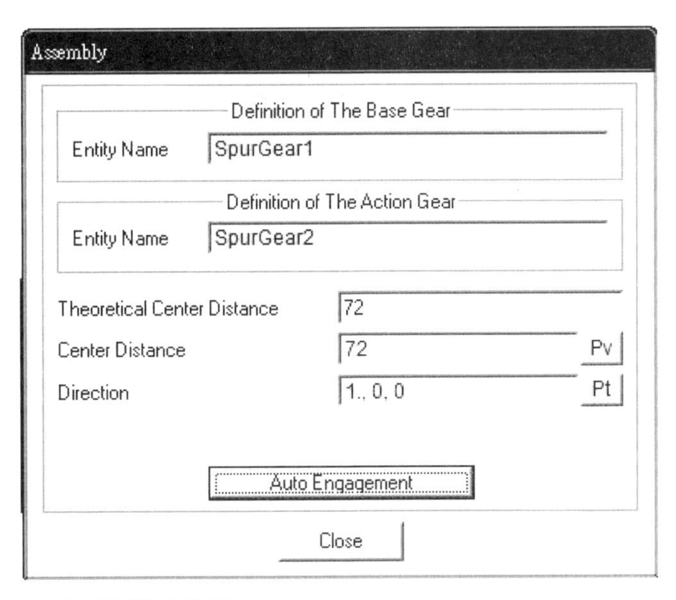

5. 點選 2DContact，再點選兩齒輪

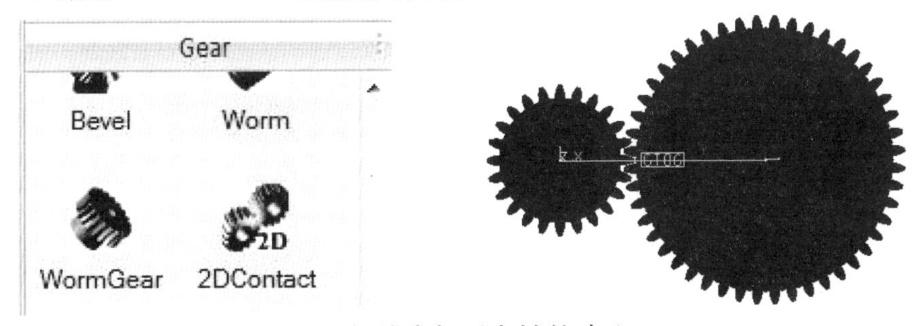

6.點選 Joint→Revolute，分別點在兩齒輪的中心

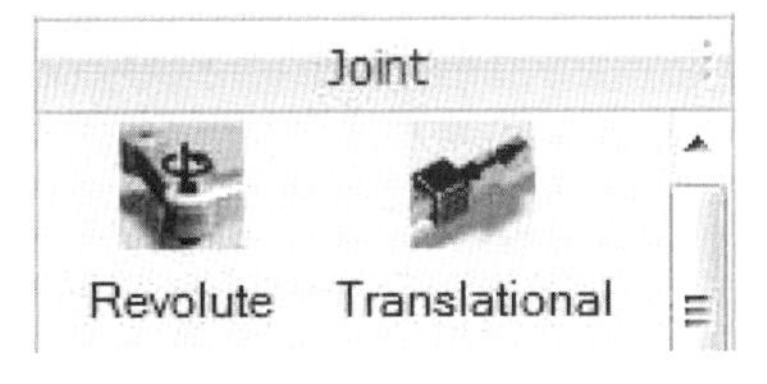

7. 完成鎖定兩齒輪的相關條件，並給予其中一個 Revolute 之 Motion 所需要的轉速，再按 Analysis 鍵，然後從事後處理動畫模擬之，如下圖所示。

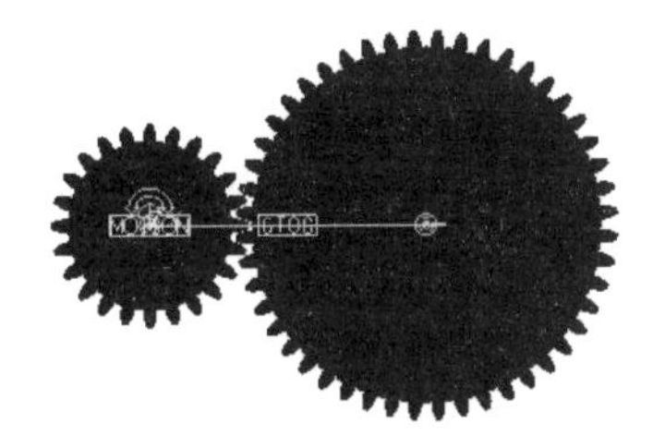

4.4 皮帶與皮帶輪接觸碰撞

在本範例中，吾人模擬兩個皮帶輪以皮帶連接之接觸碰撞問題。

1. 開啓 RecurDyn。可以設定力量(Force)，質量(Mass)，長度(Length)，時間(Time)，重力(Gravity)等的單位（預設為 MMKS 制），若非特殊需要則直接點選 OK 即可以進入操作介面。
2. 點選畫面左邊工具列中 Subsystem，工具列會拉開一列，點選其中的 Belt，如圖箭頭所示位置。

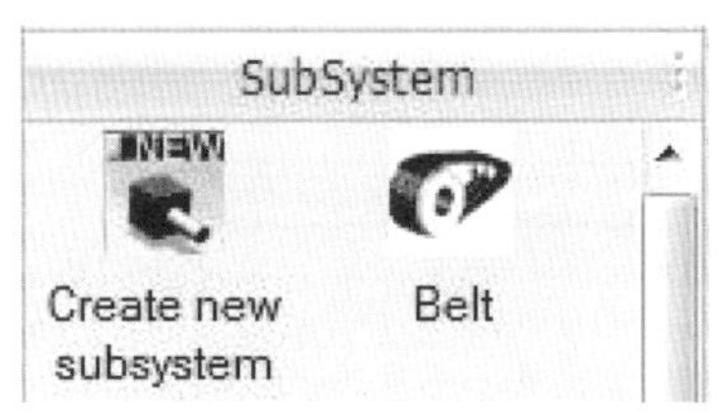

3. 進入 Belt1@Model 模式，於主畫面左上角會顯示出字型表示點選 Ribbed V Pulley → Dimension Information 可依照說明，將所量的尺寸填入視窗內容中➔確定

Properties of RibbedVPulley1 [Current Unit : N/kg/mm/s/deg]

General | Graphic Property | Origin & Orientation
Body | Contact Properties | Characteristic

Parameter	Value	
Inner Radius (Ri)	74.	Pv
Radius (R)	82.	Pv
Outer Radius (Ro)	90.	Pv
Width (W)	12.	Pv
Angle (A)	64.	Pv
Pitch (Pb)	15.	Pv
Number of Groove	2	
Pulley Width (Wp)	30.	
Assembled Radius	74.	Pv

Dimension Information

Full Search
Partial Search　User Boundary　164.

確定　取消　套用(A)

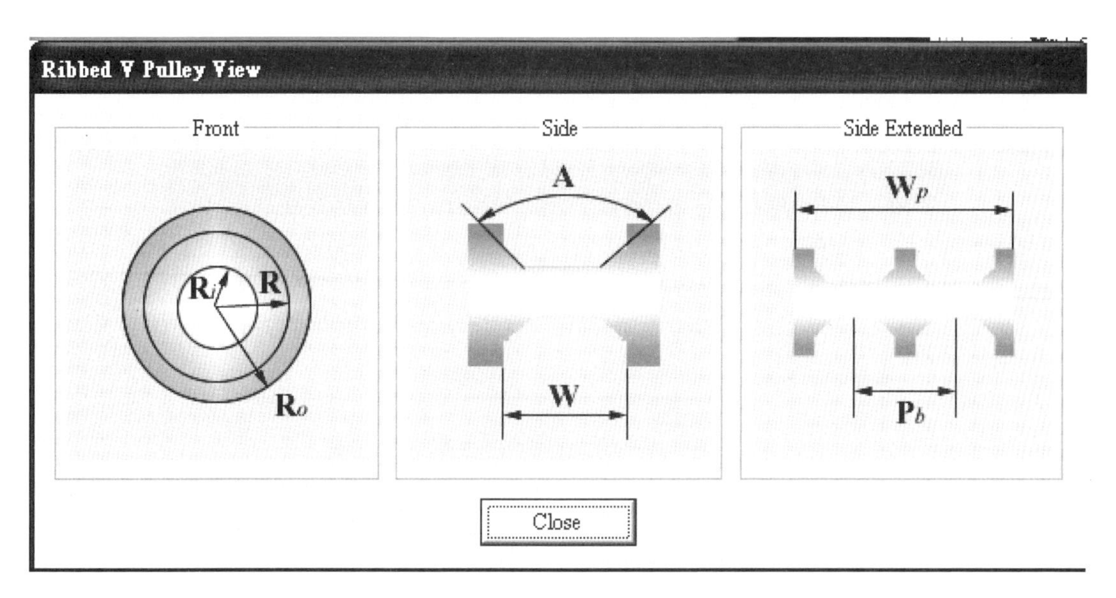

4. 再點選 Ribbed V Pulley，同樣依照說明，將所量的尺寸填入下圖➔確定

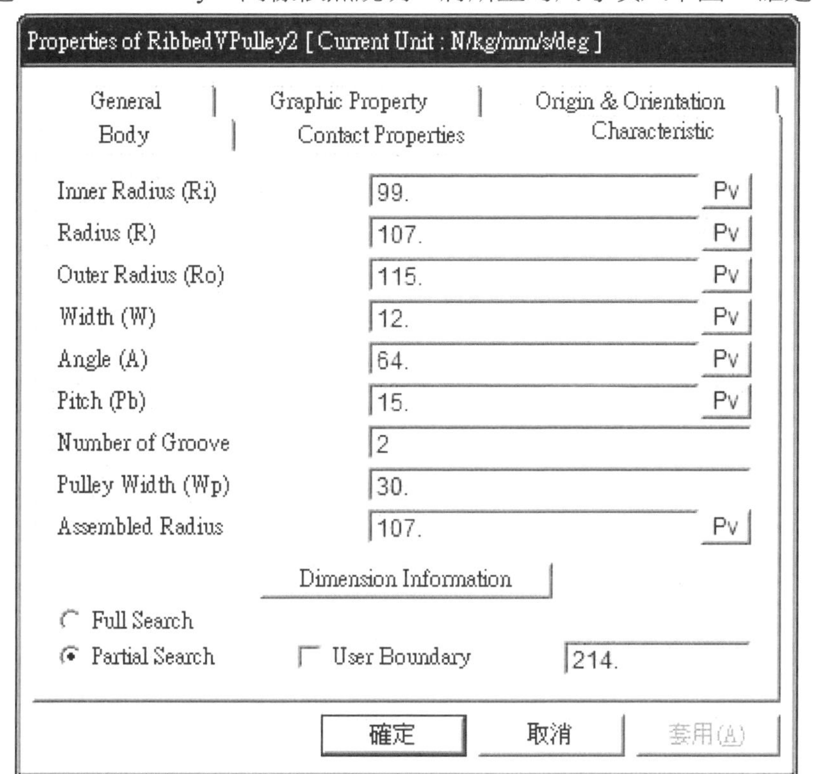

皮帶輪參數：Inner Radius(內圈半徑) = 99，Radius(半徑) = 107，Outer Radius(外半

徑) = 115，Width(寬度) = 12，Angle(角度) = 64，Pitch(螺距) = 15，Number of Groove(凹槽數目) = 2，Pulley Width(滑輪寬度) = 30，Assembled Radius(組合半徑) = 107

5. 進入 Origin & Orientation(原點和方向)的設定部份，將原點設定在 324,60,0➔確定

6. 會產生出下圖

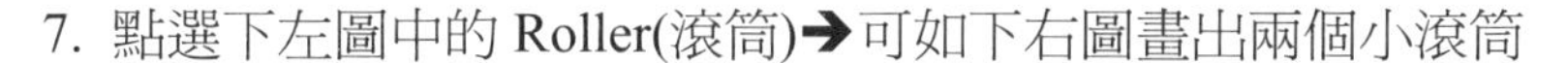

7. 點選下左圖中的 Roller(滾筒)➔可如下右圖畫出兩個小滾筒

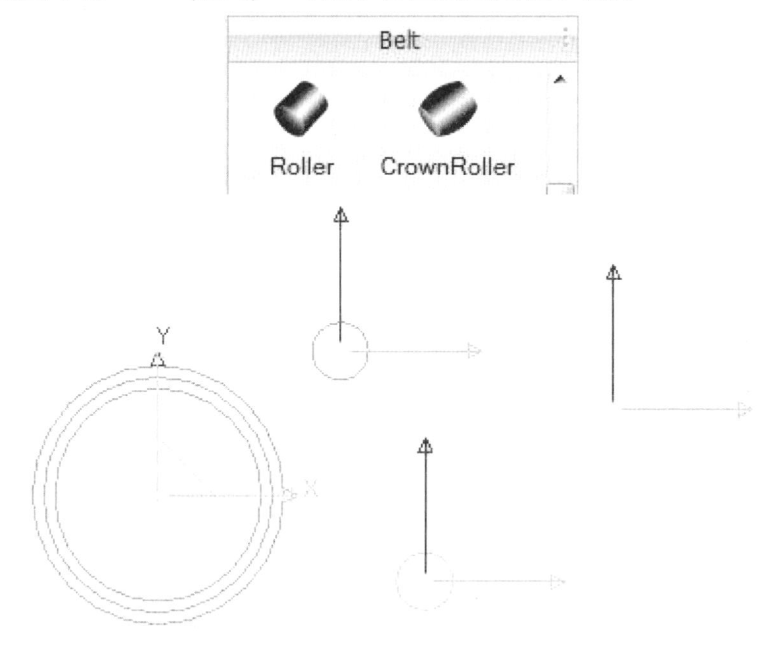

8. 點選 Rubbed V Belt(V 形皮帶) 出現下列表單➔Dimension Information，依照說明將所量的尺寸填入下圖 ➔確定

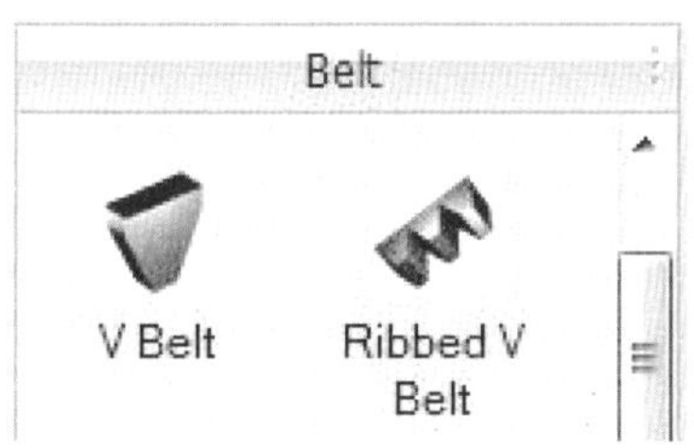

Height 高度 ＝4，Belt Thickness 皮帶厚度 ＝6，Rid Height 高度 ＝12，Width 寬度 ＝12，Angle 角度 ＝64，Pitch 螺距 ＝15，Number of Peak 數目 ＝2，Rid Width 寬度 ＝30，Segment Length 瓣長 ＝20，Cord Distance 線長 ＝3，Left Connecting Position = -10，Right Connecting Position = 10

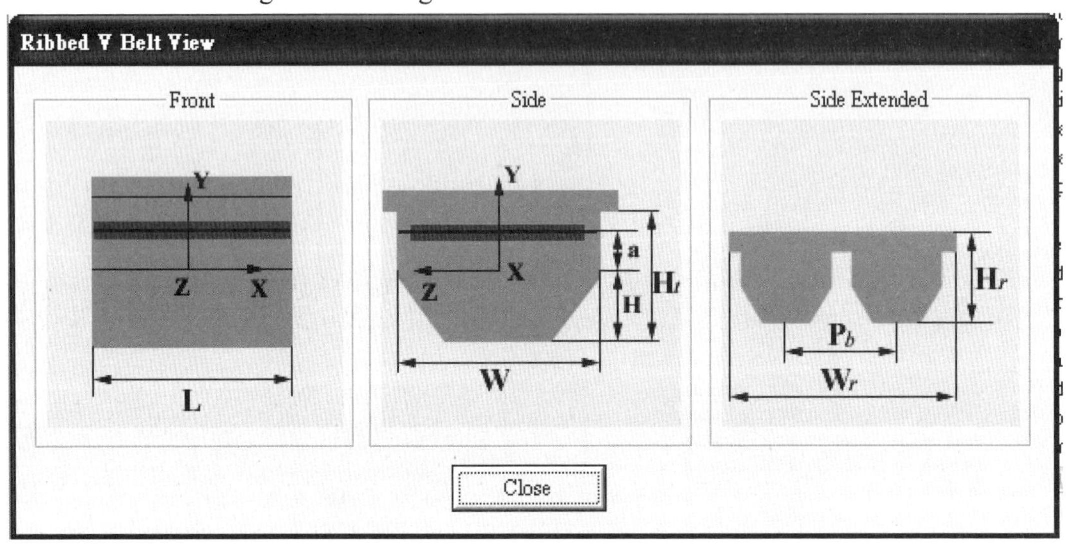

9. 再點選 Assembly(組裝配)(如下圖)➔將四個物件連接起來(主要是以兩個皮帶輪作皮帶的傳動，滾筒是為了防止皮帶鬆弛)

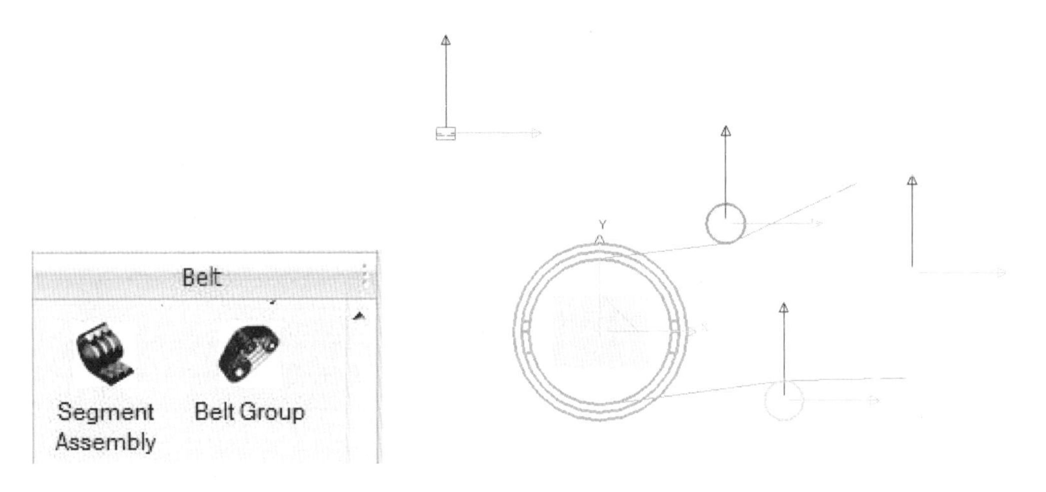

10. 電腦會自己運算所需的段數(如圖所示左下方的 64，即為 64 段)

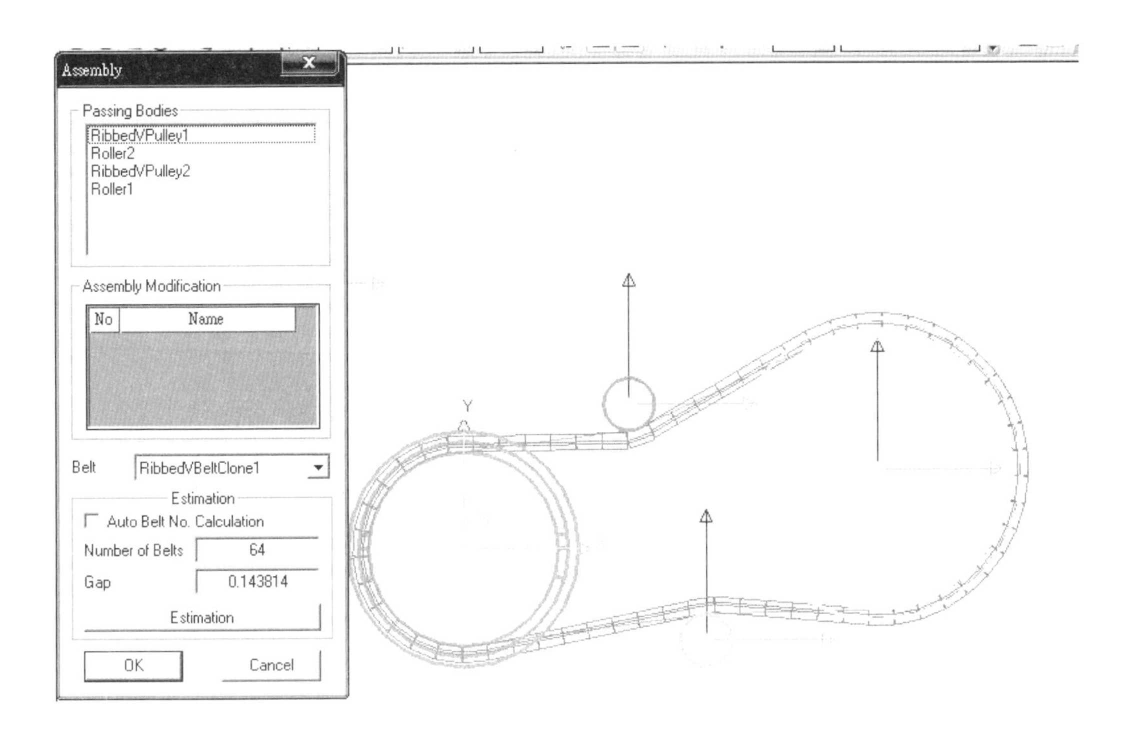

11. 點選 Joint➔Revolute(旋轉接點)➔然後在兩個皮帶輪中心的位置加上 Joint(接點)

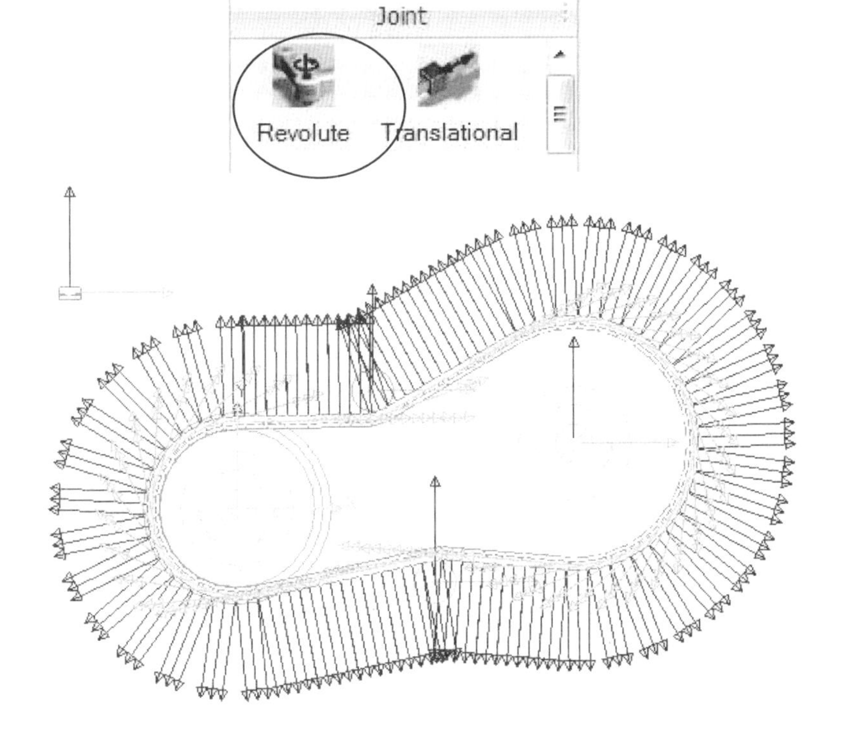

12. 點選 Translational➔選上下兩個滾輪的中心(如圖所示目的是爲了不讓小滾筒滾動)

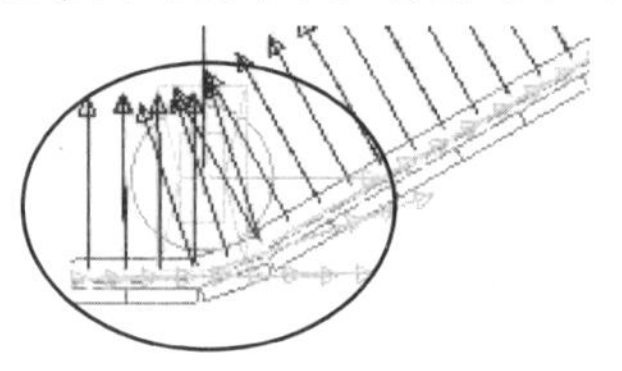

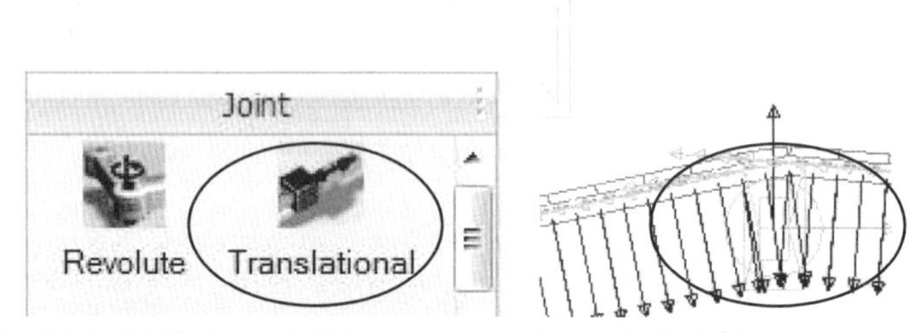

13. 對左邊的接點按滑鼠的右鍵➔選 Properties(進入內容設定)

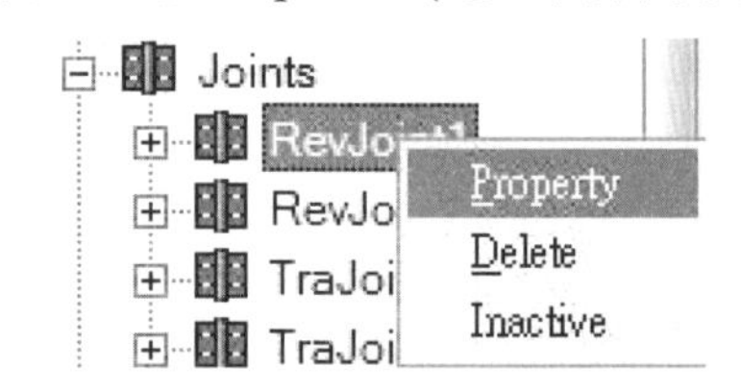

14. 進入如圖所示的畫面，選 Joint➔勾選 Include Motion➔點選 Motion

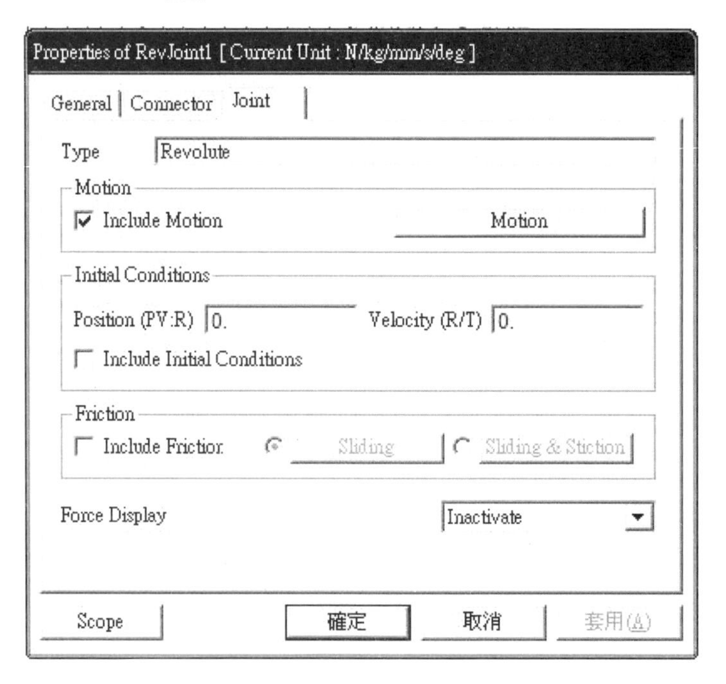

15. 選 Velocity(time)➔按下 EL 進入下圖設定接點轉速

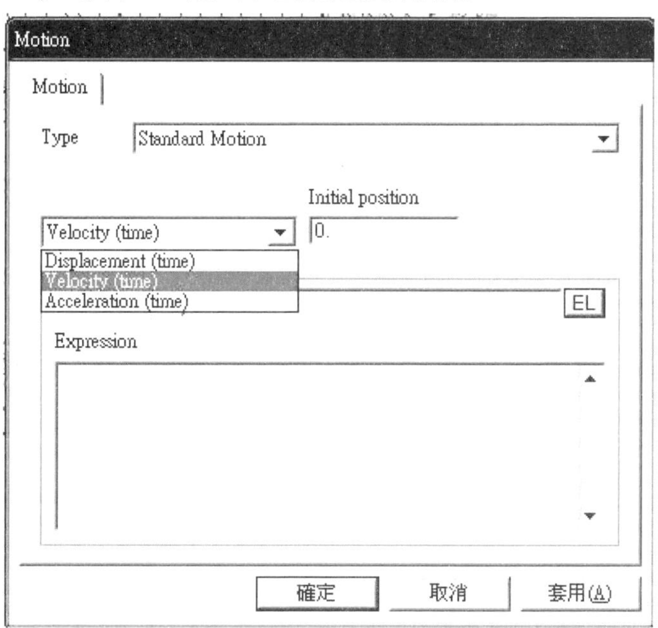

16. 輸入 10➔OK

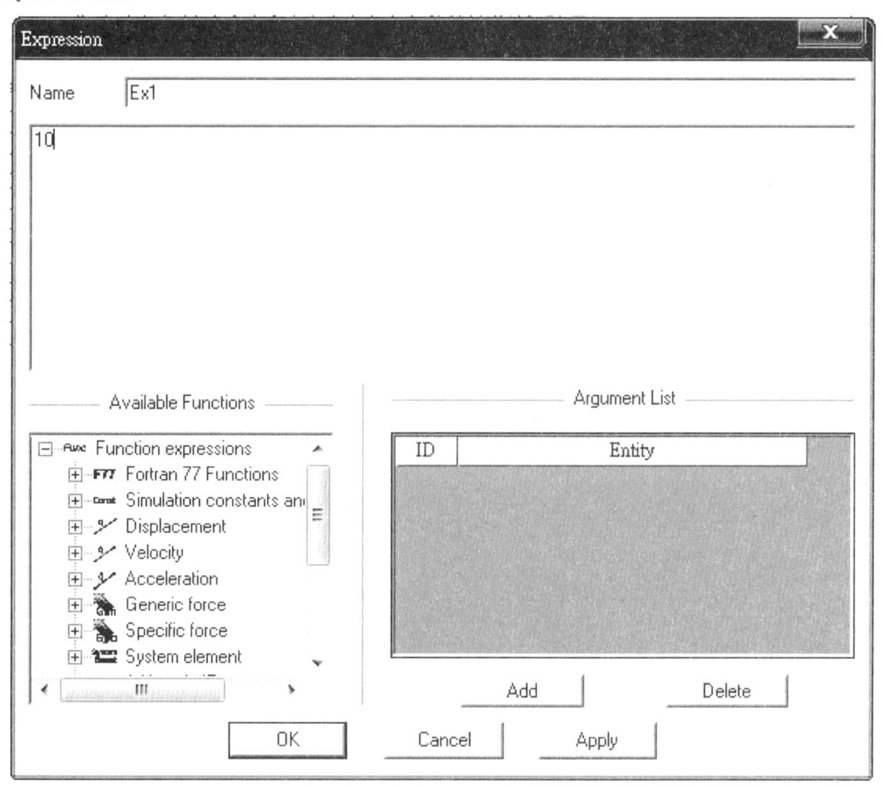

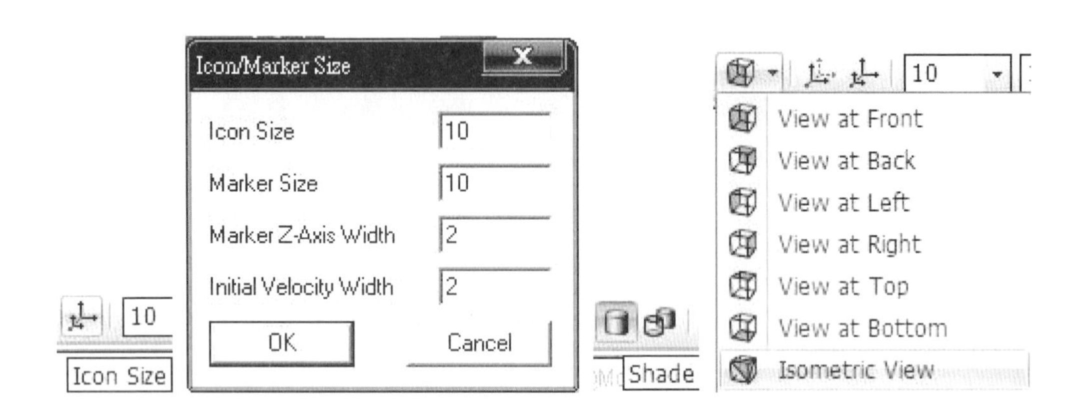

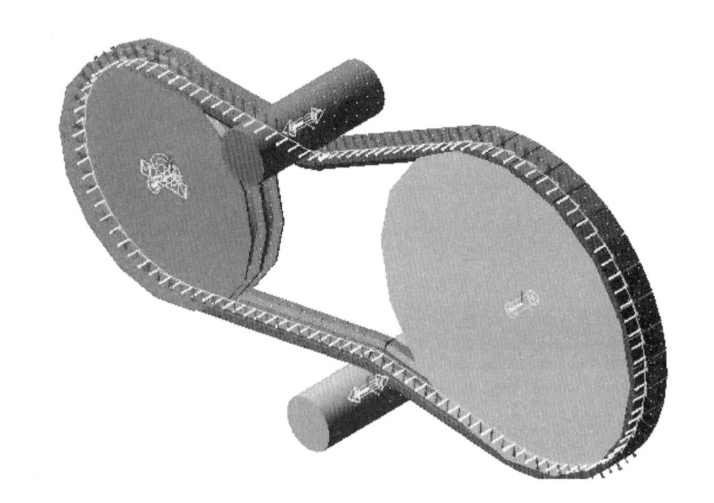

17. 選 Analysis(分析)➔ Dynamic/Kinematic(動力/運動學)

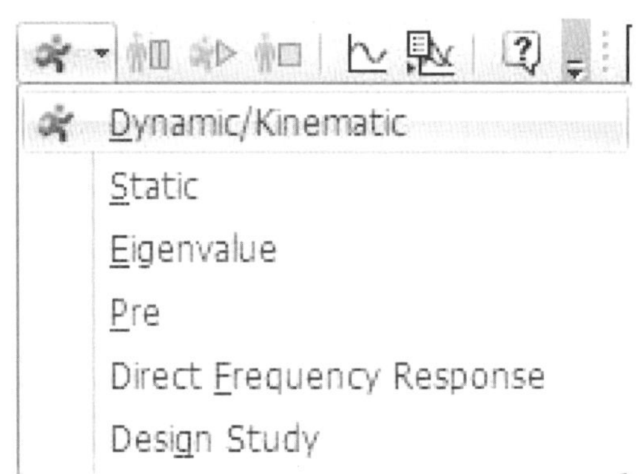

18. 設定終止時間與模擬分析步階數目

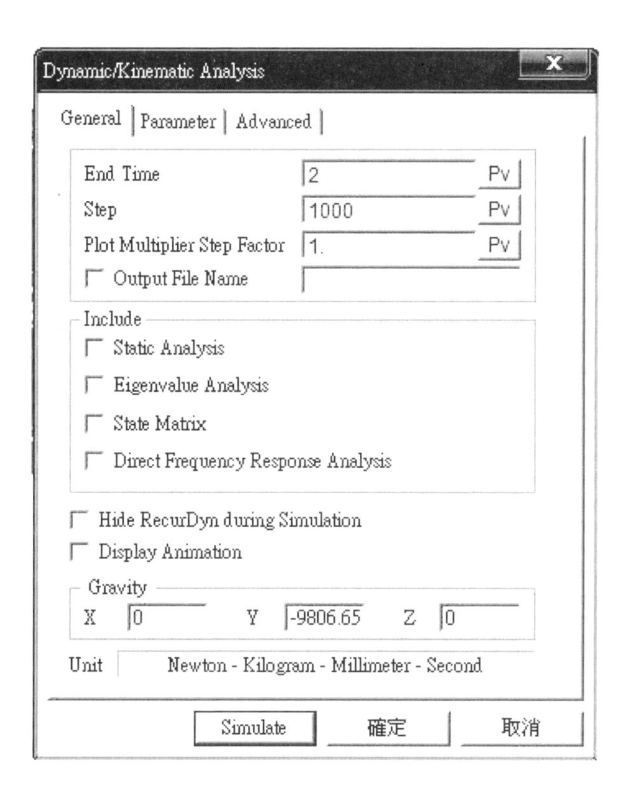
Dynamic/Kinematic Analysis
General
Parameter
Advanced
End Time
2
Pv
Step
1000
Plot Multiplier Step Factor
1.
Output File Name
Include
Static Analysis
Eigenvalue Analysis
State Matrix
Direct Frequency Response Analysis
Hide RecurDyn during Simulation
Display Animation
Gravity
X
0
Y
-9806.65
Z
0
Unit
Newton - Kilogram - Millimeter - Second
Simulate
確定
取消

19. 輸出模擬動畫

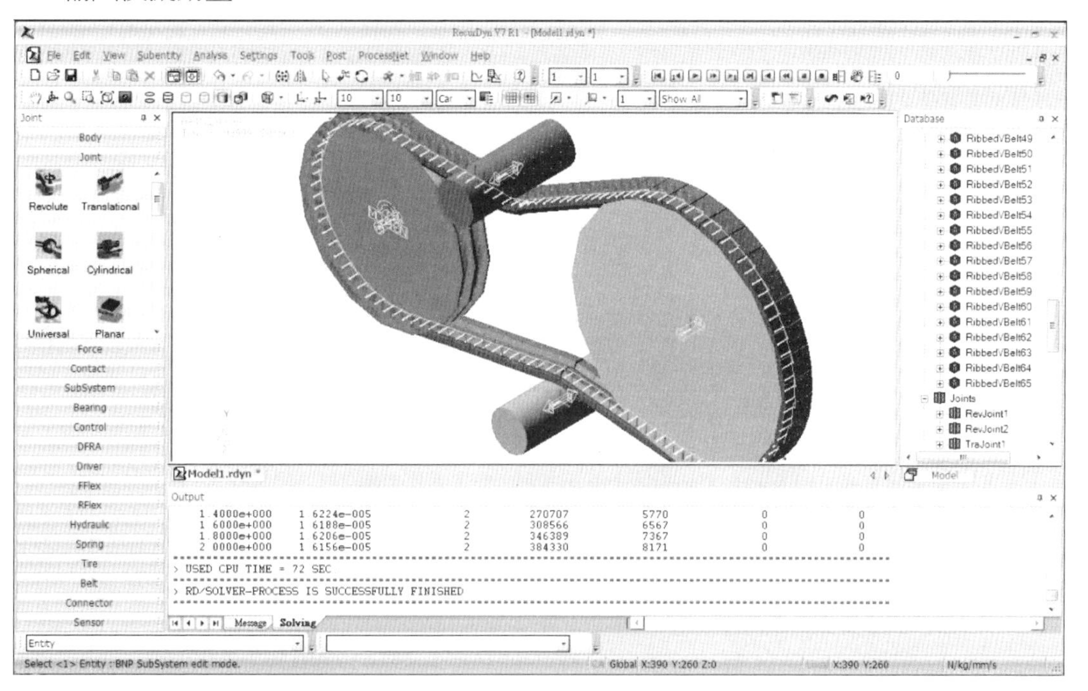
Model1.rdyn
Output
> USED CPU TIME = 72 SEC
> RD/SOLVER-PROCESS IS SUCCESSFULLY FINISHED
Revolute
Translational
Spherical
Cylindrical
Universal
Planar
Force
Contact
SubSystem
Bearing
Control
Belt
Connector
Sensor

4.5 鍊條與鍊輪接觸碰撞

在本範例中，吾人模擬兩個鍊輪以鍊條連接之接觸碰撞問題。

1. 開啓一個新檔案並給予檔案名稱
2. 點取左方功能表的 Subsystem 的 Chain 進入繪出鏈輪的系統

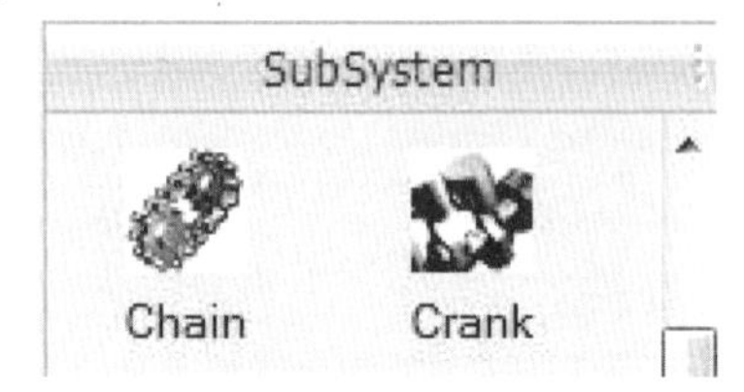

3. 點取左方功能表 Chain 中的 Roller Sprocket 繪出鏈輪

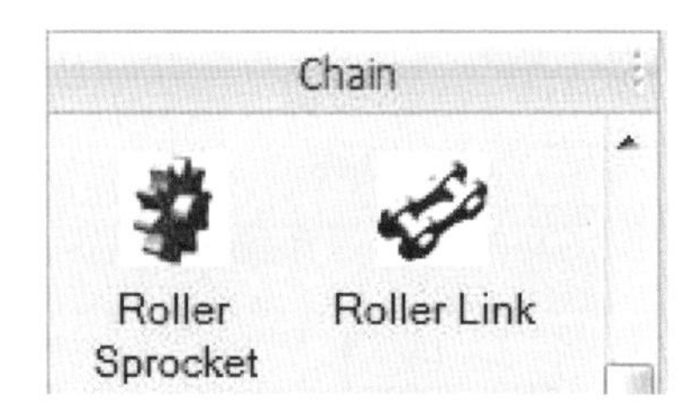

4. 輸入數據給電腦繪出鏈輪

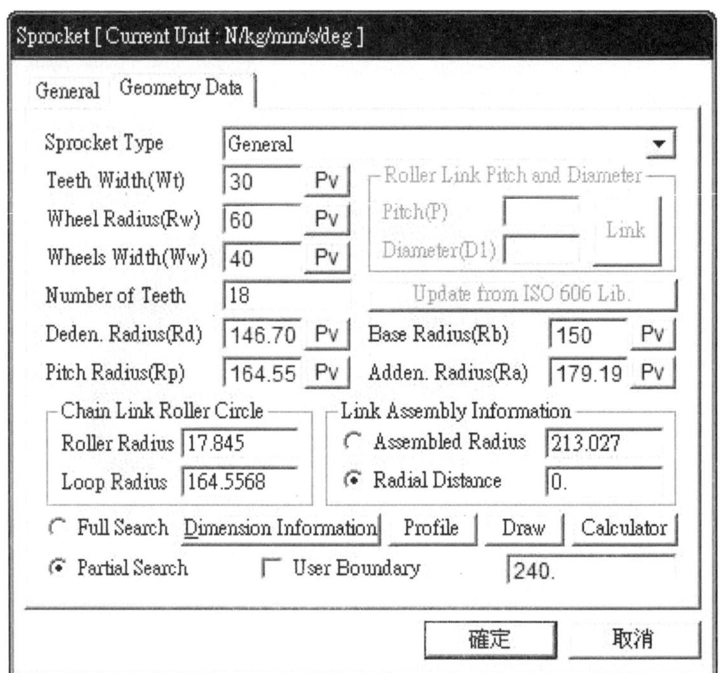

鏈輪計算請參考　http://www.chc-transmission.com.tw/p48.htm

5. 在鏈輪上點滑鼠右鍵 按 Copy 複製一個鏈輪，在空白處按滑鼠右鍵 按 Paste 將剛剛複製的鏈輪貼上，如下圖

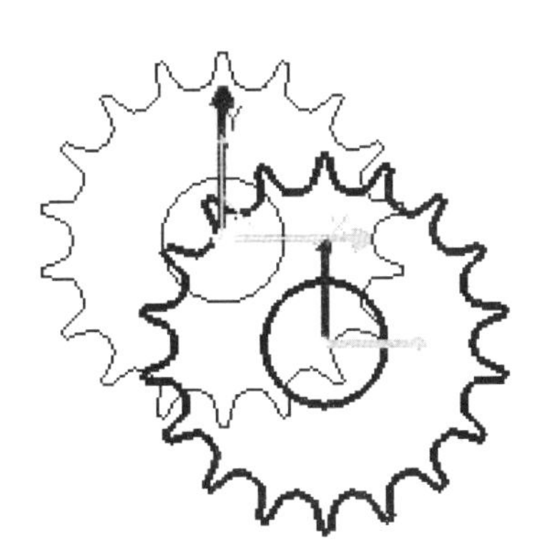

6. 在複製的鏈輪上點滑鼠右鍵選取 Properties 進入更改鏈輪數據

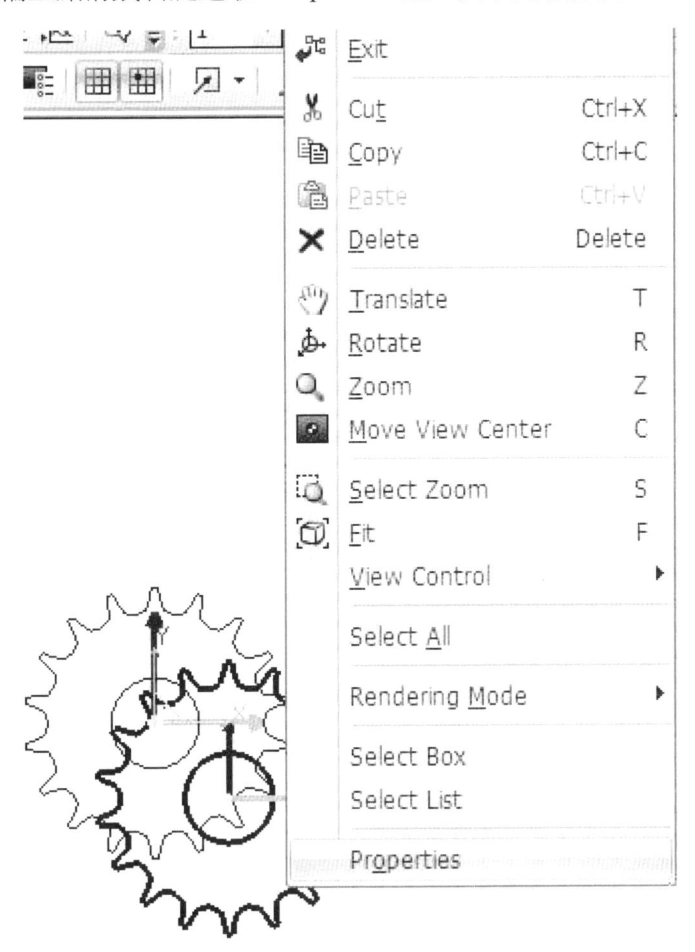

7. 選取 Origin & Orientation 的 Origin 將原數值 0,0,0 改爲 650,100,0，因爲剛才複製後貼上的鏈輪會自動產生在原物體的右下方，距離原物體中心點 100,-100,0 的地方，使複製體距離原物體 750,0,0 必須在 Origin 輸入 650,100,0

Properties of C1_Sprocket1 [Current Unit : N/kg/mm/s/deg]

Contact Characteristic | Side Contact Characteristic | Geometry Data
General | Graphic Property | Origin & Orientation | Body

Origin: 650., 100., 0 (Pt)

Orientation
Type: Angles
Master Point: +Z | 650., 100., 1.
Slave Point: +X | 651., 100., 0
Euler Ang.(PV:R): Angle313 | 0., 0., 0.

Parent Ref Frame

Scope | 確定 | 取消 | 套用(A)

8. 點取左方功能表 Chain 中的 Roller Link 繪出鏈條

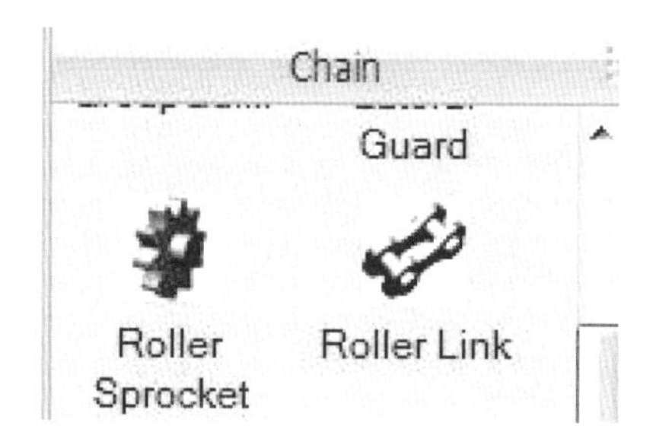

9. 輸入數據給電腦自動繪出鏈條

ChainLink [Current Unit : N/kg/mm/s/deg]

General Characteristics

Link Type	General Roller Link	No. of Link Sets	1
Pitch (P)	57.15 Pv	No. of Strands	1
Roller Diameter (Dr)		35.71	Pv
Roller Width (Wr)		35.8	Pv
Width between Roller Link Plate (Wrl)		35.8	Pv
Thickness of Roller Link Plate (Trl)		7.2	Pv
Height of Roller Link Plate (Hrl)		52	Pv
Width between Pin Link Plate (Wpl)		54.94	Pv
Thickness of Pin Link Plate (Tpl)		7.2	Pv
Height of Pin Link Plate (Hpl)		50	Pv
Pin Diameter (Dp)	17.85 Pv	Pin Length (Lp)	91 Pv

Dimension Information　Calculator

確定　取消

鏈條計算請參考　http://www.chc-transmission.com.tw/p3.htm

10. 點取左方功能表 Chain 中的 Chain Assembly 產生鏈條環繞兩鏈輪

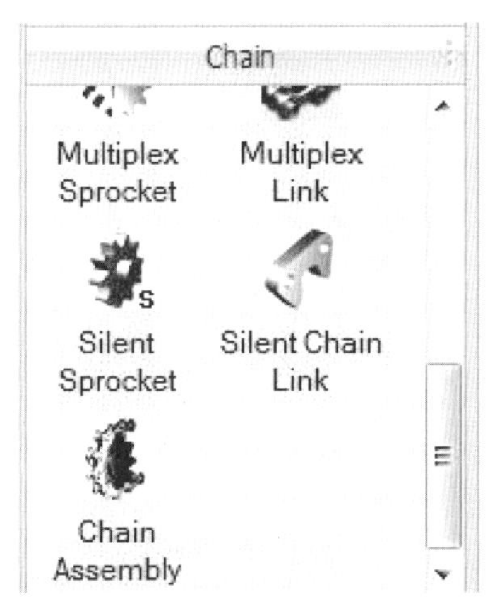

11. 點取左鏈輪下方，再點取右鏈輪下方，然後點取左鏈輪上方，如此完成環繞鏈輪程序，電腦自動計算需要幾個鏈條。

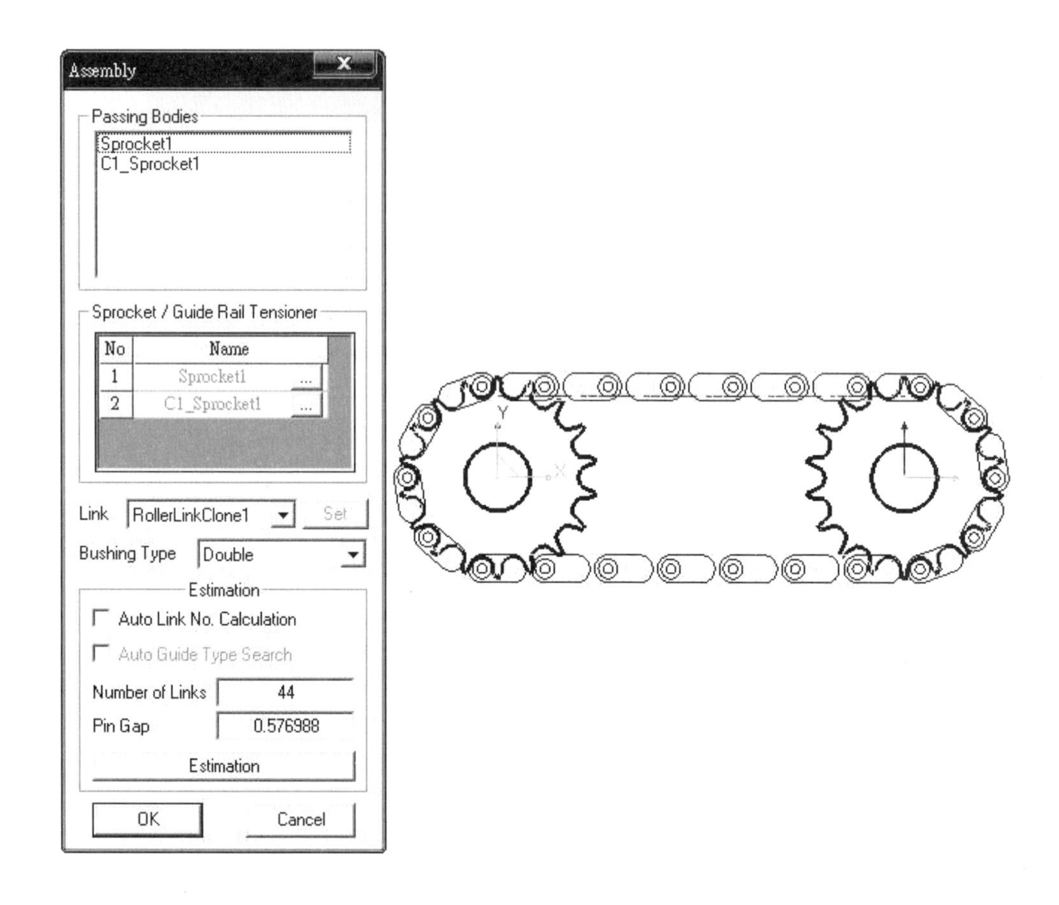

12. 點取左方功能表 Joint 中的 Revolute ，分別點在兩個鏈輪的中心點以固定之

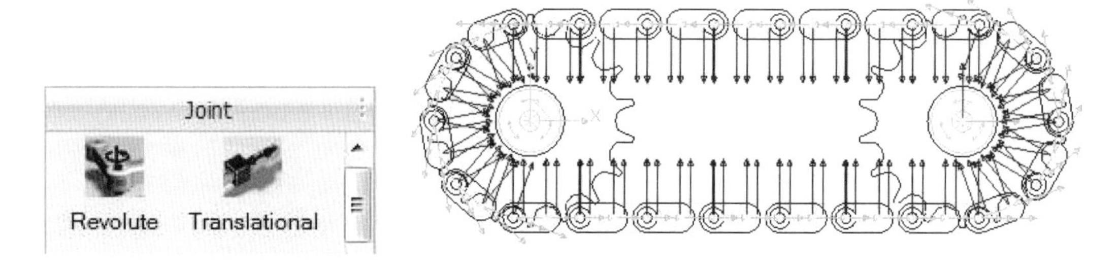

13. 在其中一個鏈輪的 Revolute 上按滑鼠右鍵選取 Properties 進入更改

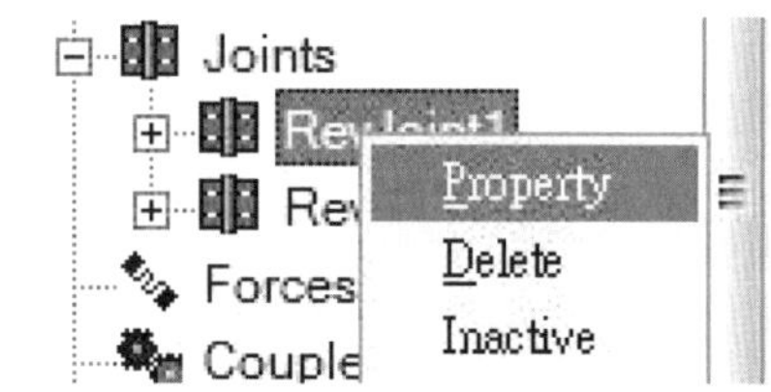

14. 選取 Joint 並將 Include Motion 打勾 再按旁邊的 Motion

15. 進入 Motion 將下拉式功能表選擇為 Velocity (time)，再按 EL 進入 Create 一個速度

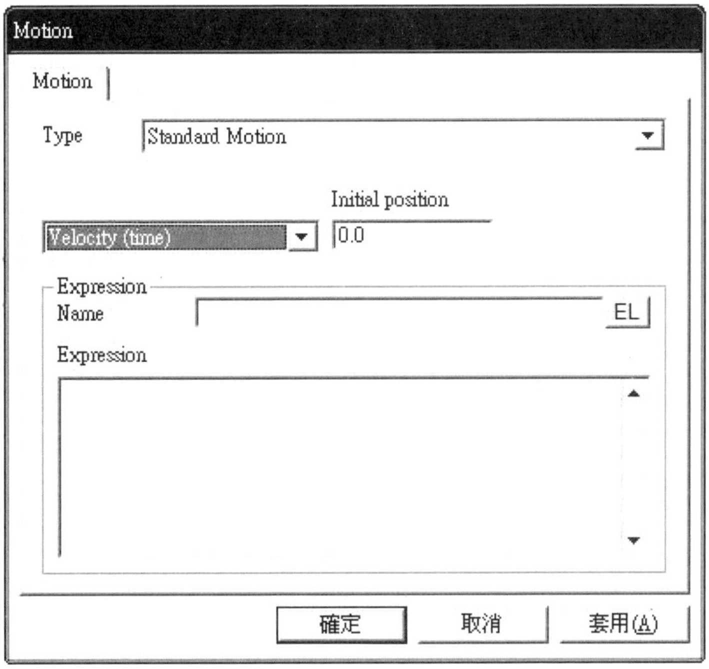

16. 於空白處輸入 10 再按 OK

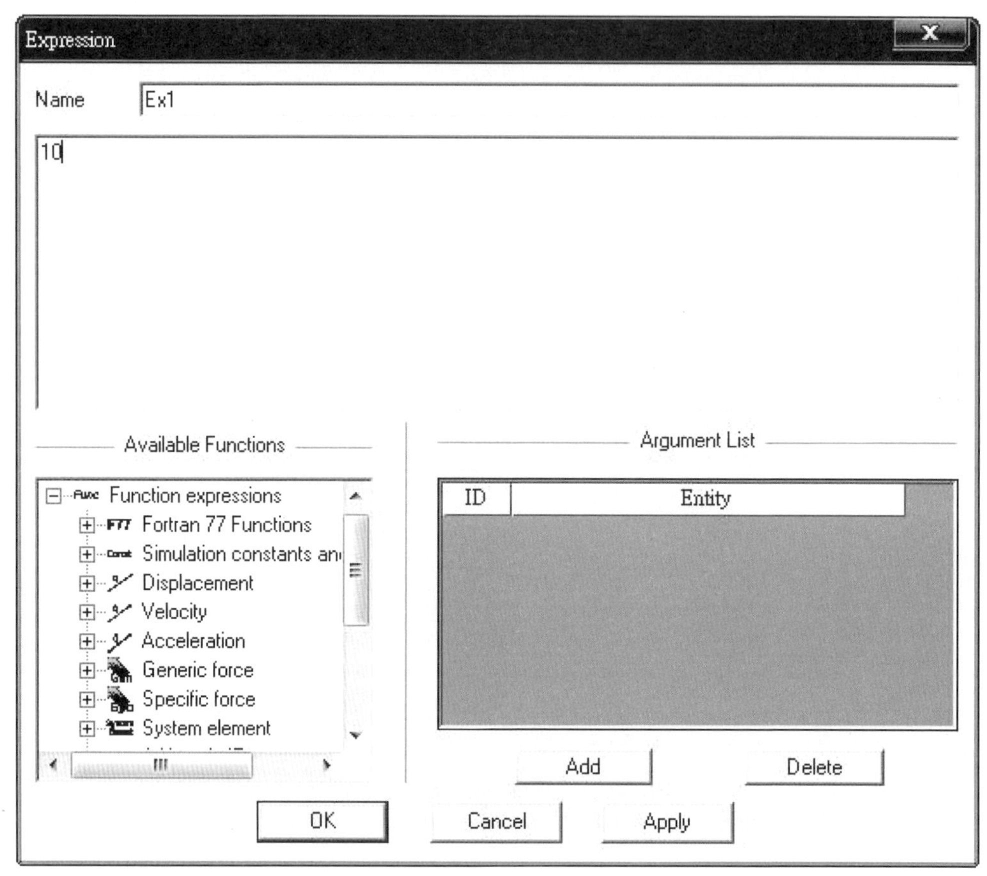

17. 選取上方功能表 Analysis 中的 Dynamic/Kinematic 準備進行分析

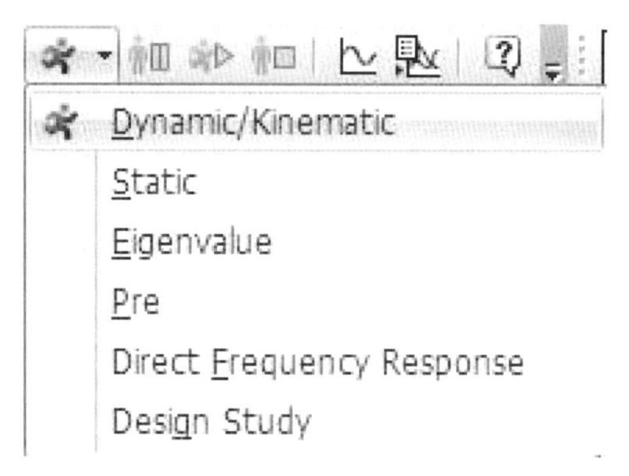

18. 將 End Time 改成 2 再將 Step 改成 1000 ，然後按下 Simulate 存檔後進行分析

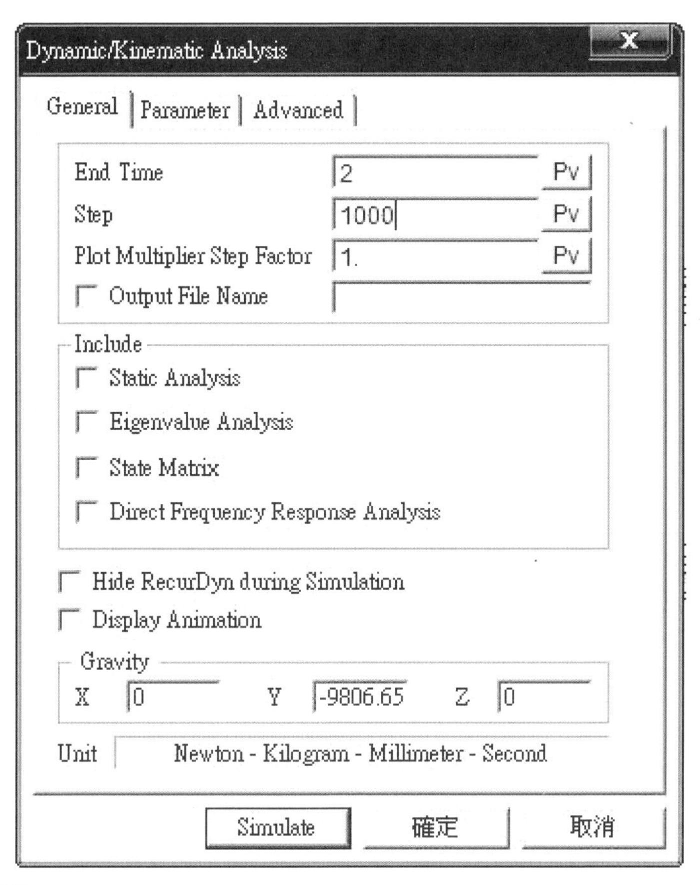

19.進行動作模擬

20. 可以從事後處理或結束

4.6 球在管路中接觸碰撞

在本範例中，吾人模擬兩個球在管路中滾動之接觸碰撞問題。

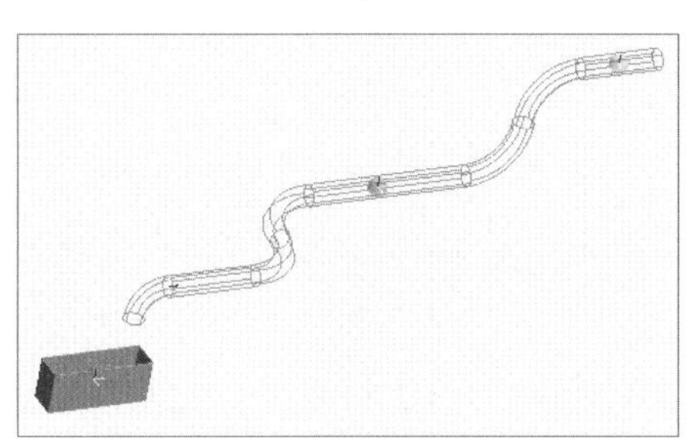

1. 開啓RecurDyn 軟體，進入開始畫面
2. 選擇所要的檔名、單位（MMKS）與重力方向（-Y）
3. 開始繪圖，選擇General 爲繪圖的零件

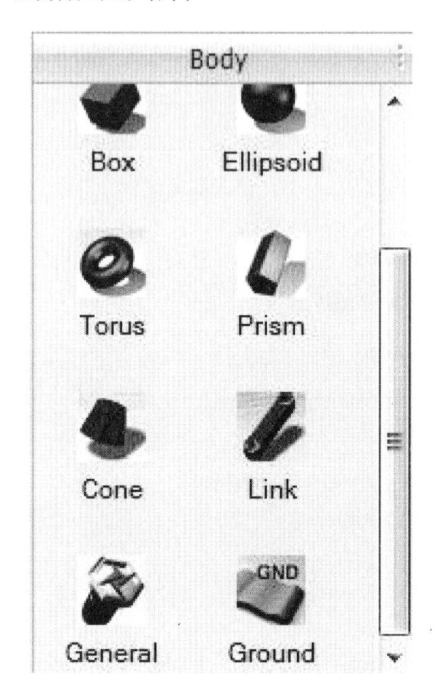

4. 點選Cylnder

繪製Cylinder1：

Point1 : [0, 0, 0]，Point2 : [1600, 0, 0]， Radius : 100

繪製Cylinder2：

Point1 : [2600, 1000, 0]，Point2 : [3400, 1000, 0]， Radius : 100

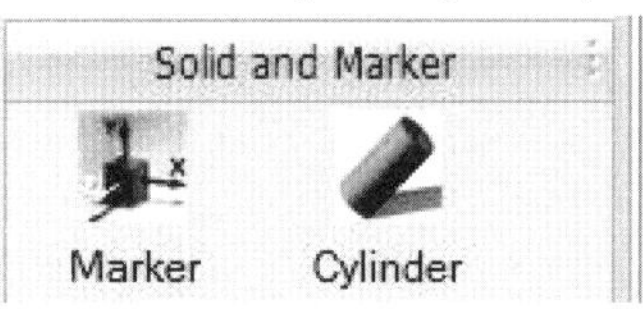

Point, Point, Radius

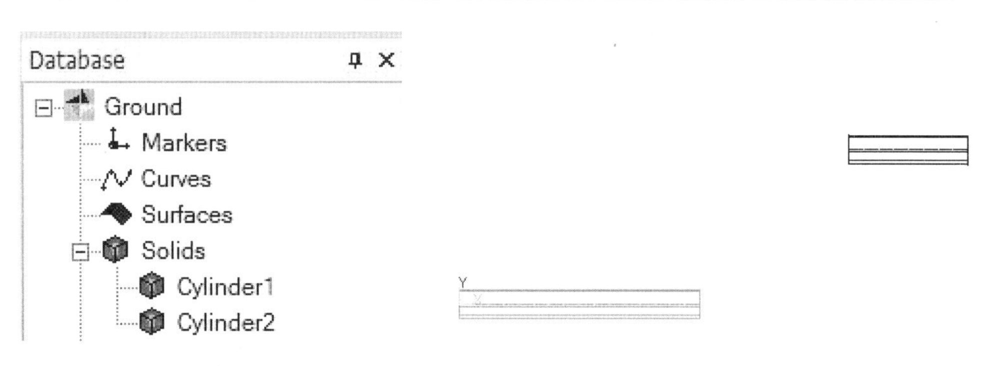

5. 點選Torus

繪製Torus1：Point1 : [1600, 500, 0]，Point2 : [1600, 0, 0]，Direction 向右
Angle : 90°， Radius : 100

繪製Torus2：Point1 : [2600, 500, 0]，Point2 : [2600, 1000, 0] ，Direction 向左
Angle : 90°，Radius : 100

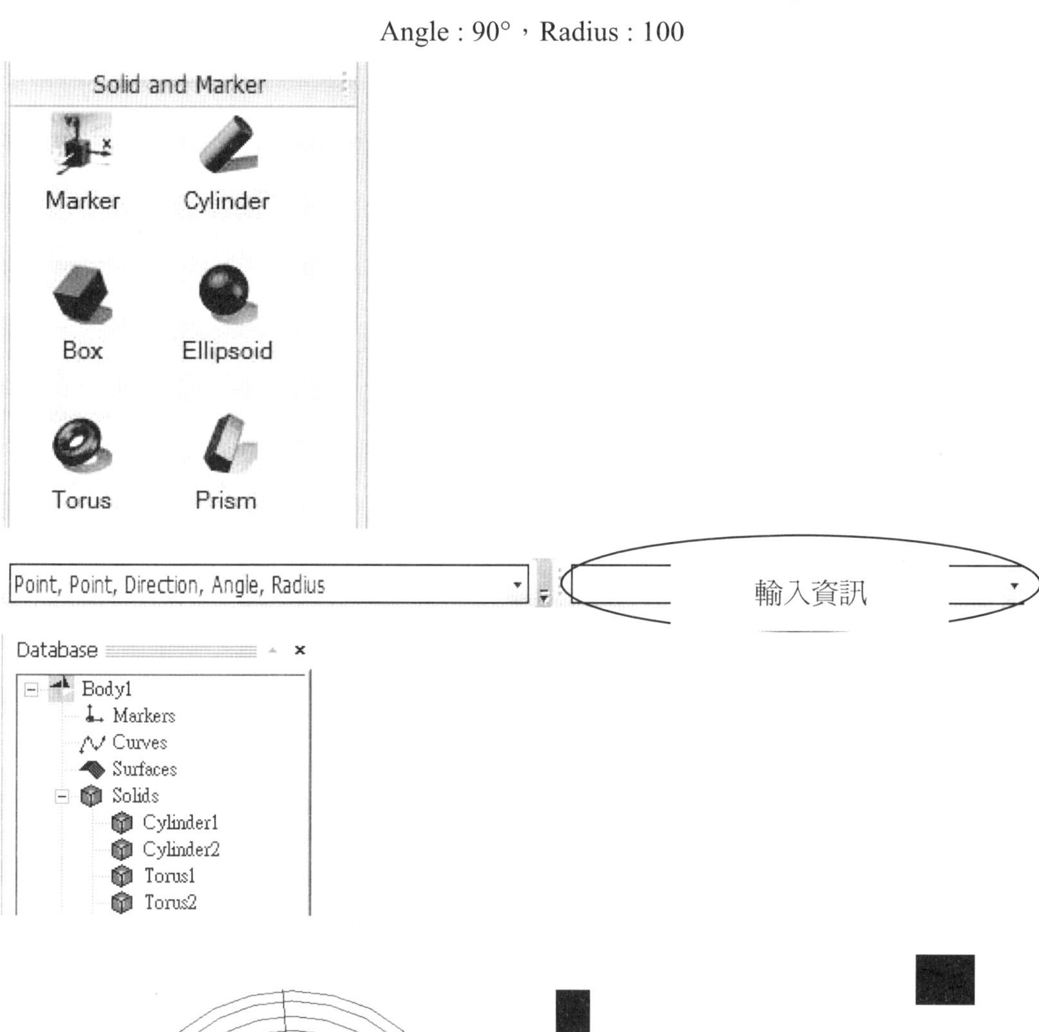

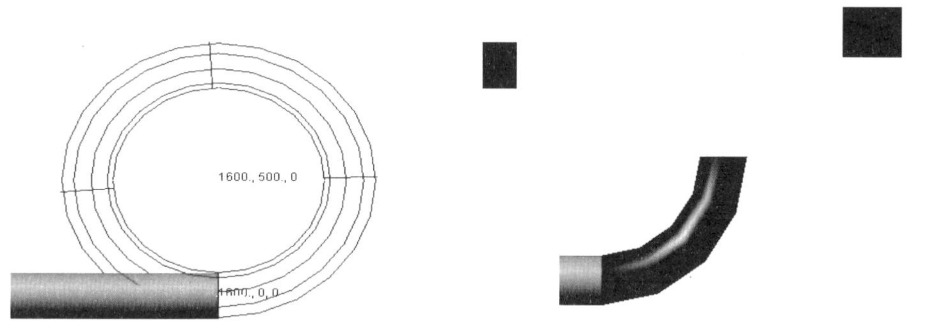

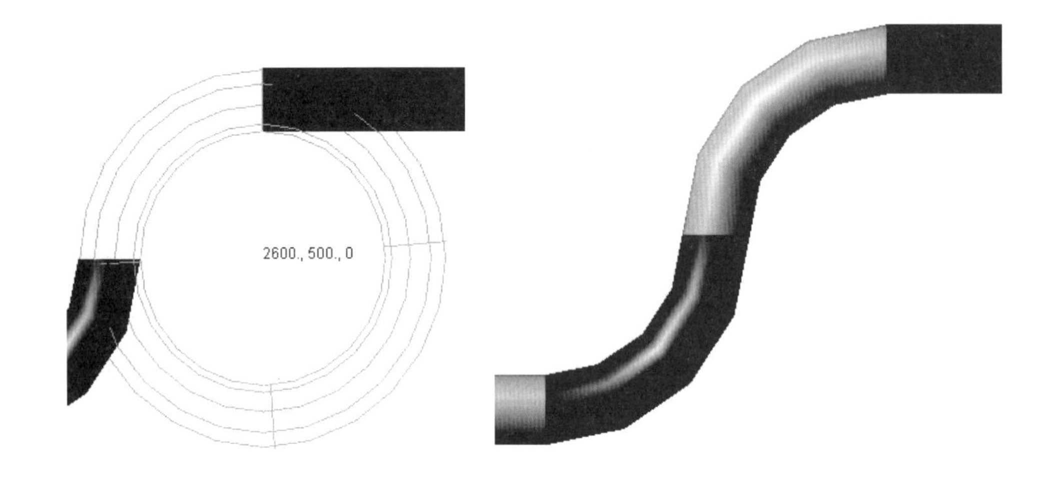

6. 更換平面到ZX平面

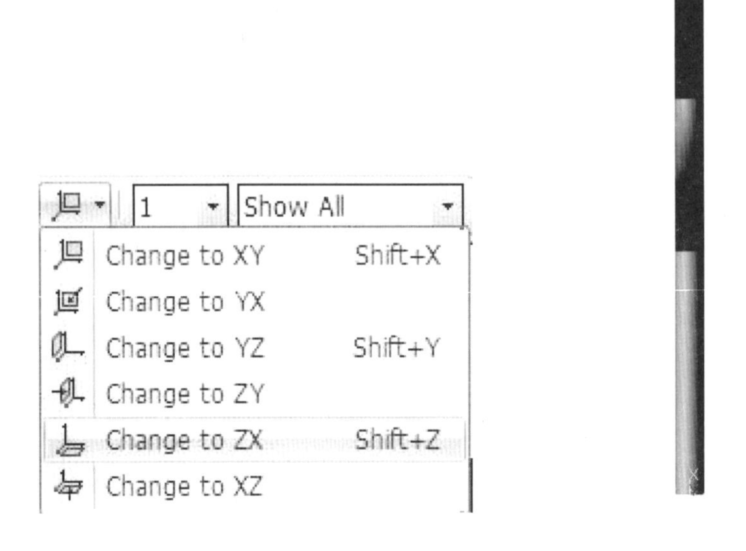

7. 點選Torus

繪製Torus3：Point1 : [0, 0, 600]，Point2 : [0, 0, 0]，Direction 向下

Angle : 90°，Radius : 100

繪製Torus4：Point1 : [-1100, 0, 600]，Point2 : [-1100, 0, 1100]，Direction 向上

Angle : 90°，Radius : 100

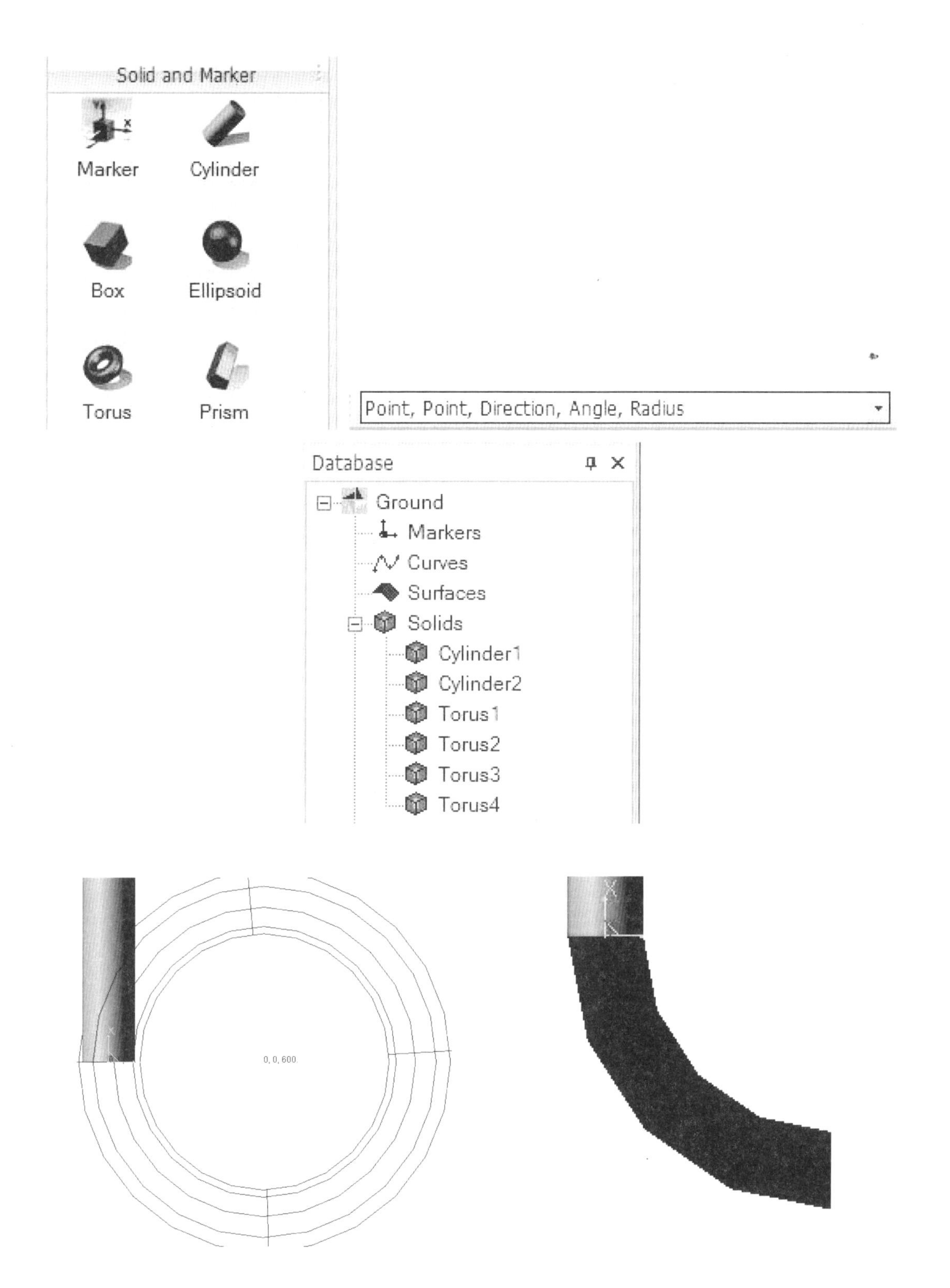
Solid and Marker
Marker
Cylinder
Box
Ellipsoid
Torus
Prism
Point, Point, Direction, Angle, Radius
Database
Ground
Markers
Curves
Surfaces
Solids
Cylinder1
Cylinder2
Torus1
Torus2
Torus3
Torus4
0, 0, 600.

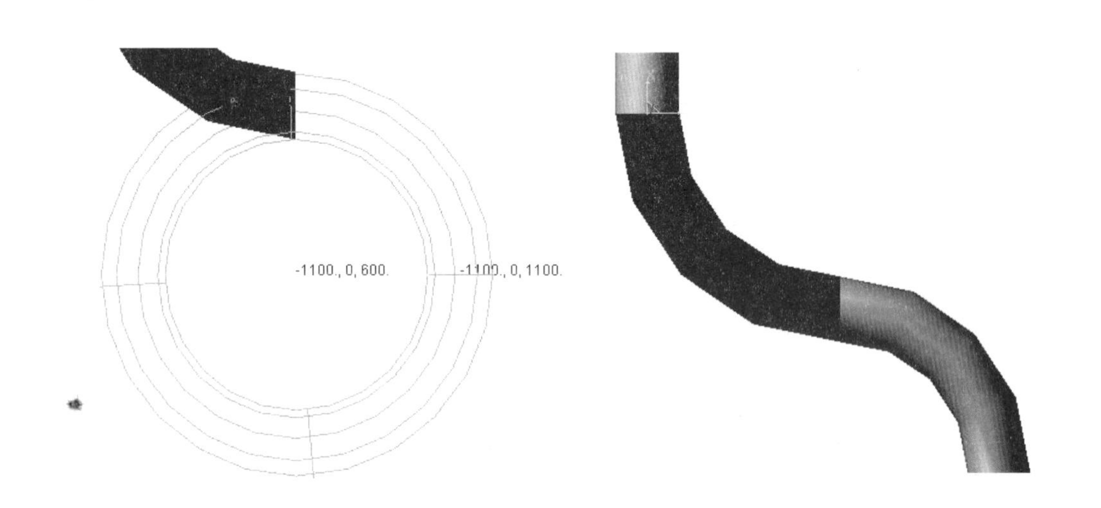

8. 點選Cylnder繪製Cylinder3：

Point1 : [-1100, 0, 1100]，Point2 : [-2000, 0, 1100]，Radius : 100

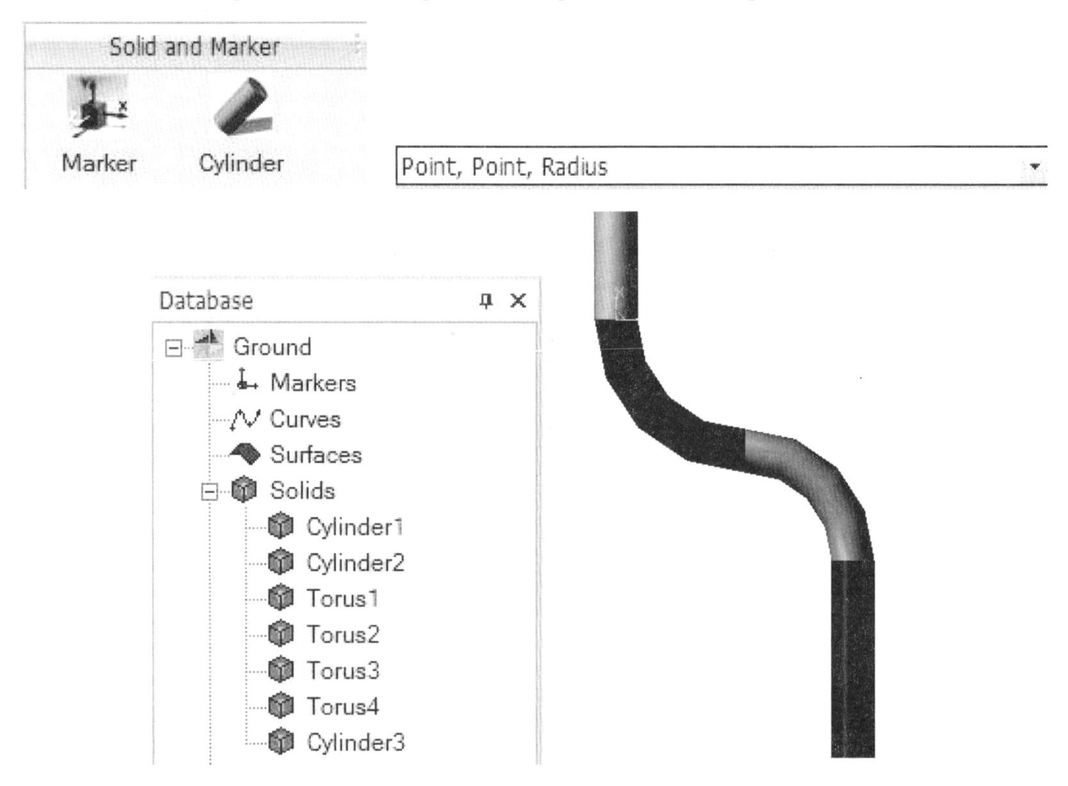

9. 建立一個新的Marker，在Point : [-2000, 0, 1100]

10. 轉換到Marker1 的YZ 平面

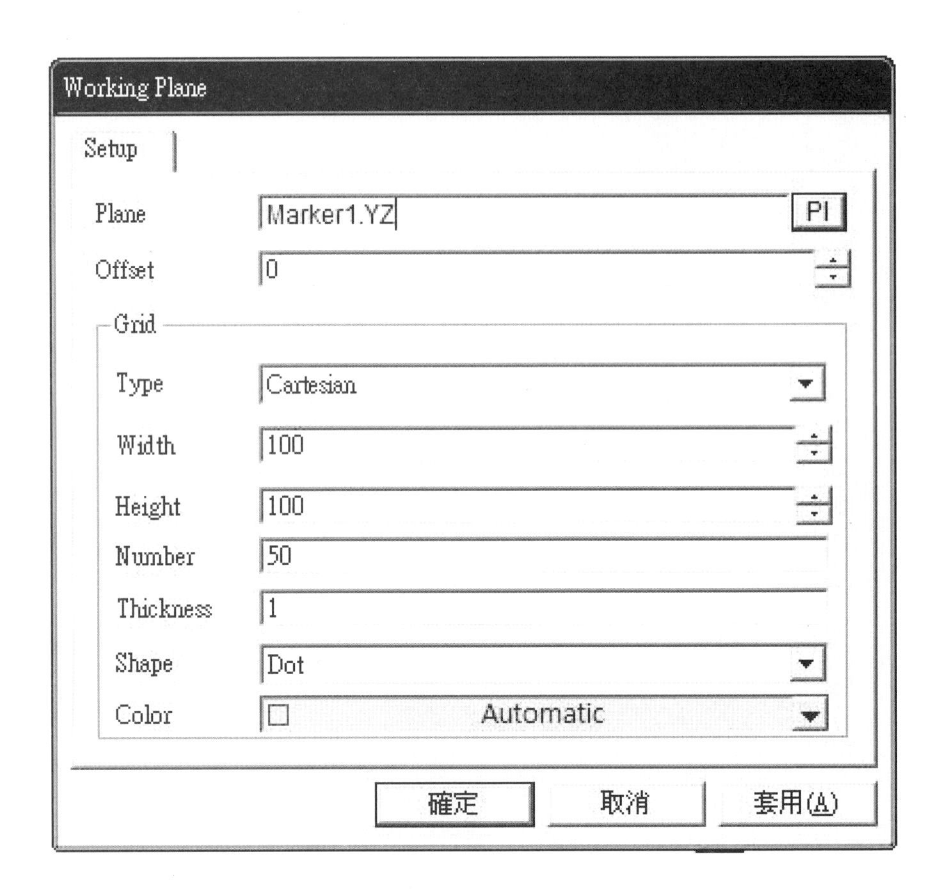

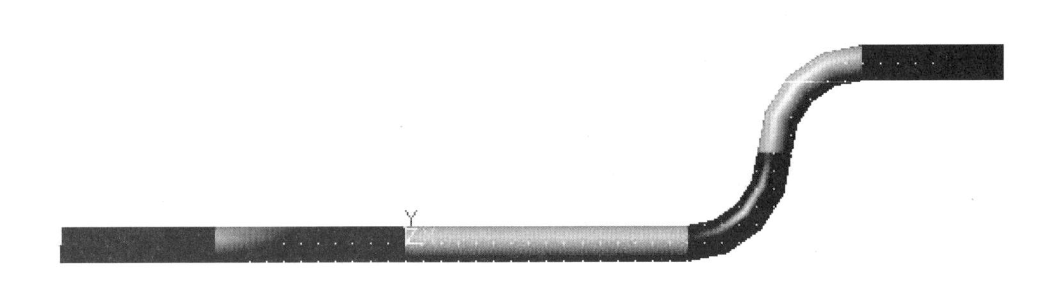

11. 點選Torus

繪製Torus5：Point1 : [-2000, -300, 1100]，Point2 : [-2000, 0, 1100] ，Direction 向左 Angle : 90 °，Radius : 100

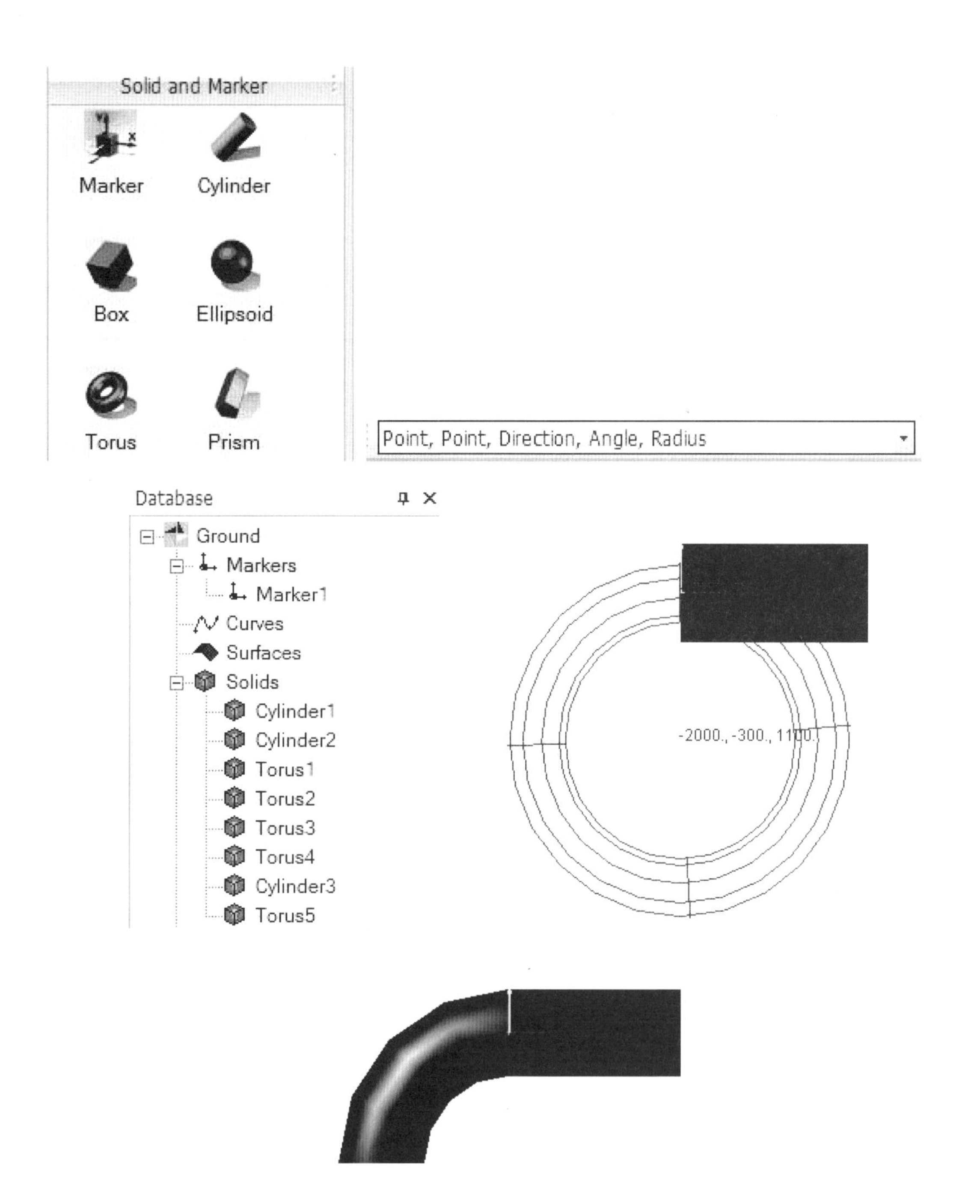

12. 選擇Exit，離開編輯修改畫面

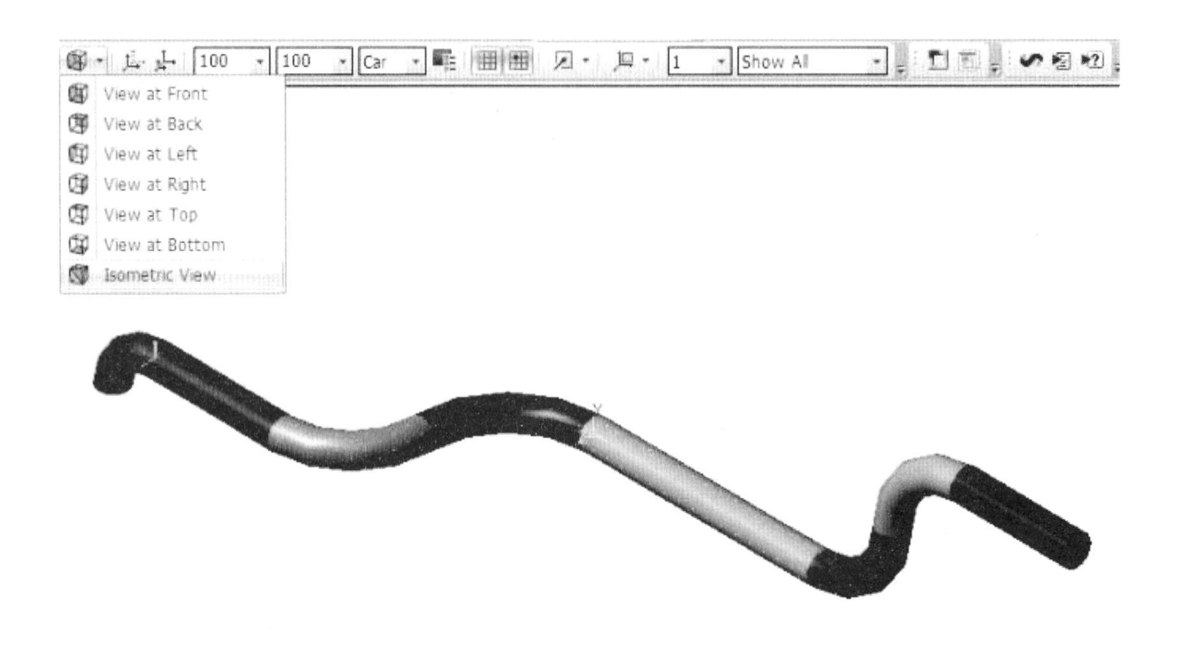

13. 更換平面到XY平面

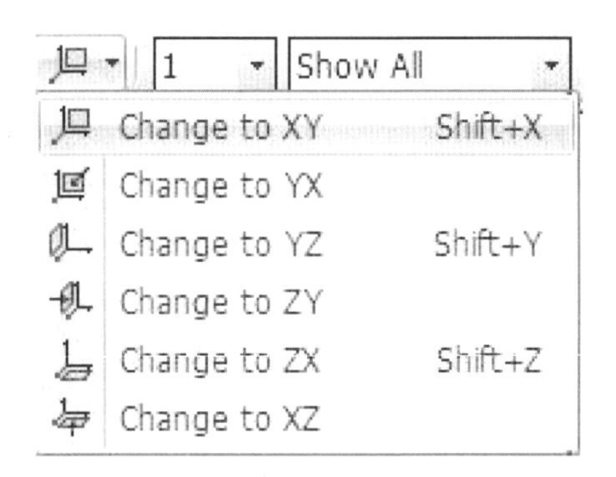

14. 點選Ellipsoid

繪製 Ellipsoid1 body：Point1 : [3000, 1000, 0]，Radius : 90

繪製 Ellipsoid2 body：Point1 : [700, 0, 0]，Radius : 90

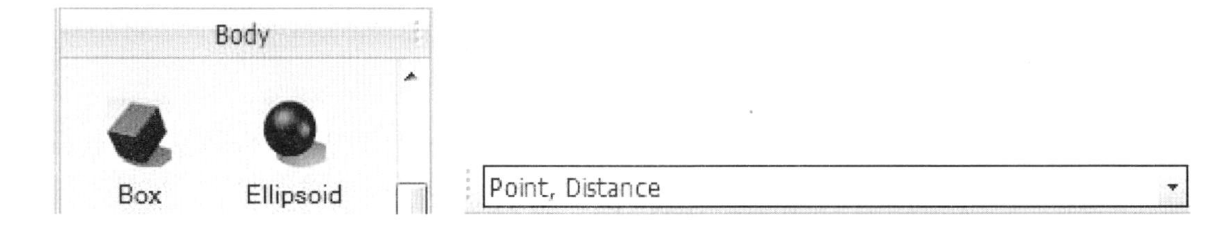

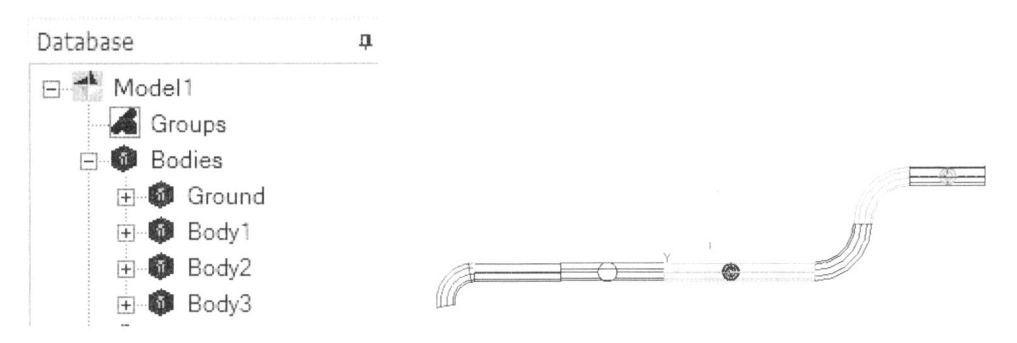

15. 將Body2和Body3，更名為Ball1和Ball2，並更改Mass : 10 kg，Mass Moment of Inertia (Ixx, Iyy, Izz) : 70000

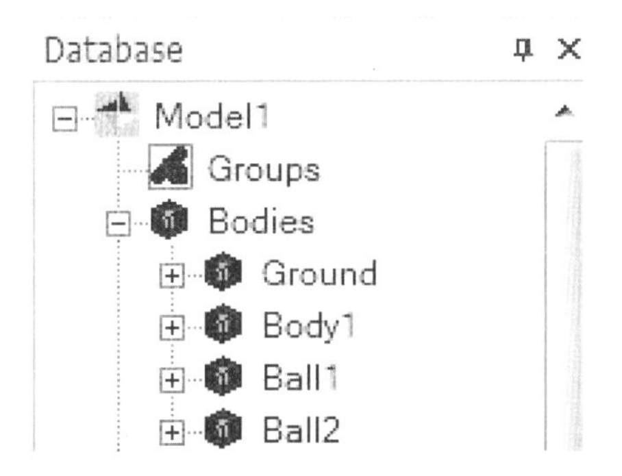

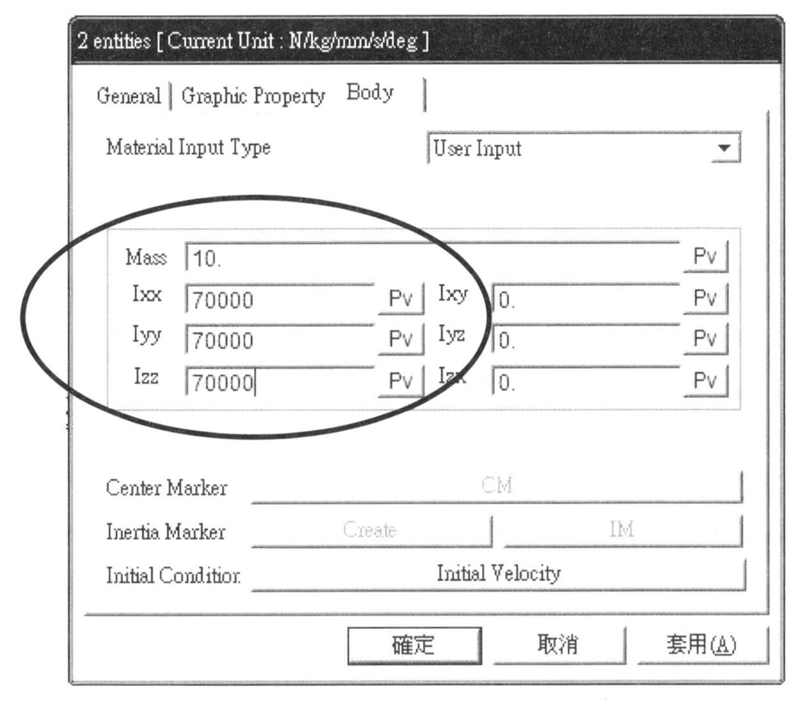

16. 對Ball1 設定初始速度，選擇Initial Condition － Initial Velocity

17. 進入Initial Velocity 畫面，設定速度的大小（-2000）與作用軸（X）

Body Initial Velocity

Translational Velocity

☑ X	-2000	Pv
☐ Y	0.	Pv
☐ Z	0.	Pv
Reference Marker	Ground.InertiaMarker	M

Rotational Velocity

☐ X	0.	Pv
☐ Y	0.	Pv
☐ Z	0.	Pv
Reference Marker	Ball1.CM	M

Close

18. 轉換到Marker1 的YZ 平面

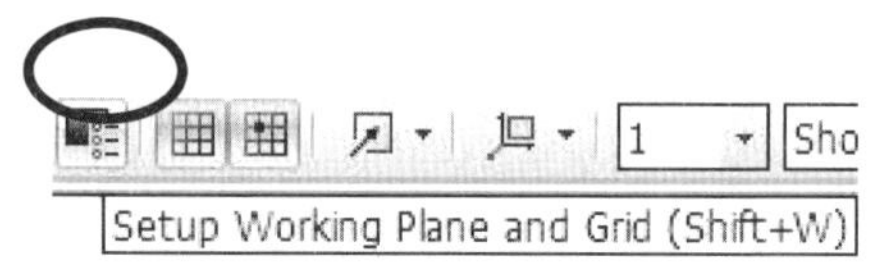

Working Plane

Setup

Plane	Body1.Marker1.YZ
Offset	0

Grid

Type	Cartesian
Width	100
Height	100
Number	50
Thickness	1
Shape	Dot
Color	Automatic

確定 取消 套用(A)

19. 點選Box繪製Box body：

Point1 : [-3100, -700, 1100]，Point2 : [-2100, -1100, 1100]，Depth : 300

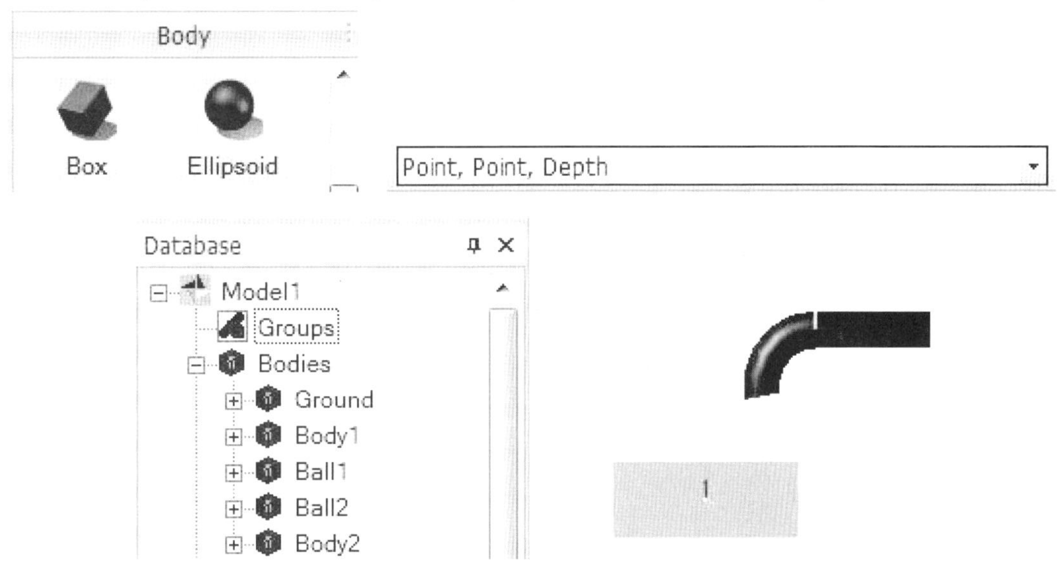

20. 選擇邊界條件，使用Revolute（銷接點）

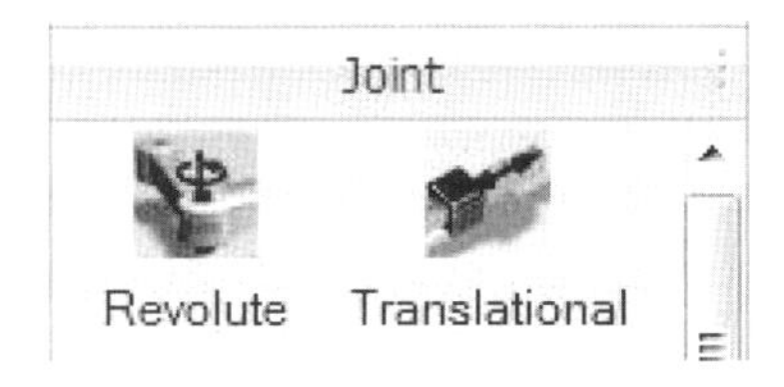

21. 選擇要建立邊界條件的位置，Point : [-2600 , -900 , 1100]

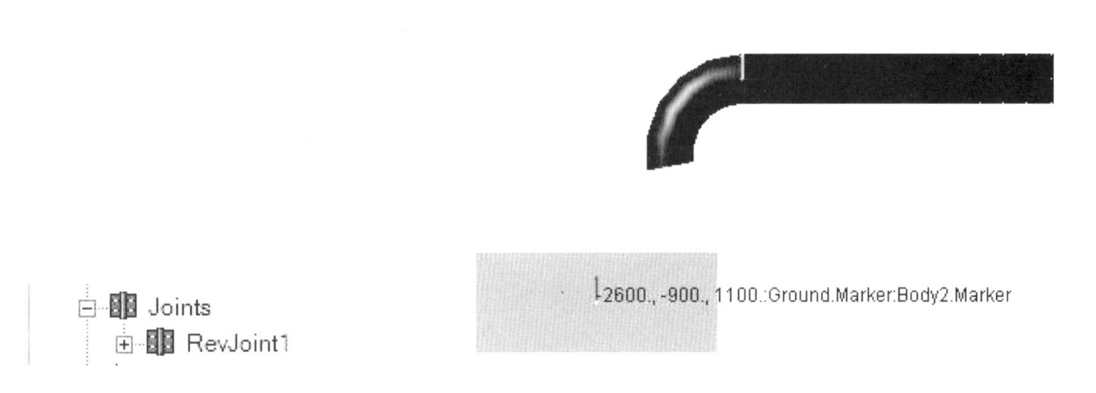

22. 點選Rotational Spring，建立在RevJoint1

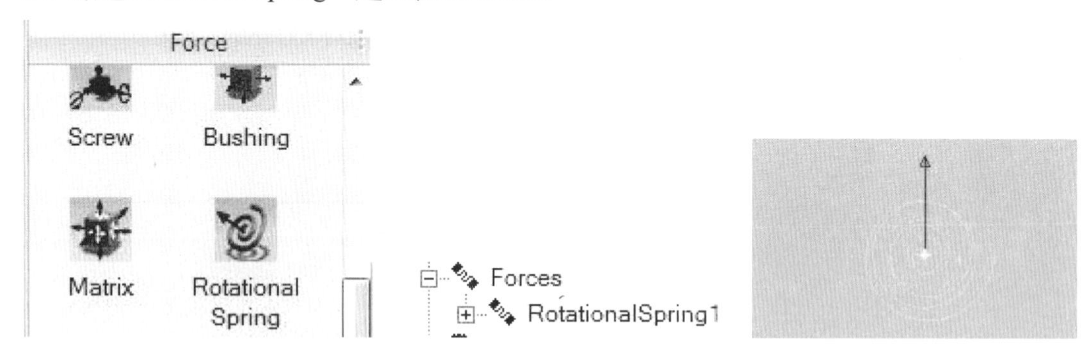

23. 點選Sphere In Cylinder，建立接觸條件

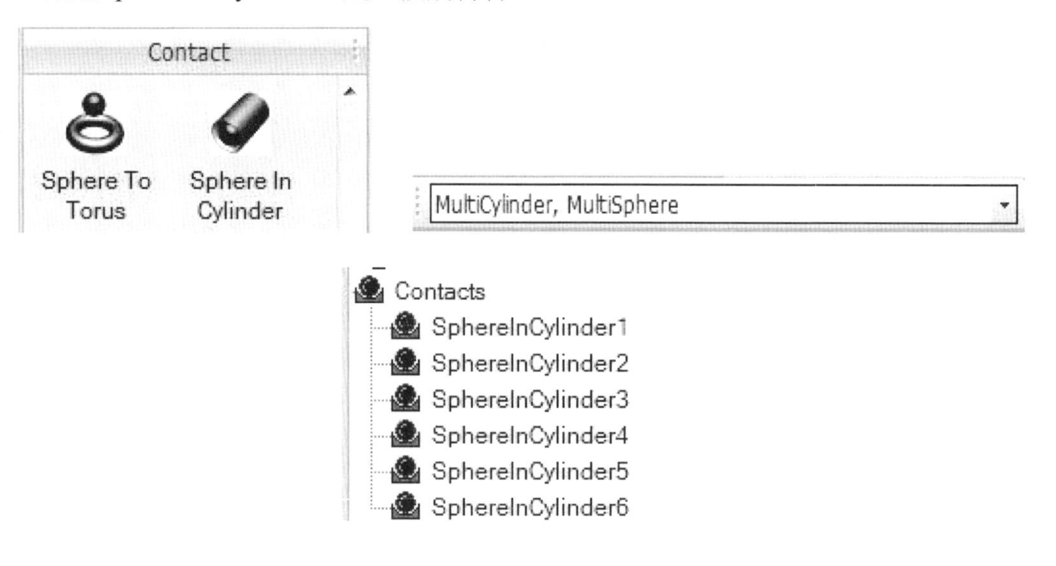

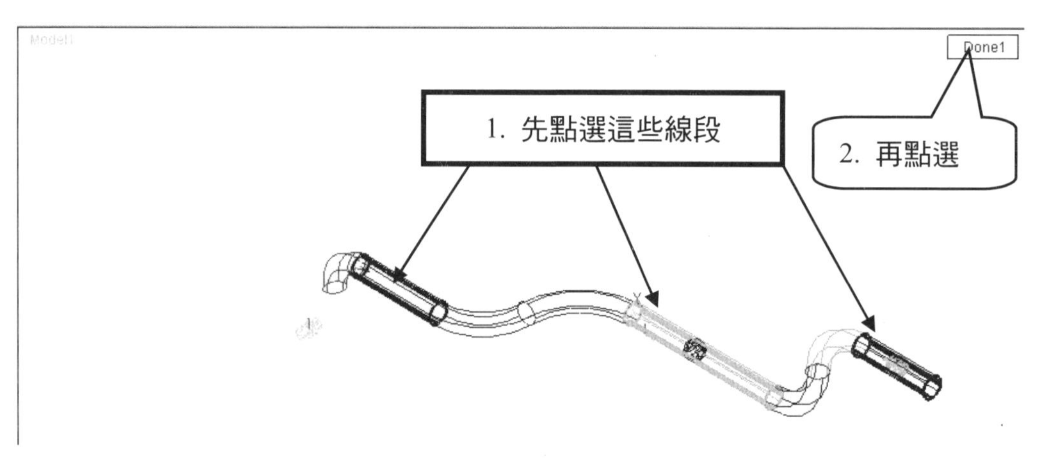

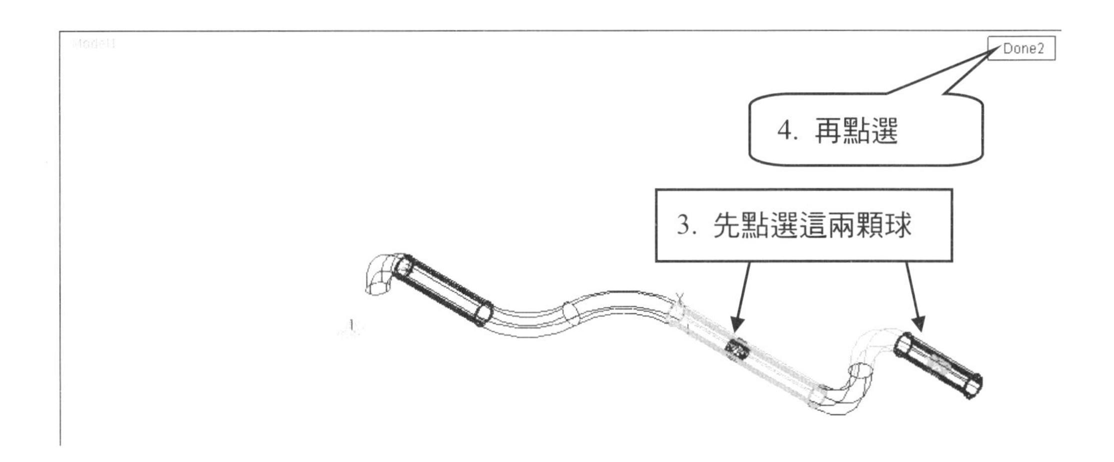

24. 修改SphereInCylinder1到SphereInCylinder6，勾選 Open Face 的 Start Face 和 End Face

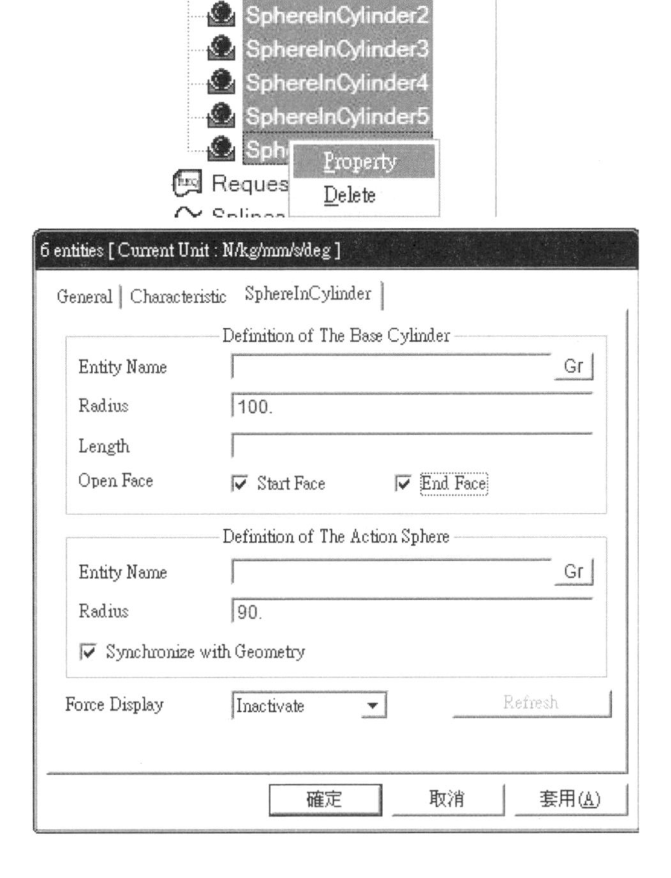

25. 點選 Sphere In Torus

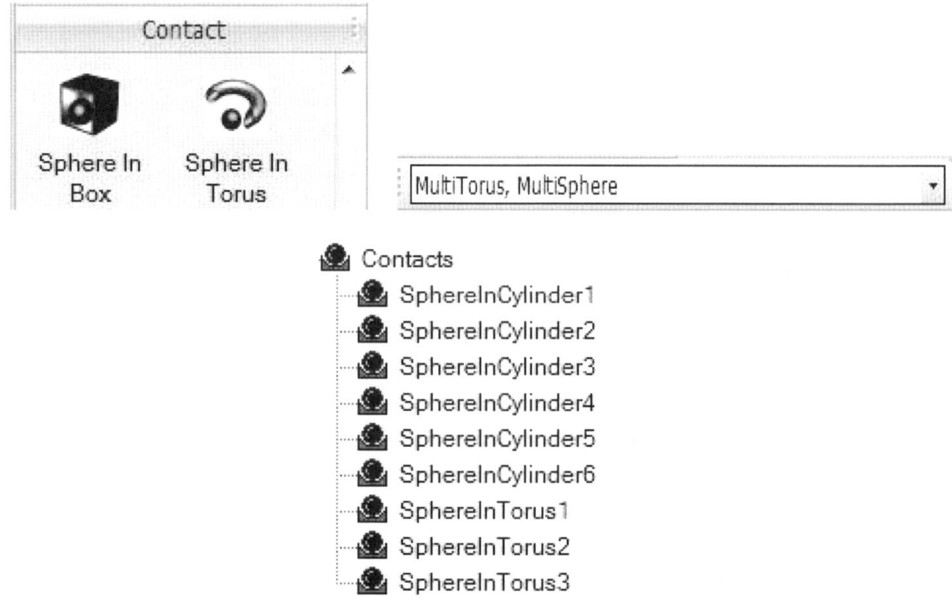

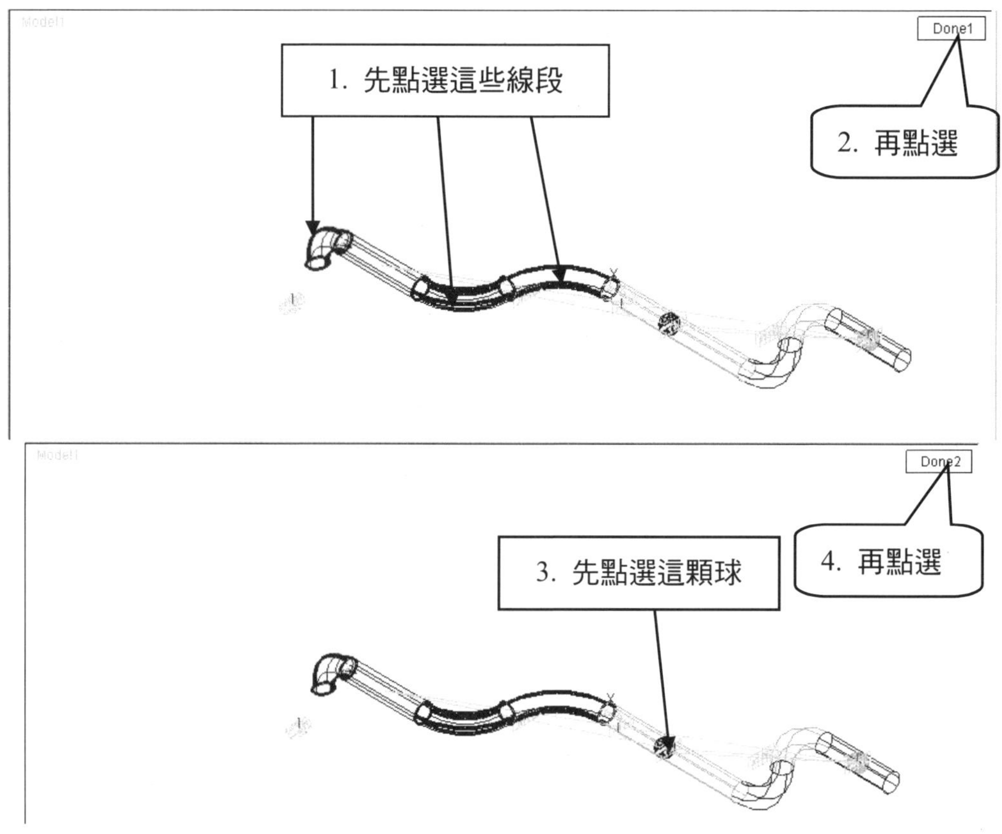

26. 點選 Sphere In Torus

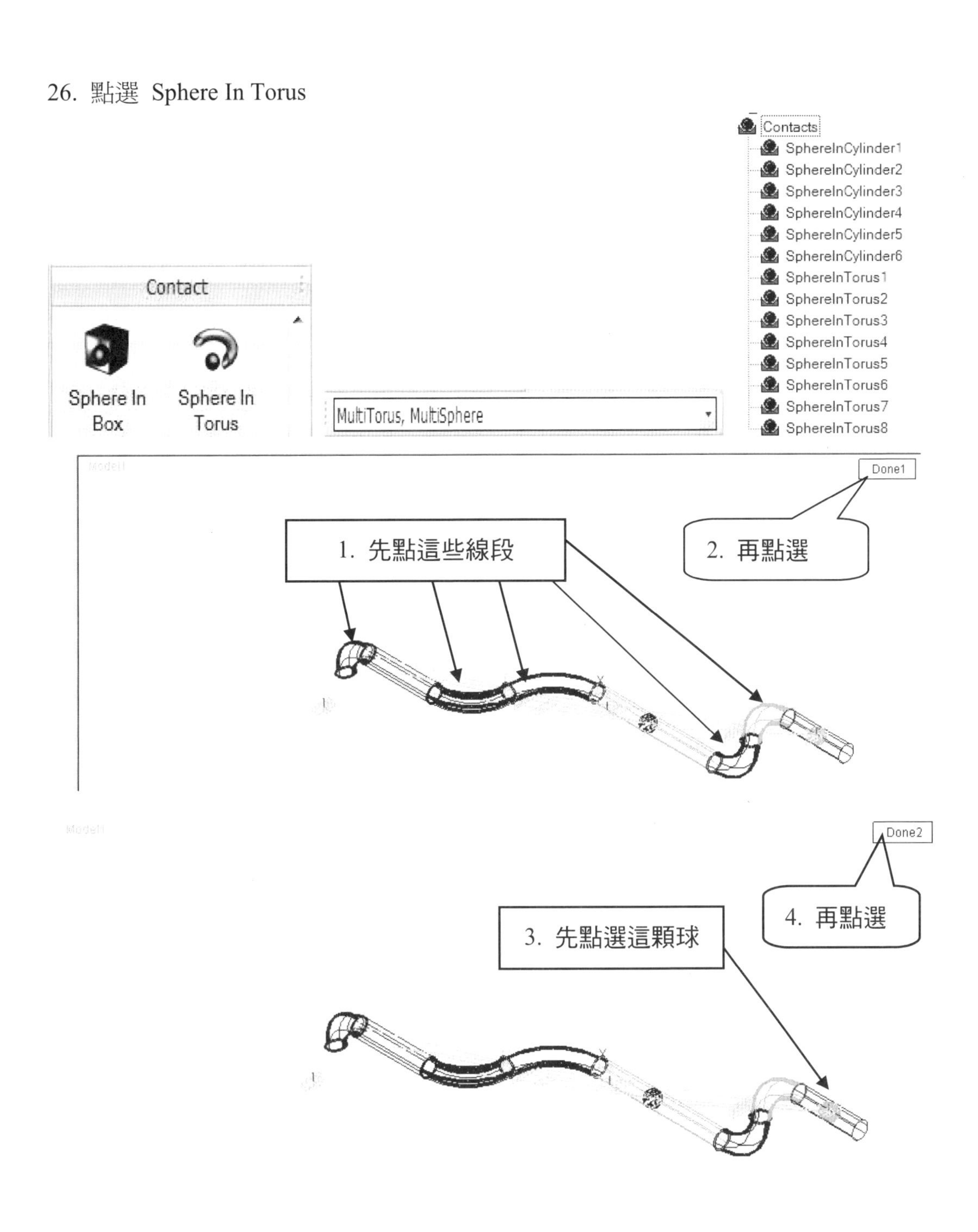

27. 修改SphereInTorus1 到SphereInTorus8，勾選 Open Face 的 Start Face 和 End Face

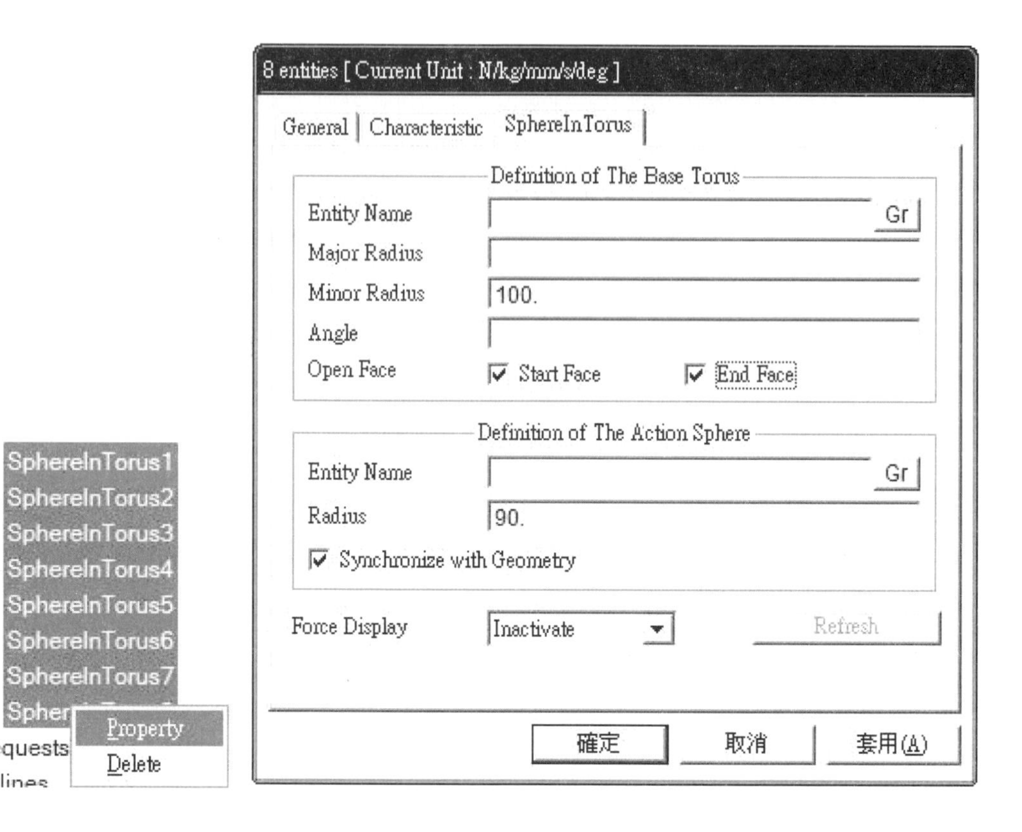

28. 點選Sphere In Box

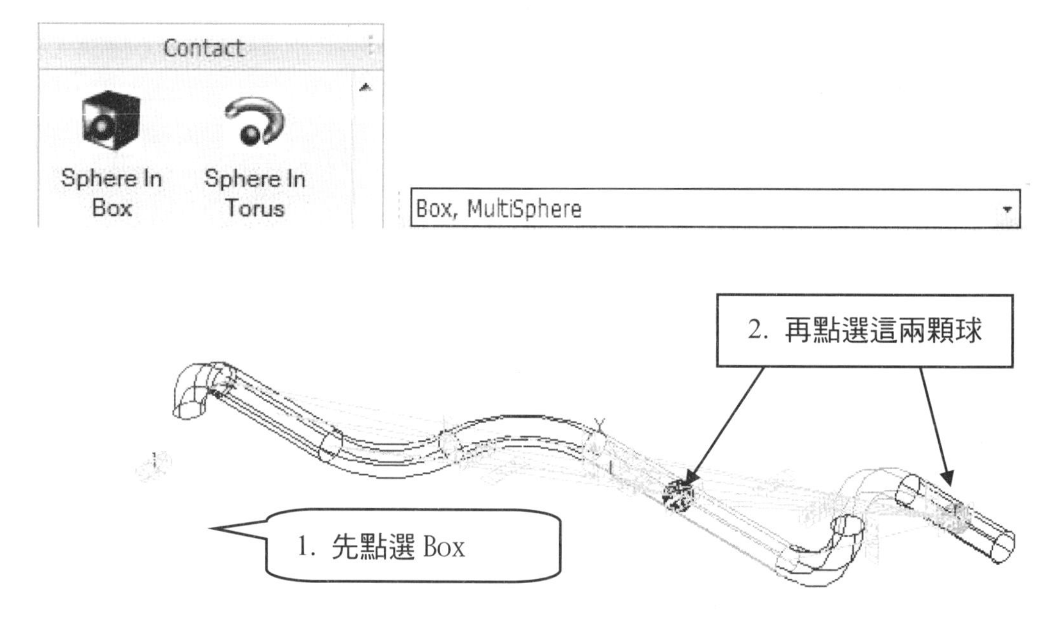

29. 按滑鼠右鍵，點選Finish Operation會出現SphereInBox1和SphereInBox2 的接觸條件

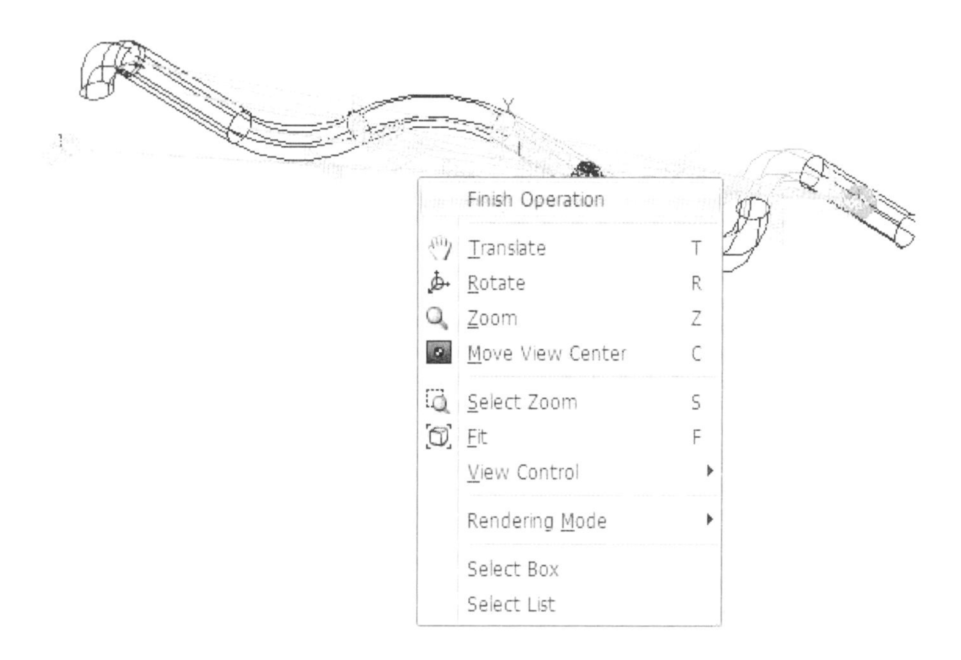

30. 修改SphereInBox1和SphereInBox2，勾選 Open Face 的 Top Face

2 entities [Current Unit : N/kg/mm/s/deg]

General | Characteristic | SphereInBox

Definition of The Base Box

Entity Name	Body2.Box1 Gr
Width	1000.
Height	400.
Depth	300.
Open Face	☐ Front Face ☐ Right Face ☑ Top Face ☐ Back Face ☐ Left Face ☐ Bottom Face

Definition of The Action Sphere

Entity Name	Gr
Radius	90.

☑ Synchronize with Geometry

Force Display Inactivate Refresh

確定 取消 套用(A)

31. 點選Sphere to Sphere

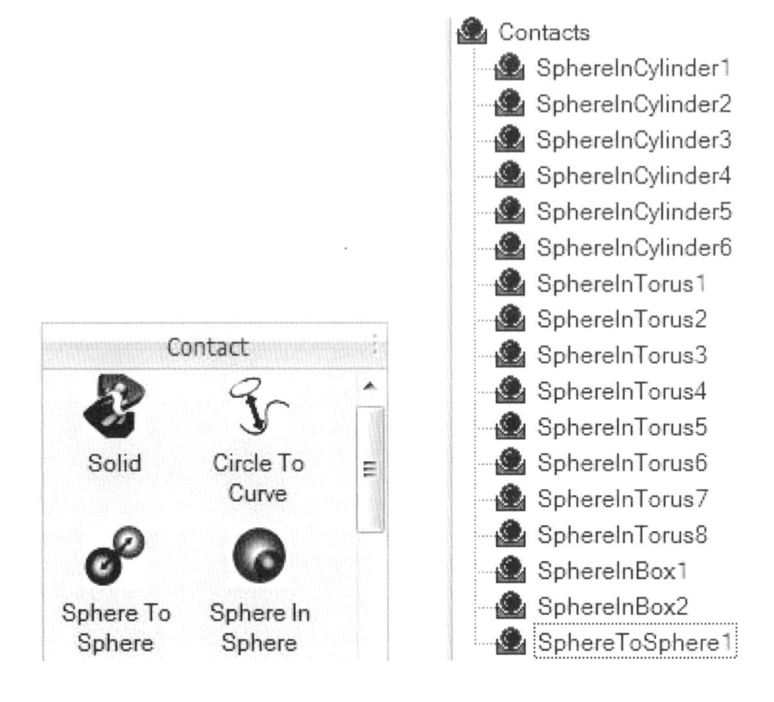

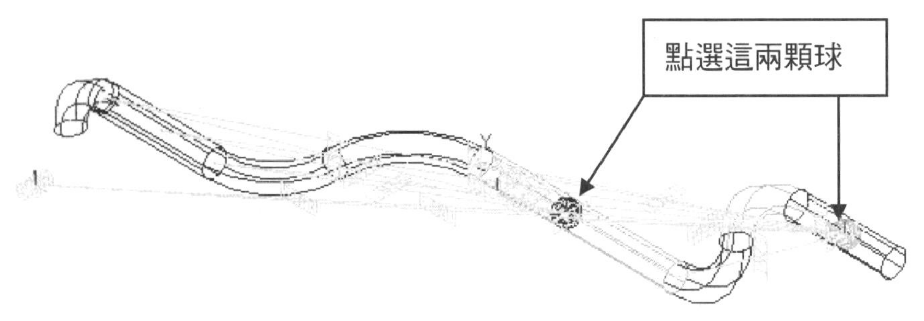

32. 將管子固定住，選Fixed後點管子固定

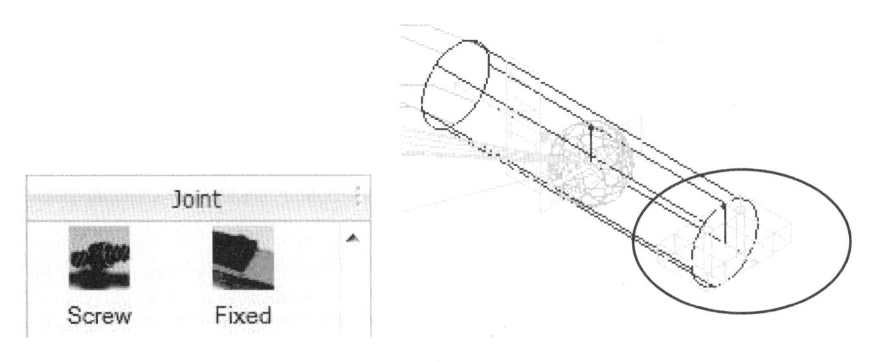

33. 進行結果計算，選擇Analysis

34. 設定結束時間與時間間距，還有一些所需要的計算設定

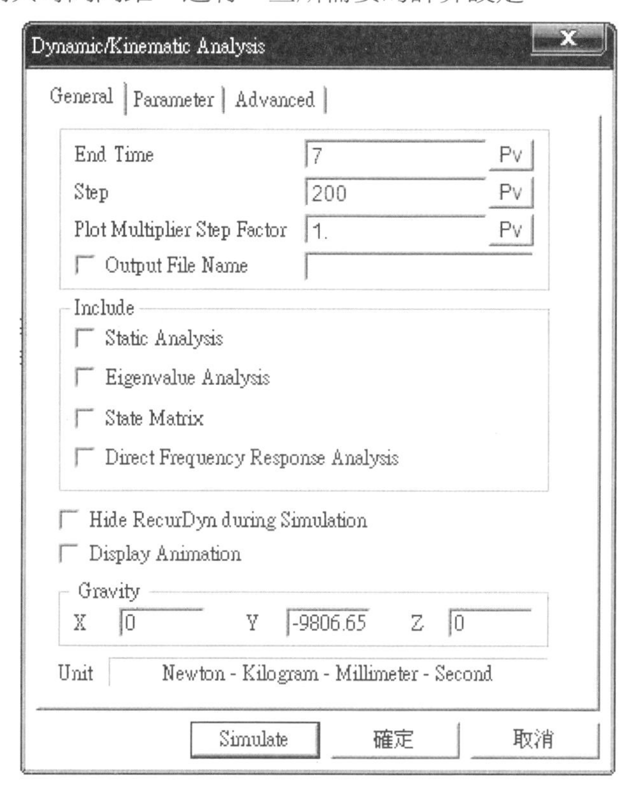

35. 系統會提示需要儲存檔案，設定要儲存的位置與檔名

36. 計算完畢後，進入下面畫面

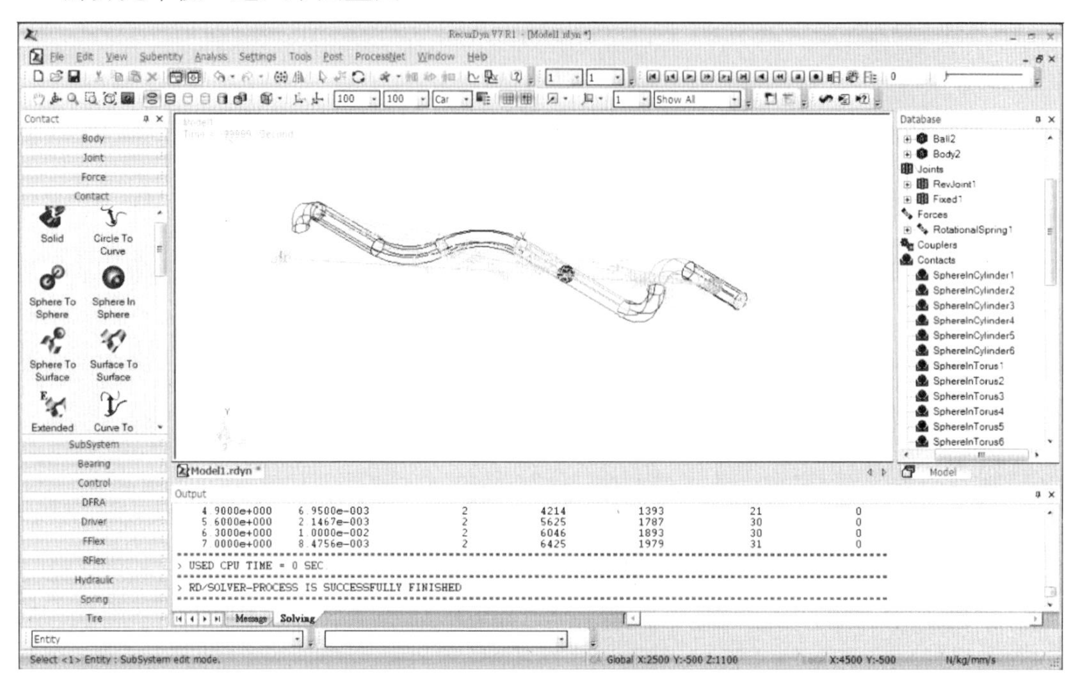

37. 可點選下面工具列，來觀看結果的動畫

38. 顯示所需要的數值，點選Plot Result

Plot Result

39. 可以從事後處理或結束

第五章 多體系統的剛體動力學分析

5.1 Rotating Spherical Chamber

在本範例中，吾人模擬一組多體系統 Spherical Chamber 旋轉動力學問題。

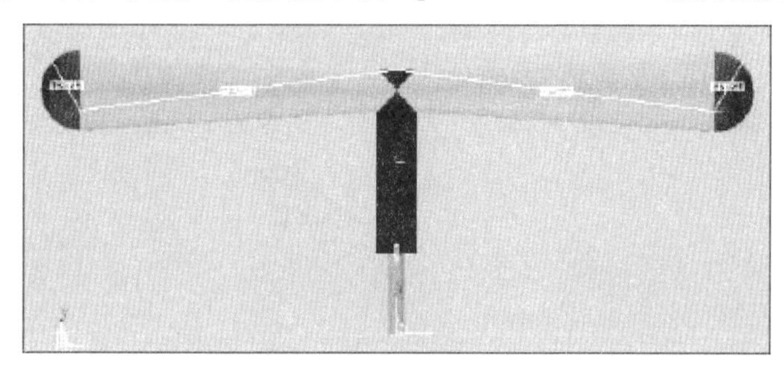

1. 開啓 RecurDyn 軟體
2. 輸入想要的檔名(Spherical_Chamber)並且選擇單位(MMKS)和重力單位(-Y)
3. 點選 Body－＞Ground－＞Cylinder

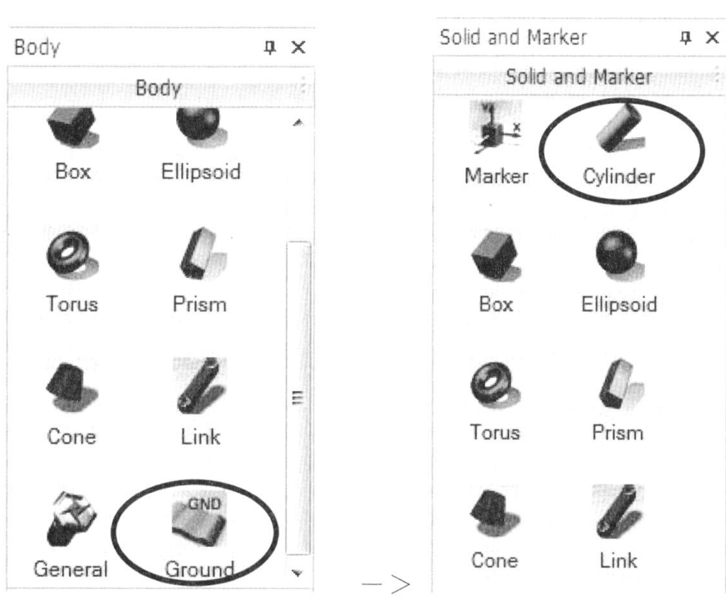

4. 繪製圖形

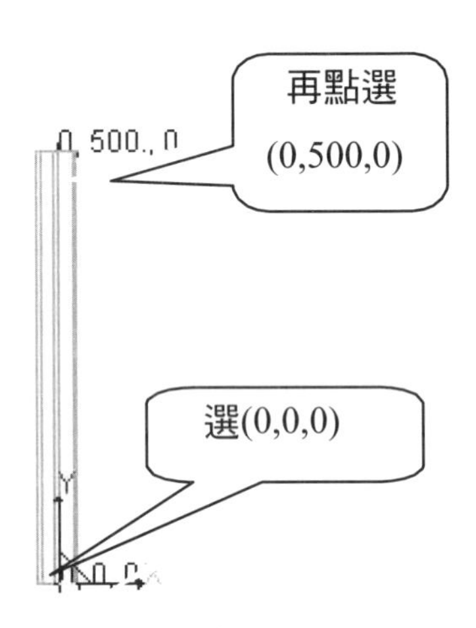

5. 點選 Property，修改Radius＝20mm

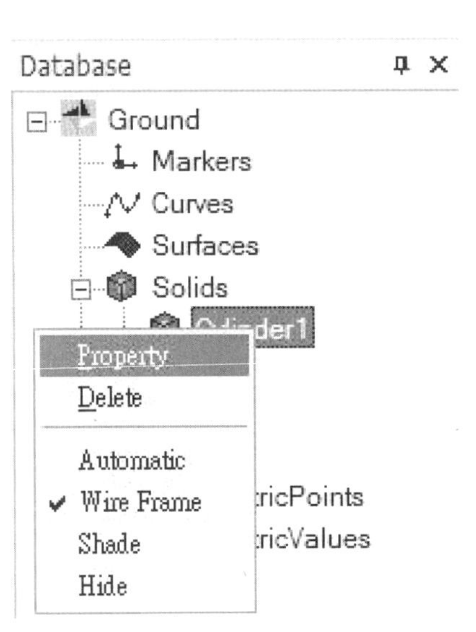

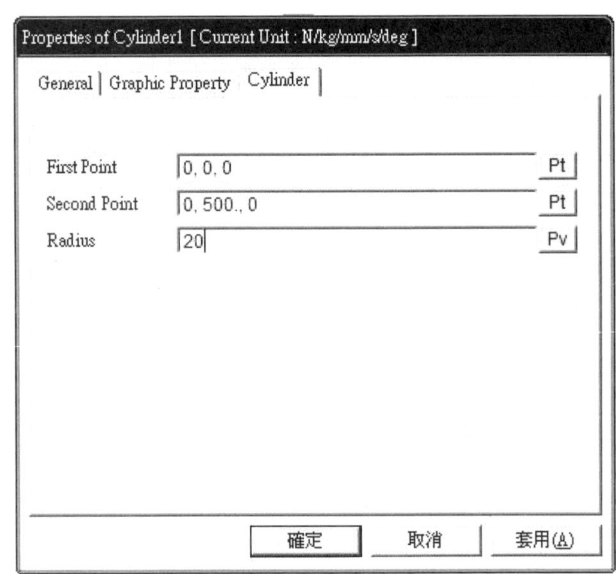

6. 離開 Ground 編輯畫面

7. 修改網格點爲 Height：50，Width：50

8. 點選 Body－＞ Cylinder，在下方選單更改繪圖方式，繪製圖形

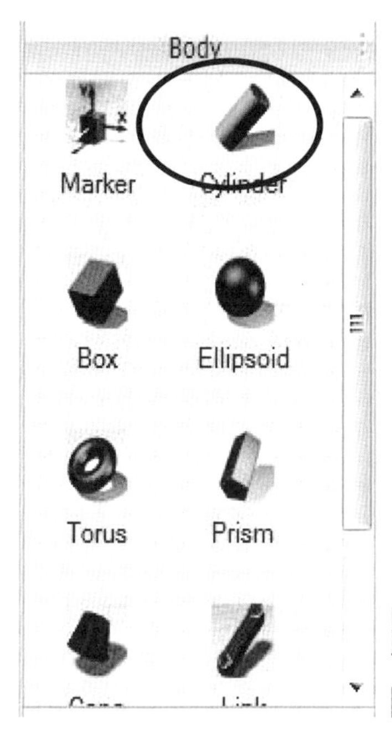

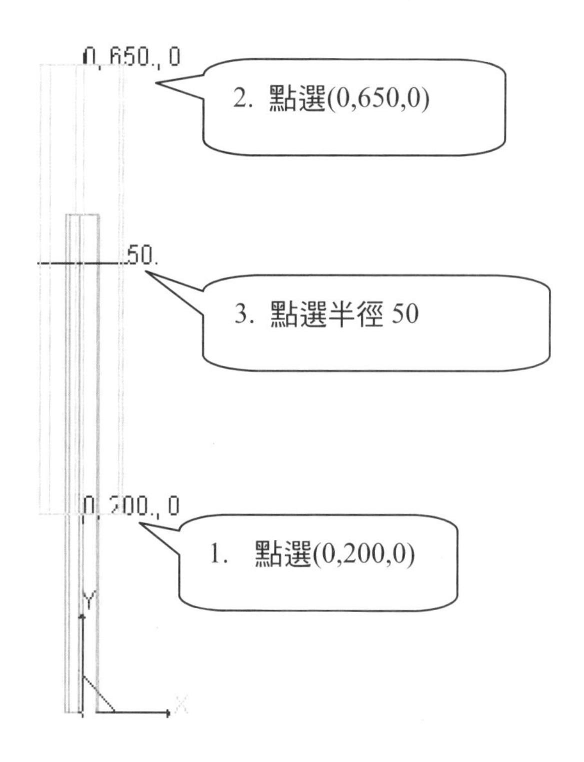

9. 點選 Property，修改名稱爲 Rotate_Chamber

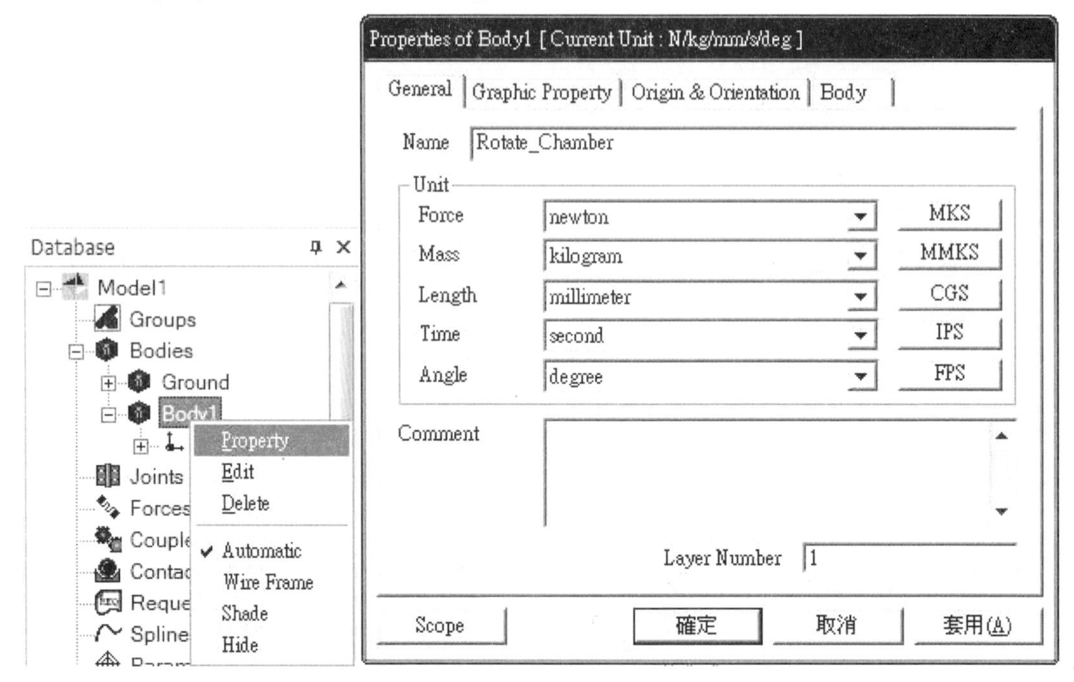

10. 按右鍵選取 Edit 進入編輯畫面

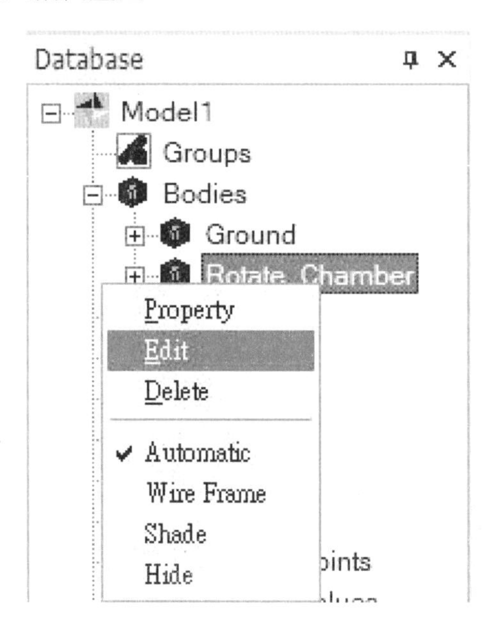

11. 選取 Profile－＞Curve

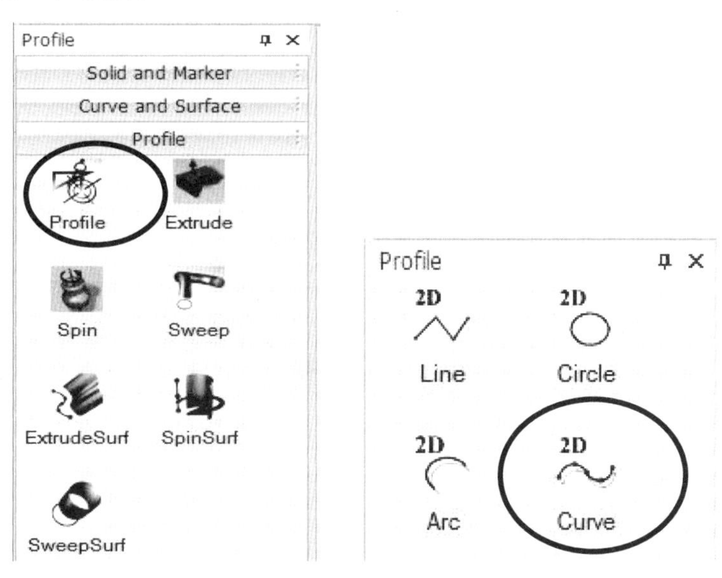

12. 繪製圖形，完成後按右鍵選取 Finish Operation

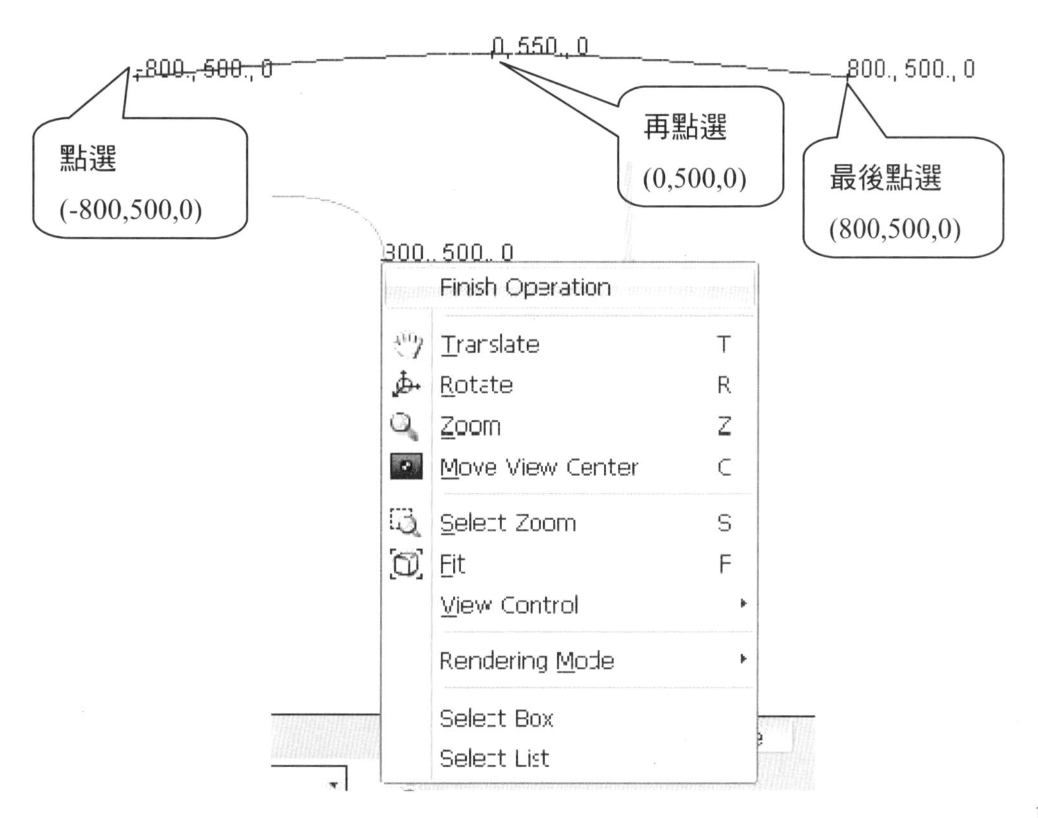

13. 離開 Body Edit 編輯畫面

14. 點選 SpinSurf 繪製曲面

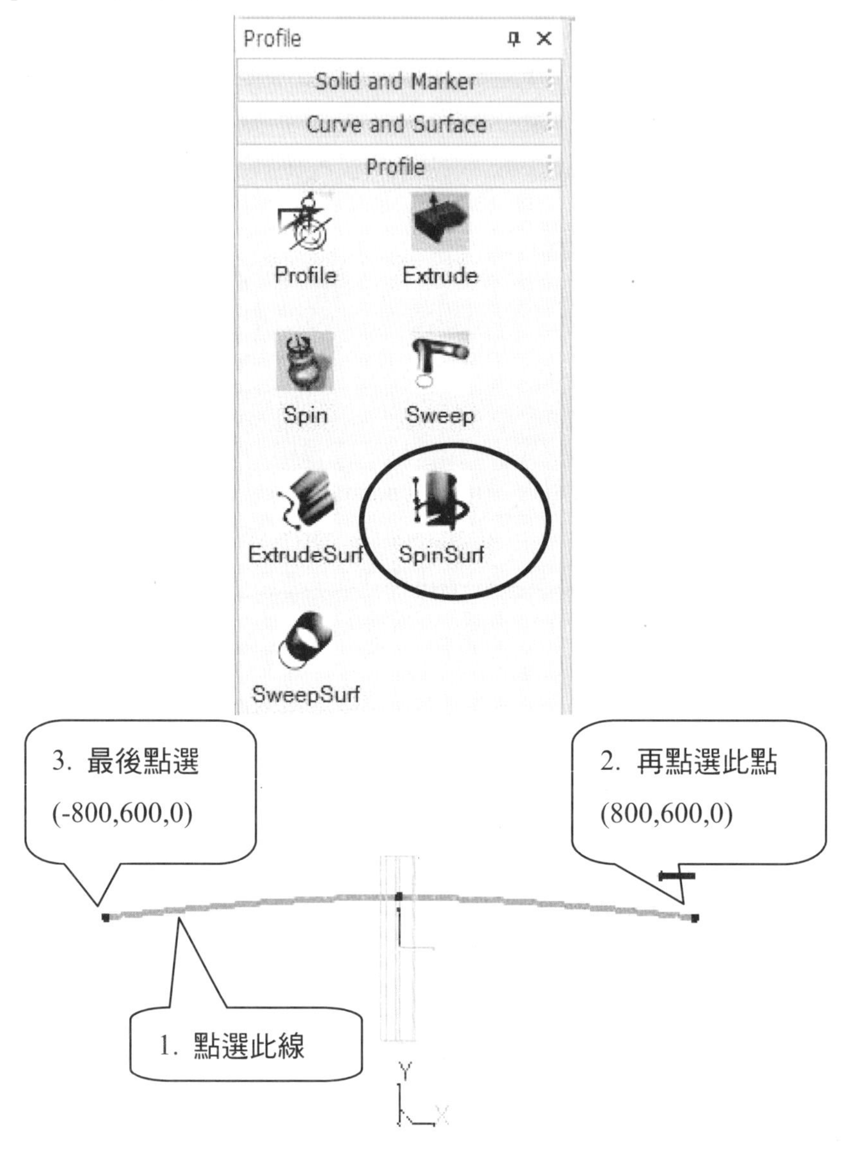

點選第二點時可觀看下面座標的顯示以便確定

15.完成後會出現下面的畫面

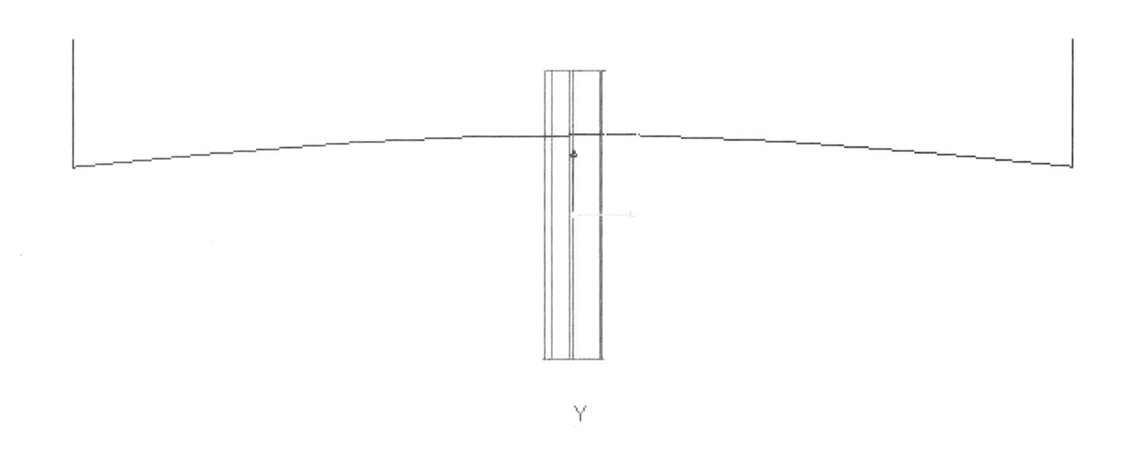

16. 選取 Profile－＞Arc

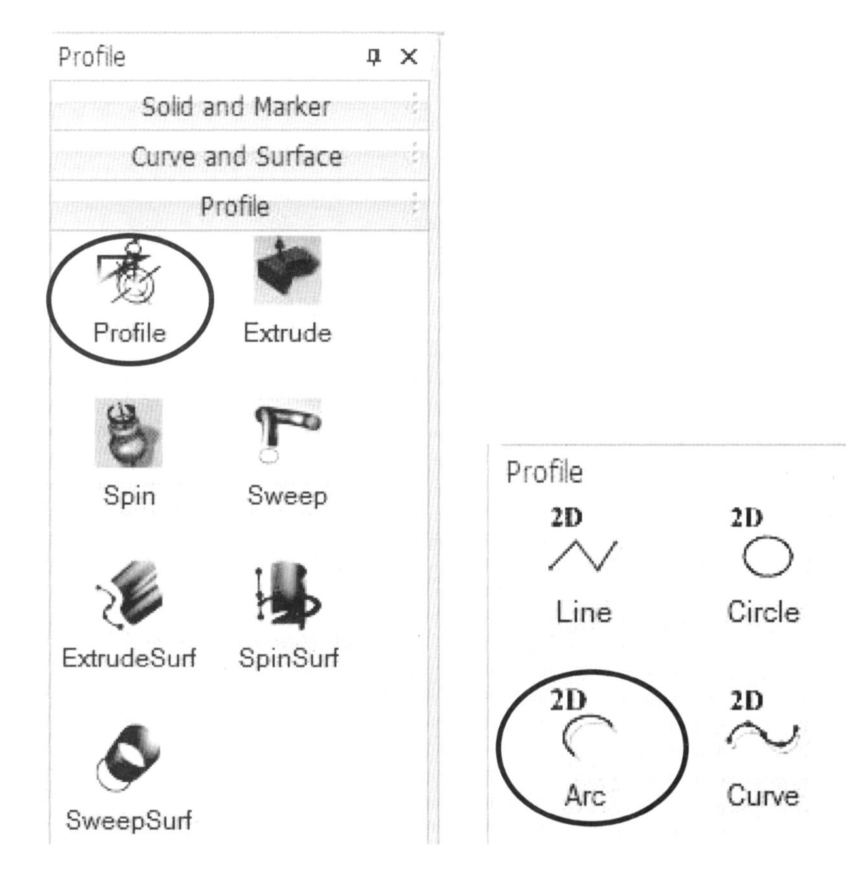

17. 依照所給的座標點選畫圖

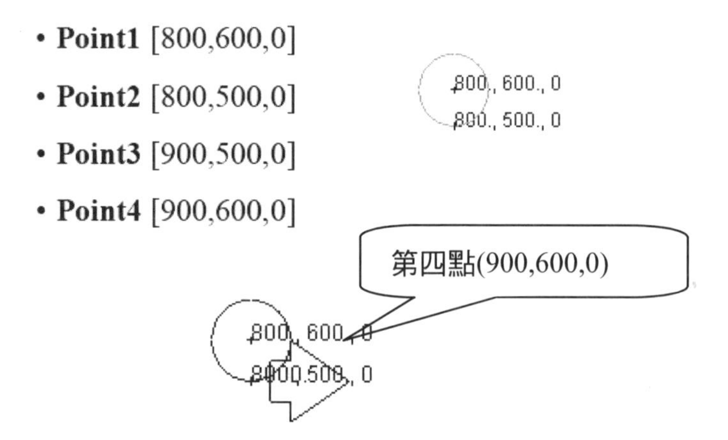

18. 離開Profile 編輯畫面

19. 點選SpinSurf 繪製曲面

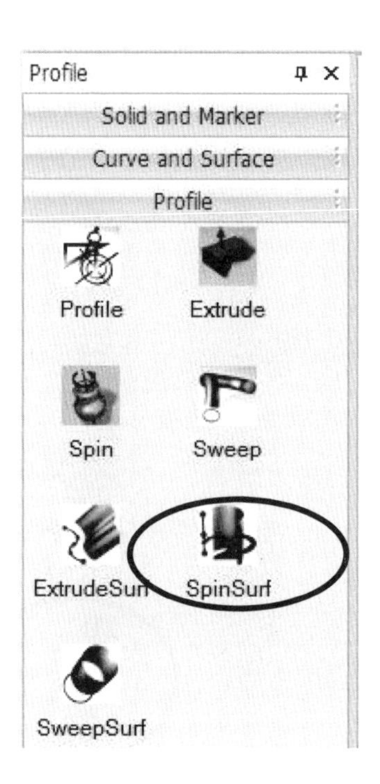

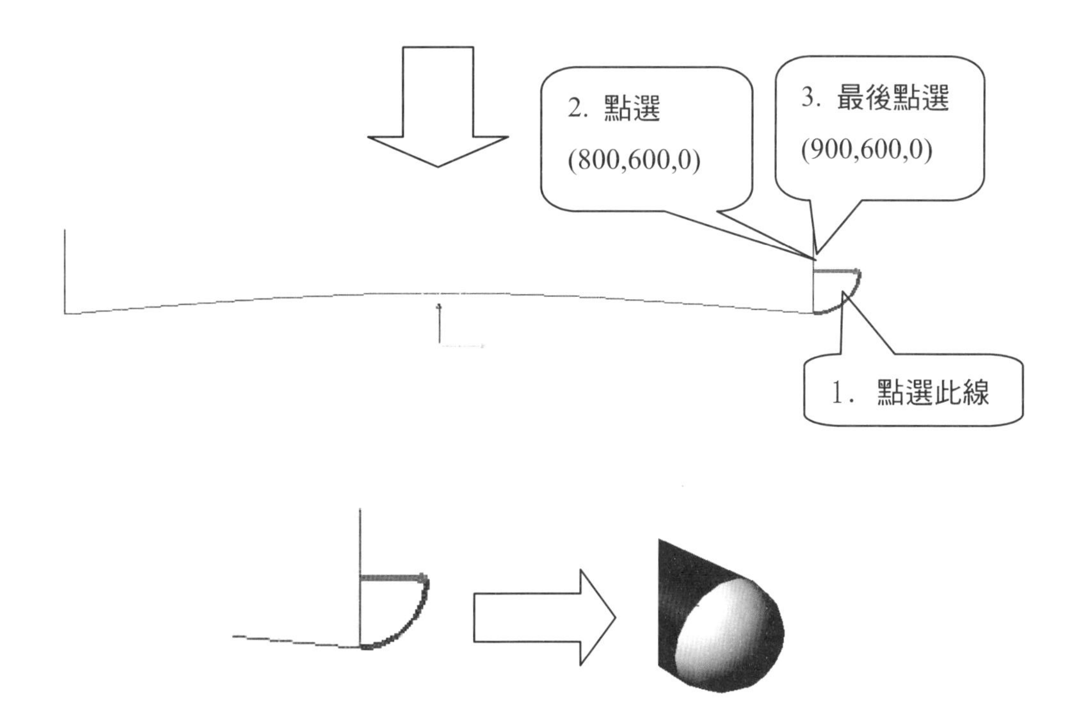

20. 選取曲面，按Ctrl＋C 再按Ctrl＋V，複製一個曲面

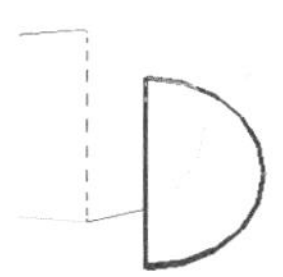

21. 點選Object Control－＞Rotate，Y 軸旋轉180 度；再選取Translate，將＋X 與＋Y 移動50mm

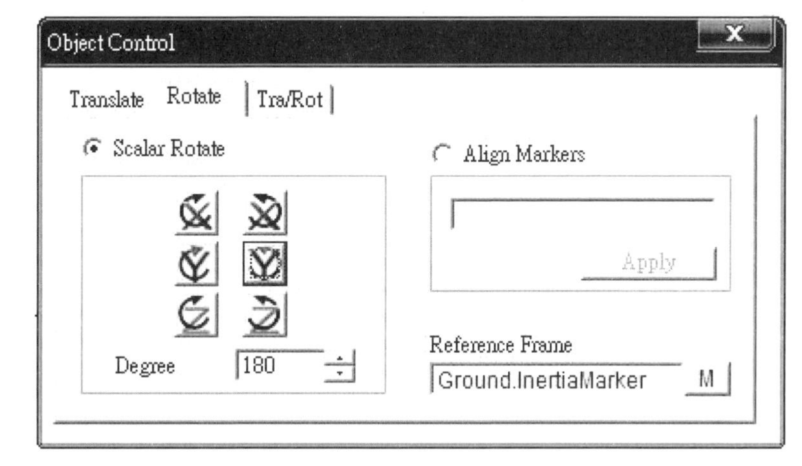

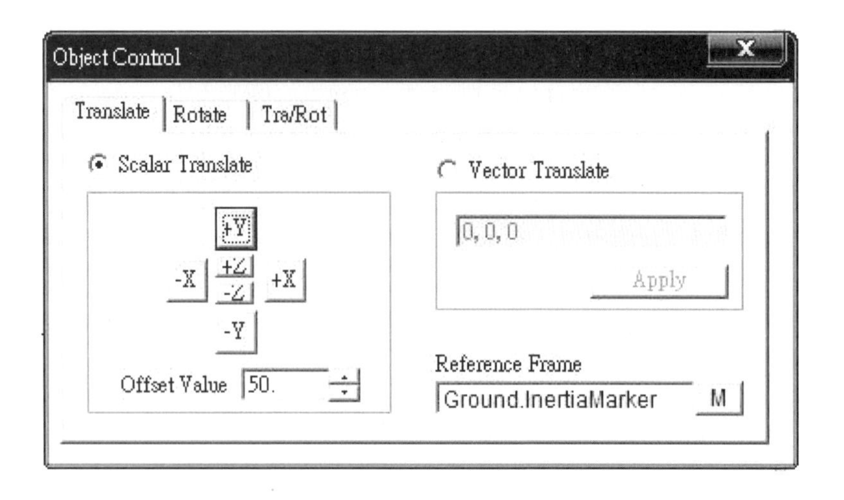

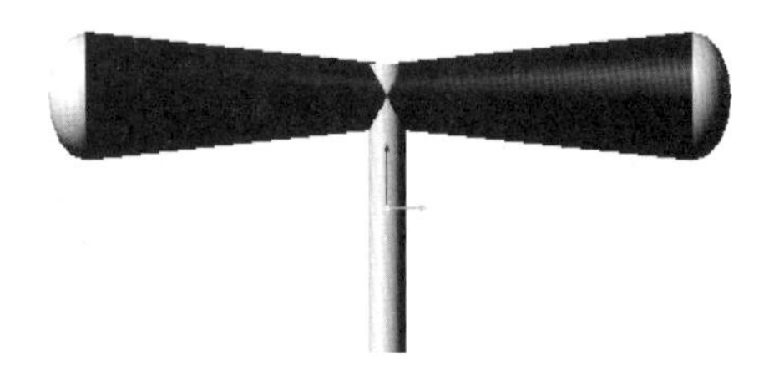

22. 離開Ground 編輯畫面

23. 點選Body－＞Ellipsoid，依照所給的座標繪製兩顆球

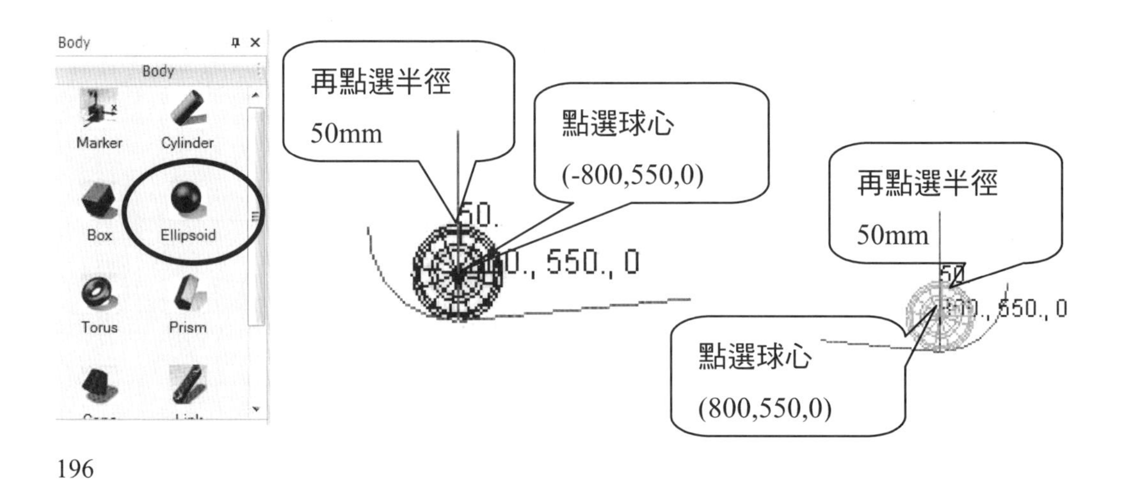

24. 按Ctrl選取新增的兩顆球，然後在背景上按右鍵選取Properties修改參數，更改爲User Input： Mass = 1，Ixx、Iyy、Izz = 1000000，Ixy、Iyz、Izx = 0

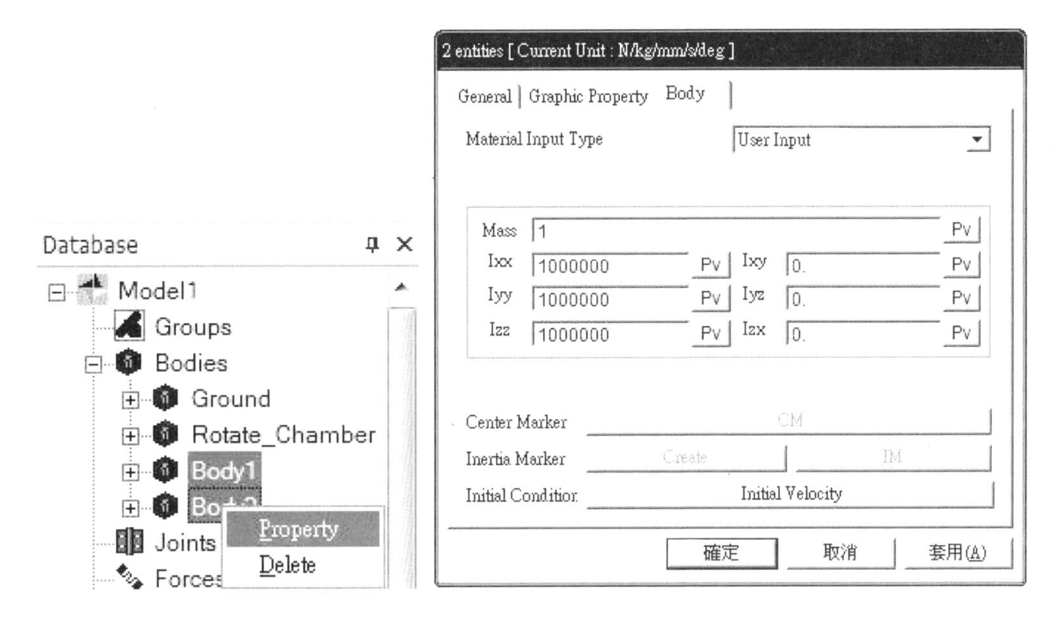

25. 點選Joint－＞Revolute，更改下方爲Point, Direction，設定接點

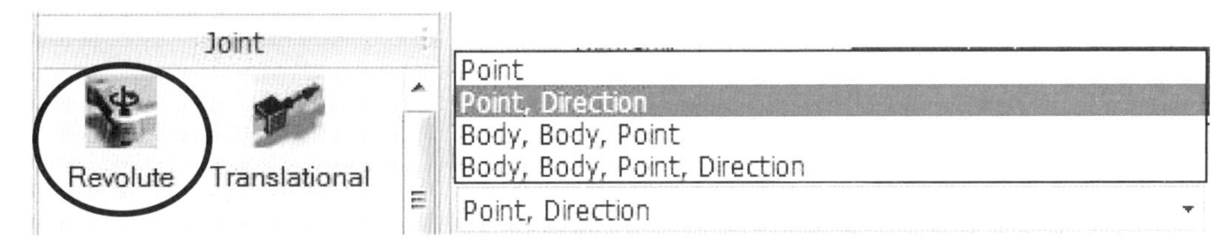

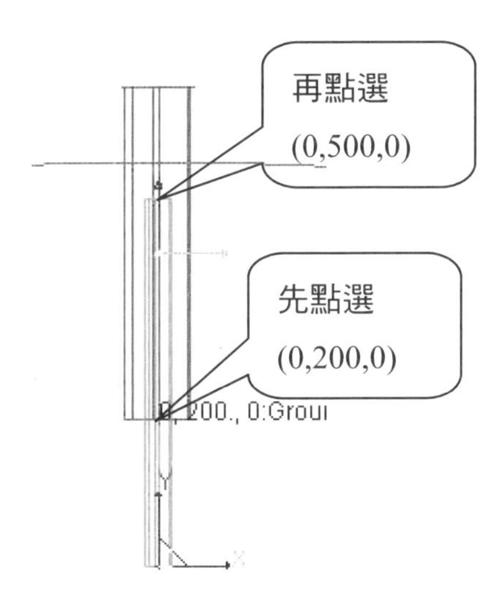

26. 設定接點的作用力，按右鍵選取Properties

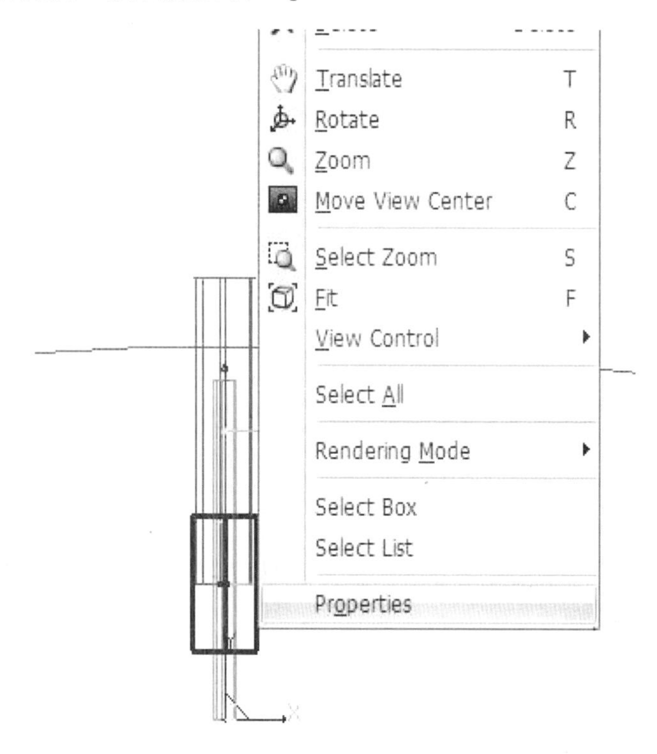

27. 將Include 打勾，點選Motion －＞ 選取Velocity －＞ EL －＞ Create 輸入參數 PI*TIME

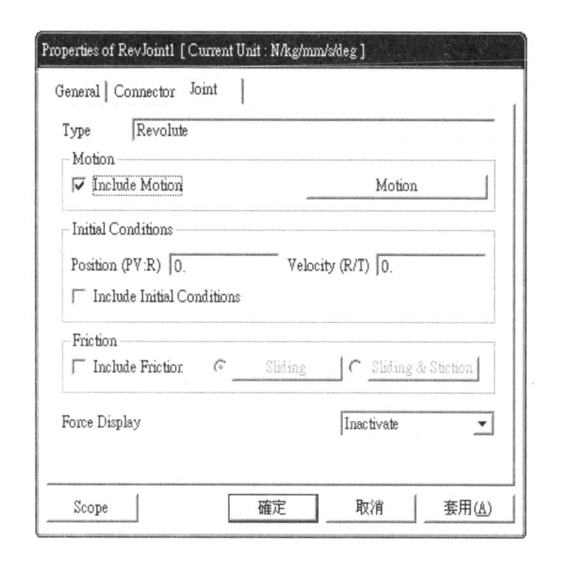

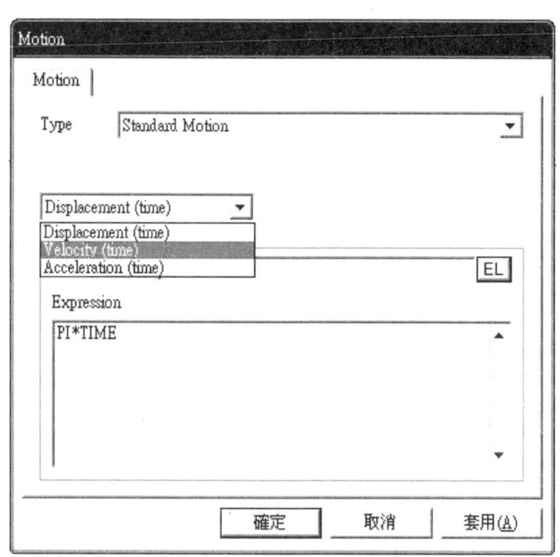

28. 完成後都按確定即可，就會出現動作Motion 的符號

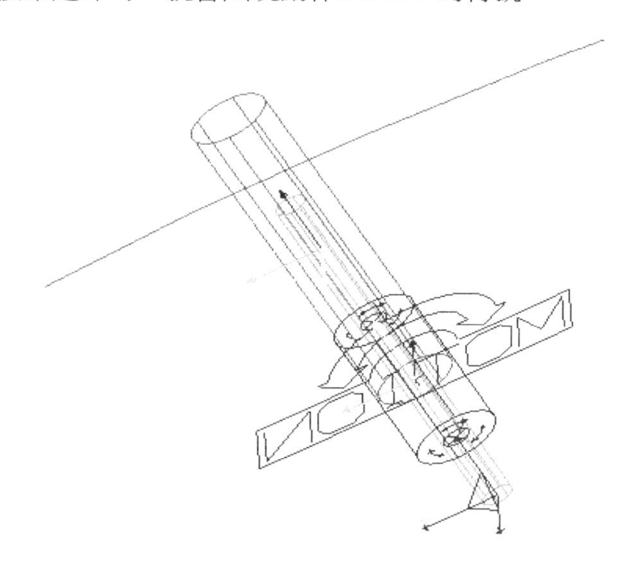

29. 點選Contact－＞Sphere To Surface，設定接觸條件

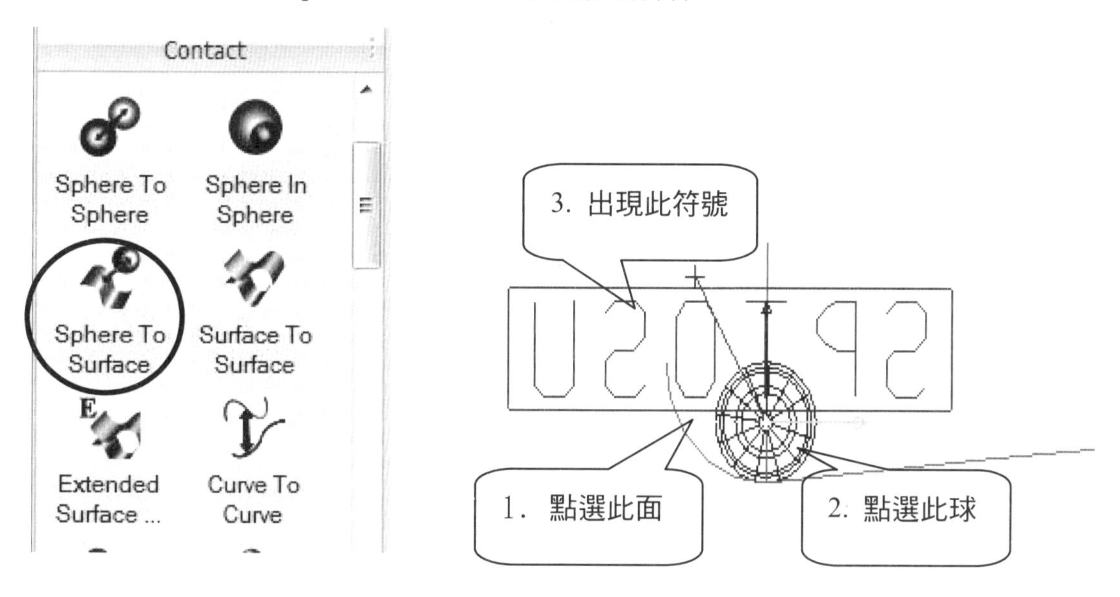

30. 按右鍵選取Property－＞Characteristic修改參數：

Spring Coefficient : 100N/mm，Damping Coefficient : 0.1N·sec/mm，

Friction Coefficient : 0

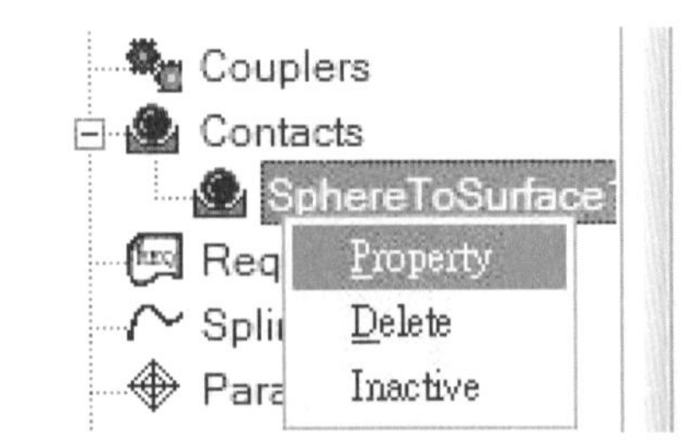

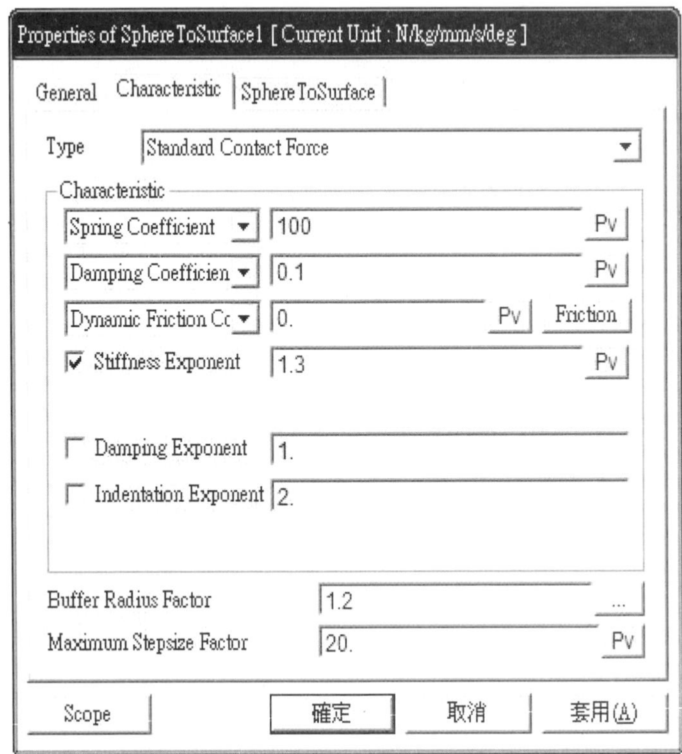

31. 點選Contact－＞Sphere To Surface，同上步驟依序建立其他的接觸條件

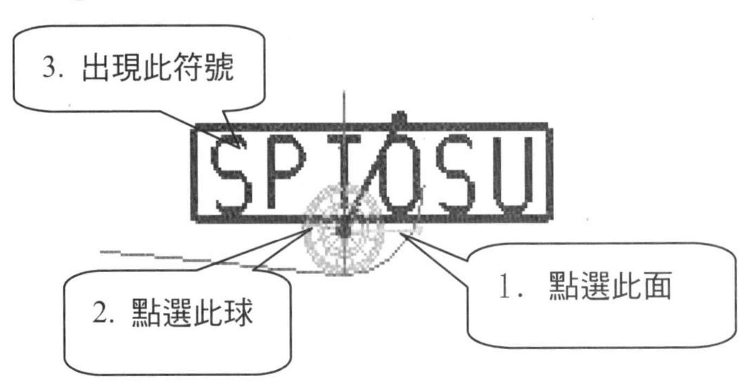

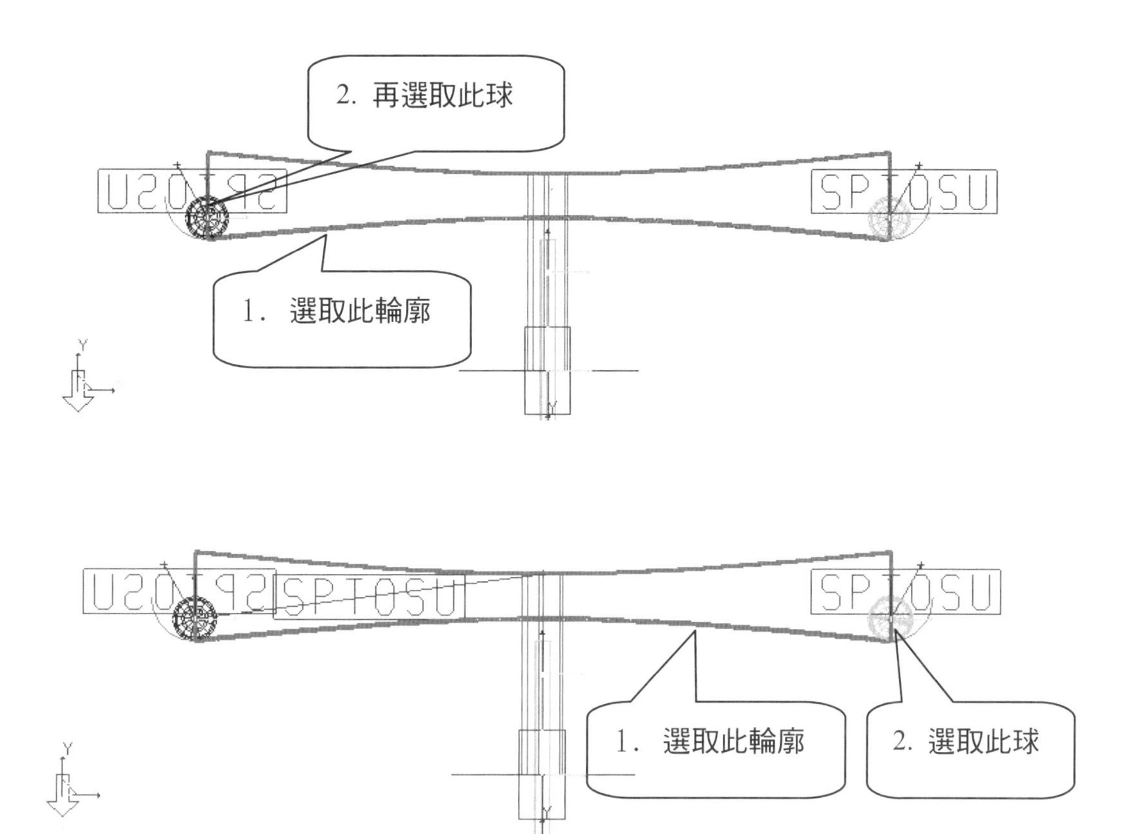

32. 完成後如下圖

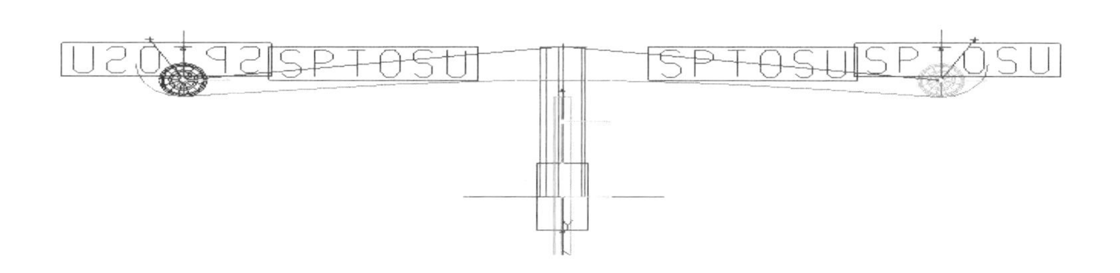

33. 按Ctrl選取新增的三個Contact，在背景按右鍵選取Property－＞Characteristic
    修改參數：Spring Coefficient : 100N/mm，Damping Coefficient : 0.1N·sec/mm，
    Friction Coefficient : 0

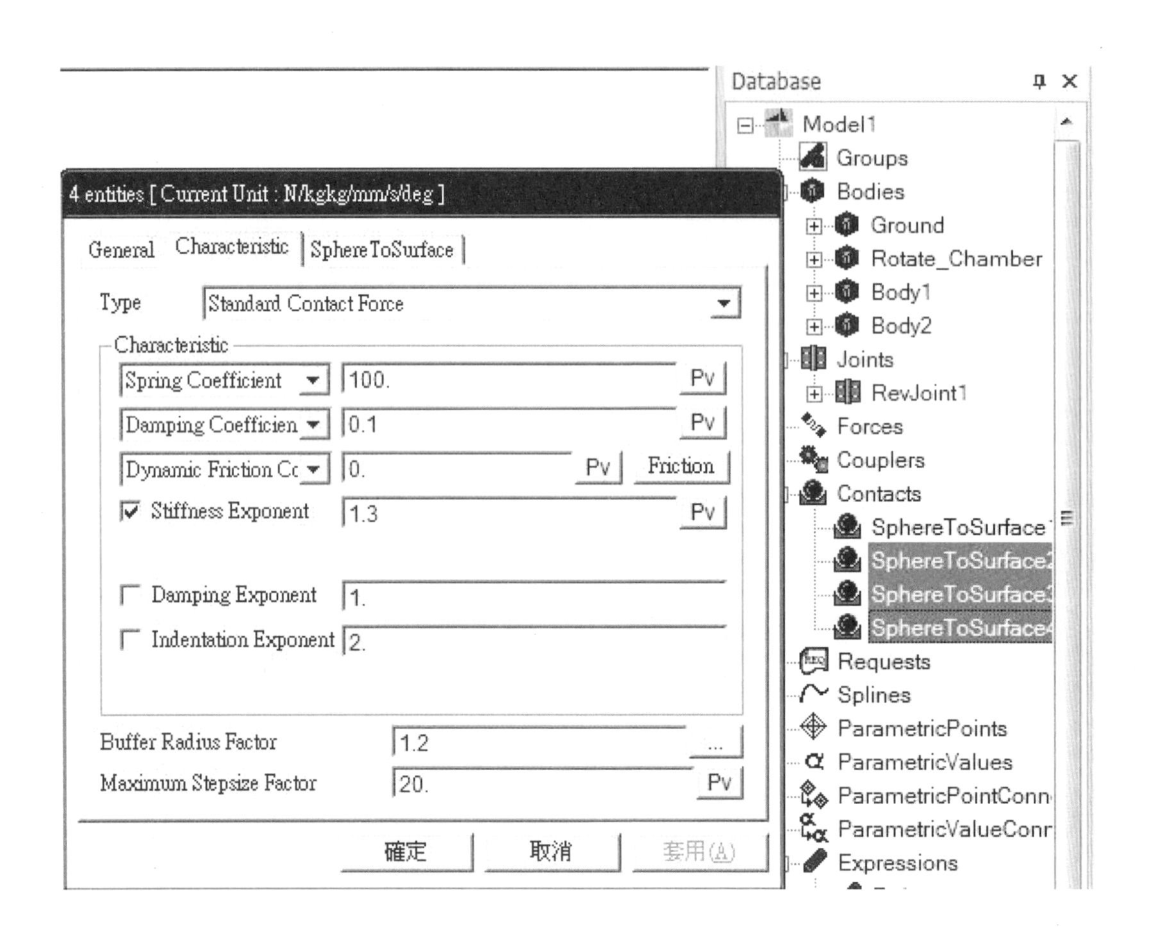

34. 修改接觸條件參數

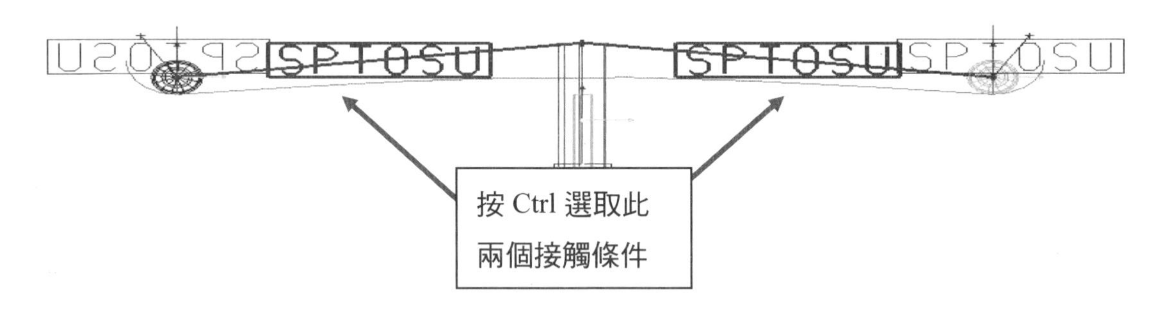

將 Normal Direction 核選 Down

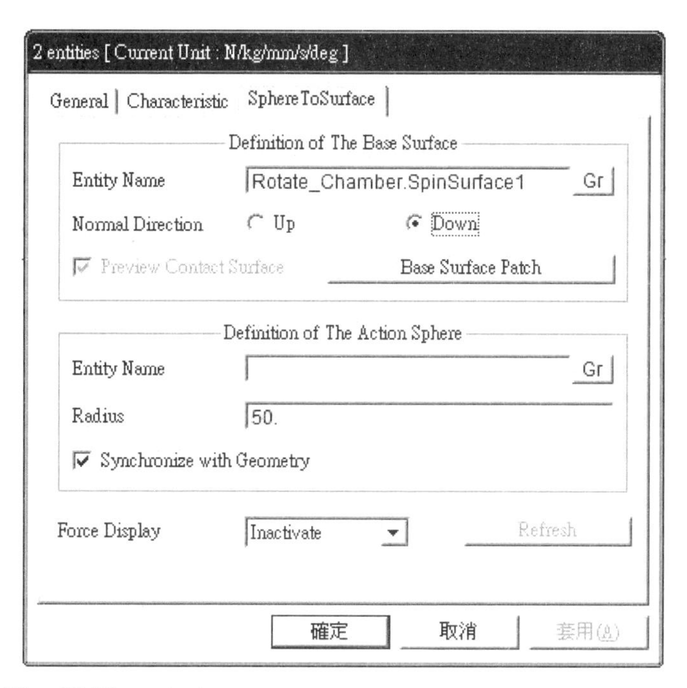

35. 進行結果計算，選擇Analysis

36. 設定結束時間與時間間距，還有一些所需要的計算設定

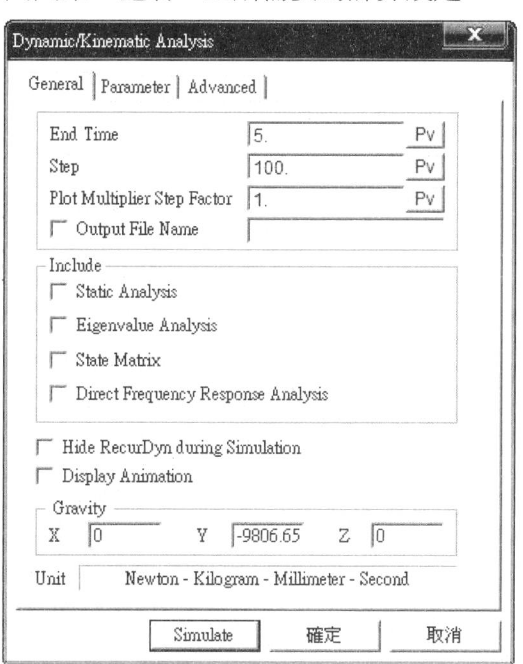

37. 系統會提示需要儲存檔案，設定要儲存的位置與檔名

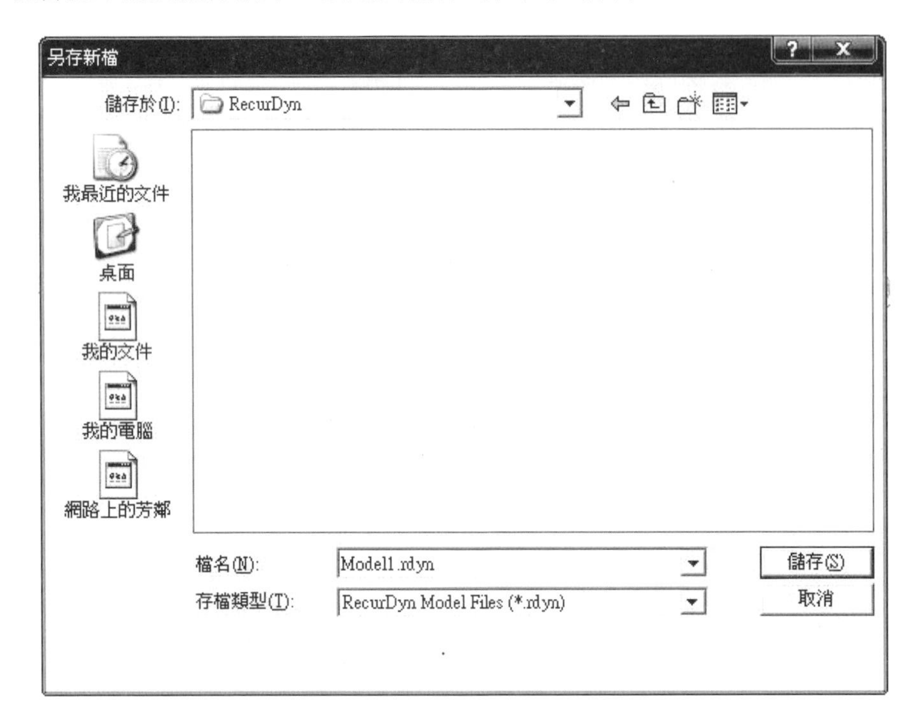

38. 計算完畢後，進入下面畫面

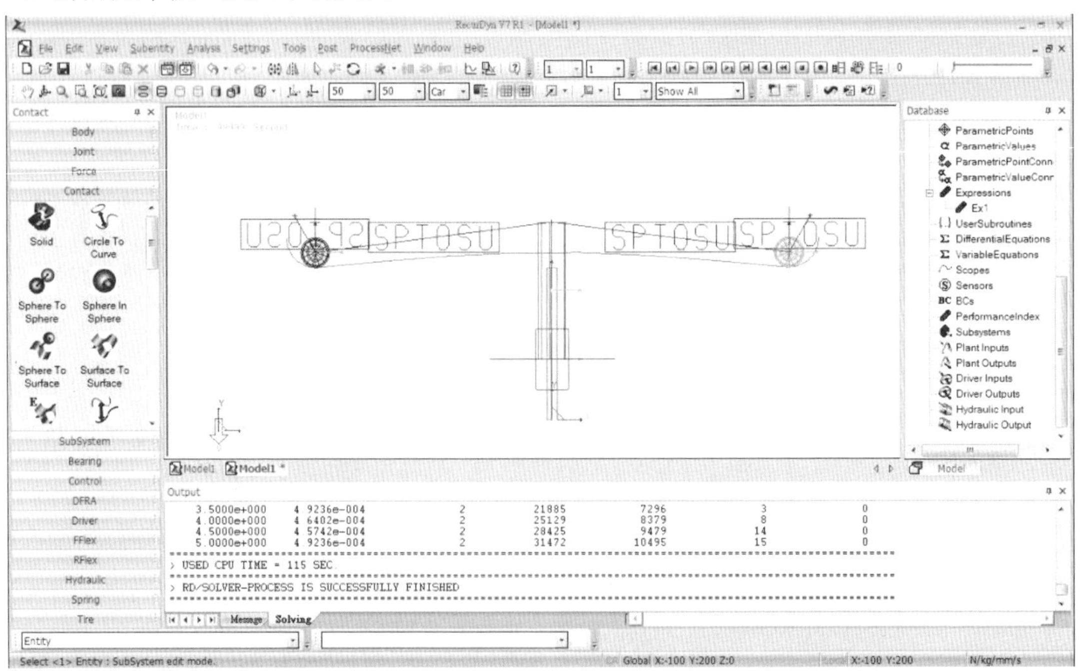

39. 可點選下面工具列，來觀看結果的動畫

40. 可以從事後處理或結束

5.2 Rotating Governor Mechanism

在本範例中，吾人模擬一組多體系統Governor Mechanism旋轉動力學問題。

1. 開啓 RecurDyn 軟體
2. 輸入想要的檔名並且選擇單位(MMKS)和重力單位(-Y)
3. 選擇 Body－＞Cone

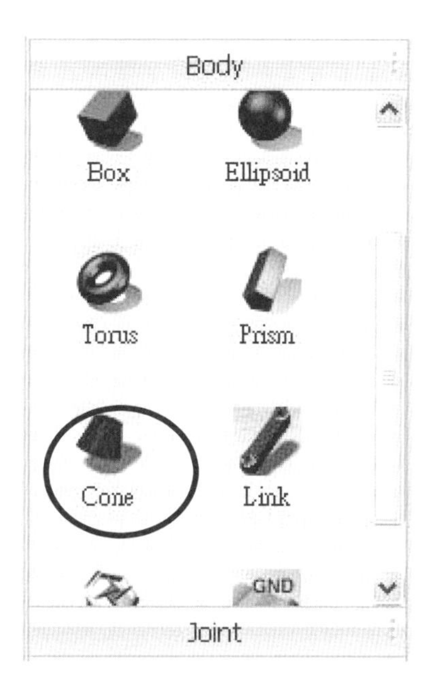

依照下方數字進行輸入

Point1 [0, 0, 0] Point2 [0, -200, 0]

First Radius : 60 mm Second Radius : 130 mm

會得到下方圖示

4. 選擇 Body－＞Cylinder

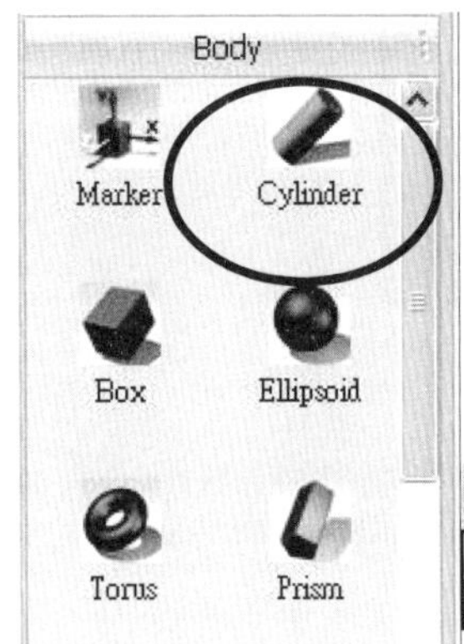

Point, Point, Radius

Point, Point

Point, Point, Radius

依照下方數字進行輸入

Point1 [0, 0, 0] Point2 [0, 800, 0]

Radius : 20 mm 會得到下方圖示

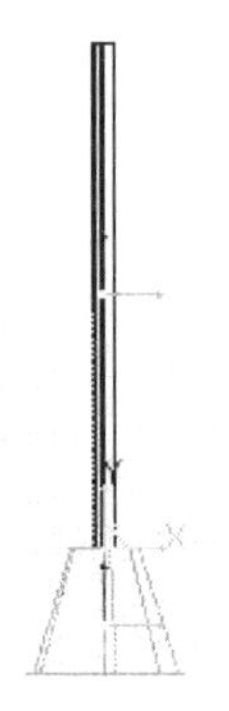

更改顯示圖層

5. 然後再選擇 General 進入編輯模式，選取 Cylinder 繪製圓形長管

依照下方數字進行輸入 Point1 [0, 300, 0] Point2 [0, 400, 0]

Radius : 50 mm 會得到下方圖示

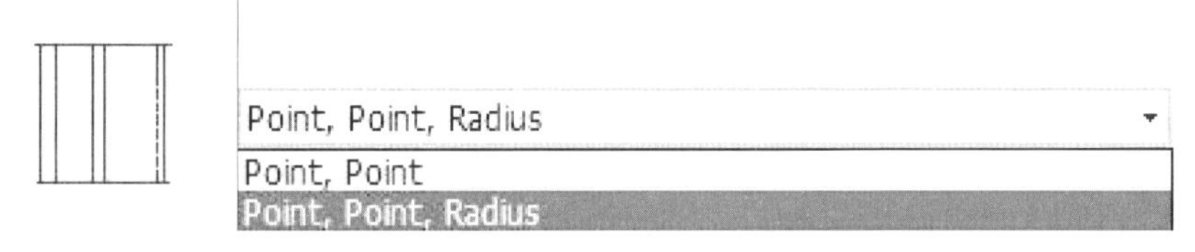

改變格點顯示大小

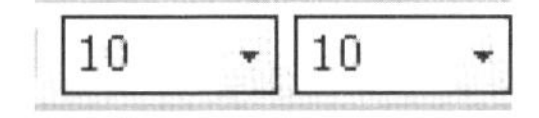

6. 選取 Profile 之後再選取 Line

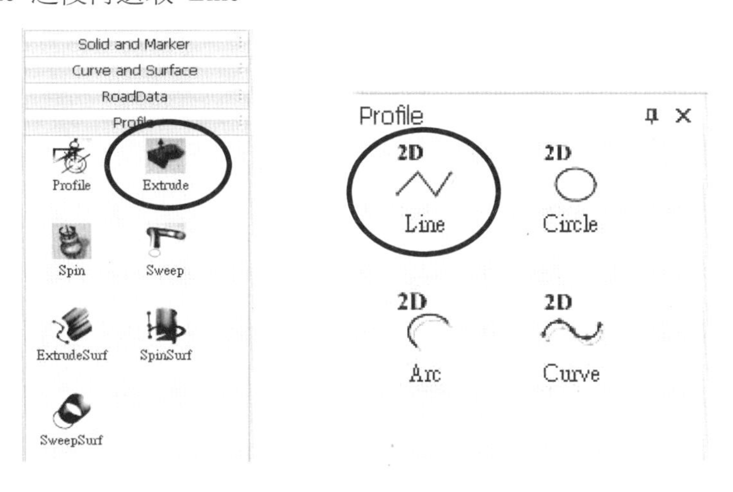

依照下方數字依序輸入

MultiPoint　-60,400

1. [X : -60, Y : 400]，2. [X : -110, Y : 370]，3. [X : -120, Y : 350]，4. [X : -110, Y : 330]，5. [X : -60, Y : 300]，6. [X : 60, Y : 300]，7. [X : 110, Y : 330]，8. [X : 120, Y : 350]，9. [X : 110, Y : 370]，10. [X : 60, Y : 400]，11. [X : -60, Y : 400]

完成下方圖示後，按右鍵選Finish Operation，接著按右鍵選Exit離開編輯模式

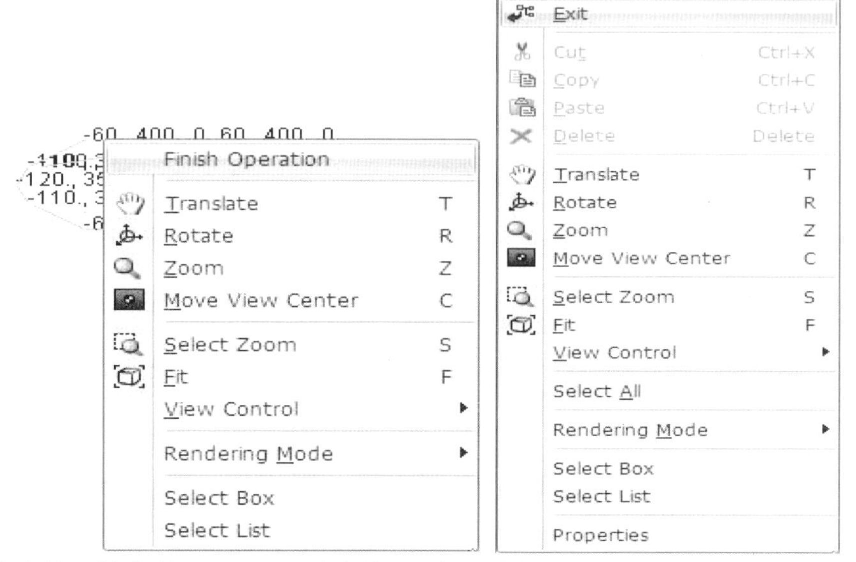

7. 劃完輪廓後，按右鍵選取Exit退出編輯模式，接著選取 Extrude 來展出圖形

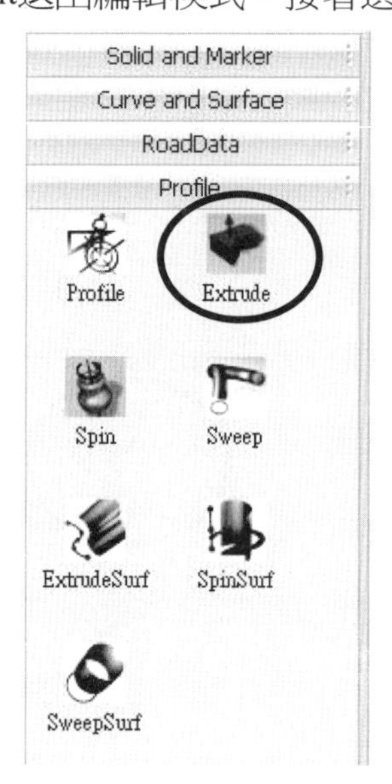

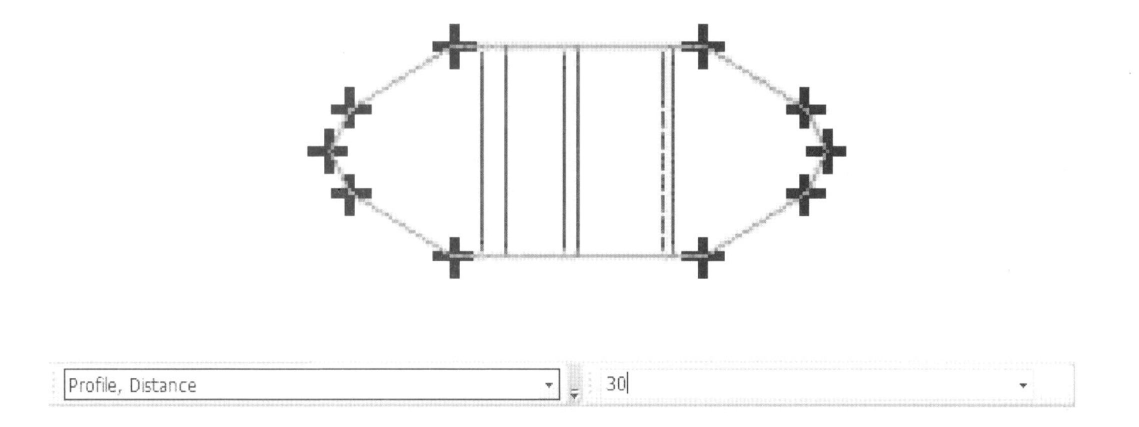

8. 選取曲線，並且設定Depth : 30 mm，按Enter確認，接著利用座標來作物件的移動，在方格內輸入15並按壓 –Z 按鈕

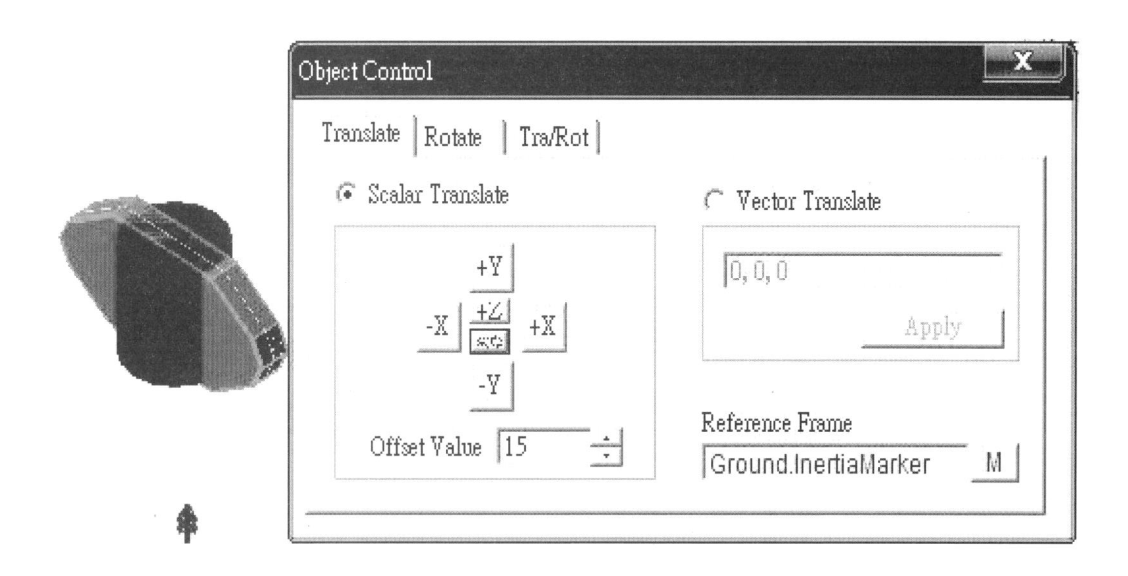

9. 會得到下方圖示，接著按右鍵選取Exit離開編輯模式

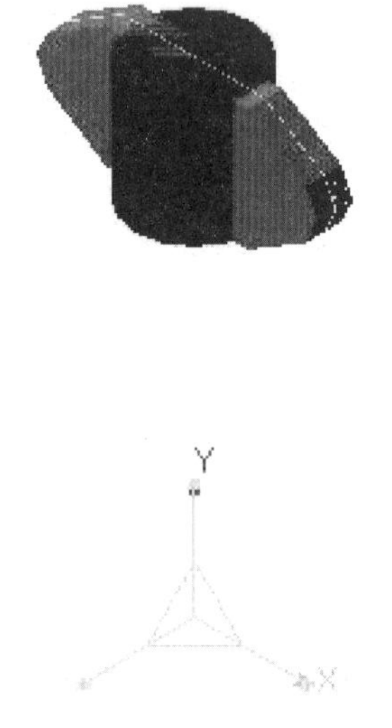

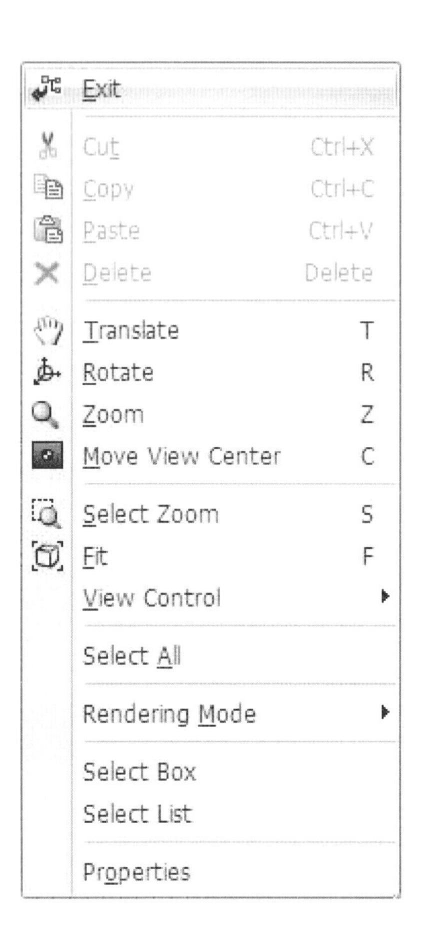

10. 複製上方物件並在圖面上貼上利用座標來作物件的移動在方格內輸入10並按壓 –X 按鈕，在方格內輸入410並按壓 +Y 按鈕會得到下方圖示

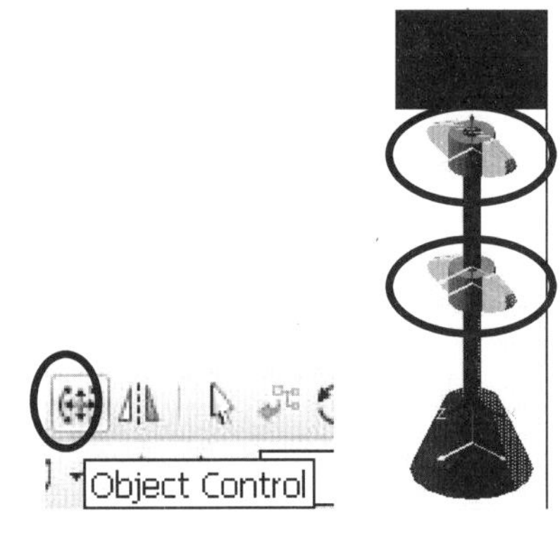

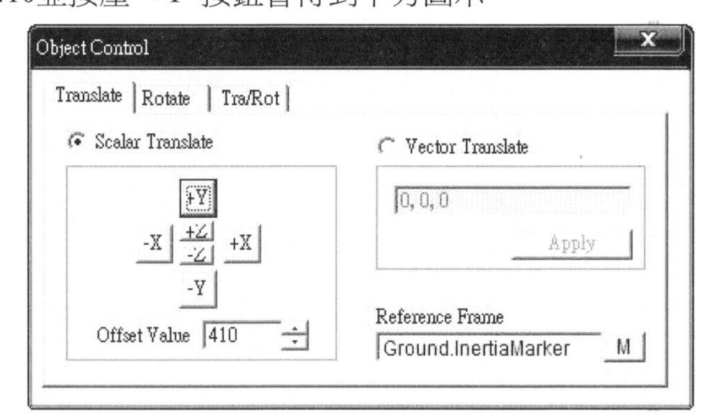

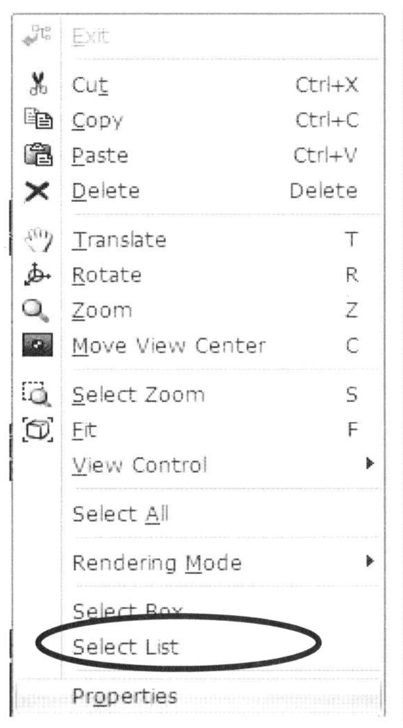

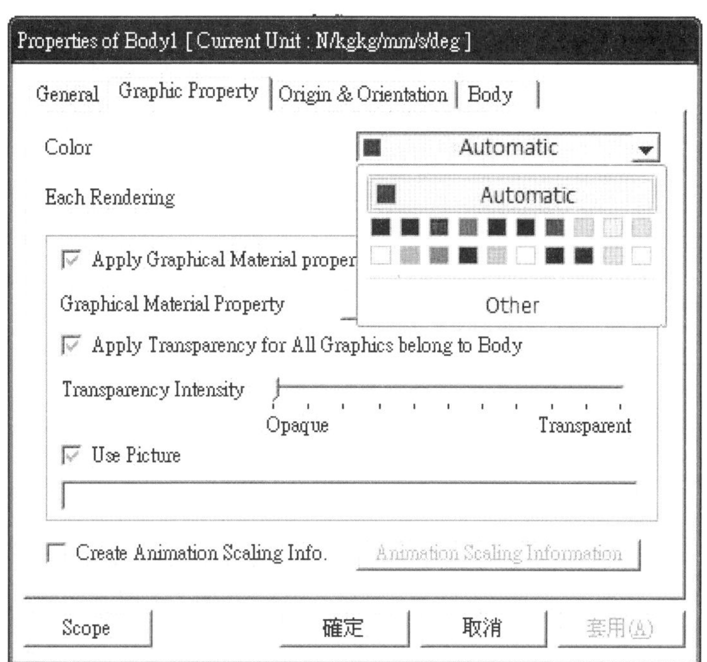

11. 選取兩物件如上圖，按右鍵properties改兩物體顏色，如下圖所示

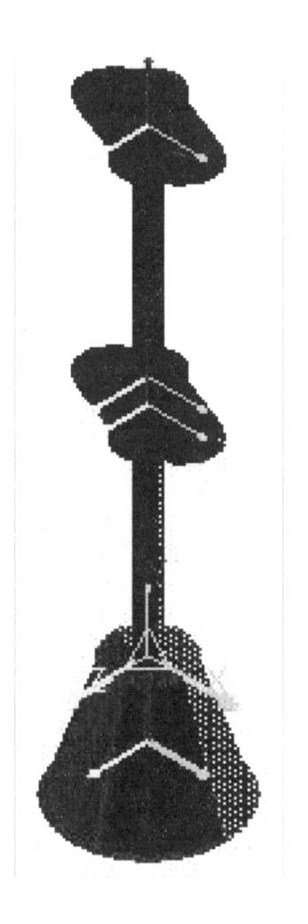

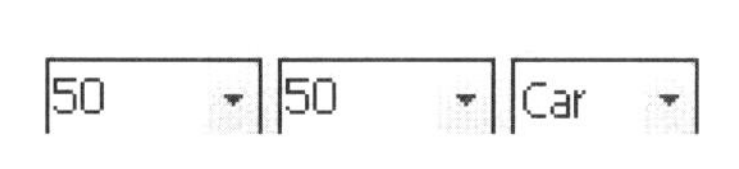

12. 選擇 Body－＞Cylinder

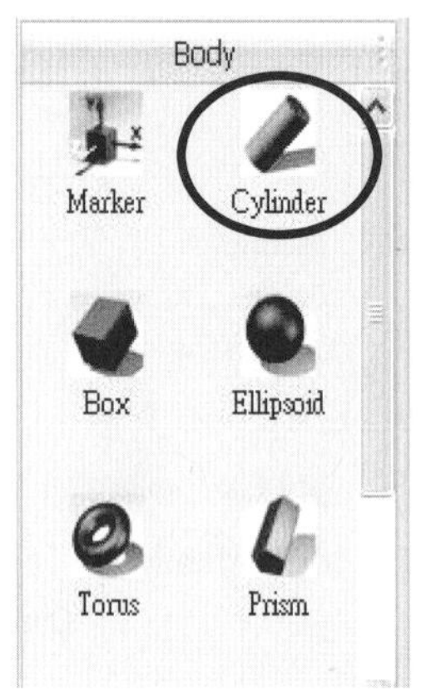

Cylinder1 : [100, 750, 0] Point2 : [500, 350, 0] Radius : 10 mm

Cylinder2 : [100, 350, 0] Point2 : [300, 550, 0] Radius : 10 mm

會得到下方圖示

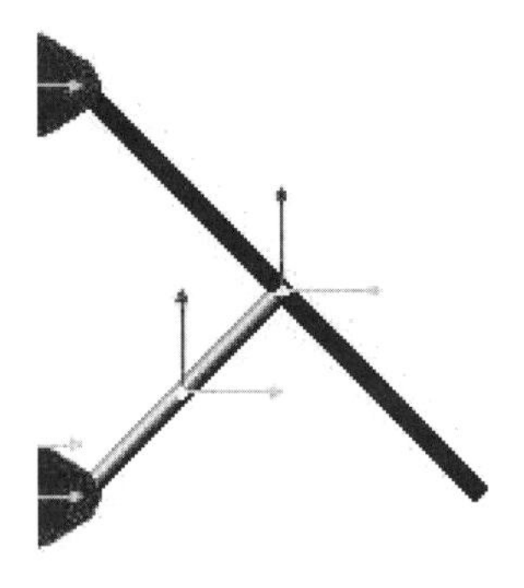

13. 選取 Elipsoid 繪製圓球

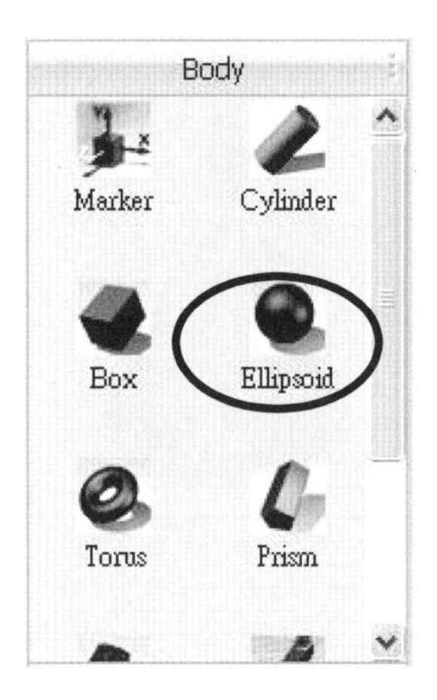

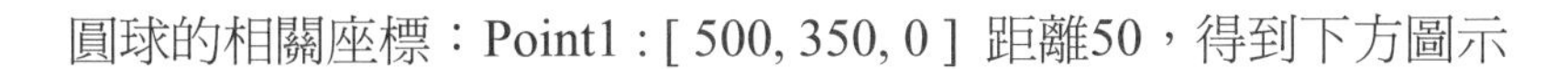

圓球的相關座標：Point1 : [500, 350, 0] 距離50，得到下方圖示

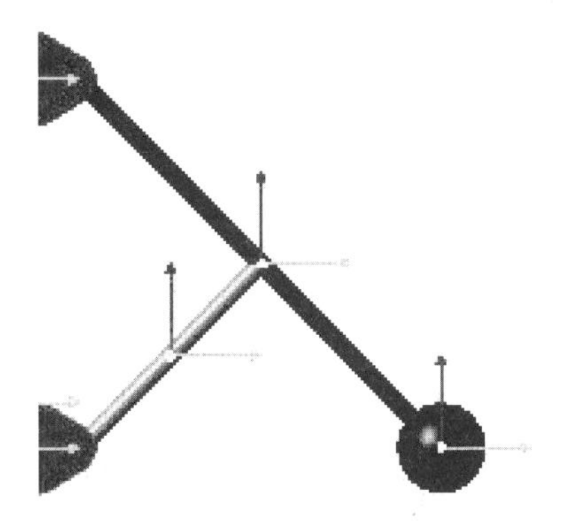

更改圓球的性質（點選圓球壓右鍵）並選取　Properties，更改爲下方圖示

Properties of Body6 [Current Unit : N/kgkg/mm/s/deg]

General | Graphic Property | Origin & Orientation | Body

Material Input Type: User Input

Mass	5				Pv
Ixx	1000000	Pv	Ixy	0.	Pv
Iyy	1000000	Pv	Iyz	0.	Pv
Izz	1000000	Pv	Izx	0.	Pv

Center Marker: CM

Inertia Marker: Create | IM

Initial Condition: Initial Velocity

Scope | 確定 | 取消 | 套用(A)

複製兩圓桿以及圓球並在圖面上貼上利用座標來作物件的移動

在方格內輸入50並按壓-X按鈕，在方格內輸入50並按壓+Y按鈕

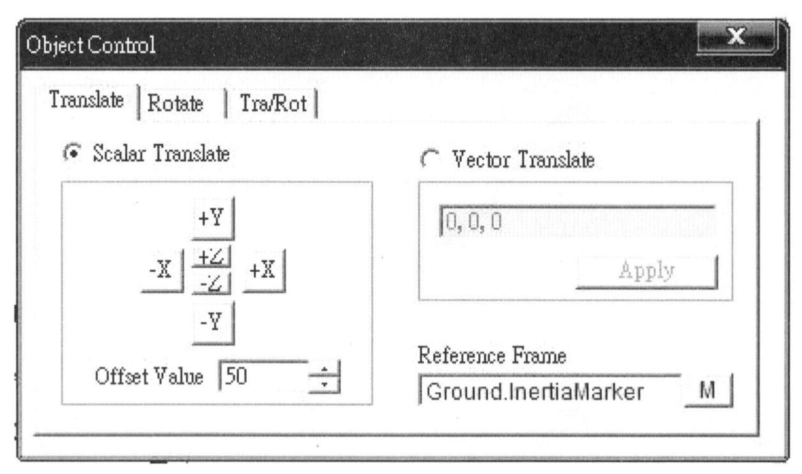

並對 Y 軸選轉 180 度

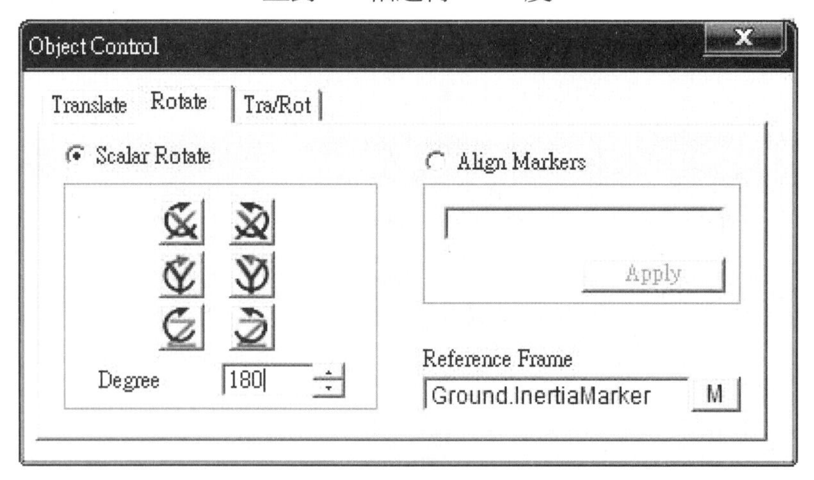

如下圖

14. 點選 Revolute 來對物件進行定義，如下圖所示

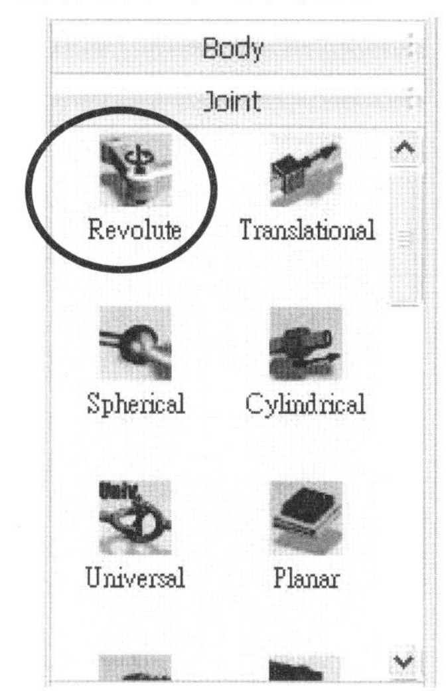

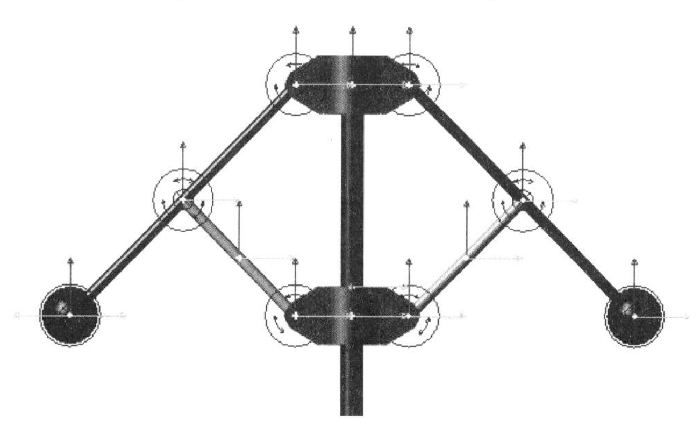

點選 Revolute 來對物件進行定義，在下方選取 Point, Direction

Point
Point, Direction
Body, Body, Point
Body, Body, Point, Direction
Point, Direction

Point1 [0, 0, 0] Point2 [0, 200, 0]，得到下方圖示

15. 點選 Fixed 來對物件進行定義，分別點選 Point [0, 750, 0] Point [0, -200, 0]

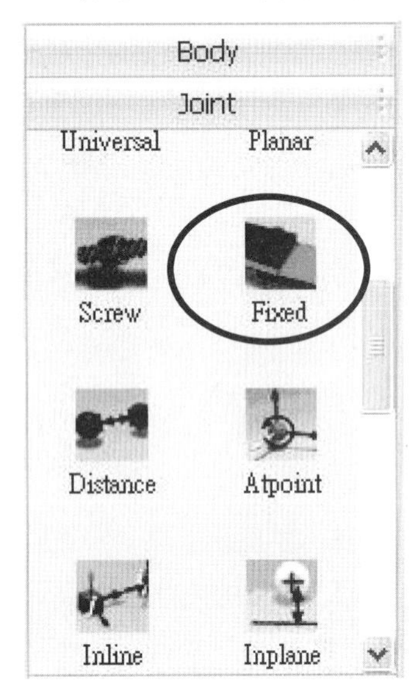

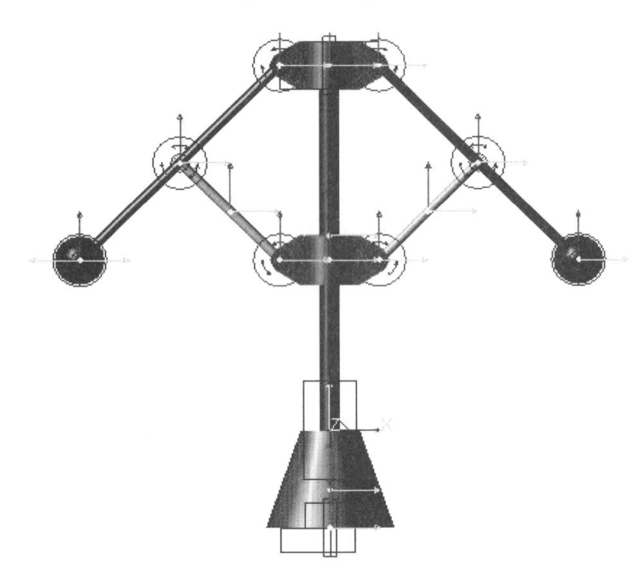

16. 點選 Cylindrical 來對物件進行定義，點選 Point [0,400,0]，Direction [0,500,0]，得到下方圖示

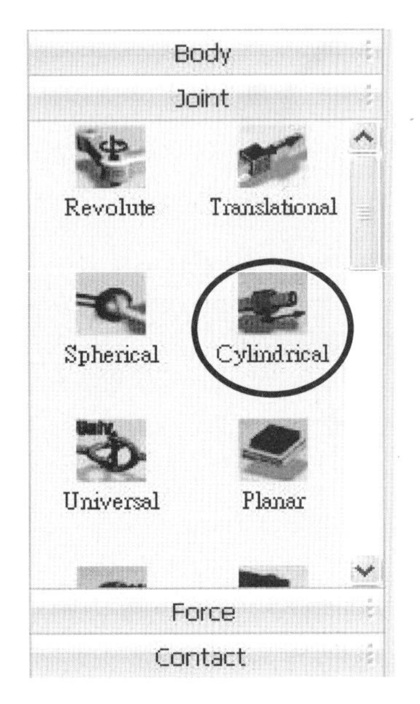

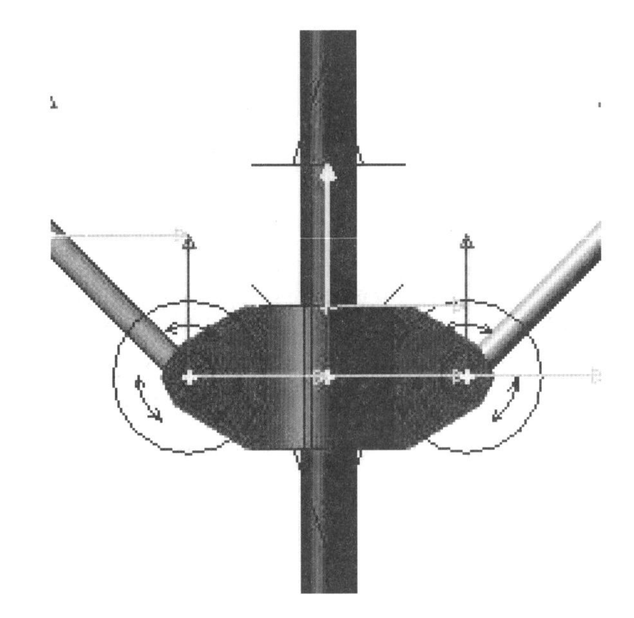

對下方的方形點選右鍵並選取 Properties，跳出下方的視窗（先將空格打勾再點選 Motion），把新的視窗改爲下方圖示，Displacement設爲10*time

Properties of RevJoint9 [Current Unit : N/kgkg/mm/s/deg]

General | Connector | Joint

Type: Revolute

Motion

☑ Include Motion　　Motion

Initial Conditions

Position (PV:R) 0.　　Velocity (R/T) 0.

☐ Include Initial Conditions

Friction

☐ Include Friction　◉ Sliding　○ Sliding & Stiction

Force Display: Inactivate

Scope　確定　取消　套用(A)

Motion

Motion

Type: Standard Motion

Displacement (time)

Expression

Name: Ex1

Expression: 10*TIME

確定　取消　套用(A)

17. 設定彈簧力Force->Spring，在下方選取 Point, Point

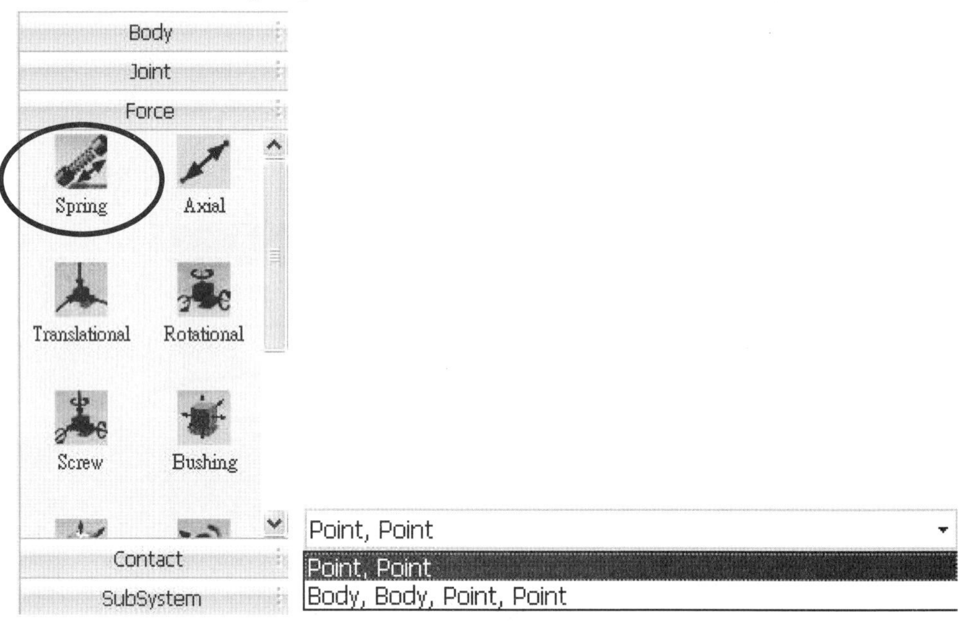

18. 在圖面上點選 Point1 : [0, 0, 0] Point2 : [0, 350, 0] ，得到下方圖示。對上方彈簧力點選右鍵並選取 Properties，輸入 Spring coefficient : 1.0 Damping coefficient : 0.05

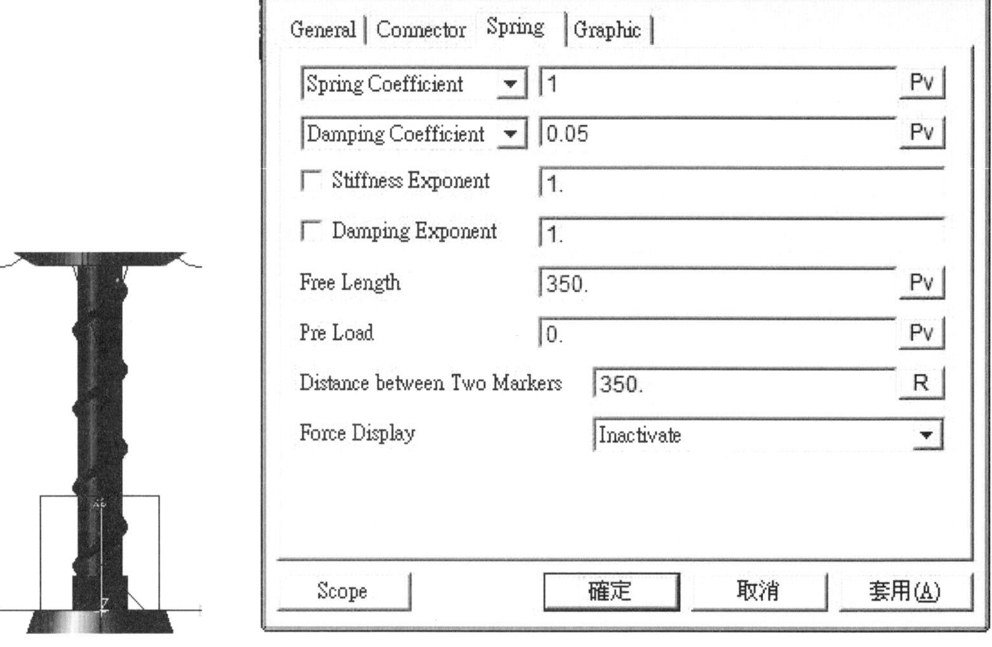

19. 進行結果計算，選擇Analysis，設定結束時間與時間間距，還有一些所需要的計算設定

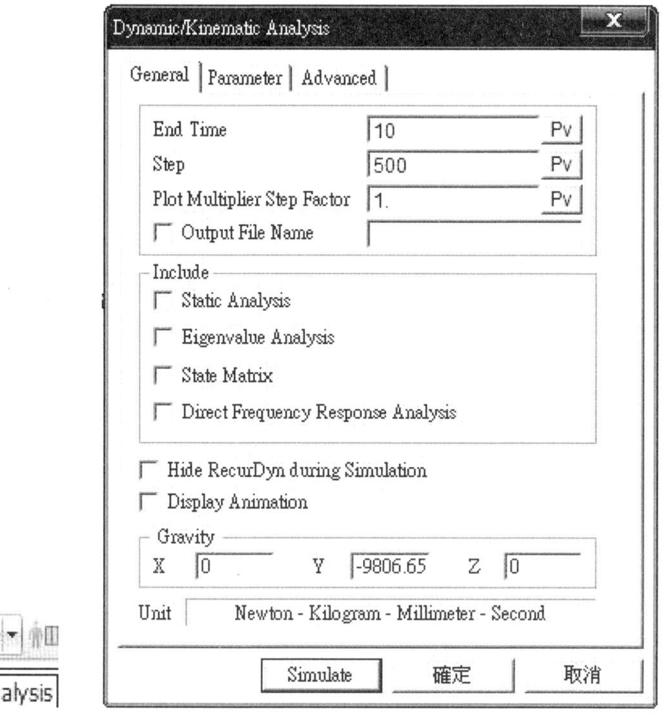

20. 系統會提示需要儲存檔案，設定要儲存的位置與檔名

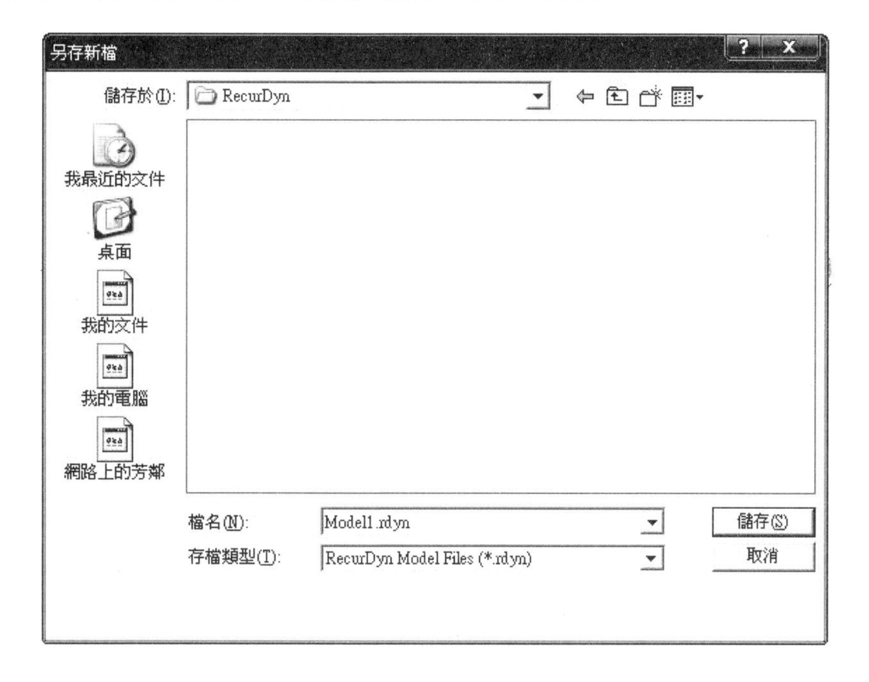

21. 計算完畢後，進入下面畫面

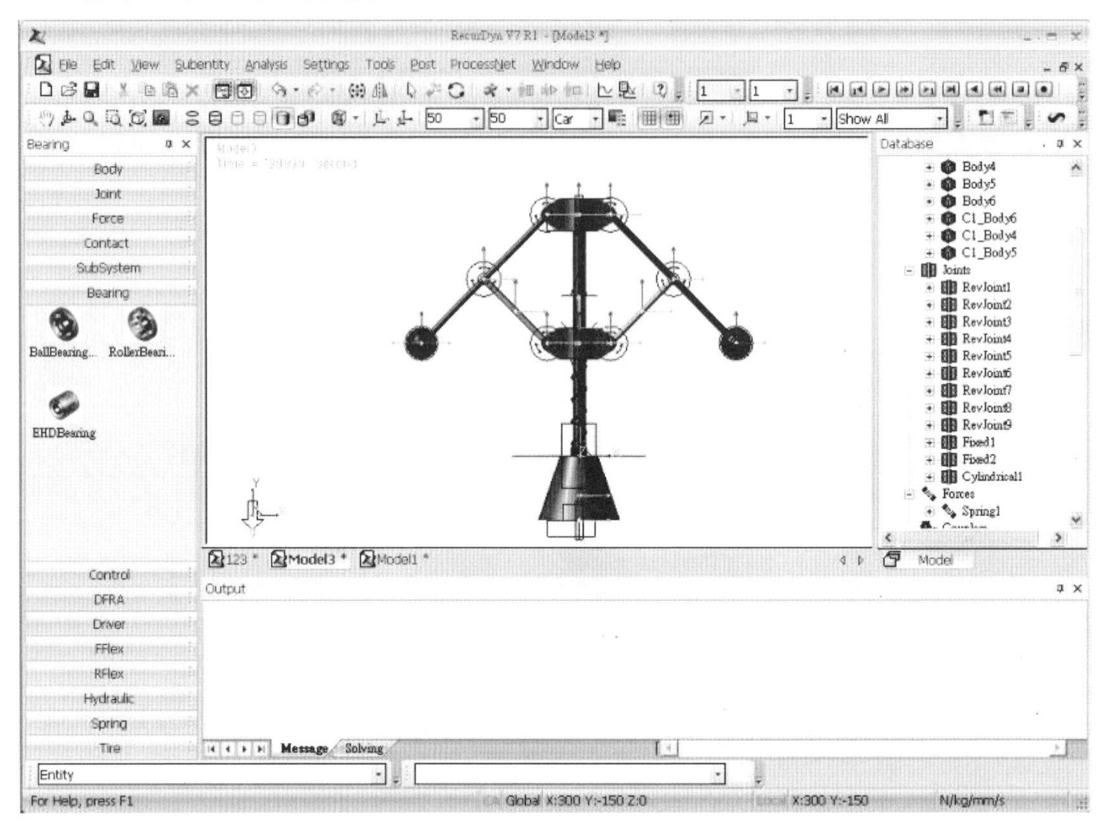

22. 可點選下面工具列，來觀看結果的動畫

23. 可以從事後處理或結束

第六章 RecurDyn 子系統進階範例

6.1 印表機 MTT3D 子系統模組

在本範例中，吾人模擬一組多體子系統印表機 MTT3D 子系統模組動力學問題。

1. 開啓 RecurDyn 軟體，先將單位設定完成，如下圖所示

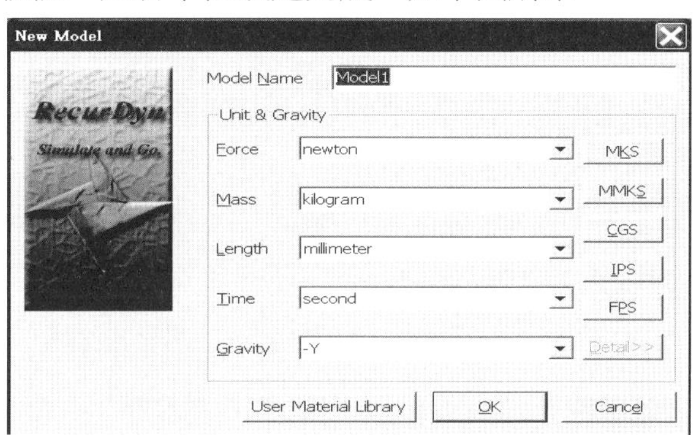

2. 進入編輯畫面後，在左列功能表中之 Subsystem 選擇 

模組，依序建立出所需之模型，如下圖

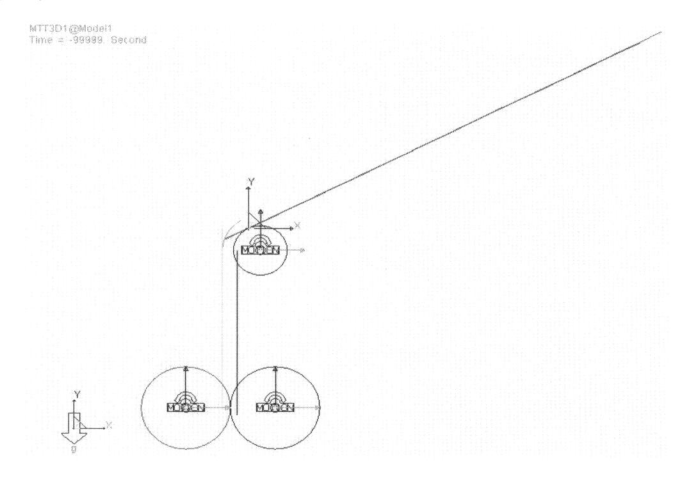

3. 首先選擇 

建立紙張，接著將所需之條件輸入。如下圖所示

Group Sheet [Current Unit : N/kg/mm/s/deg]

General | Sheet Group

Sheet Color	Auto...	Display Node	Display Node ID	
Thickness	0.1	Pv	Material Property	
Start Point	0, 0, -105.			Pt
Folding Sheet				
	Longitudinal		Lateral	
Direction	0.89442719, 0.447	Pt	0, 0, 1.	Pt
Length	297.	Pv	210.	Pv
Number of Node	31		21	
Curl Radius	0.	Pv	0.	Pv
Number of Inner CP	0		0	
Initial Longitudinal Velocity	0.			
Update Geometry Information Automatically				

確定　取消

4. 點選「Material Property」輸入紙張之材料性質

Material Property

Isotropic

Property	Name	Value	
Total Mass	SH_TM	3.108e-003	Pv
Damping Ratio	SH_DR	1.e-002	Pv
Young's Modulus	SH_E	3000.	Pv
Poissons Ratio	SH_P	0.25	Pv
Young's Modulus X	SH_EX	2000.	
Young's Modulus Z	SH_EZ	1333.	
Poissons Ratio XZ	SH_PXZ	0.2	
Shear Modulus XZ	SH_GXZ	833.	
Correction Factor	0.		Pv

Close

5. 接著點選  依序建立刀具軸與滾輪並設定其條件與彎矩值，如下圖所示

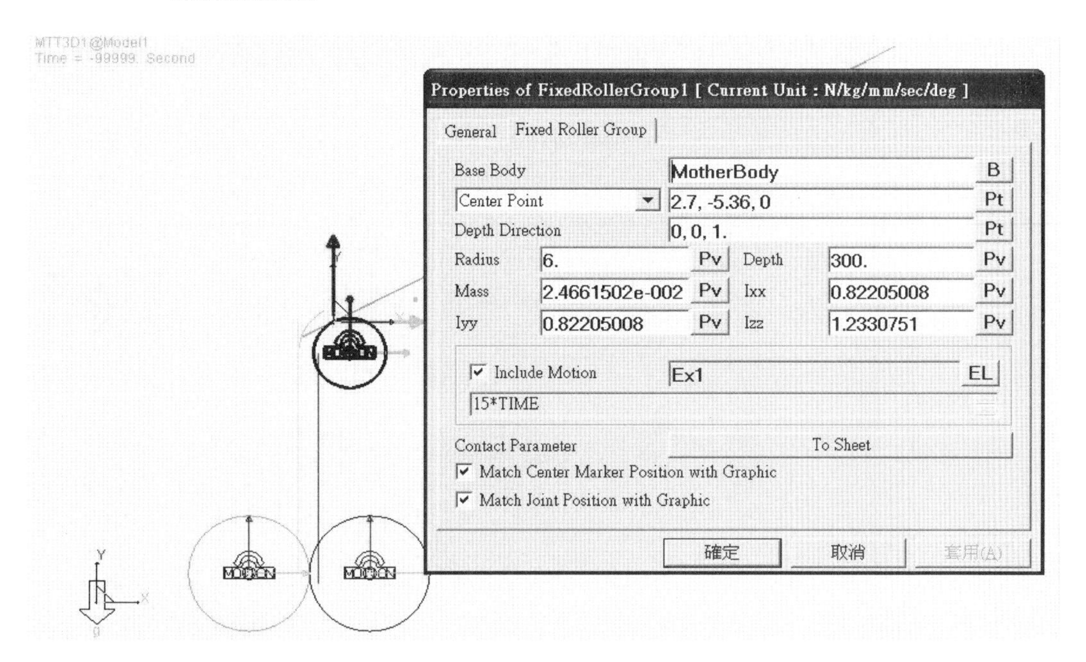

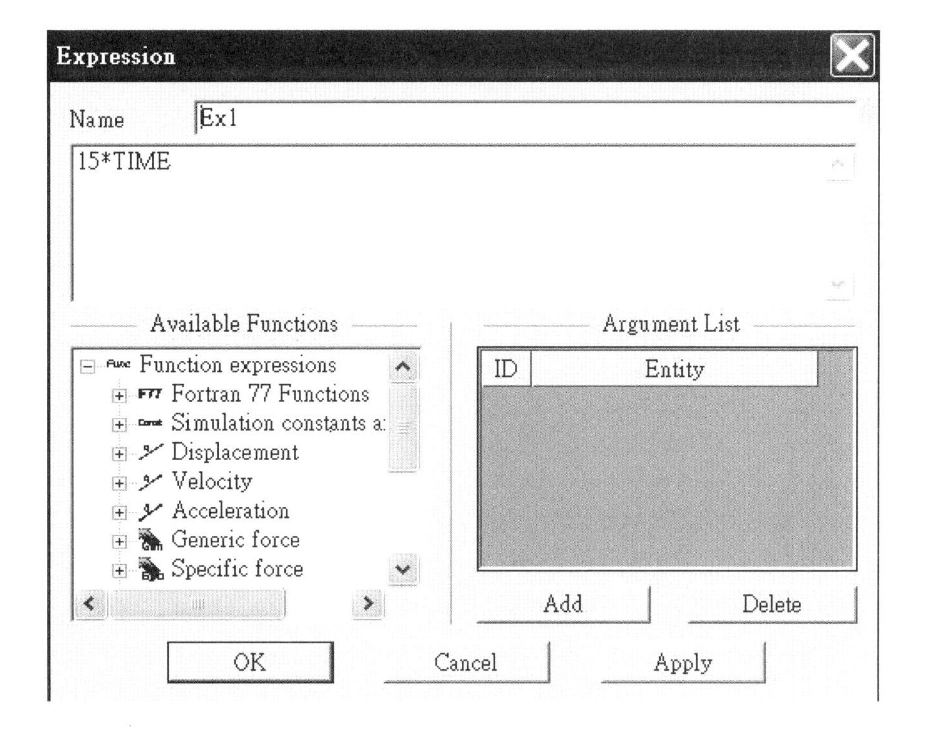

6. 然後可利用 

和 功能建立出進紙導程界線，如下圖所示

Properties of GuideLinear2 [Current Unit : N/kg/mm/sec/deg]

General | Graphic Property | Linear Guide

Mother Body	MotherBody	B
Reference Point	0, 0, -150.	Pt
Extruded Direction	0, 0, 1.	Pt
Longitudinal Direction	0.89043642, 0.45510766, 0	Pt
Length	105.	Pv
Depth	300.	Pv

Contact Direction ● Up ○ Down Preview

Contact Parameter To Sheet

確定 取消 套用(A)

7. 最後點選 進行設定運算的相關參數，如下圖

Dynamic/Kinematic Analysis

General | Parameter | Advanced

End Time	5.	Pv
Step	100.	Pv
Plot Multiplier Step Factor	1.	Pv
☐ Output File Name		

Include
☐ Static Analysis
☐ Eigenvalue Analysis
☐ State Matrix

☑ Hide RecurDyn during Simulation
☐ Display Animation

Gravity
X 0 Y -9806.65 Z 0

Unit Newton - Kilogram - Millimeter - Second

Simulate 確定 取消

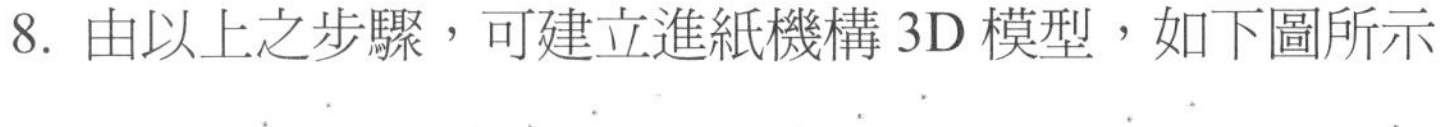

8. 由以上之步驟，可建立進紙機構 3D 模型，如下圖所示

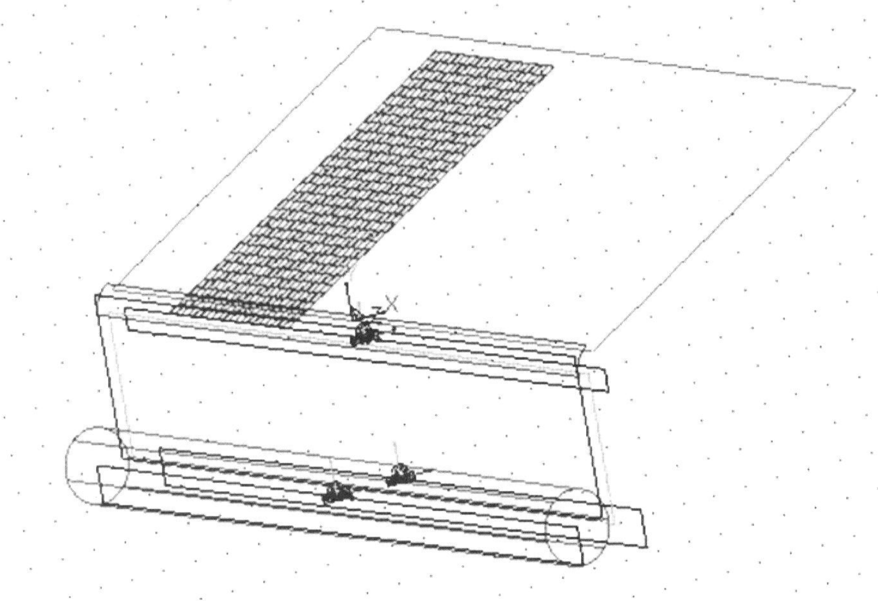

9. 可點選下面工具列，來觀看結果的動畫

10. 可以從事後處理或結束

6.2 履帶 Track(HM)子系統模組

在本範例中，吾人模擬一組多體系統高速移動的履帶裝甲戰車車輛 Track(HM)子系統模組動力學問題。

1. 先開啓 RecurDyn 並設定 MMKS 制

2. 開啓子系統的履帶模組

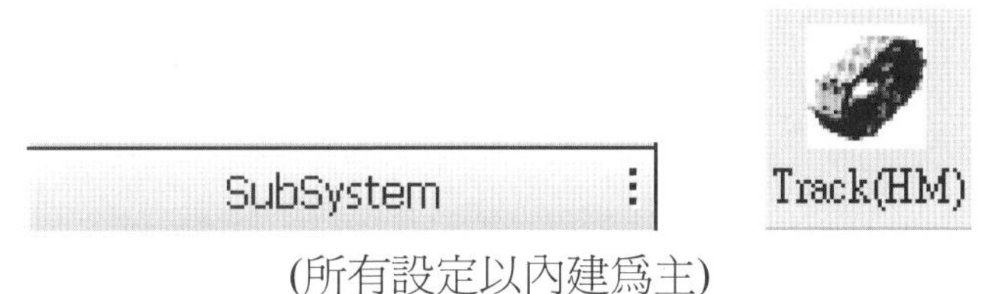

(所有設定以內建爲主)

3. 點選 Sprocket 分別在 (X:-1000, Y: 500, Z: 0) 及 (X: 1000, Y: 500, Z: 0) 兩點上繪出 Sprocket 元件，再點選 Double Wheel 分別在 (X: -700, Y: 0, Z: 0) 及 (X: -300, Y: 0, Z: 0) 及 (X: 300, Y: 0, Z: 0) 及 (X: 700, Y: 0, Z: 0) 及 (X: -200, Y: 600, Z: 0) 及 (X: 200, Y: 600, Z: 0)點上繪出半徑為 100 之 Double Wheel 元件，然後選取上述所有繪出元件複製(Copy)另一整組元件，並且以 Object Control 指令移動所有複製元件至對稱位置到距離 Z: 1500

4. 點選 Track Link(S)在旁邊放上基本的履帶, 點選 Track Assembly 按照順序剛好每邊一圈完整連接，兩邊是對稱且一樣

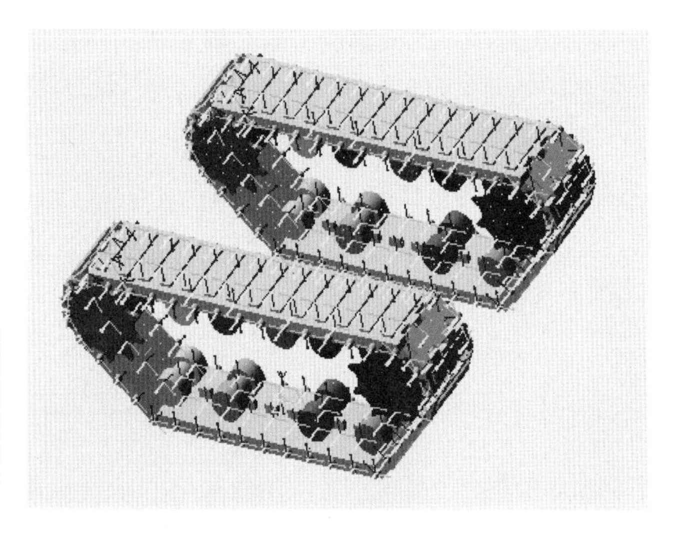

5. 繪出一個 Box 長 2500 寬 900 高 800 在履帶中間

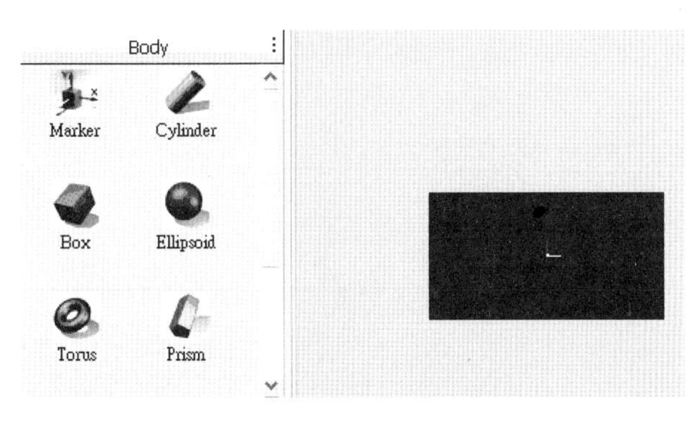

6. 點選 Box 兩下進入編輯畫面，修改 Box 左右下角導角 150 度，並且把左右上角的邊導小圓角

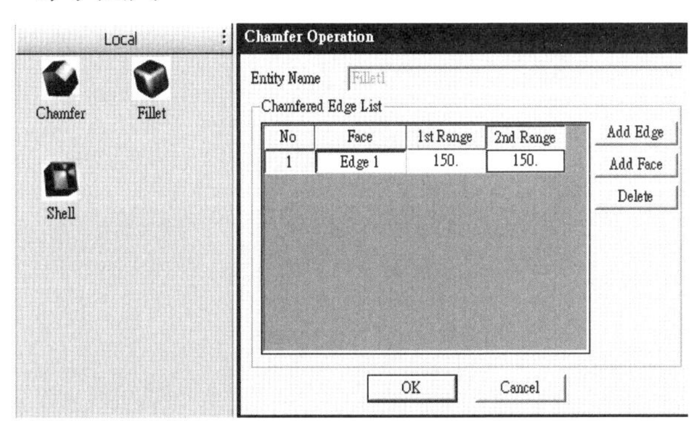

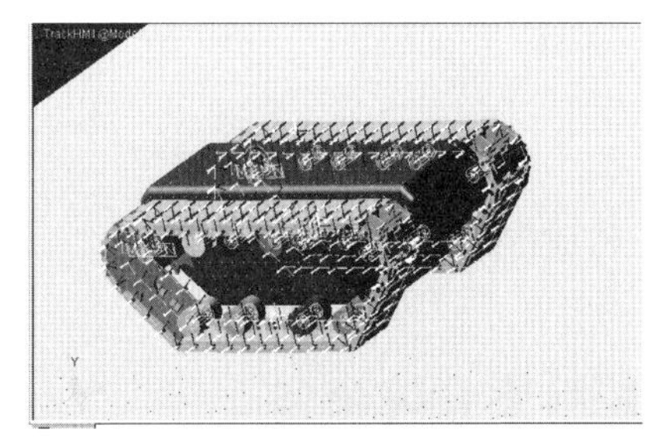

7. 然後以 Joint -> Revolute 將每一個 Sprocket 及 Double Wheel 連接在 Box 上，接著在左右 Sprocket 上面各個 Revolute 加上 Motion 速度 7

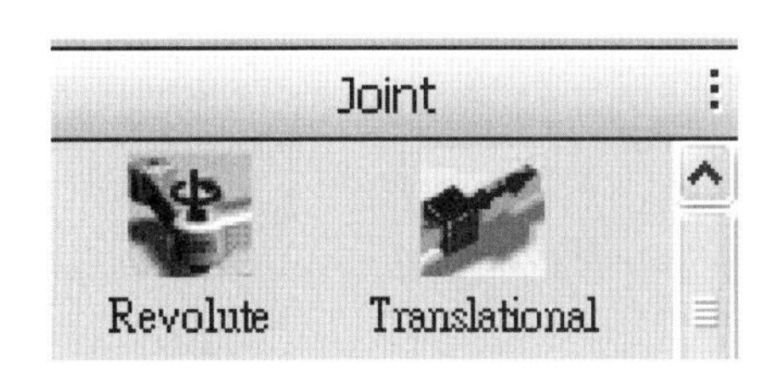

8. 點選 Track Road Data 做地板，點選 Box 繪出比履帶車輛長與寬大數倍，而高只要 100 爲地板，再點選 FaceRoad 以 Box 的上表面爲地面，並調整到剛好在履帶車輛下方離越近越好

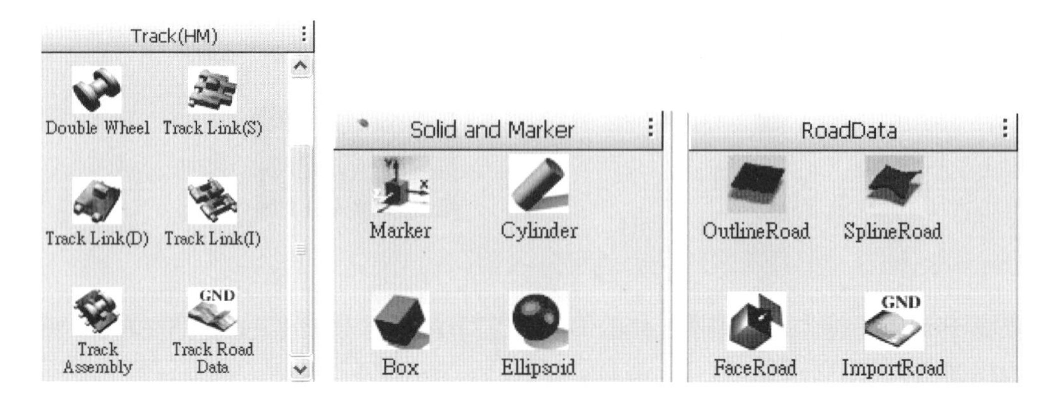

9. 可點選下面工具列，來觀看結果的動畫

10. 可以從事後處理或結束

6.3 引擎系統模組

在本範例中，吾人模擬一組多體系統引擎系統模組動力學問題。

1. 開啓 RecurDyn 軟體
2. 輸入想設定的檔名，並且選擇單位(MMKS)和重力單位(-Z) 後按 OK

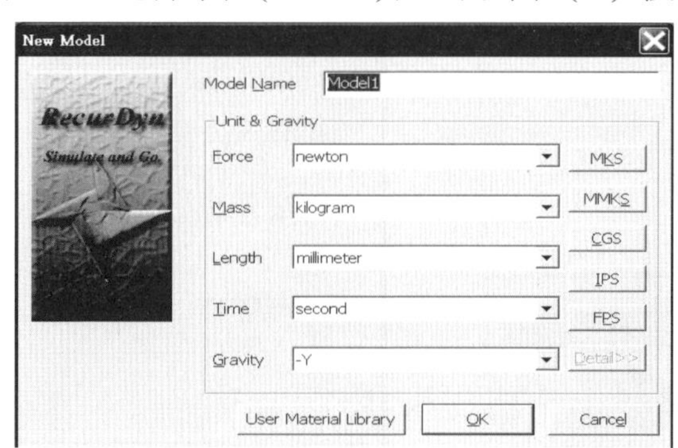

3. 點選 SubSystem，選取 Crank  模組

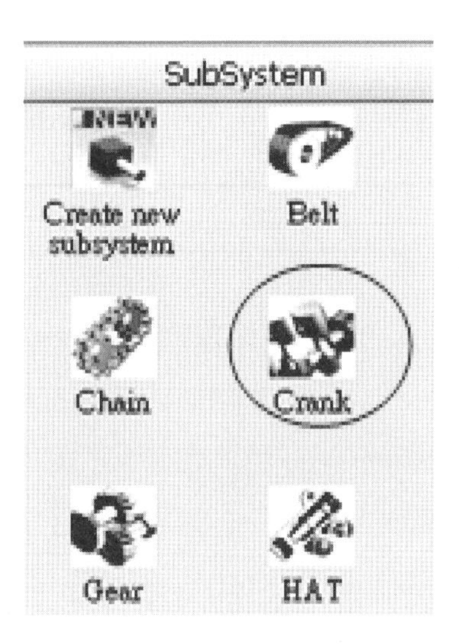

4. 在 Crank 模組裡，點選的 Global Data  模組

5. 設定所有物件的類型、種類、轉向、數量、位置的參數

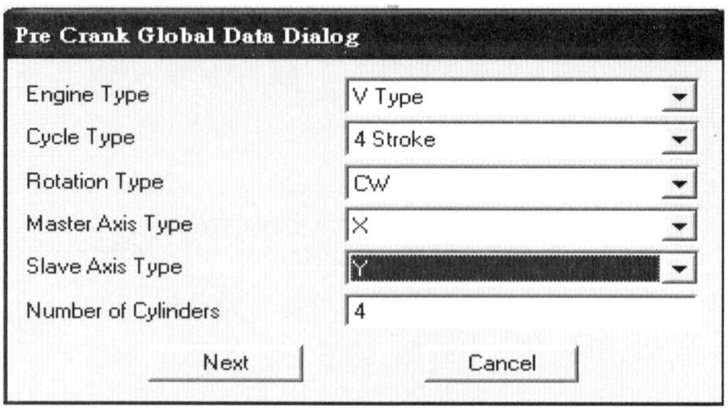

Pre Crank Global Data Dialog

Engine Type	V Type
Cycle Type	4 Stroke
Rotation Type	CW
Master Axis Type	X
Slave Axis Type	Y
Number of Cylinders	4

Next　Cancel

Engine Type(引擎種類)--選取 V 型
Cycle Type(循環類型)--為 4 行程
Rotation Type(轉向類型)--為順時針(cw)
Master Axis Type(主動軸)—設 X 軸
Slave Axis Type(從動軸)—設 Y 軸
Number of Cylinders(汽缸數量)—設 4 缸

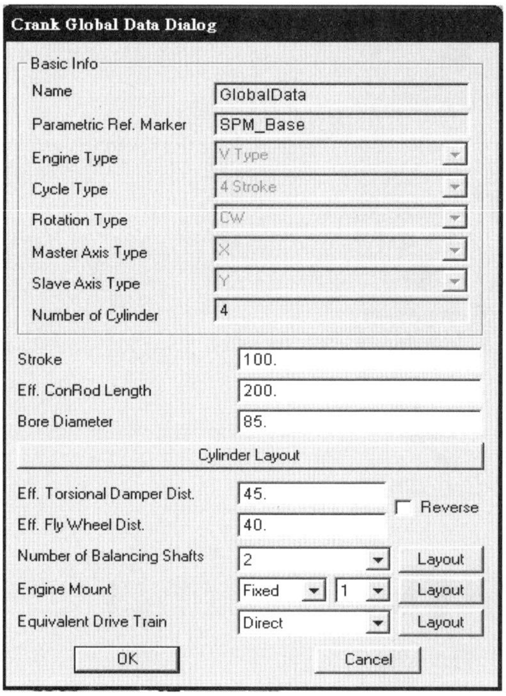

Crank Global Data Dialog

Basic Info

Name	GlobalData
Parametric Ref. Marker	SPM_Base
Engine Type	V Type
Cycle Type	4 Stroke
Rotation Type	CW
Master Axis Type	X
Slave Axis Type	Y
Number of Cylinder	4
Stroke	100.
Eff. ConRod Length	200.
Bore Diameter	85.

Cylinder Layout

Eff. Torsional Damper Dist.	45.	Reverse
Eff. Fly Wheel Dist.	40.	
Number of Balancing Shafts	2	Layout
Engine Mount	Fixed 1	Layout
Equivalent Drive Train	Direct	Layout

OK　Cancel

Stroke(跳動)—設為 100
ConRod Length(連接桿長)—設為 200
Bore Diameter(鑽孔直徑)—設為 85
Torsional Damper Dist(扭力調節器距離)—設為 45
Fly Wheel Dist(飛輪距離)—設 40
Number of Balancing Shafts(平衡軸數量)—設為 2
Engine Mount(引擎底座位固定數量)—設為 1

等量趨動系列為直接的

6. 點選 EBlock (汽缸底座) ，數量為 1

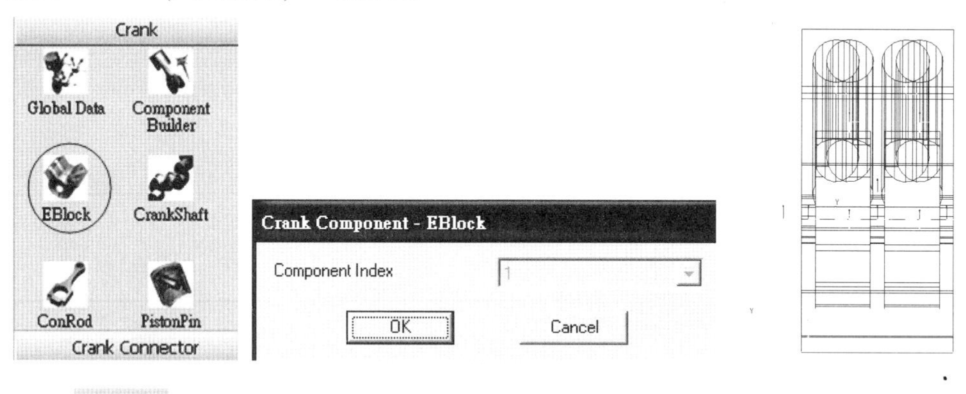

7. 點選 CrankShaft (連結曲柄)，數量為 1

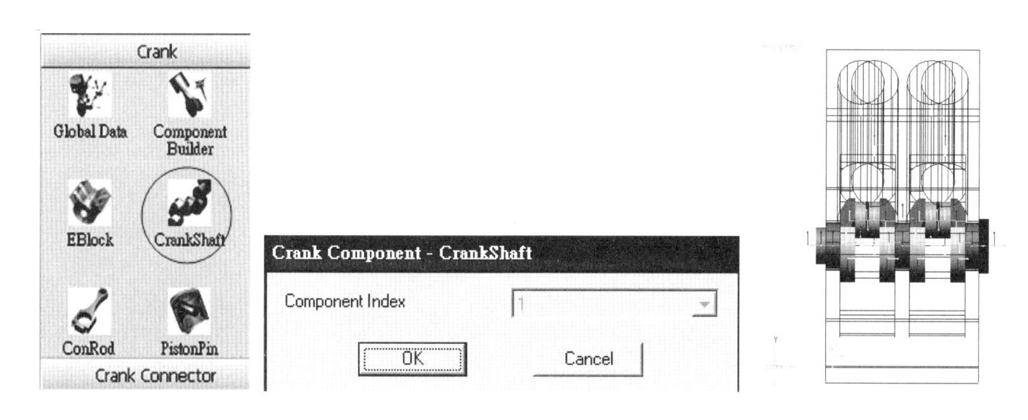

8. 點選 ConRod (曲柄連接桿)，依序用 4 個曲柄連接桿,因汽缸有 4 個

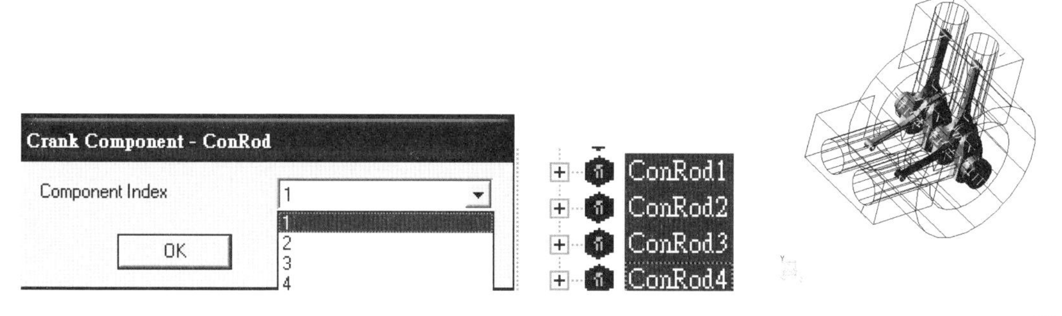

9. 點選 (活塞數量)，依序用 4 個活塞。

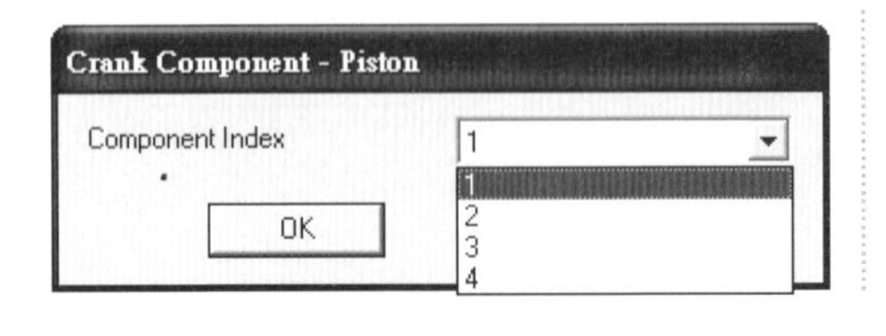

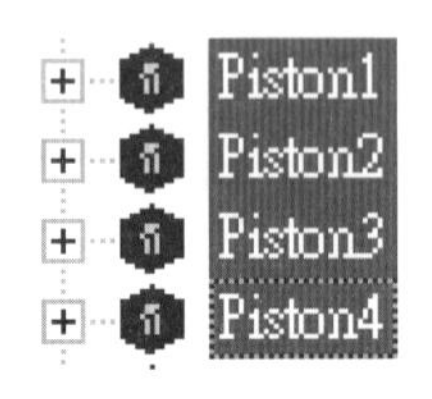

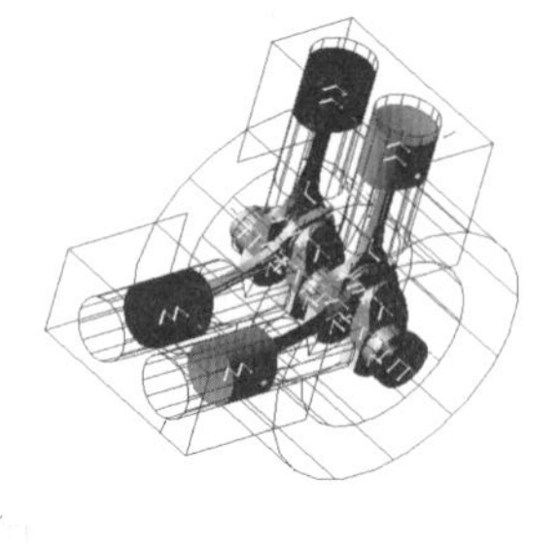

10. 點選 (活塞銷)，依序用 4 個活塞銷

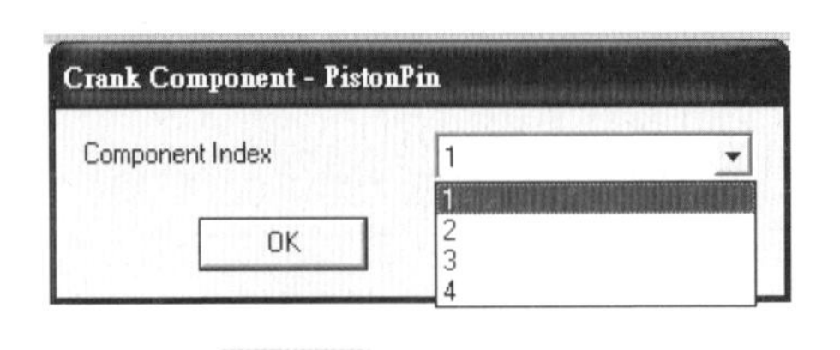

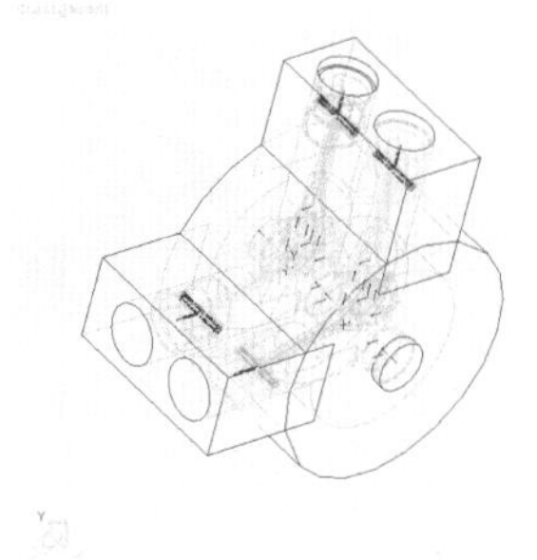

11. 點選 (飛輪)，數量為 1

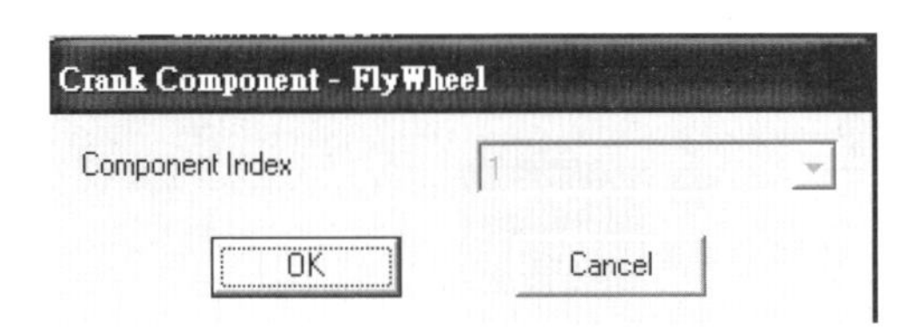

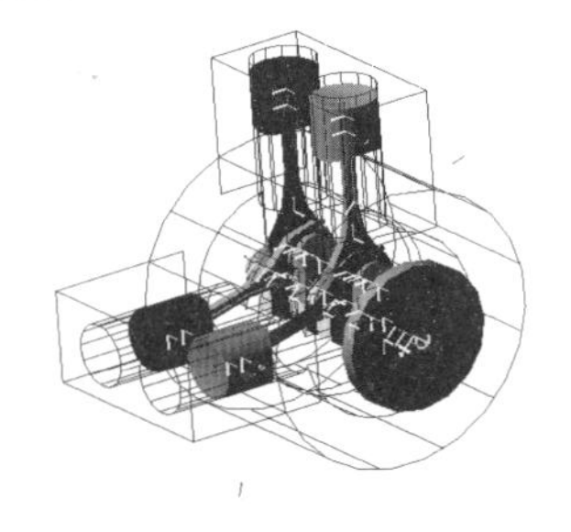

12. 點選 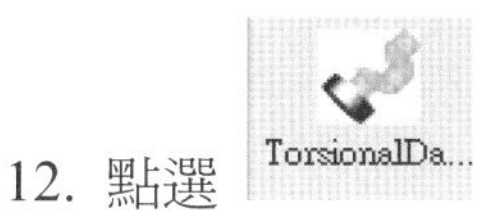

(扭力調節器)，數量爲 1

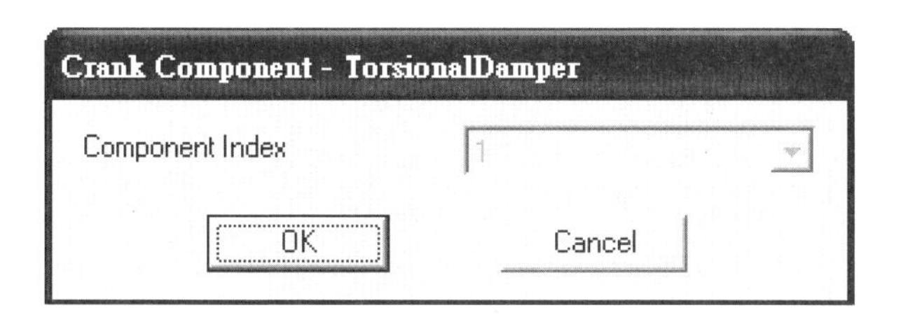

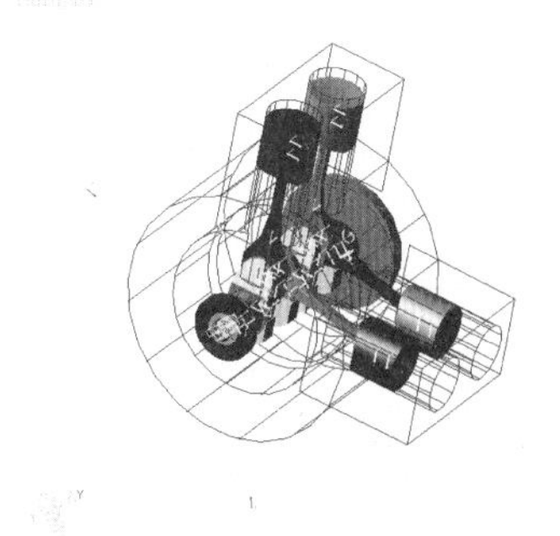

13. 點選 BalancingShaft (平衡軸)，依序用 2 個平衡軸

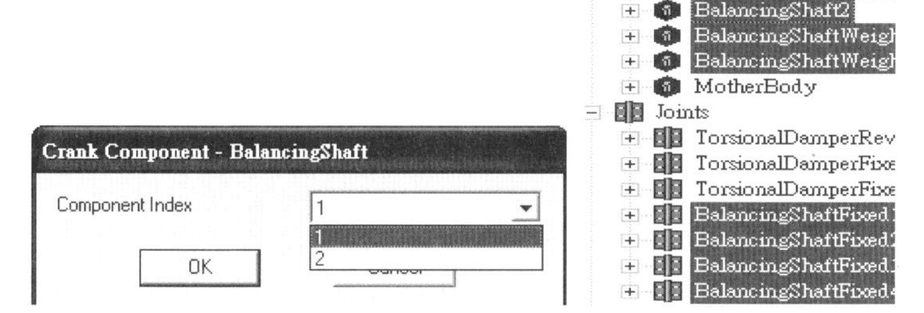

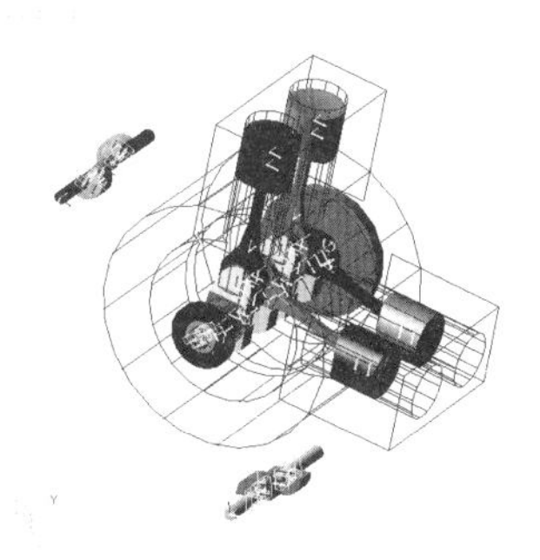

14. 點選 EDT EDT，數量爲 1。

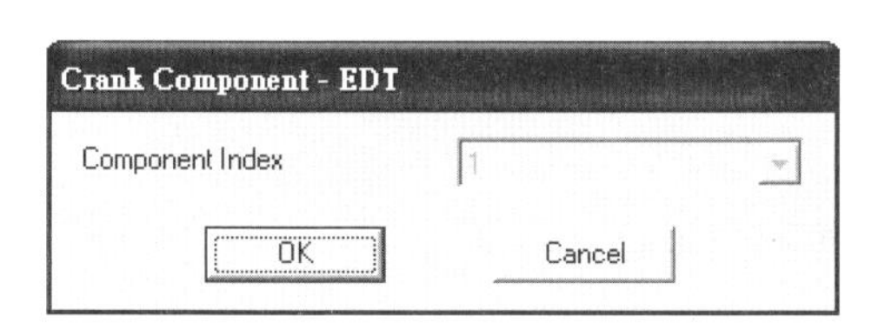

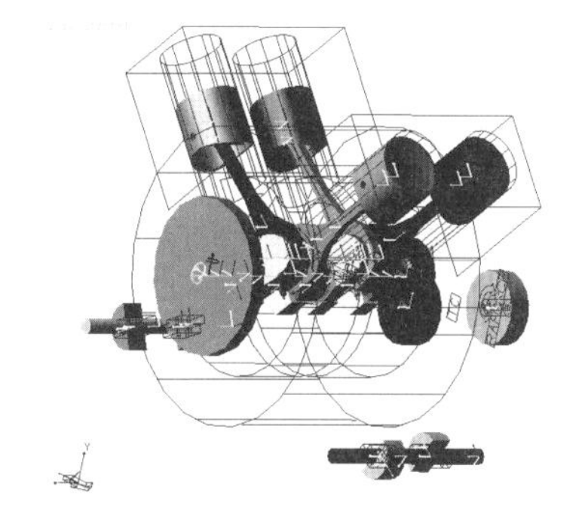

15. 點選 Crank Conector，選擇 

(引擎裝置)，數量爲 1

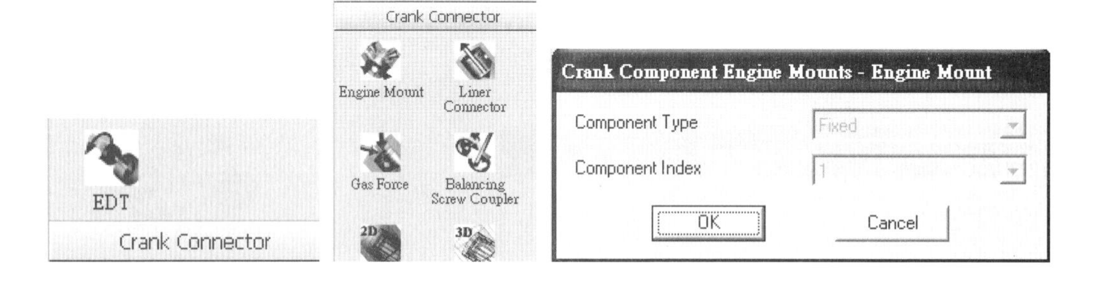

16. 點選 Gas Force (氣爆力量)，依序用 4 個氣爆力量

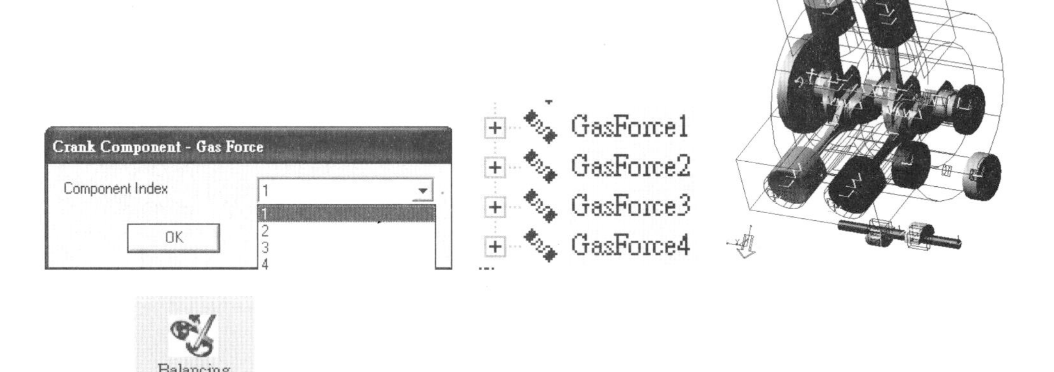

17. 點選 Balancing Screw Coupler (平衡軸連結)， 依序用 2 個平衡軸連結

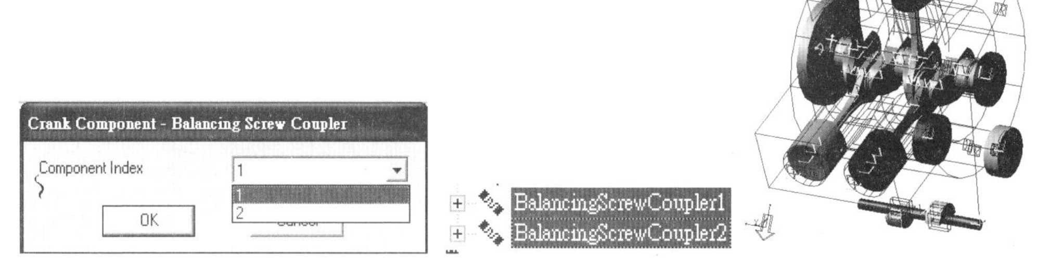

18. 點選 

(拘束活塞)，依序用 4 個拘束活塞

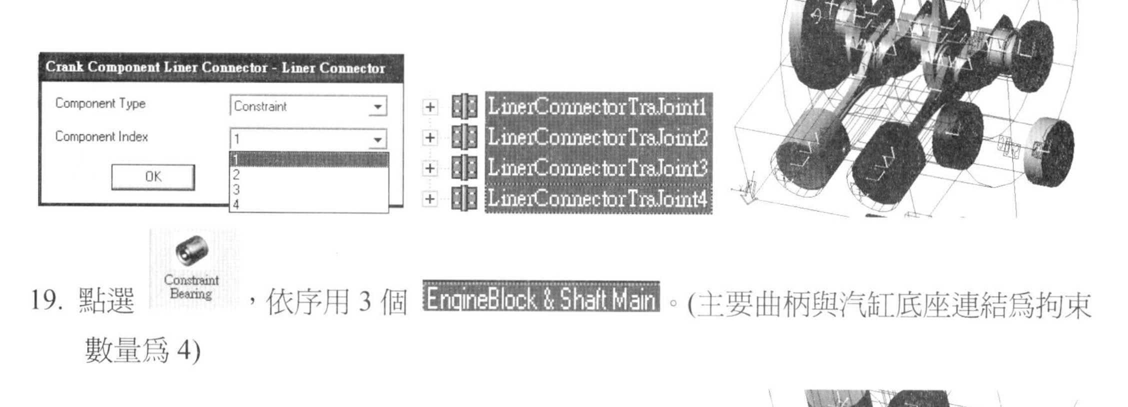

19. 點選 Constraint Bearing ，依序用 3 個 EngineBlock & Shaft Main 。(主要曲柄與汽缸底座連結爲拘束數量爲 4)

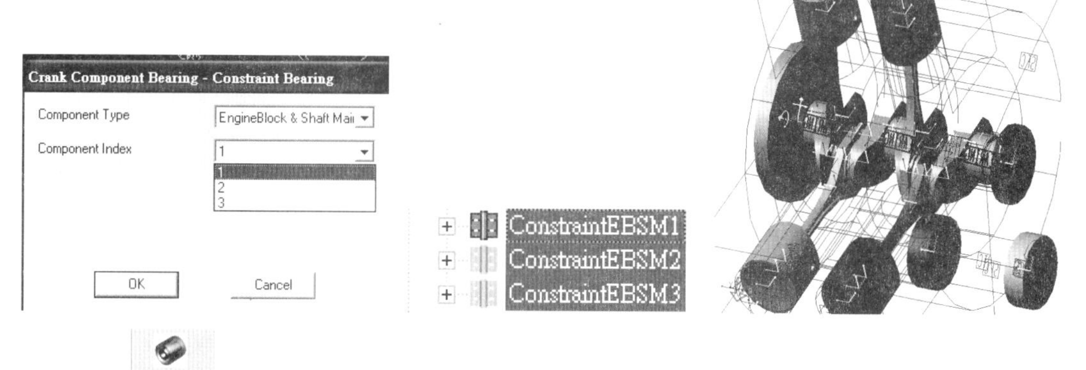

20. 點選 Constraint Bearing ，依序用 4 個 Shaft Pin & Con Rod 。(連接桿與曲柄銷連結爲拘束數量爲 4)

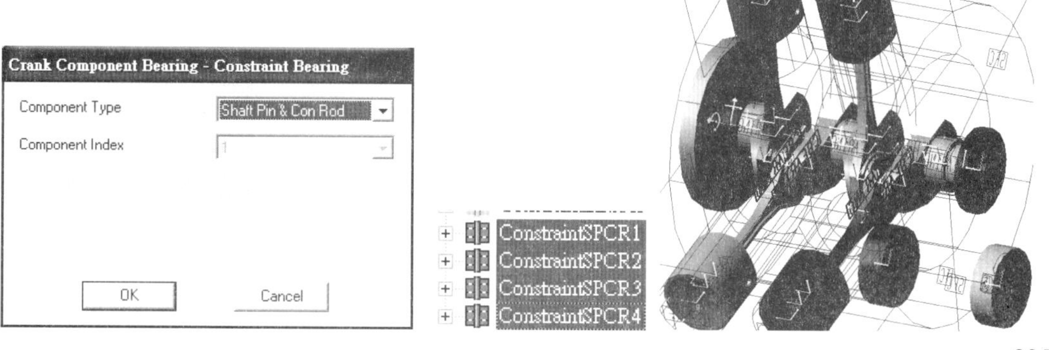

21. 點選 Constraint Bearing ，依序用 4 個 Con Rod & Piston Pin 。(連接桿與活塞銷連結為拘束數量為 4)

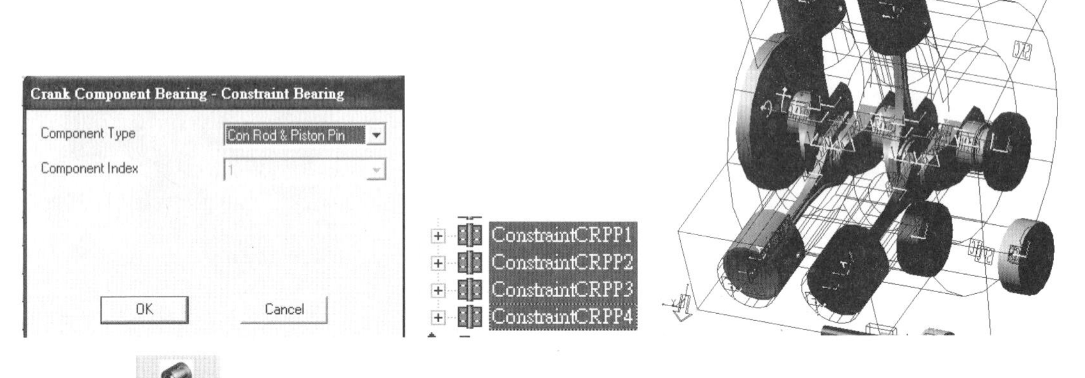

22. 點選 Constraint Bearing ，依序用 4 個 Piston Pin & Piston (活塞與活塞銷連結為拘束數量為 4)

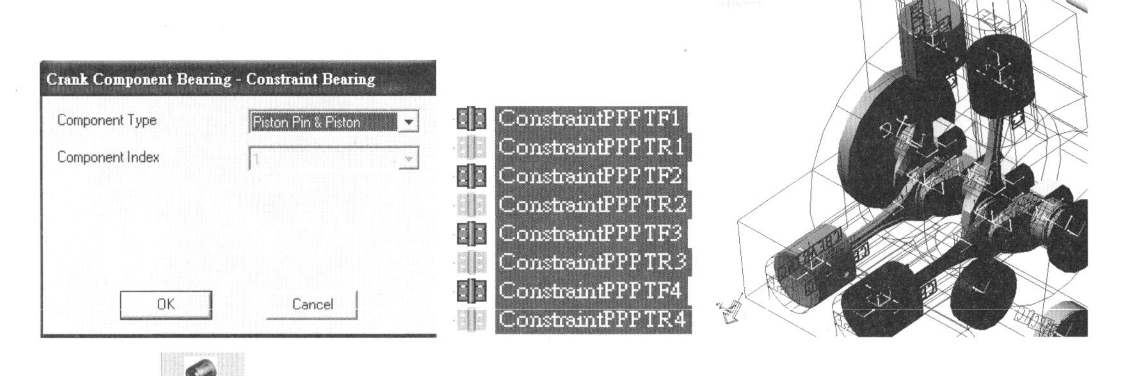

23. 點選 Constraint Bearing ，依序用 4 個 EngineBlock & Balancing Sha (平衡軸與汽缸底座連結為拘束數量為 4)

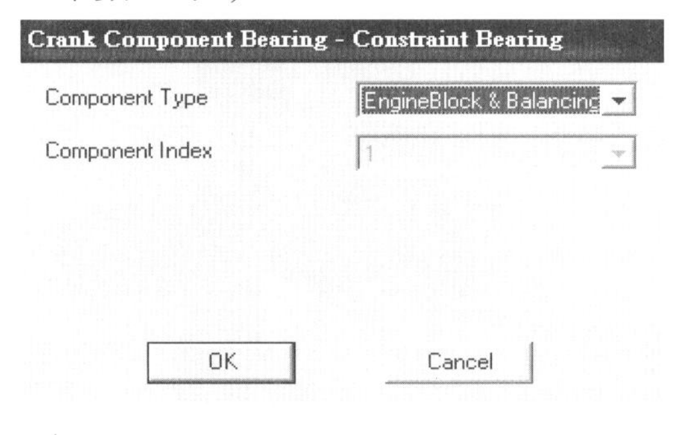

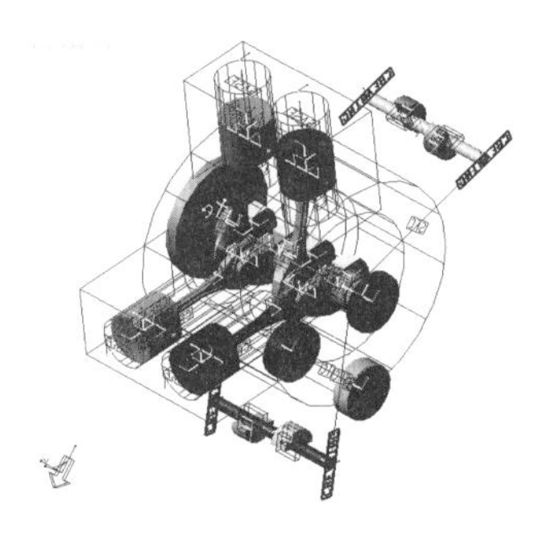

24. 由以上之步驟，可建立引擎系統 3D 模型，如下圖所示

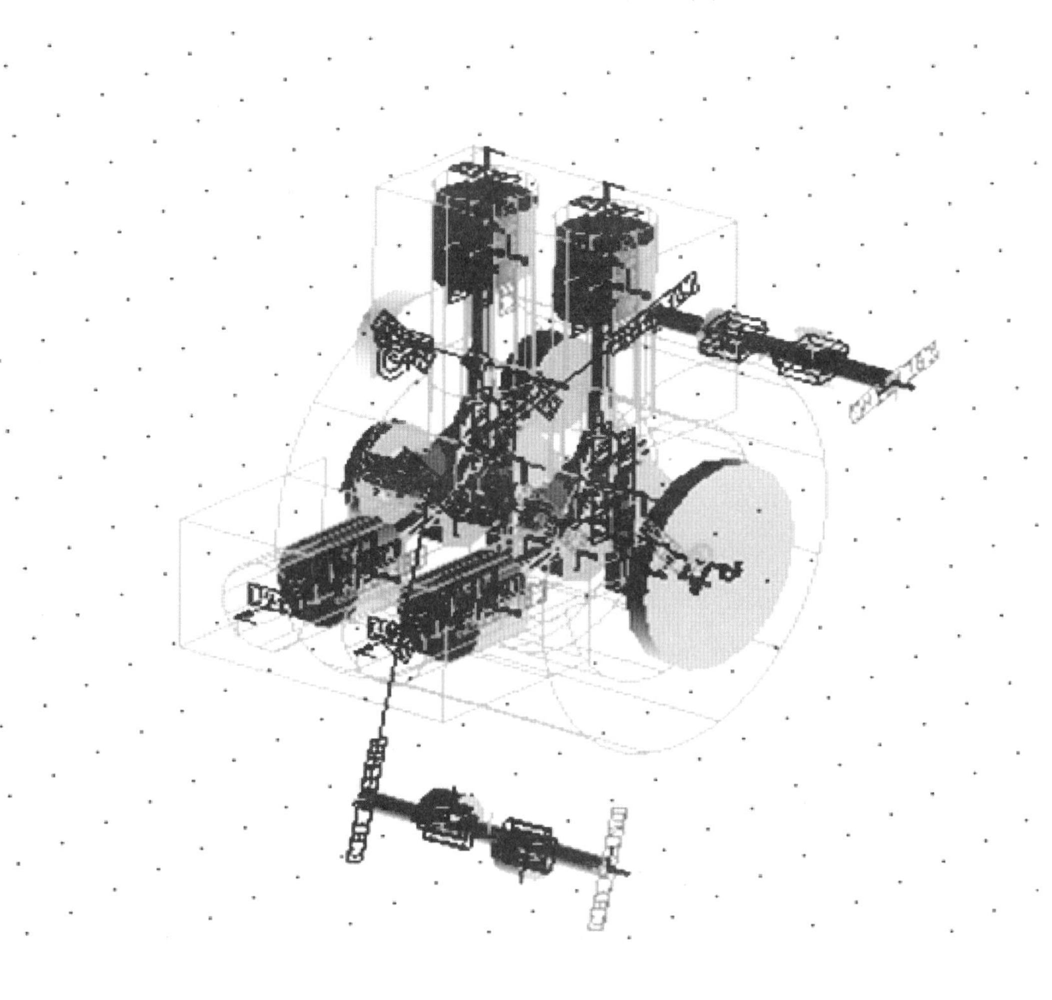

25. 可點選下面工具列，來觀看結果的動畫

26. 可以從事後處理或結束

第七章 多體系統撓性體分析範例

7.1 RecurDyn 與 ANSYS 撓性體分析

在本範例中，吾人運用 ANSYS 有限元素分析軟體與 RecurDyn 軟體模擬一個撓性體分析動力學問題。將 ANSYS 與 RecurDyn 的連結目的主要是從事撓性體動態分析，所需使用的軟體包括 ANSYS 8.0 以上之版本以及 RecurDyn 6.0 以上之版本，而所需要的 ANSYS 檔案：material property file(mode.mp)、Element matrices file(mode.emat)、Result file(model.rst)、Mode file(model.mode)。此外支援的 ANSYS 元素類型共有 27 種元素：

- Link 1, Link8, Link10
- Beam3, Beam4, Beam44, Beam54
- Pipe16, Pipe18, Pipe20, Pipe59
- Plane2, Plane13
- Shell28, Shell41, Shell63, Shell91
- Solid5, Solid45, Solid46, Solid64, Solid65, Solid72, Solid73, Solid92, Solid95, Solid98

ANSYS 針對撓性體前處理分析步驟：

1. 開啟 ANSYS 軟體

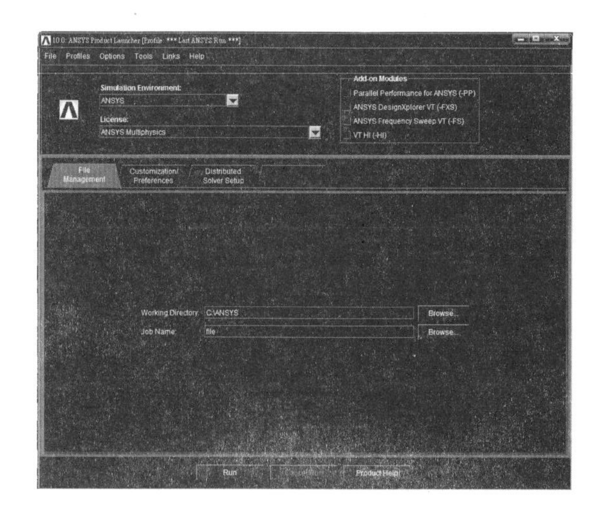

2.　進入 ANSYS 畫面

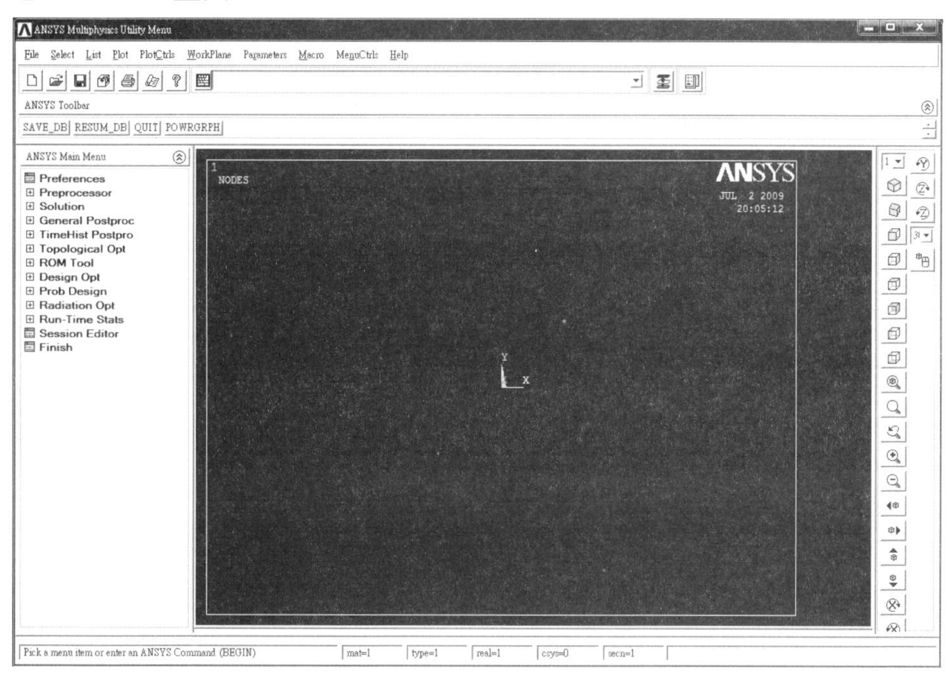

3.　將所需要的零件匯入

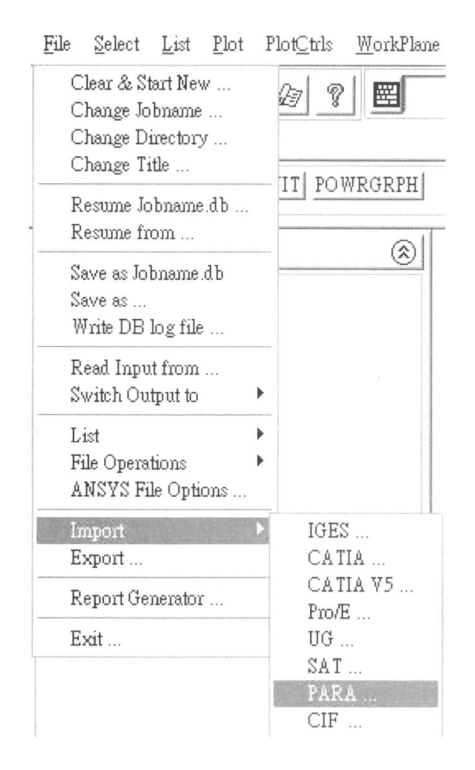

4. 設定 ANSYS 分析模式

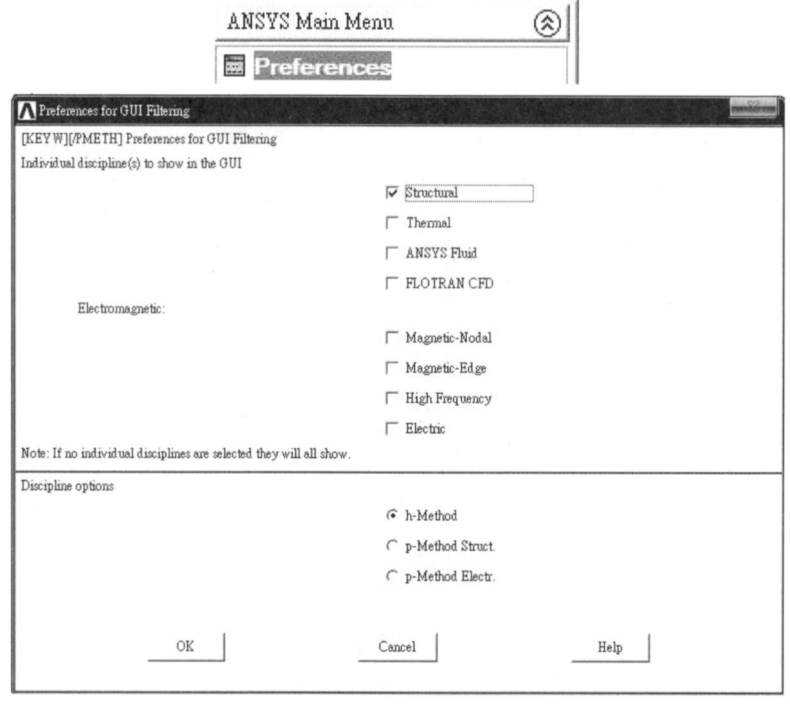

5. 設定所要使用的元素類型(點選 Add/Edit/Delete，接著按 Add…如下圖所示)

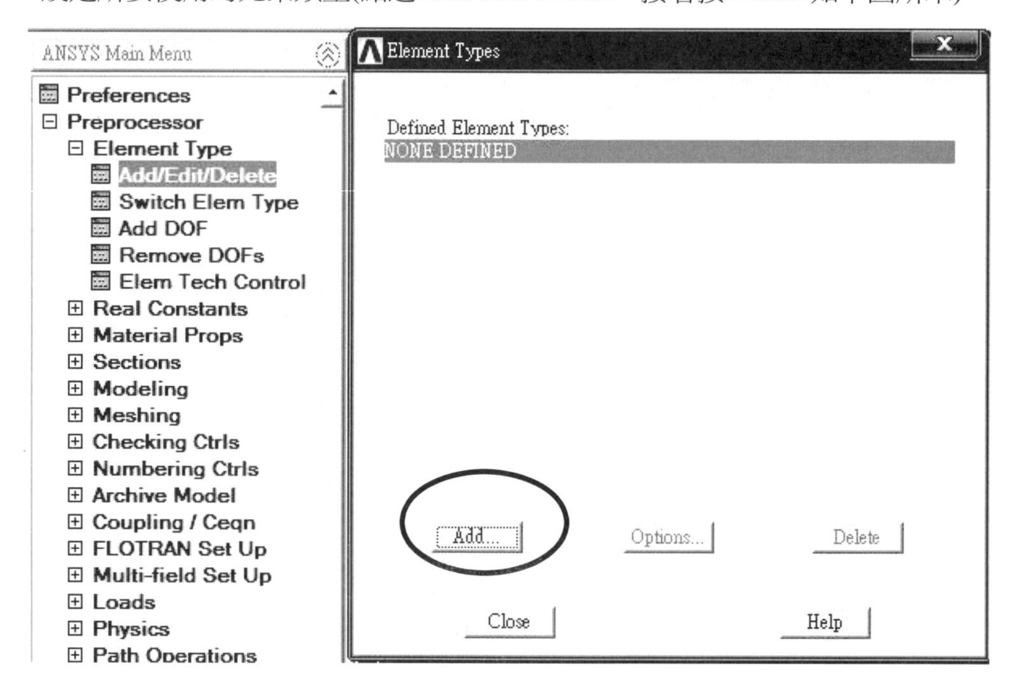

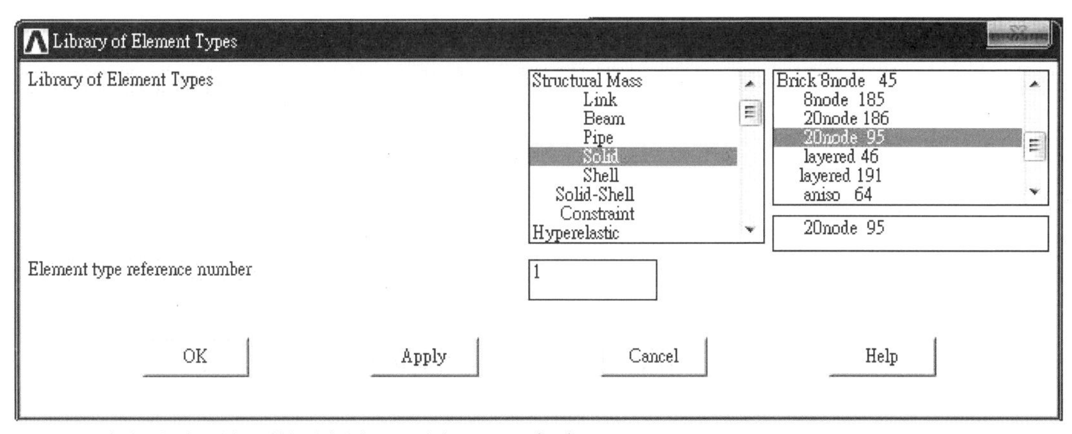

6. 設定材料性質，楊氏係數、浦松比、密度

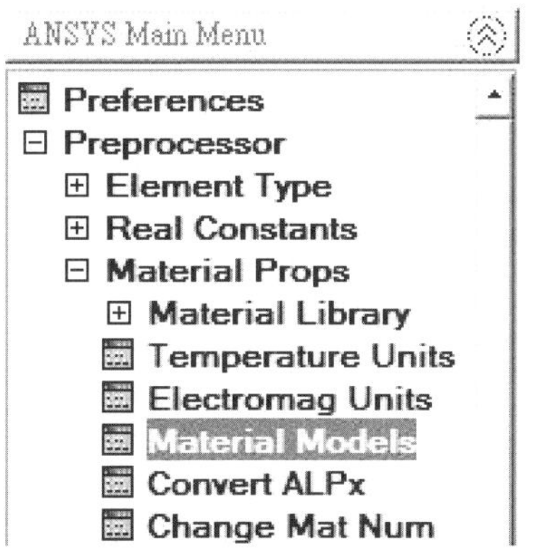

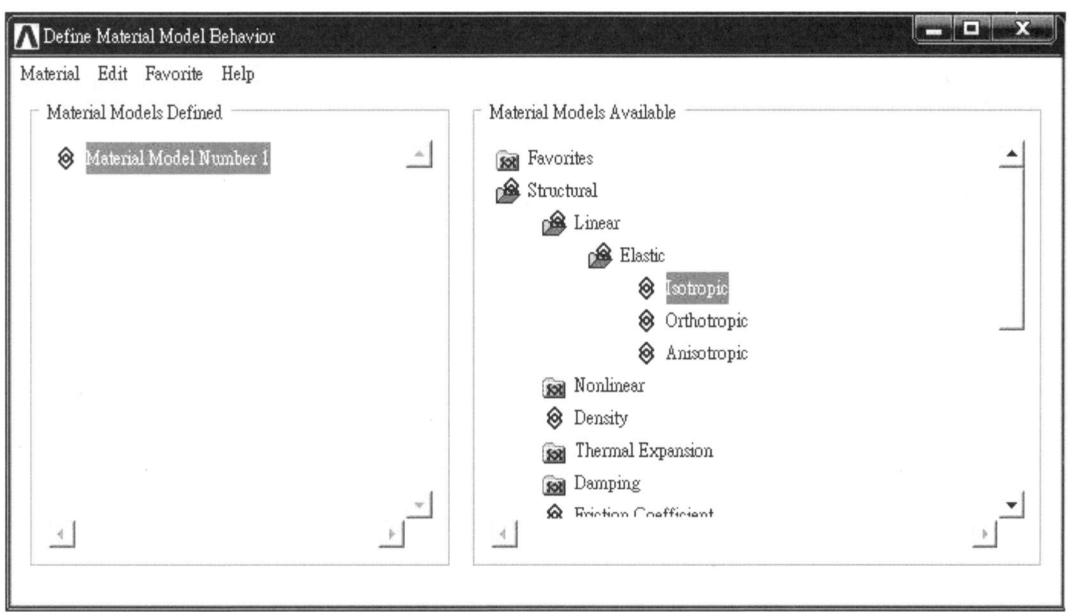

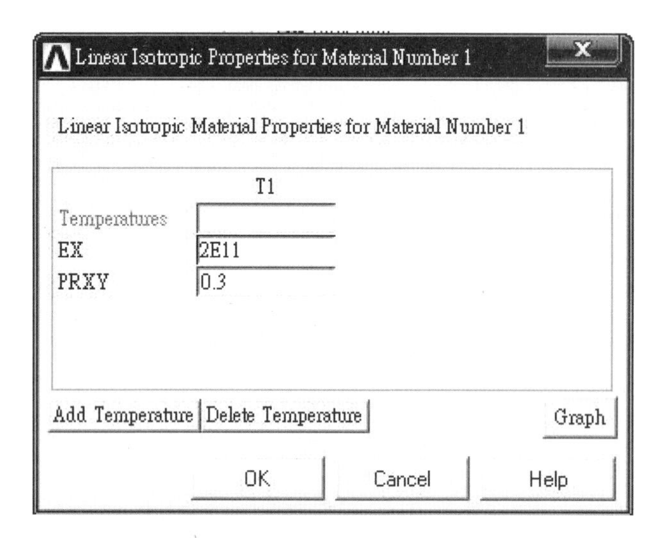

Define Material Model Behavior

Material Edit Favorite Help

Material Models Defined

Material Model Number 1

Linear Isotropic

Material Models Available

Favorites

Structural

Linear

Elastic

Isotropic

Orthotropic

Anisotropic

Nonlinear

Density

Thermal Expansion

Damping

Friction Coefficient

Density for Material Number 1

Density for Material Number 1

T1

Temperatures

DENS 7850

Add Temperature | Delete Temperature | Graph

OK | Cancel | Help

7.　產生所需要的 MP 檔，設定檔名與路徑

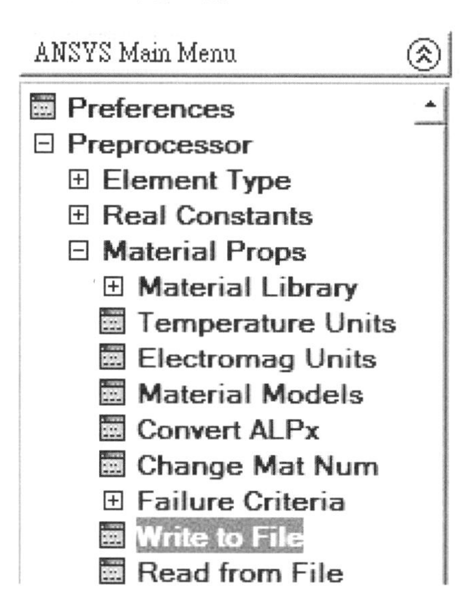

Write Material Properties to File

[MPWRITE] Write linear matl data　test.mp　Browse...

OK　Apply　Cancel　Help

8.　對零件進行網格化處理

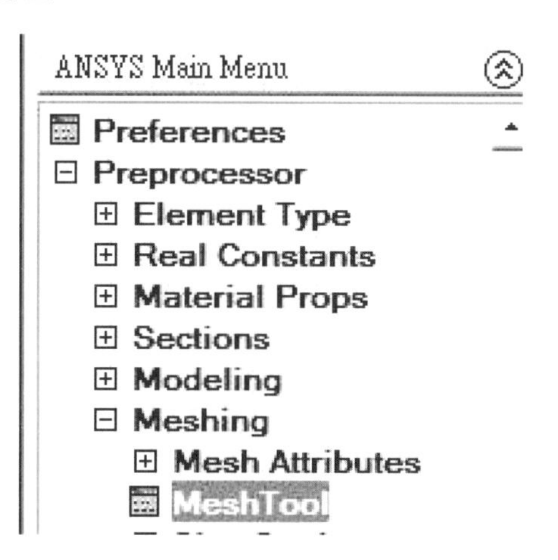

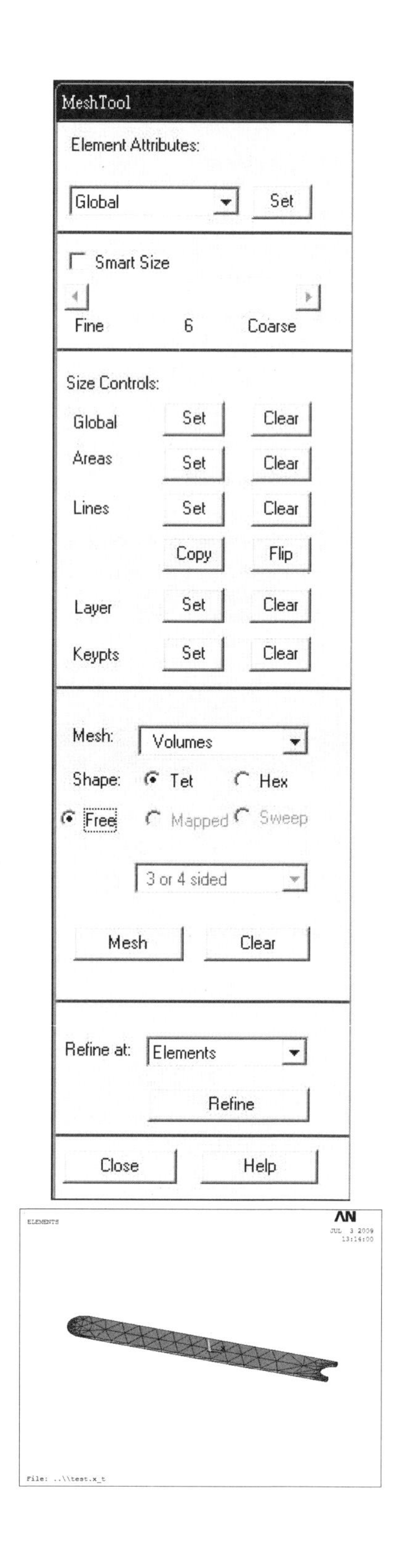
MeshTool
Element Attributes:
Global
Set
Smart Size
Fine
6
Coarse
Size Controls:
Global
Set
Clear
Areas
Set
Clear
Lines
Set
Clear
Copy
Flip
Layer
Set
Clear
Keypts
Set
Clear
Mesh:
Volumes
Shape:
Tet
Hex
Free
Mapped
Sweep
3 or 4 sided
Mesh
Clear
Refine at:
Elements
Refine
Close
Help

9.　設定邊界條件

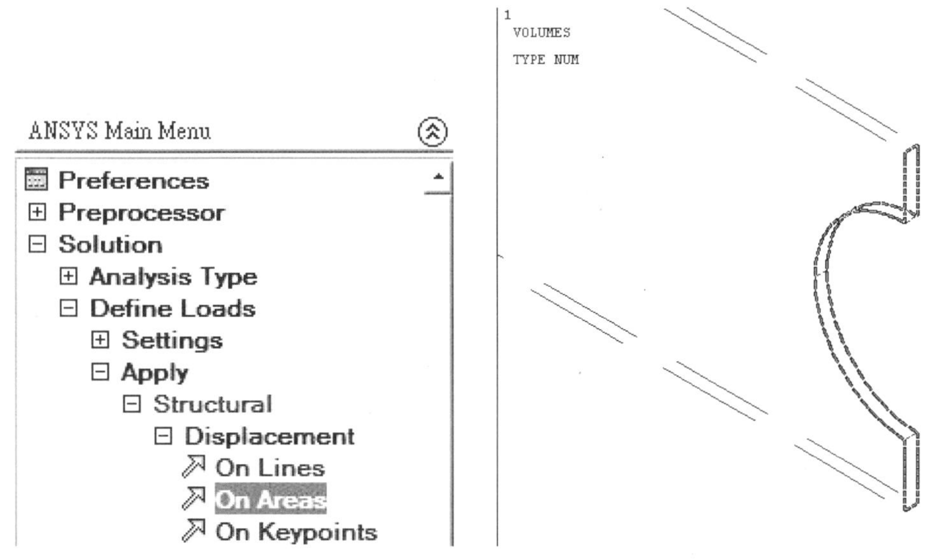
ANSYS Main Menu
Preferences
Preprocessor
Solution
Analysis Type
Define Loads
Settings
Apply
Structural
Displacement
On Lines
On Areas
On Keypoints
1
VOLUMES
TYPE NUM

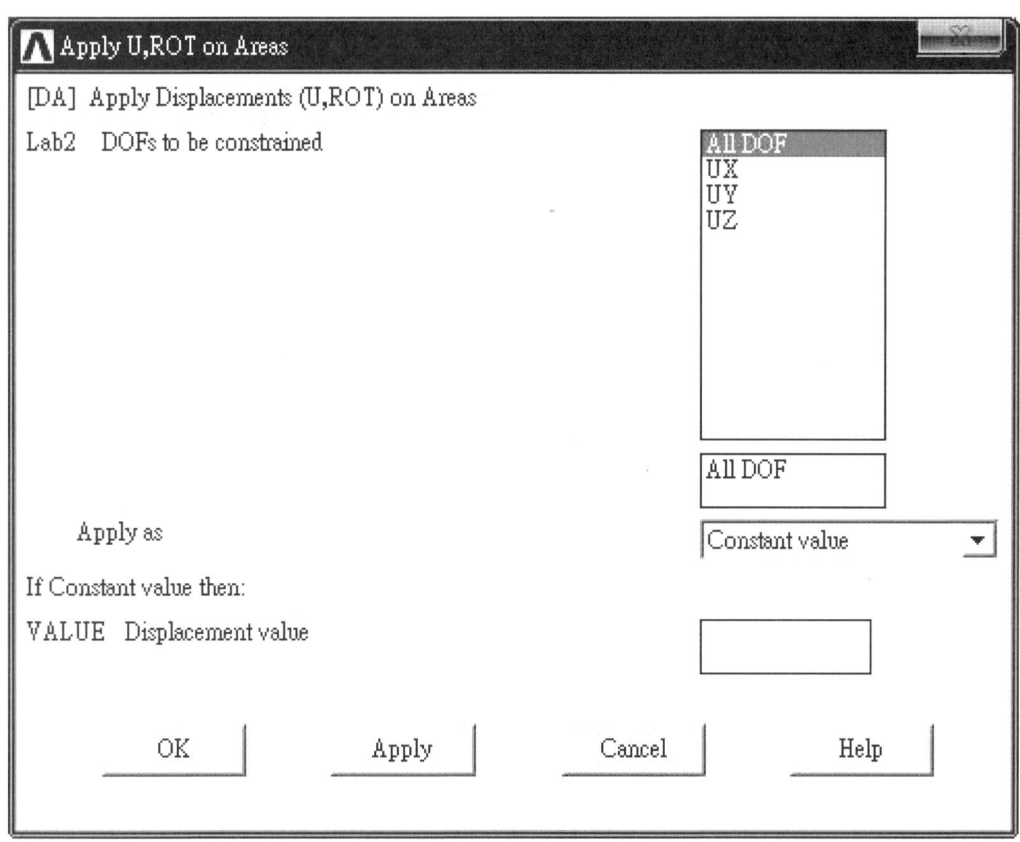
Apply U,ROT on Areas
[DA] Apply Displacements (U,ROT) on Areas
Lab2 DOFs to be constrained
All DOF
UX
UY
UZ
All DOF
Apply as
Constant value
If Constant value then:
VALUE Displacement value
OK
Apply
Cancel
Help

10. 進行模態分析

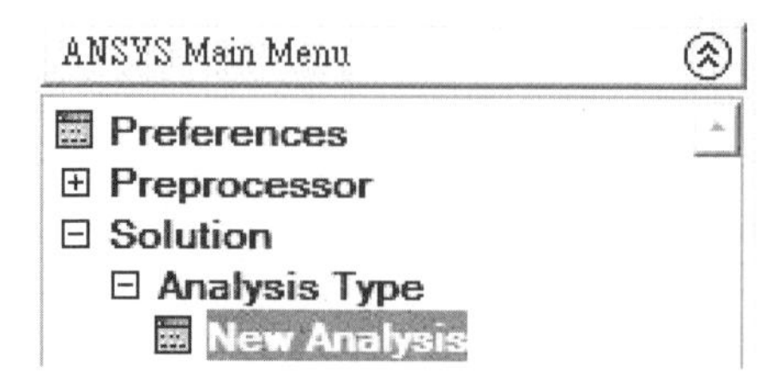

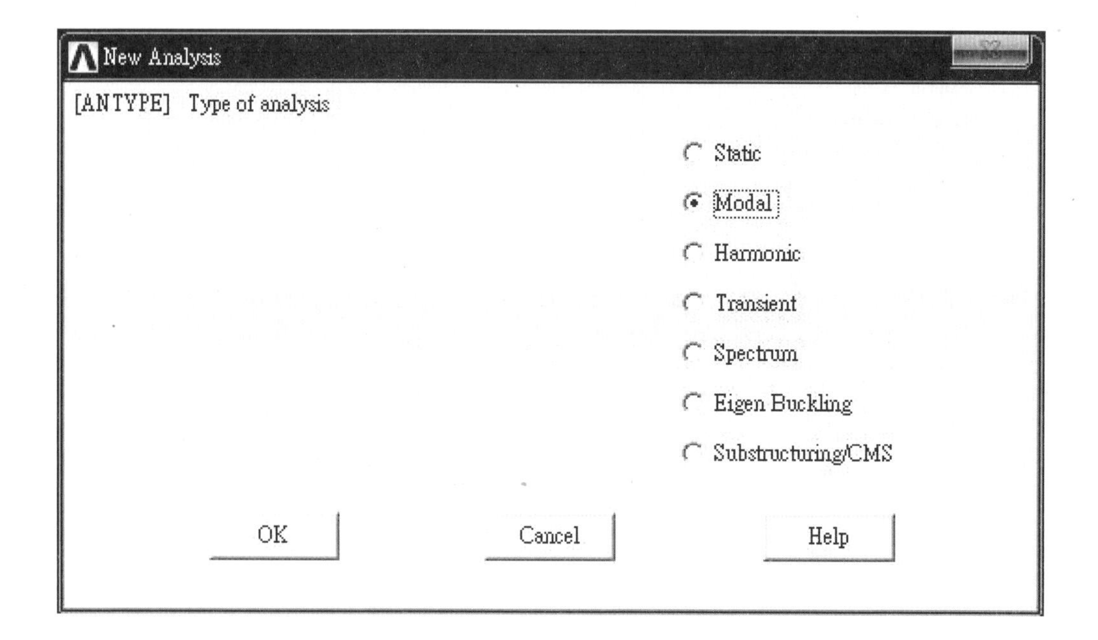

11. 設定模態分析所需參數，並設定產生所需要的 RST 檔

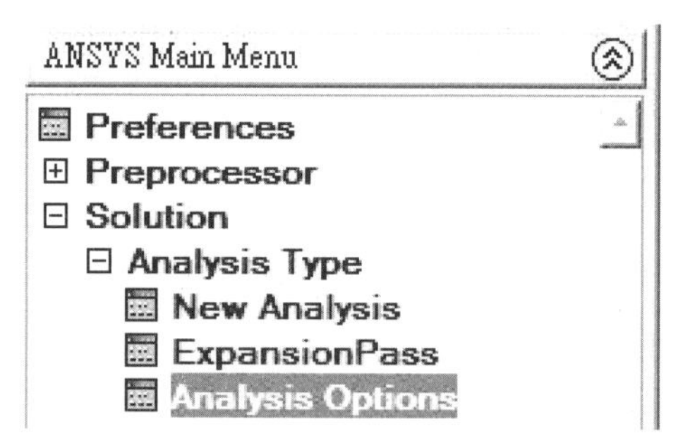

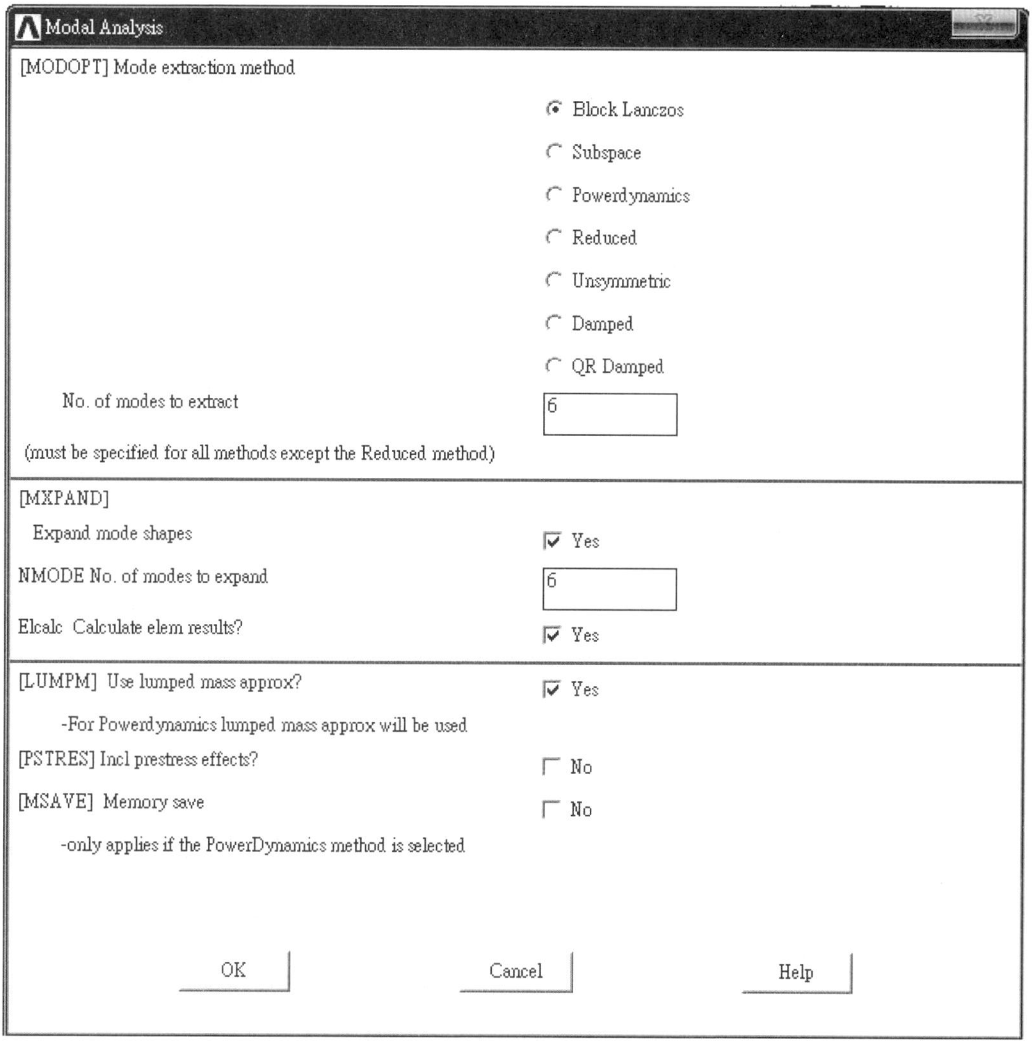

Modal Analysis

[MODOPT] Mode extraction method

- (●) Block Lanczos
- ( ) Subspace
- ( ) Powerdynamics
- ( ) Reduced
- ( ) Unsymmetric
- ( ) Damped
- ( ) QR Damped

No. of modes to extract: 6

(must be specified for all methods except the Reduced method)

[MXPAND]

Expand mode shapes: [✓] Yes

NMODE No. of modes to expand: 6

Elcalc Calculate elem results?: [✓] Yes

[LUMPM] Use lumped mass approx?: [✓] Yes

-For Powerdynamics lumped mass approx will be used

[PSTRES] Incl prestress effects?: [ ] No

[MSAVE] Memory save: [ ] No

-only applies if the PowerDynamics method is selected

OK　Cancel　Help

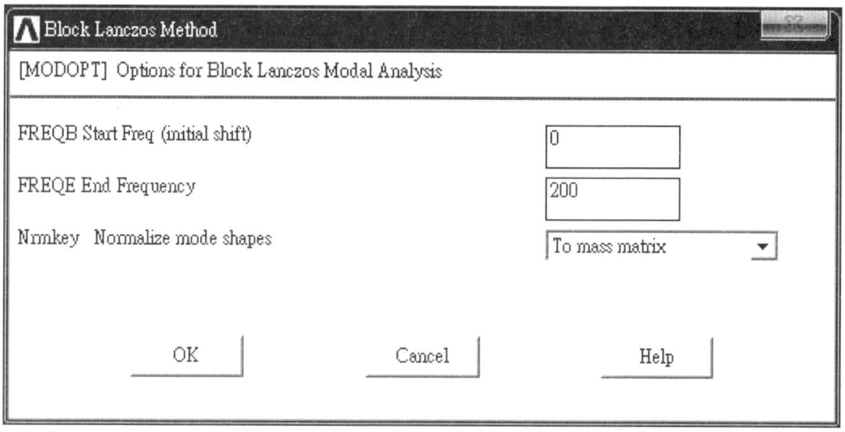

Block Lanczos Method

[MODOPT] Options for Block Lanczos Modal Analysis

FREQB Start Freq (initial shift): 0

FREQE End Frequency: 200

Nrmkey Normalize mode shapes: To mass matrix

OK　Cancel　Help

12. 按 Finish 結束目前工作

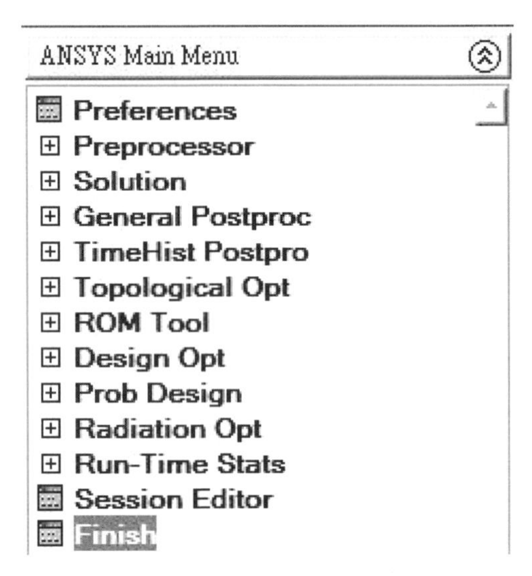

13. 求解，並產生所需要的 MODE 檔與 RST 檔

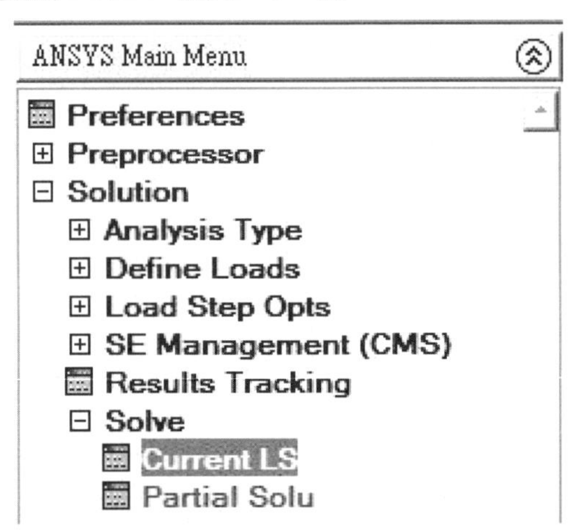

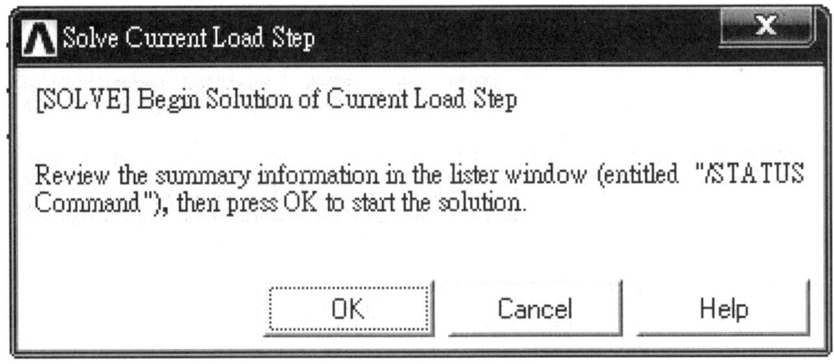

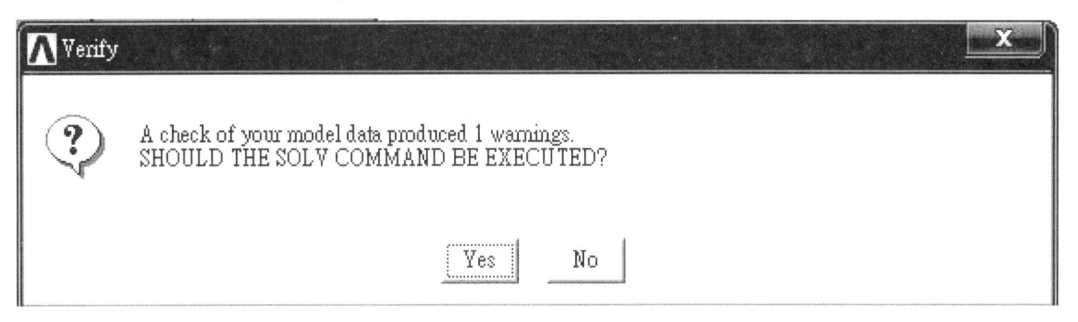

Current LS 完畢後記得存 rst 檔，以免 rst 檔不見

14. 再按 Finish
15. 儲存 ANSYS 檔案，並產生所需要的 EMAT 檔，先求解 Partial Solu，然後要記得點選 FINISH，再求解 Current LS。

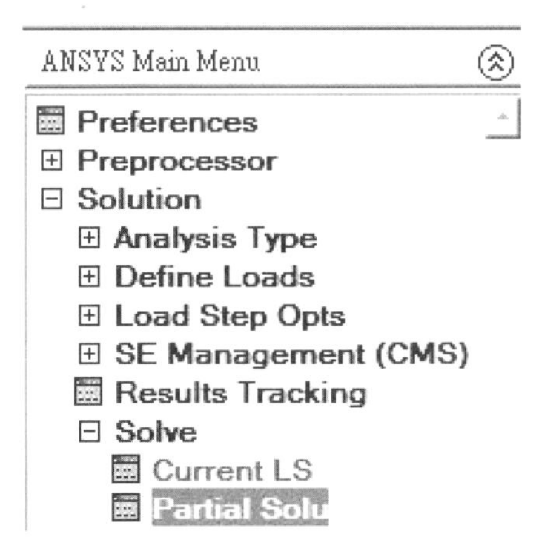

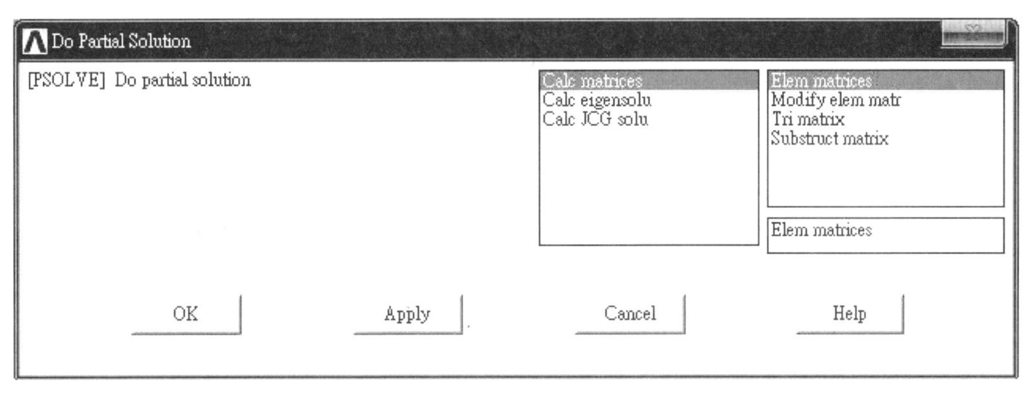

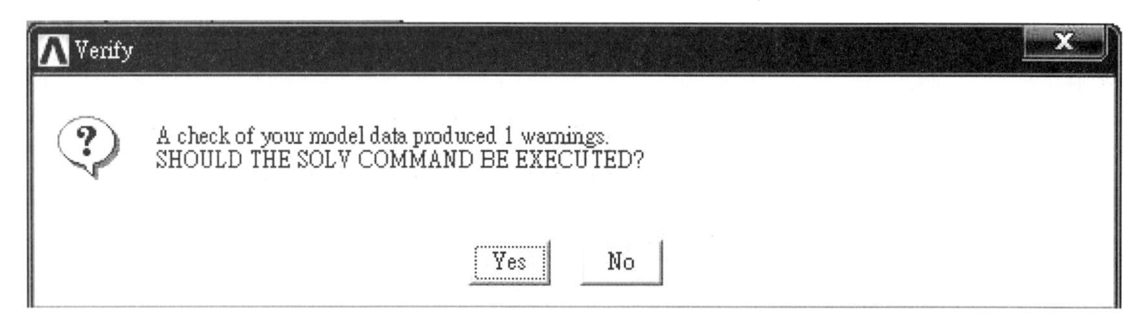

16. 此時已經產生所需要的四個檔案，儲存 ANSYS 檔案，並關閉 ANSYS

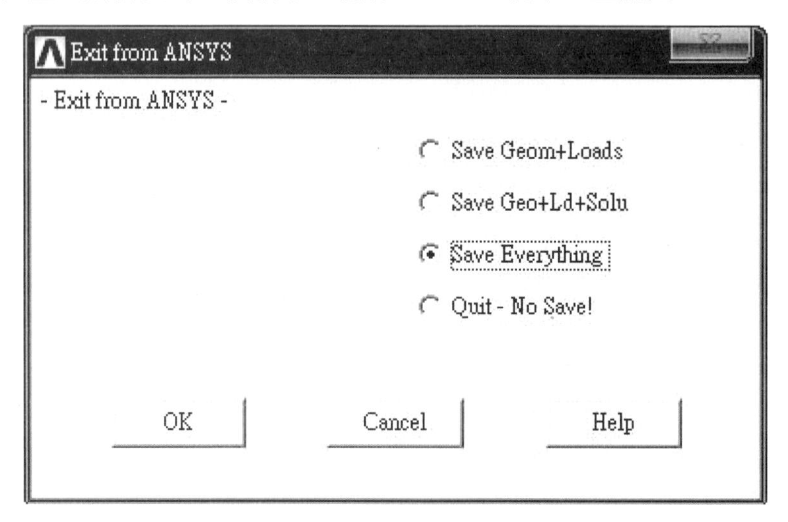

17.結束 ANSYS 撓性體分析部份

ANSYS 所產生的四個檔案，分別是 emat、mode、rst 以及 mp 檔

RecurDyn 針對撓性體分析步驟：

1. 開啓 RecurDyn 軟體，設定單位
2. 進入開始畫面
3. 利用 Flexible —> Flexible Interface Selection (6.0 以前之版本)或者利用 RFlex

－＞ RFlex Interface Selection (6.4 以後之版本)，將 ANSYS 產生的檔案處理

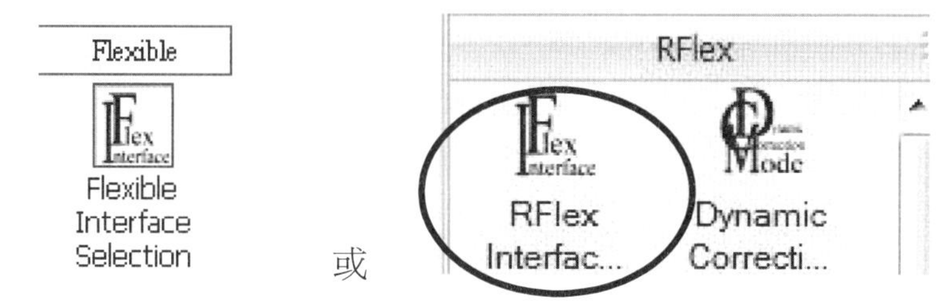

4.　選擇來源類型與路徑、單位、輸出檔案

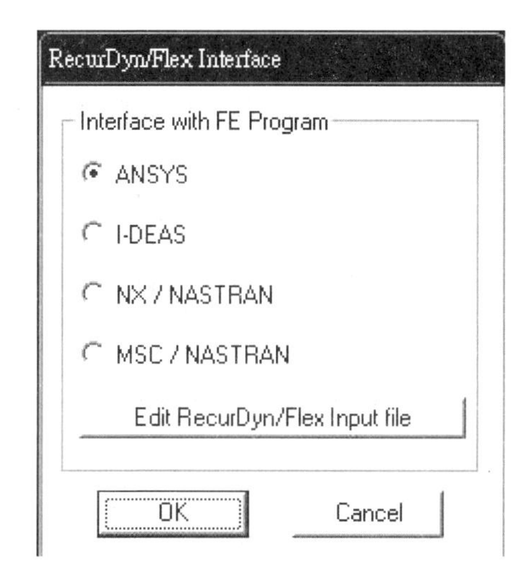

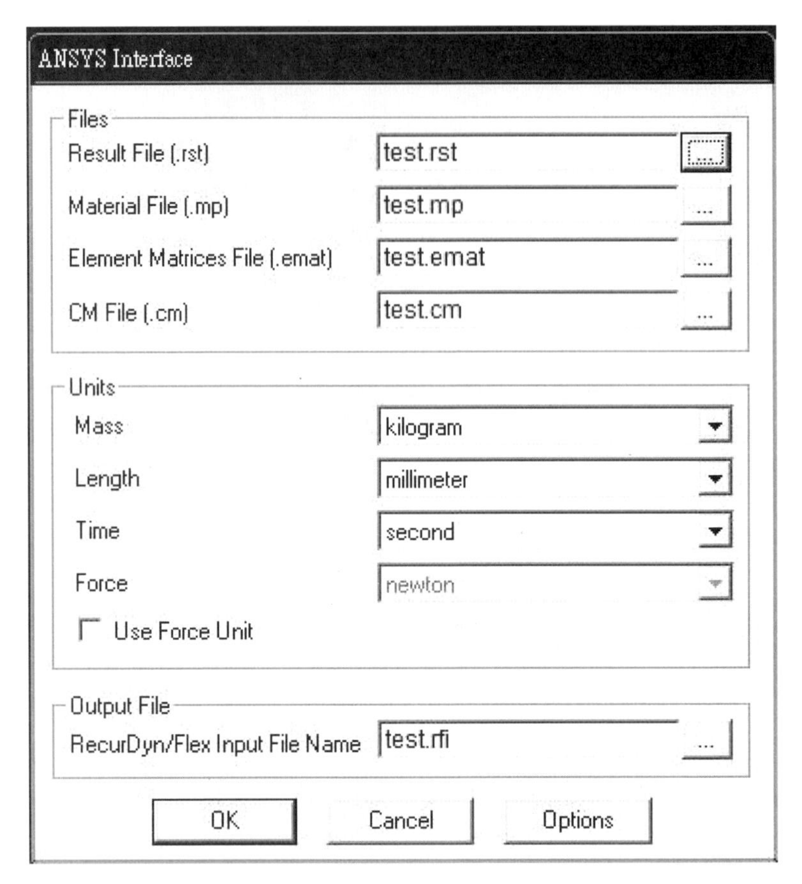

5. 處理檔案正確，出現成功訊息

RecurDyn RFlex input file(RFI) was successfully created.

6. 利用 Flexible －＞ Flexible Body Import (6.0 以前之版本)或者利用 RFlex －＞ RFlex Body Import (6.4 以後之版本)，將檔案匯入 RecurDyn 軟體

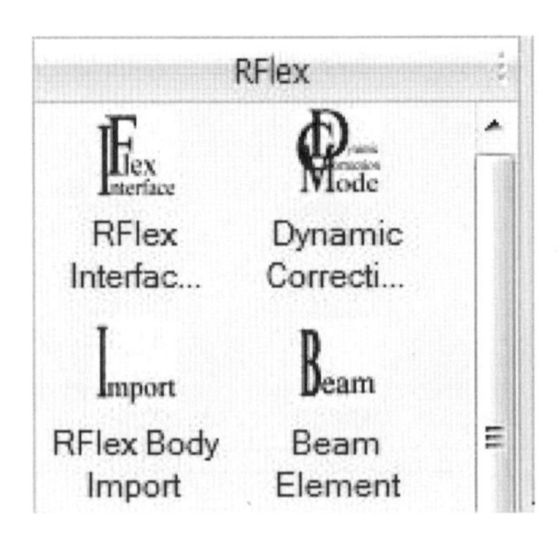

7.　選擇檔案匯入的座標位置

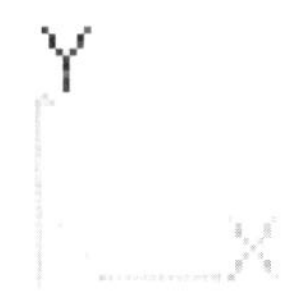

8.　選擇要匯入的檔案，選擇前面步驟（Flexible　－>　Flexible Interface Selection）的輸出檔案 *.rfi

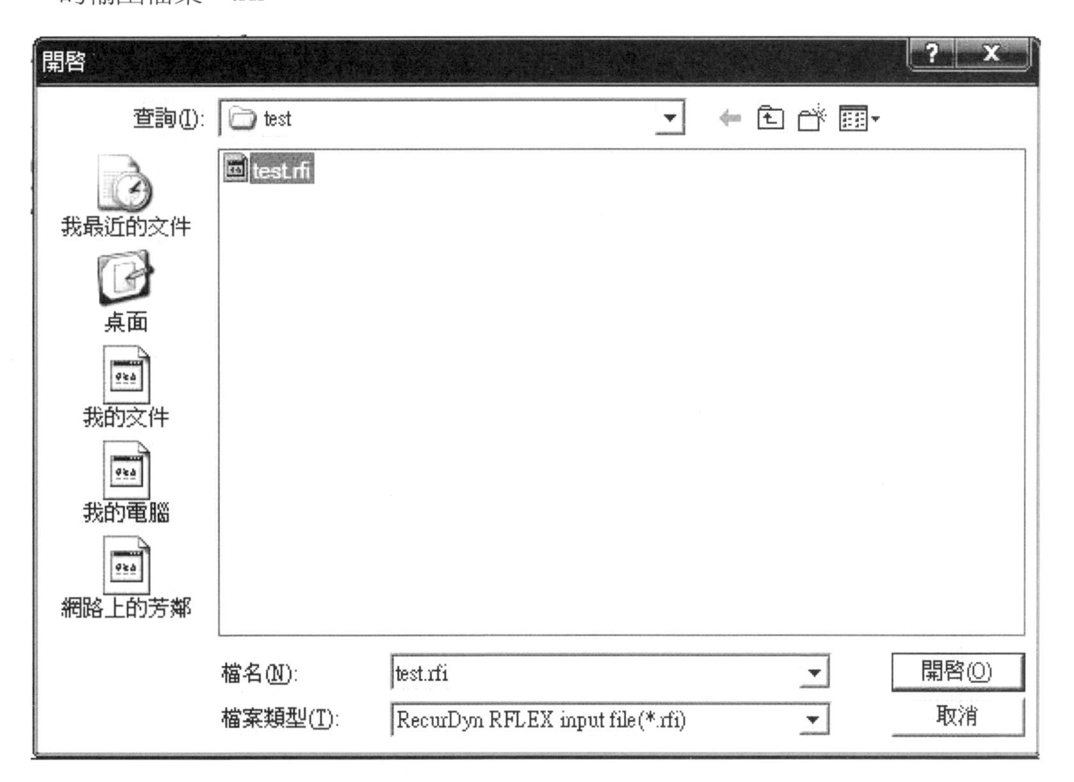

9. 設定模態範圍

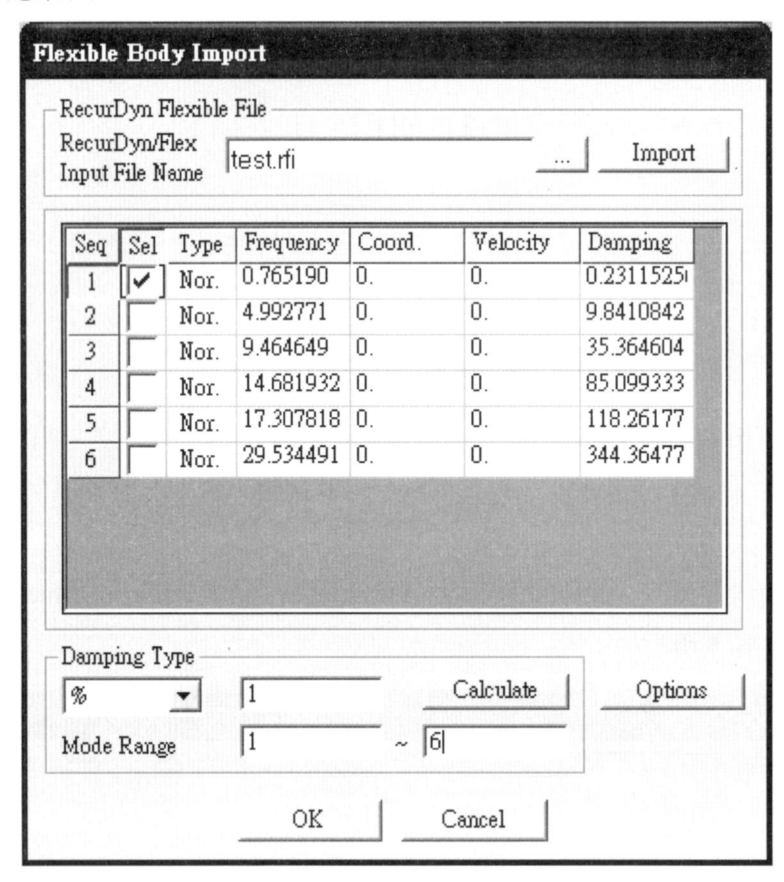

10. 看到匯入的零件

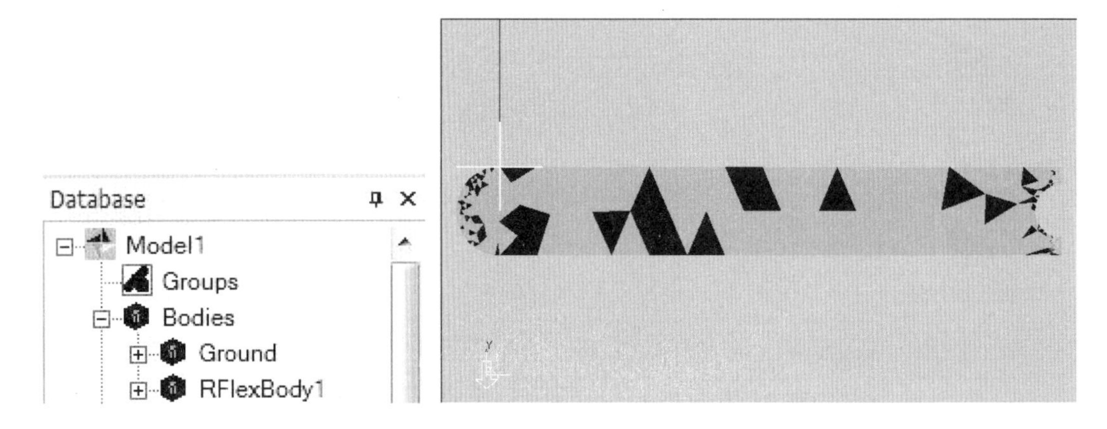

11. 選擇要使用的模態

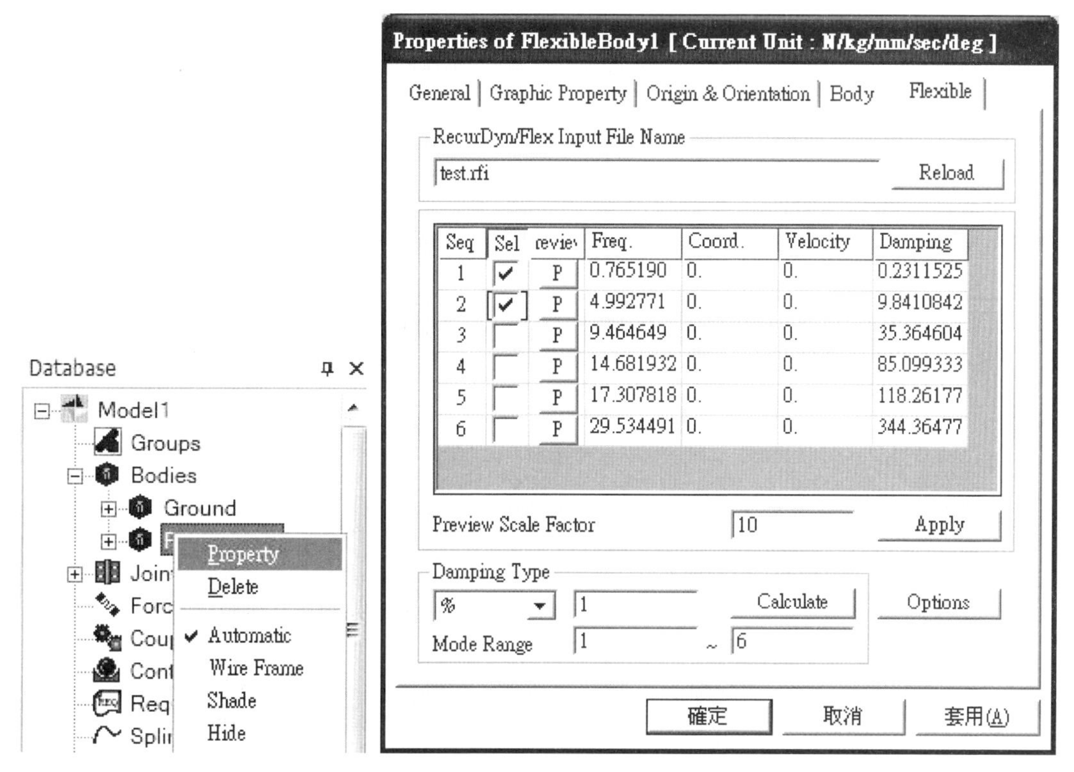

Seq	Sel	Preview	Freq.	Coord.	Velocity	Damping
1	✔	P	0.765190	0.	0.	0.2311525
2	✔	P	4.992771	0.	0.	9.8410842
3		P	9.464649	0.	0.	35.364604
4		P	14.681932	0.	0.	85.099333
5		P	17.307818	0.	0.	118.26177
6		P	29.534491	0.	0.	344.36477

12. 設定所需的接點類型與外在條件，使用 Joint －> Revolute

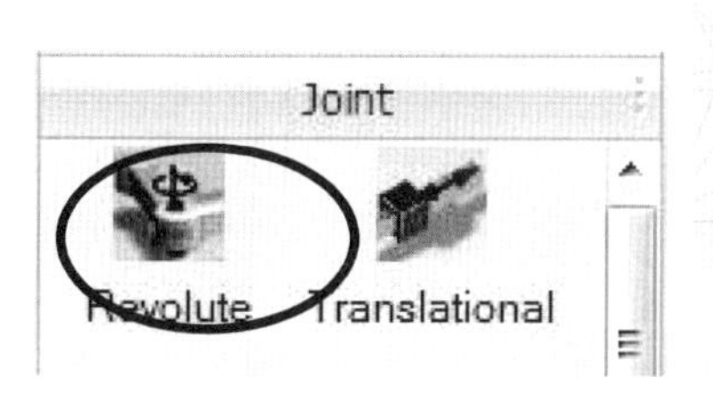

65., 295., 0:Ground.Marker:Ground.Marker

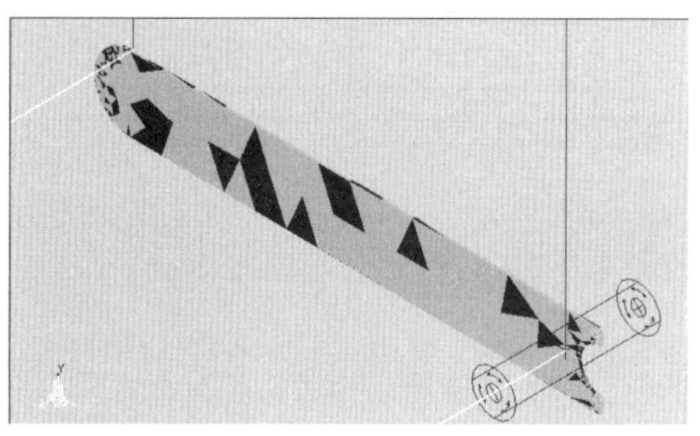

13. 進行結果分析，使用 Analysis

14. 設定分析結果的時間與時間間距，還有一些所需要的計算設定

Dynamic/Kinematic Analysis

General | Parameter | Advanced

End Time 5. Pv
Step 100. Pv
Plot Multiplier Step Factor 1. Pv
Output File Name

Include
Static Analysis
Eigenvalue Analysis
State Matrix
Direct Frequency Response Analysis

Hide RecurDyn during Simulation
Display Animation

Gravity
X 0 Y -9806.65 Z 0

Unit Newton - Kilogram - Millimeter - Second

Simulate 確定 取消

15. 系統會提示需要儲存檔案，設定要儲存的位置與檔名

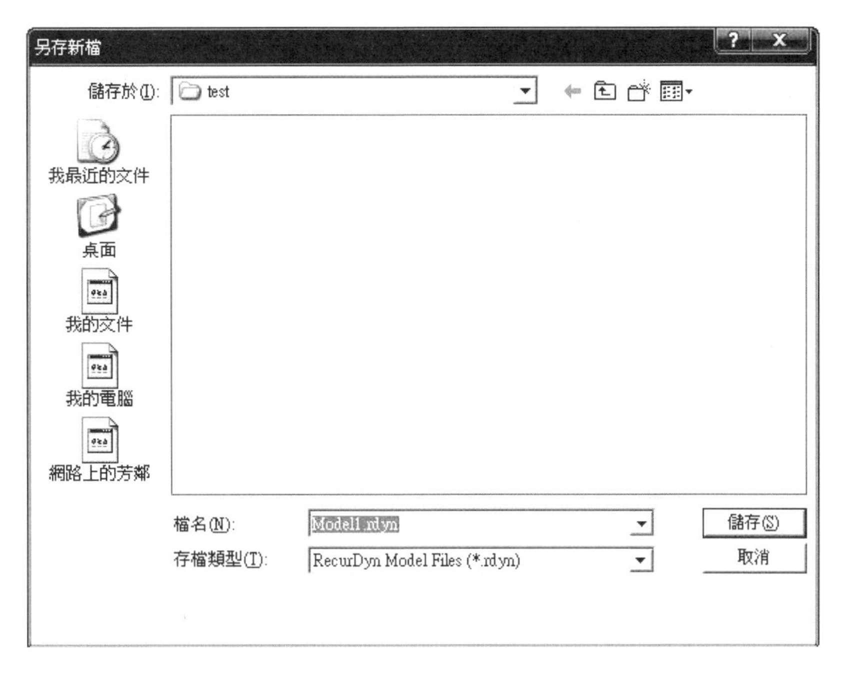

16. 求解計算完畢

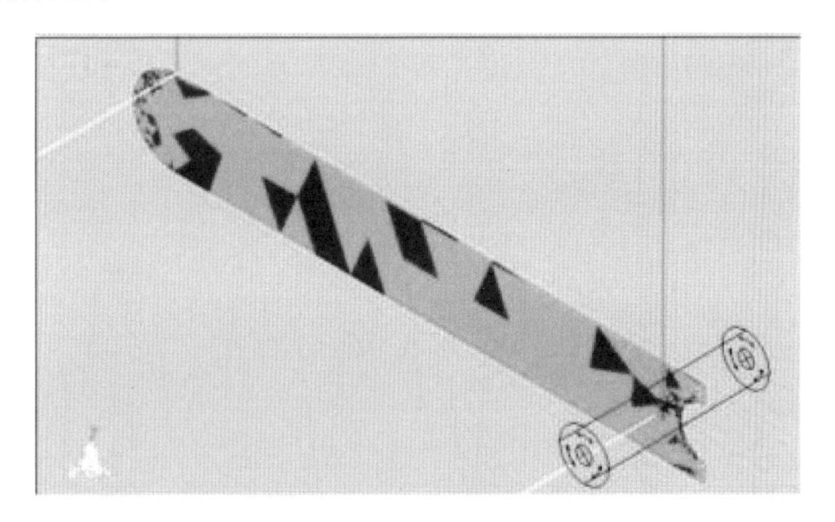

17. 點選下面工具列，來觀看結果的動畫

18. 顯示所需要的數值，點選 Plot Result

19. 觀看所需要的結果圖形（FlexibleBody1－Pos_TM）

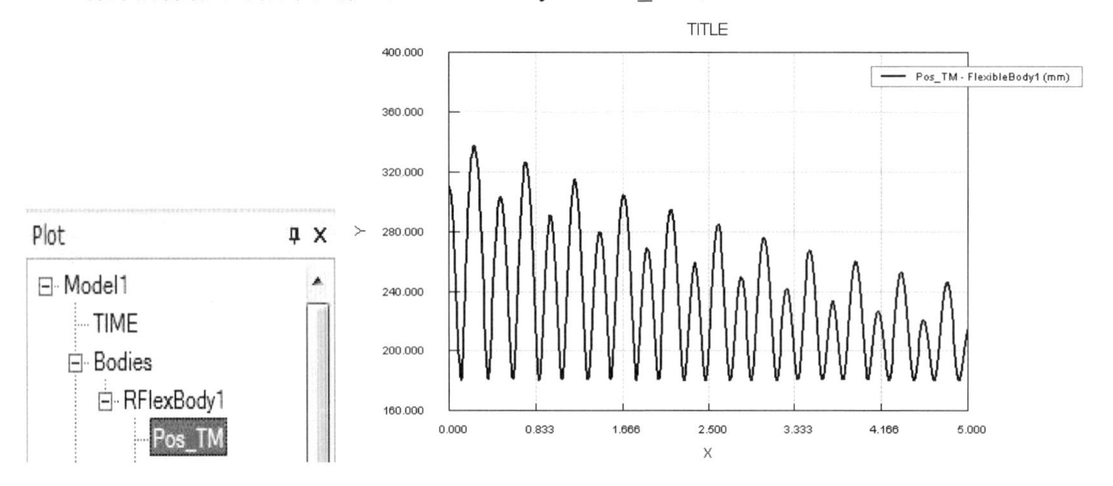

20. 觀看所需要的結果圖形（FlexibleBody1－ModalCoord1）

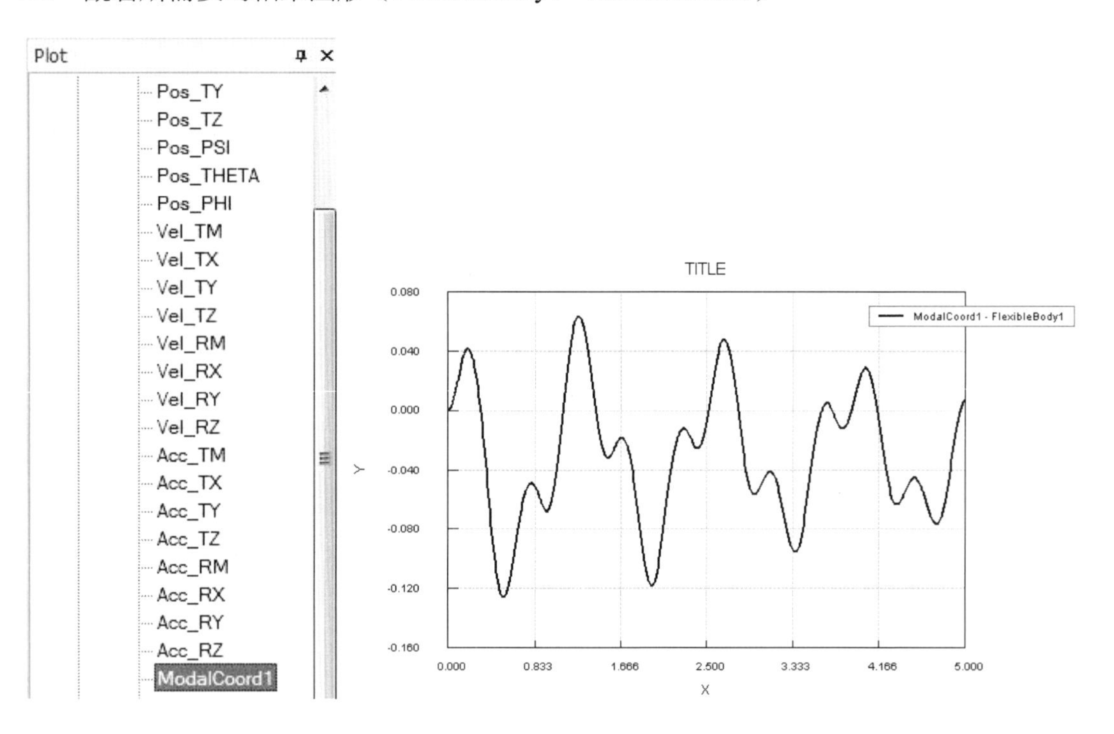

22. 觀看所需要的結果圖形（RevJoint1－TM_Reaction_Force）

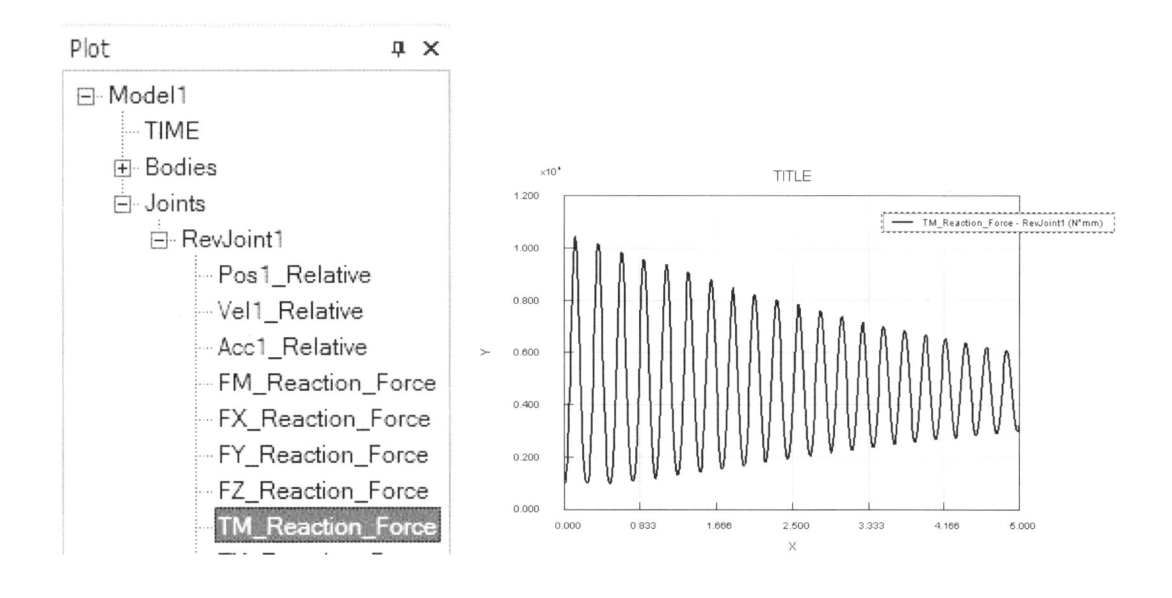

23. 驗證結果的正確性
24. 討論&結束此範例

7.2 RecurDyn 與 MSC/NASTRAN 撓性體分析

在本範例中，吾人運用 MSC/NASTRAN 有限元素分析軟體與 RecurDyn 軟體模擬一個撓性體分析動力學問題。將 MSC/NASTRAN 與 RecurDyn 的連結目的主要是從事撓性體動態分析，所需使用的軟體包括 MSC/NASTRAN 2005 以上之版本以及 RecurDyn 6.0 以上之版本。

MSC/NASTRAN 針對撓性體前處理分析步驟：

1. 建立幾何模型
   - a: 點選 Geometry，
   - b: Object -> Solid，
   - c: X Length List -> 10，
   - d: Y Length List -> 0.2，
   - e: Z Length List -> 2，
   - f: 點選 Apply

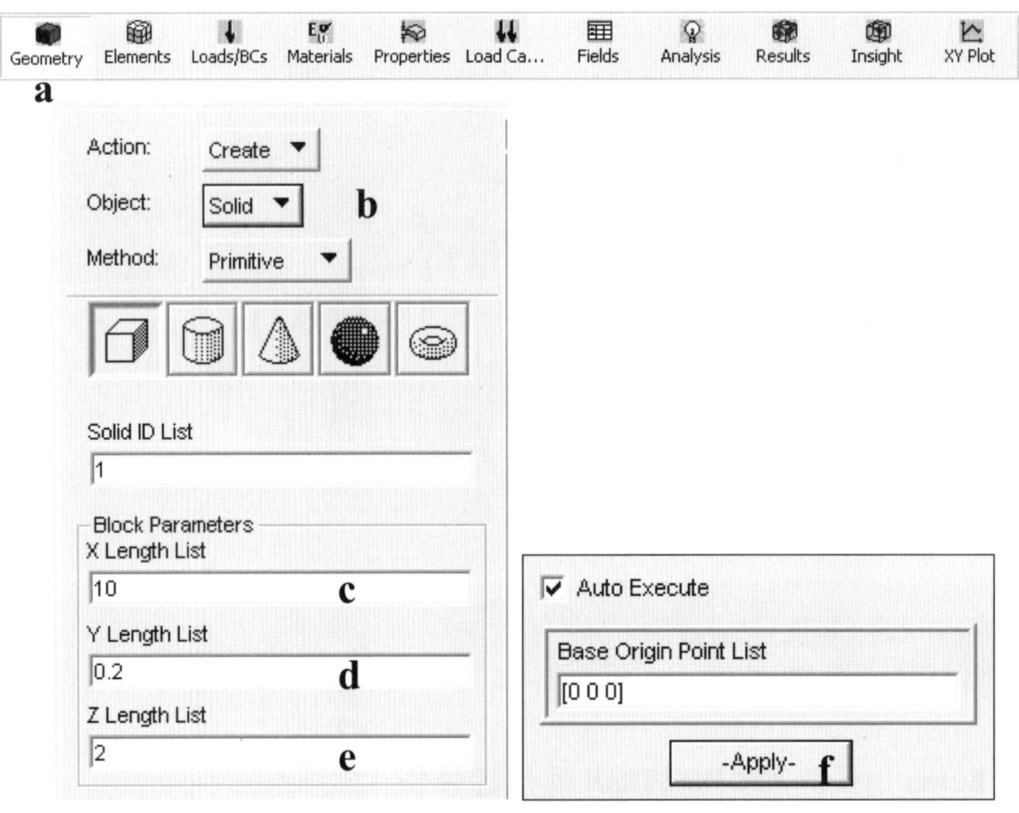

2. 模型完成圖

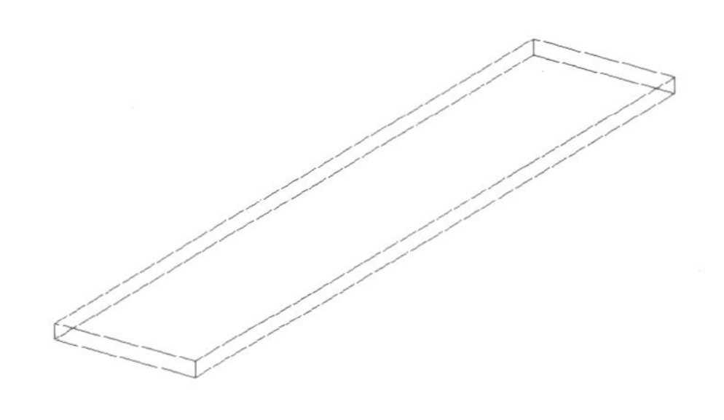

2. 建立網格

a: 點選 Elements，

b: Object -> Mesh，

c: Type -> Solid，

d: Input List -> Solid 1，

e: Value -> 0.5，

f: 點選 Apply

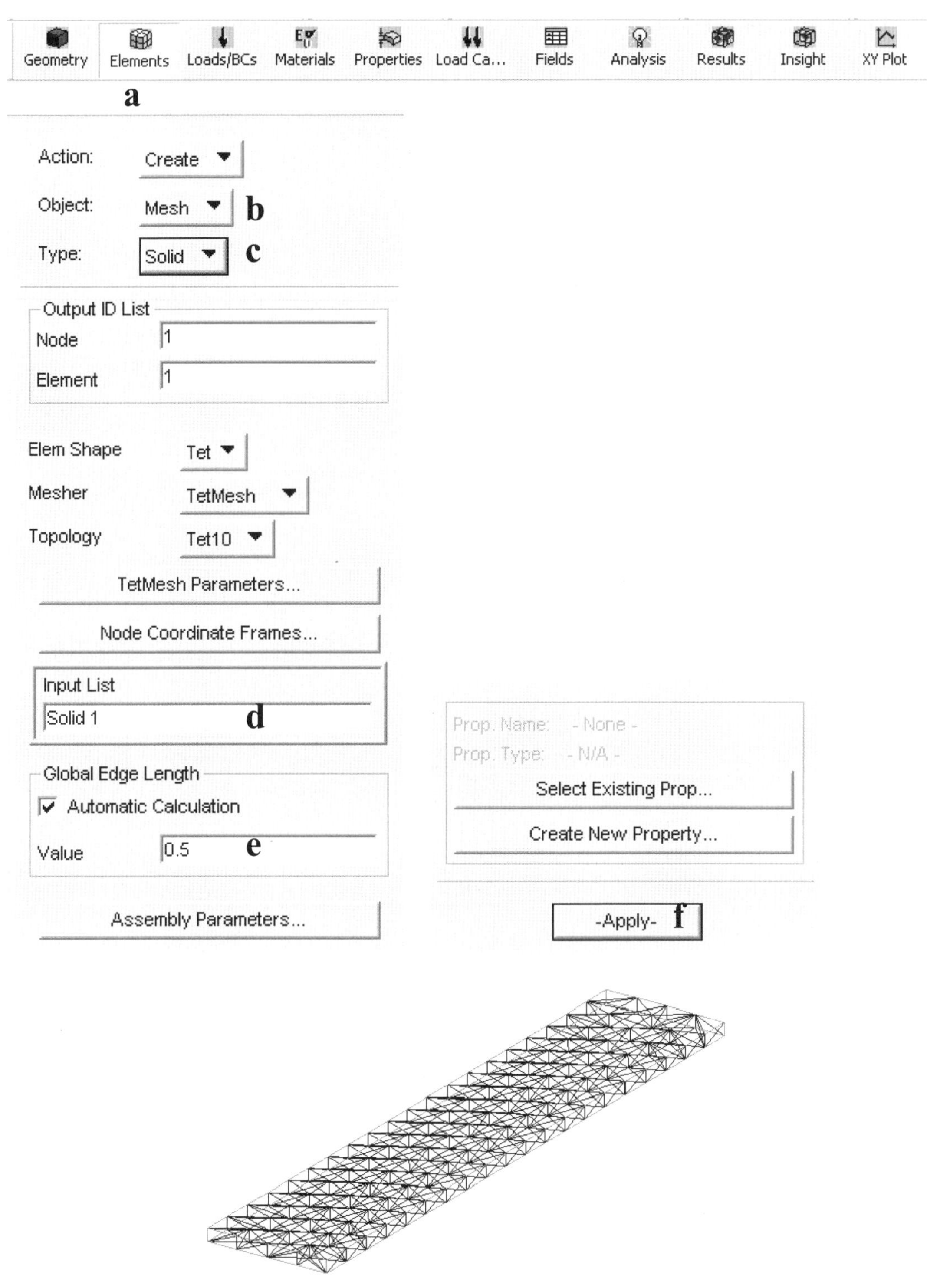

Geometry
Elements
Loads/BCs
Materials
Properties
Load Ca...
Fields
Analysis
Results
Insight
XY Plot
a
Action:
Create
Object:
Mesh
b
Type:
Solid
c
Output ID List
Node
1
Element
1
Elem Shape
Tet
Mesher
TetMesh
Topology
Tet10
TetMesh Parameters...
Node Coordinate Frames...
Input List
Solid 1
d
Global Edge Length
Automatic Calculation
Value
0.5
e
Assembly Parameters...
Prop. Name: - None -
Prop. Type: - N/A -
Select Existing Prop...
Create New Property...
-Apply-
f

3. 定義負載

a: 點選 Loads/BCs，

b: New Set Name -> fix，

c: 點選 Input Data，

d: Translations -> <0,0,0>，

e: rotations -> <0,0,0>，

f: 點選 OK，

g: 點選 Select Application Region

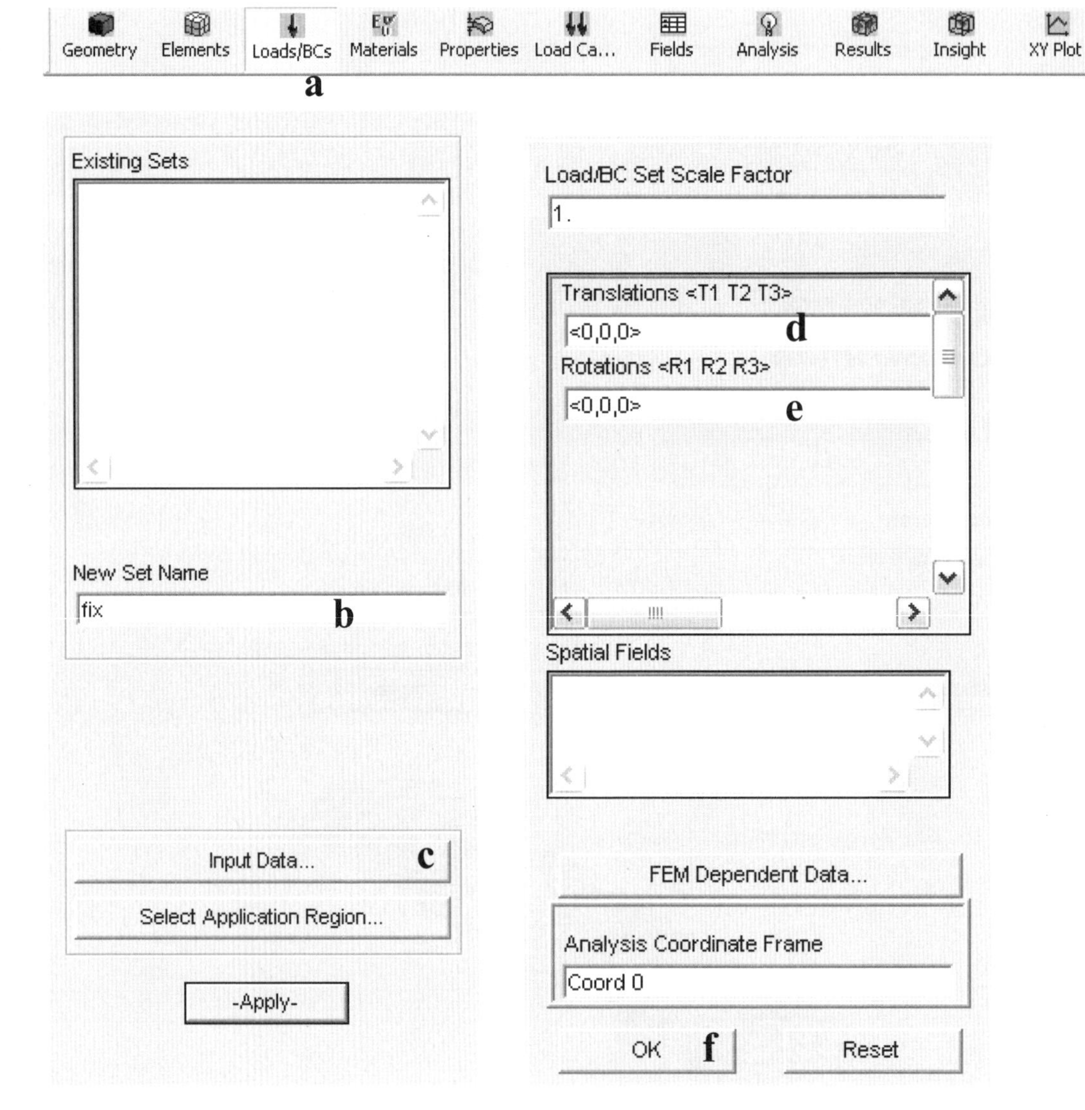

h: 點選 Appication Region，

i: Select Geometry Entities -> Solid 1.3，

j: 點選 Add，

k: 點選 OK，

l: 點選 Apply

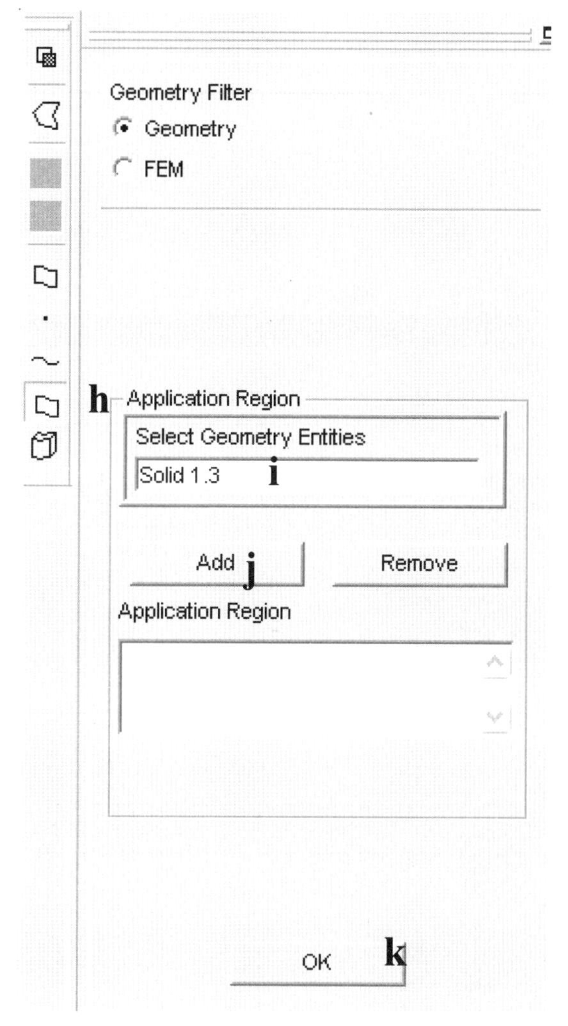

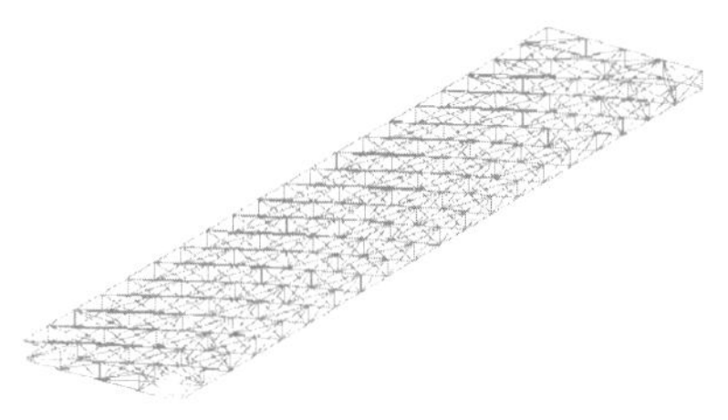

4. 定義材料性質

a: 點選 Materials，

b: Material Name -> steel，

c: 點選 Input Properties，

d: Elastic Modulus -> 2E11，

e: Poisson Ration -> 0.266，

f: Density -> 7860，

g: 點選 OK，

h: 點選 Apply

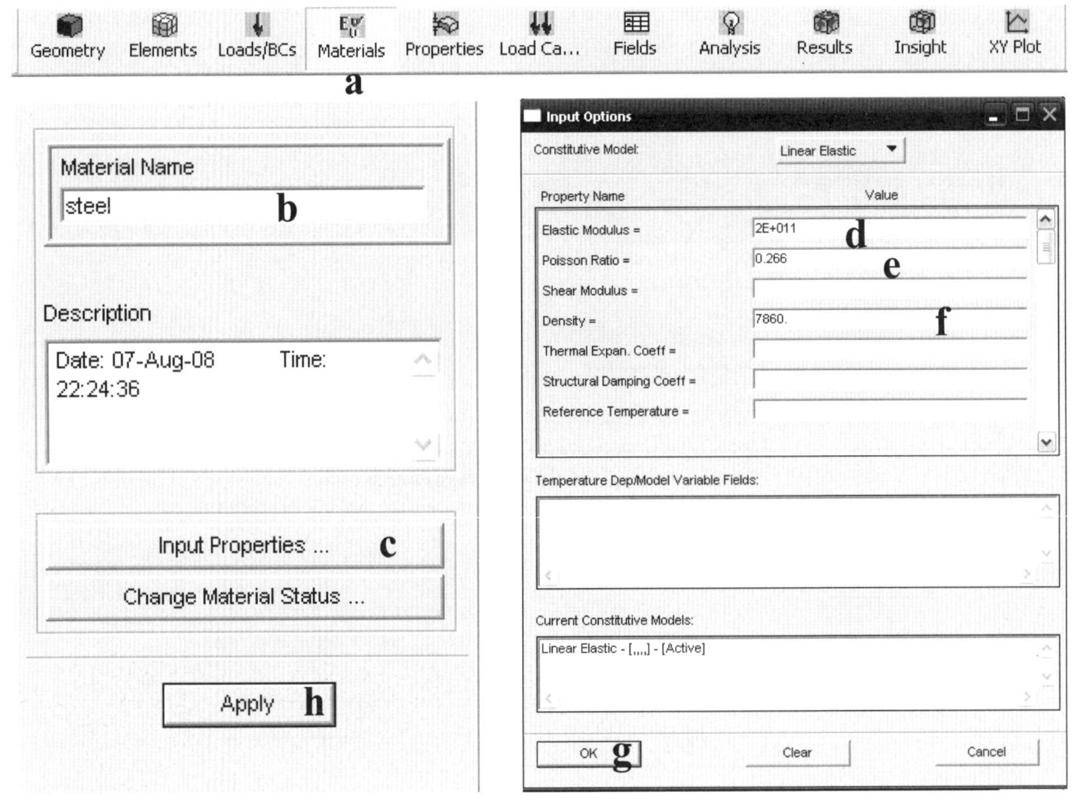

5. 定義元素性質

a: 點選 Properties，

b: Object -> 3D，

c: Property Set Name -> Steel_Plate，

d: 點選 Input Properties，

e: 點選 Mat Prop Name，

f: Select Existing Material -> steel，

g: 點選 OK，

h: Select Members -> Solid 1，

i: 點選 Add，

j: 點選 Apply

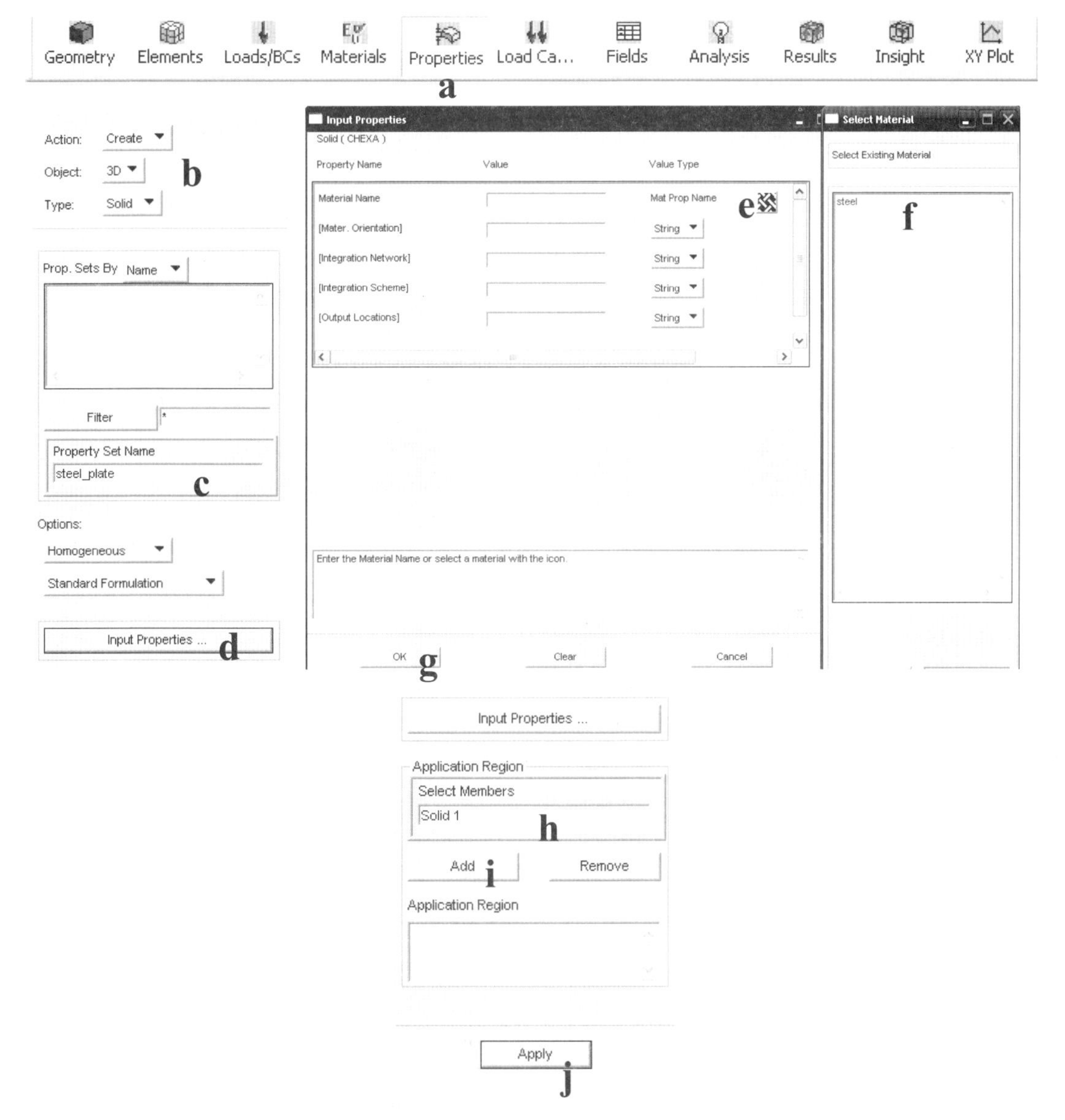

a: 點選 Analysis，進行分析

b: Job Name -> steel_plate_3d，

c: 點選 Solution Type，

d: 點選 NORMAL MODES，

e: 點選 Solution Parameters，

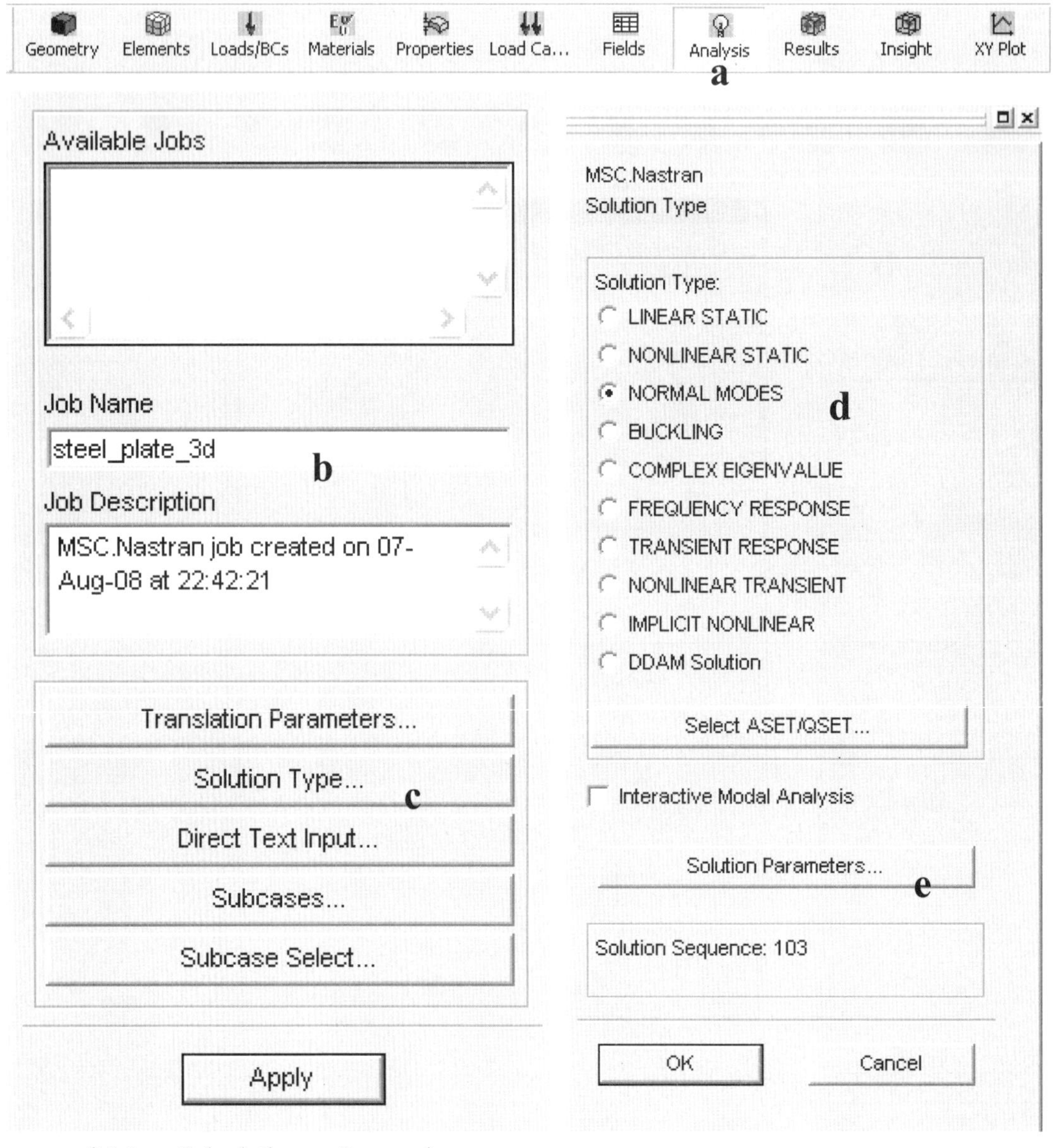

f: Mass Calculation -> Lumped，

g: 點選 OK，

h: 點選 Subcases，

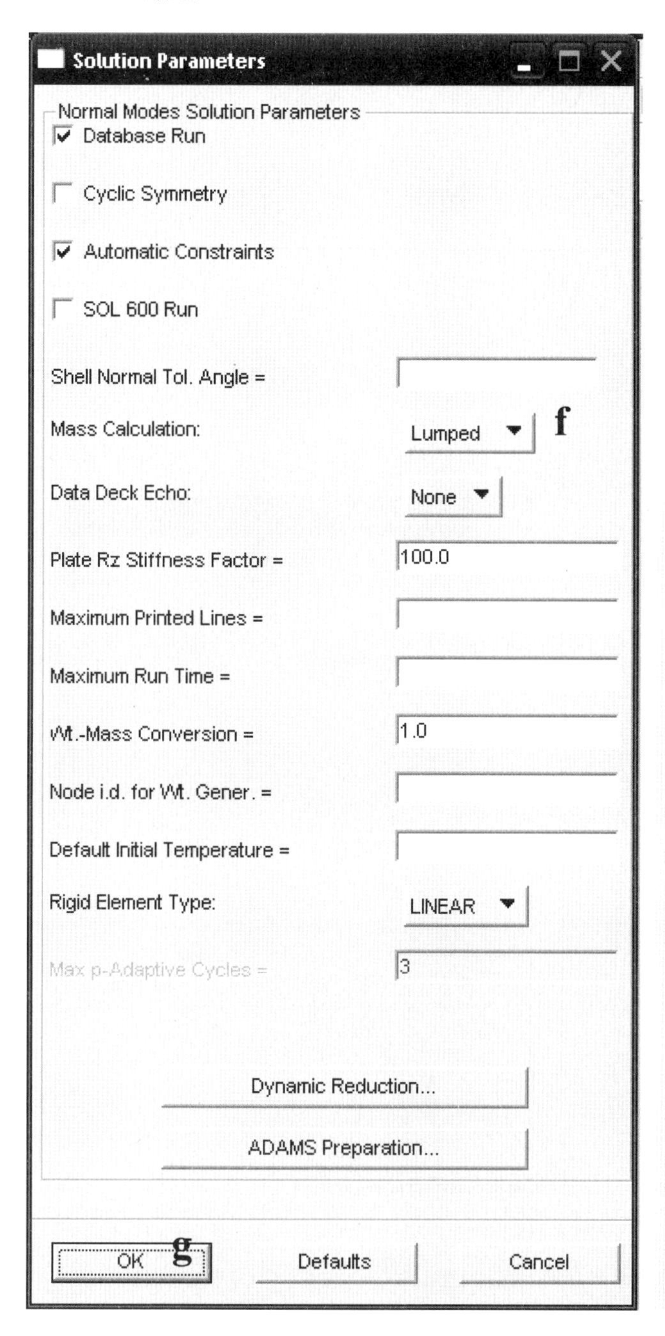

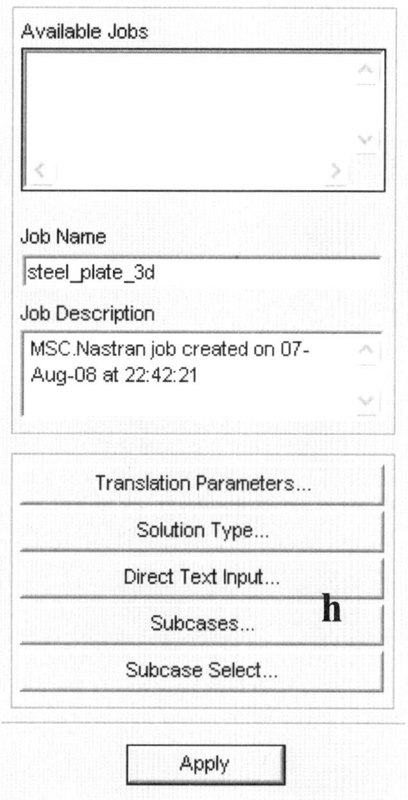

i: Available Subcases -> Default，

j: 點選 Subcase Parameters，

k: 點選 Apply，

l: Number of Desired Roots = -> 6，

m: 點選 OK

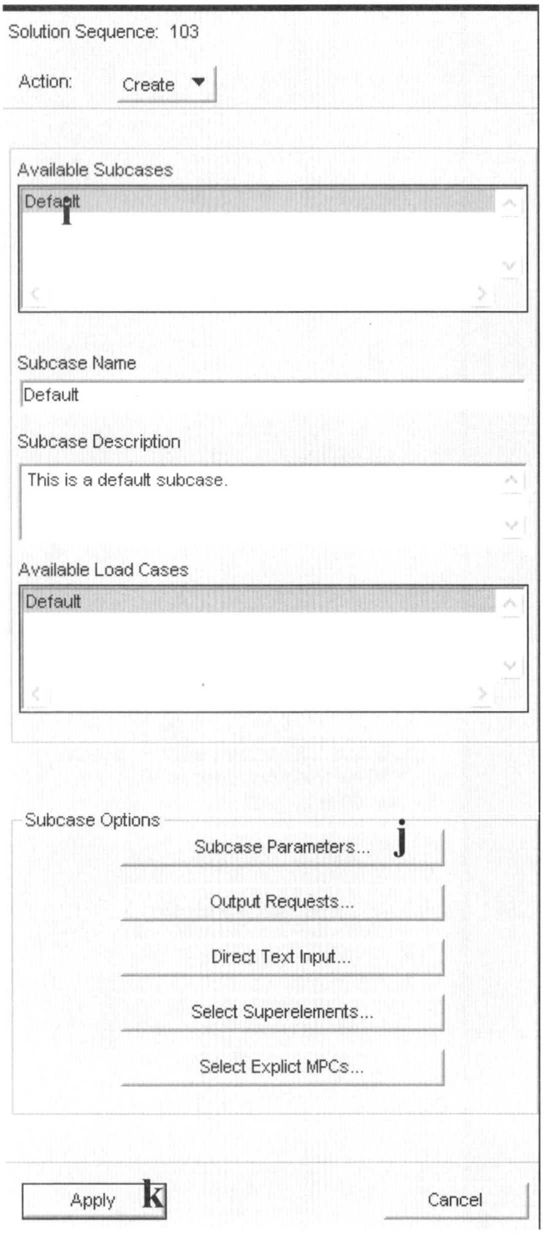

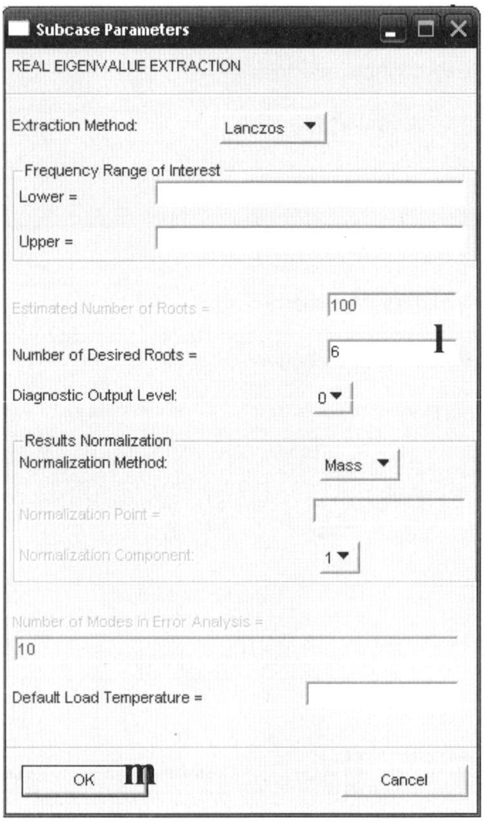

Solution Sequence: 103
Action: Create
Available Subcases
Default i
Subcase Name
Default
Subcase Description
This is a default subcase.
Available Load Cases
Default
Subcase Options
Subcase Parameters... j
Output Requests...
Direct Text Input...
Select Superelements...
Select Explicit MPCs...
Apply k
Cancel

Subcase Parameters
REAL EIGENVALUE EXTRACTION
Extraction Method: Lanczos
Frequency Range of Interest
Lower =
Upper =
Estimated Number of Roots = 100
Number of Desired Roots = 6 l
Diagnostic Output Level: 0
Results Normalization
Normalization Method: Mass
Normalization Point =
Normalization Component: 1
Number of Modes in Error Analysis =
10
Default Load Temperature =
OK m
Cancel

6. 將結果檔匯入

a: 點選 Analysis，

b: Action -> Access Results，

c: 點選 Select Results File，

d: 點選 steel_plate_3d.xdb，

e: 點選 OK，

f: 點選 Apply

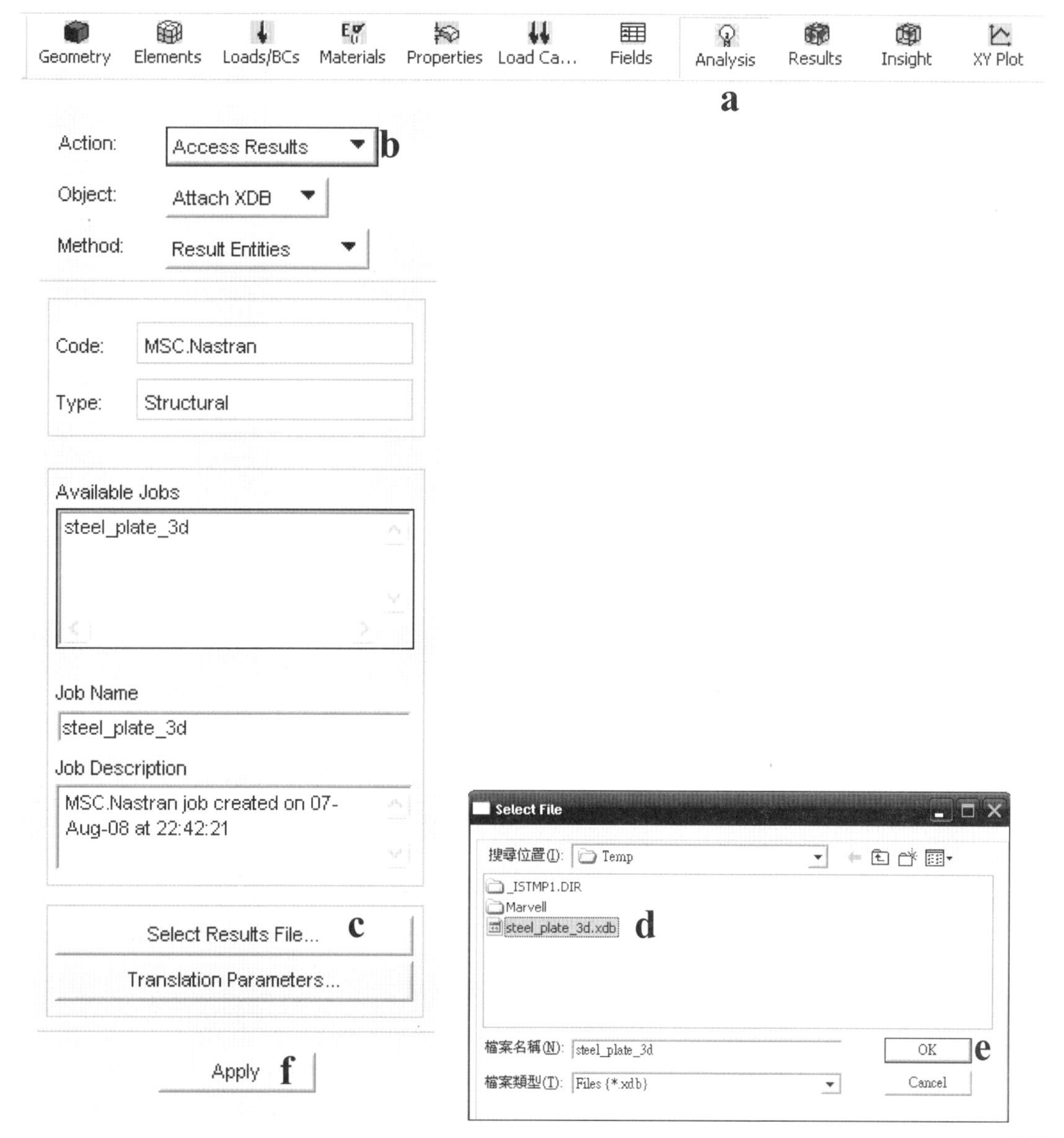

a: 點選 Results，

b: 點選 Default, A1:Mode 1:Freq.=1.6497，

c: Select Fringe Result -> 點選 Eigenvectors, Translational，

d: Select Deformation Result -> 點選 Eigenvectors, Translational，

e: 點選 Apply

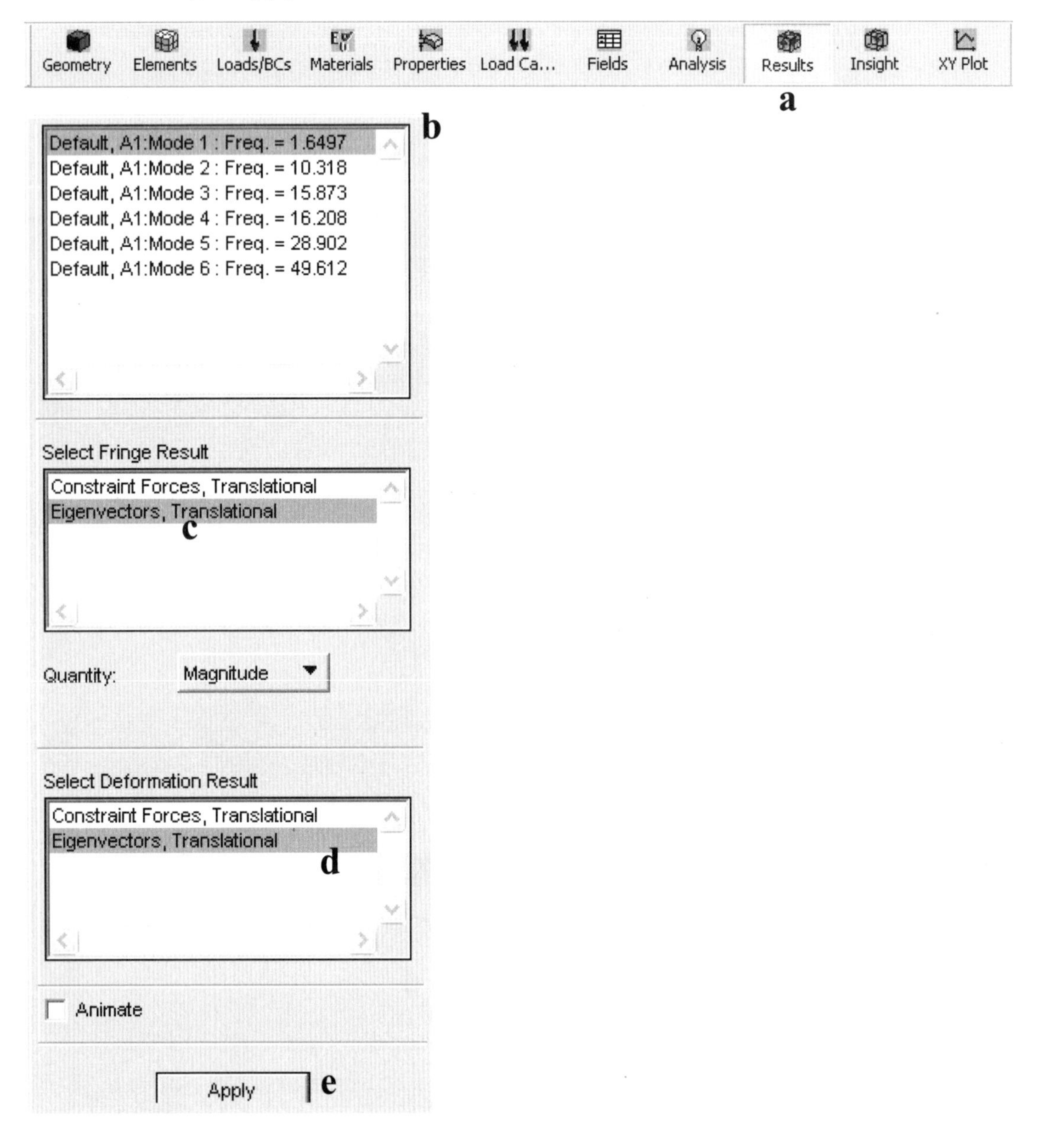

第一模態：1.6497 Hz

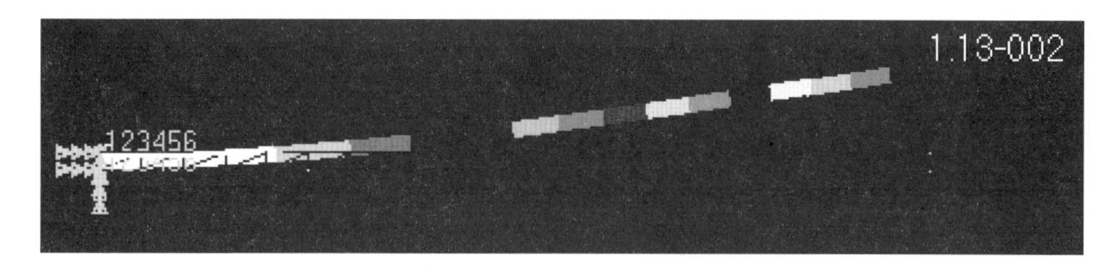

第二模態：10.318 Hz

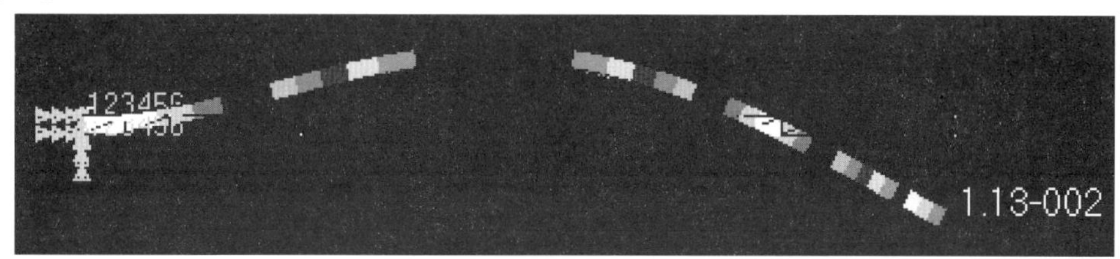

第三模態：15.873 Hz

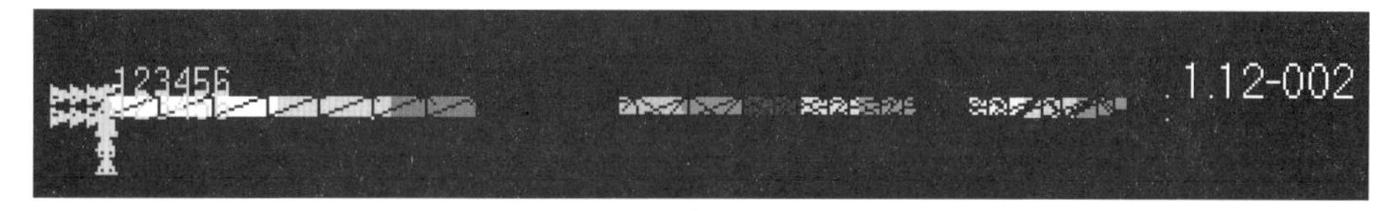

第四模態：16.208 Hz

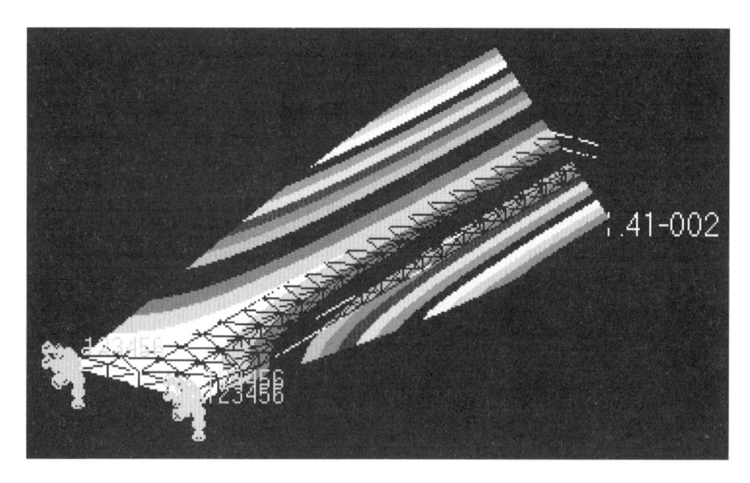

第五模態：28.902 Hz

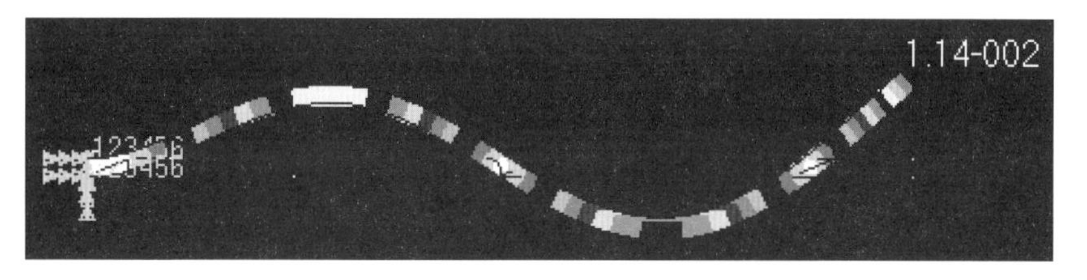

第六模態：49.612 Hz

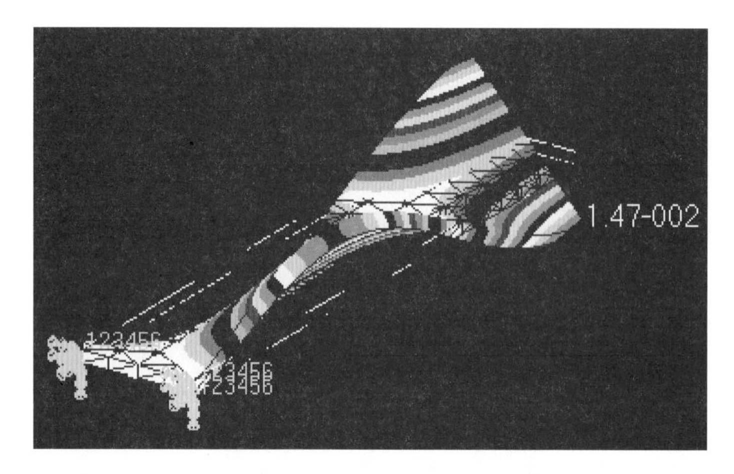

7. 最後修改檔 steel_plate_3d.bdf 爲 steel_plate_3d.dat 然後依照下圖所示之說明增減之 (請參考 RecurDyn/Help/content/Rflex/Flexible body Interface/MSC/NASTRAN Interface)，並且以 MSC.Nastran 2005 從新執行修改後之 steel_plate_3d.dat 檔案以獲取 steel_plate_3d.pch 檔。

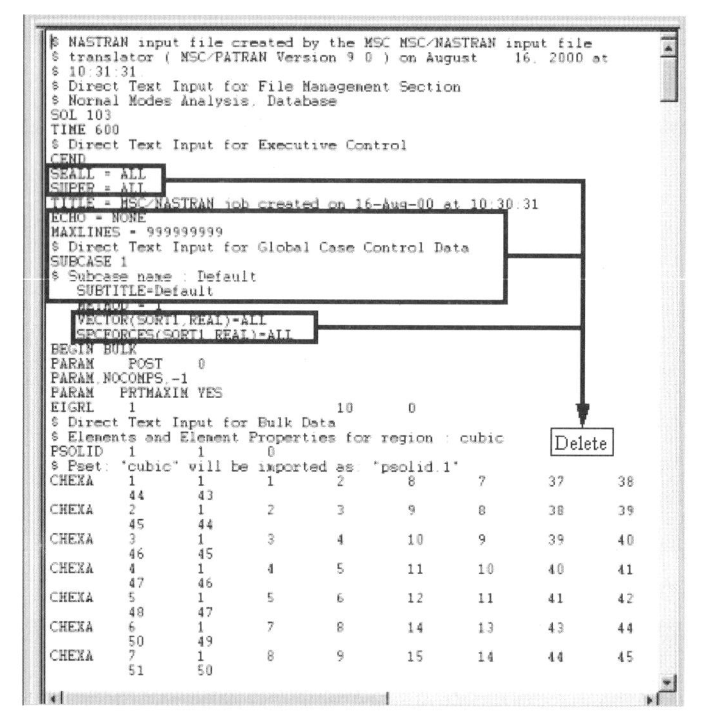

```
$ NASTRAN input file created by the MSC MSC/NASTRAN input file
$ translator ( MSC/PATRAN Version 9 0 ) on August    16, 2000 at
$ 10:31:31
$ Direct Text Input for File Management Section
$ Normal Modes Analysis, Database
SOL 103
TIME 600
$ Direct Text Input for Executive Control
CEND
SEALL = ALL
SUPER = ALL
TITLE = MSC/NASTRAN job created on 16-Aug-00 at 10:30:31
ECHO = NONE
MAXLINES = 999999999
$ Direct Text Input for Global Case Control Data
SUBCASE 1
$ Subcase name : Default
   SUBTITLE=Default
   METHOD = 1
   VECTOR(SORT1,REAL)=ALL
   SPCFORCES(SORT1,REAL)=ALL
BEGIN BULK
PARAM    POST    0
PARAM,NOCOMPS,-1
PARAM   PRTMAXIM YES
EIGRL    1                       10      0
$ Direct Text Input for Bulk Data
$ Elements and Element Properties for region : cubic
PSOLID   1       1       0
$ Pset: "cubic" will be imported as: "psolid.1"
CHEXA    1       1       1       2       8       7       37      38
         44      43
CHEXA    2       1       2       3       9       8       38      39
         45      44
CHEXA    3       1       3       4       10      9       39      40
         46      45
CHEXA    4       1       4       5       11      10      40      41
         47      46
CHEXA    5       1       5       6       12      11      41      42
         48      47
CHEXA    6       1       7       8       14      13      43      44
         50      49
CHEXA    7       1       8       9       15      14      44      45
         51      50
```


DMAP command Delete

RecurDyn 針對撓性體分析步驟：

1. 開啓 RecurDyn 軟體，設定單位
2. 進入開始畫面
3. 利用 Flexible －＞ Flexible Interface Selection (6.0 以前之版本)或者利用 RFlex －＞ RFlex Interface Selection (6.4 以後之版本)，將 ANSYS 產生的檔案處理

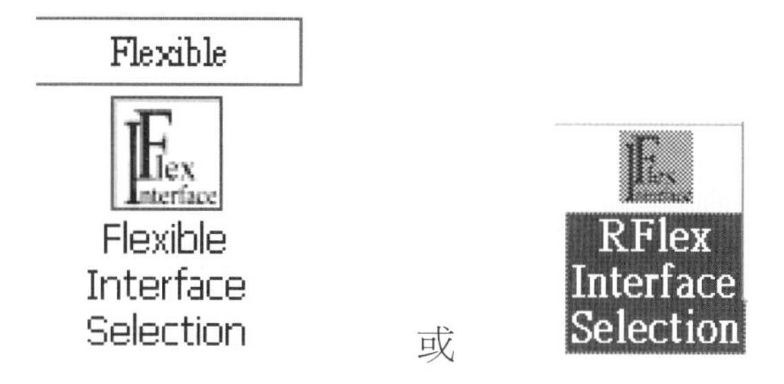

4. 選擇來源類型與路徑、單位、輸出檔案

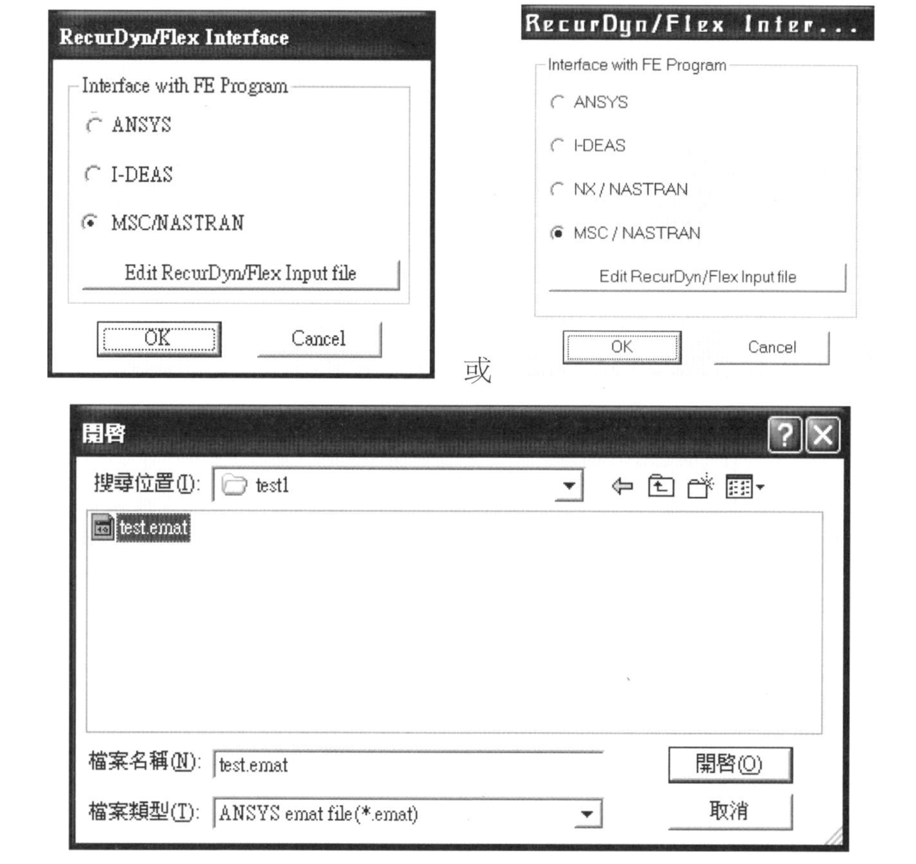

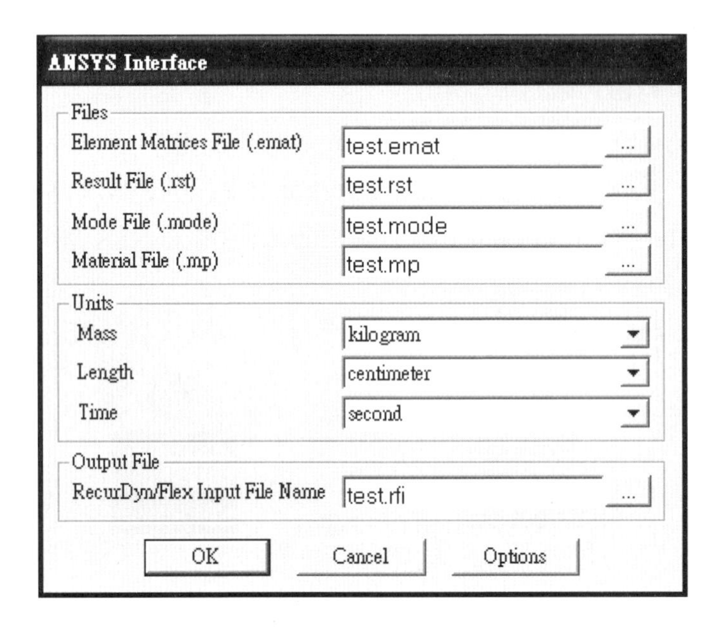

5. 處理檔案正確，出現成功訊息

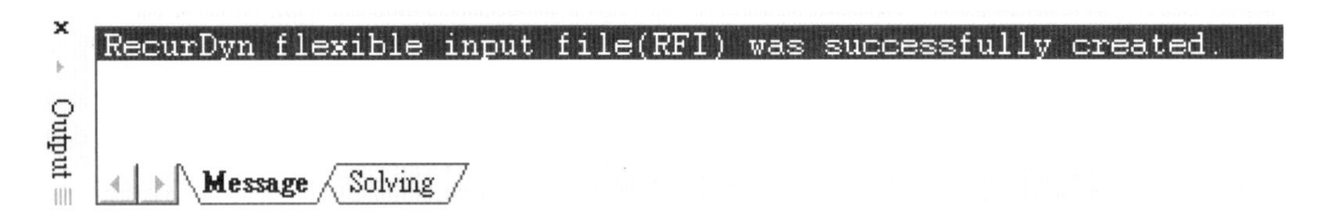

6. 利用 Flexible －> Flexible Body Import (6.0 以前之版本)或者利用 RFlex －> RFlex Body Import (6.4 以後之版本)，將檔案匯入 RecurDyn 軟體

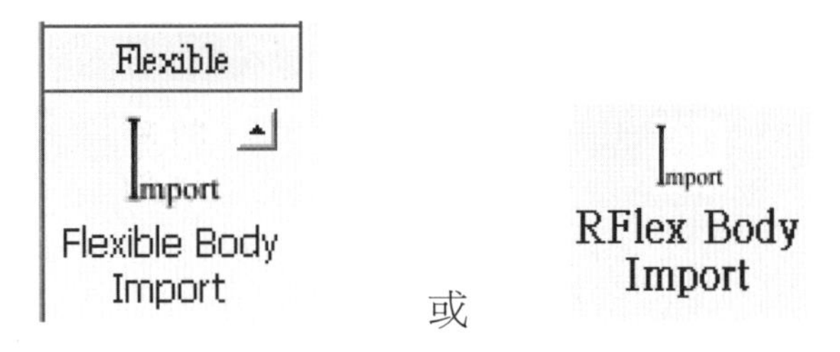

7. 接下來之執行步驟則與 7.1 節之說明 ANSYS 匯入 RecurDyn 範例的第 8 步驟以後之所有步驟皆相同。

第八章 多體系統控制分析範例

8.1 RecurDyn/Colink 控制分析

在本範例中，吾人運用 RecurDyn 軟體中的控制分析模組 Colink 來進行與模擬一個多體系統-倒單擺之動力學控制分析問題[29]。

1. 開啓檔案(inverse_pendulum_i.rdyn)

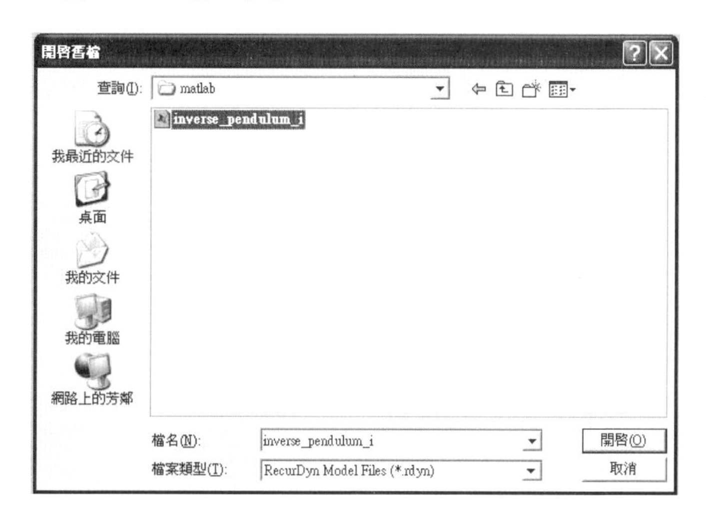

2. 設定軸向力 Force->Axial 選用 body.body.point.point 先點選地面再點車子

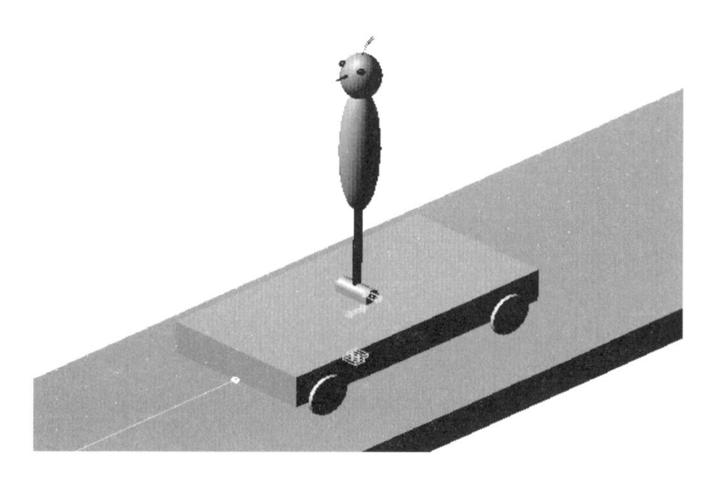

3. 軸向力設定完成圖

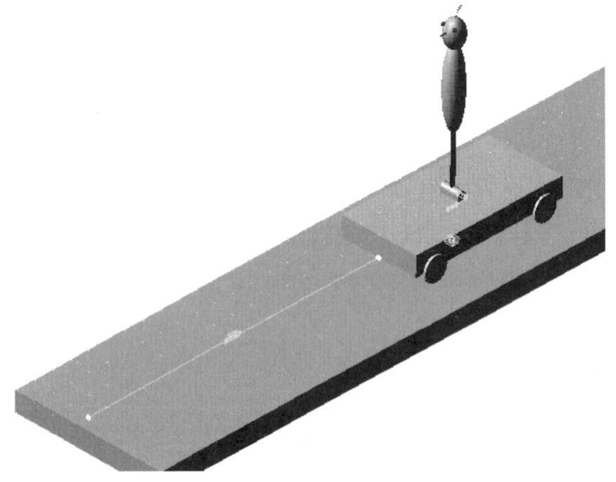

4. 點選 Tools 的 Colink

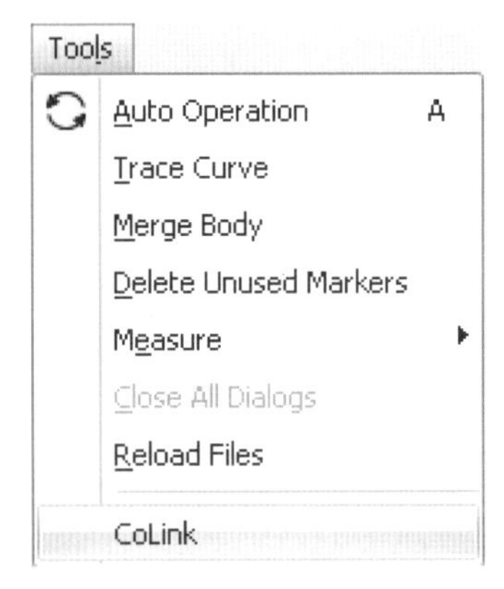

5. 進入 Colink 的介面中，點選 Plant Input

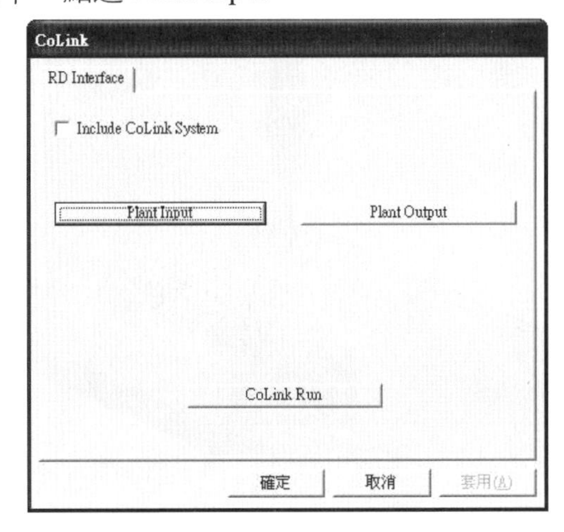

6. 進入 Plant Input 後點選 Add，然後將 Plant Input 名稱設定爲 control_force，最後按確定

7. 再從 Colink 的介面中，點選 Plant Output

8. 進入 Plant Output 後點選 Add 兩次，將倒單擺的旋轉接點連接的兩物體加入 ID1 與 ID2 後再以方塊輸入「az(2,1)」

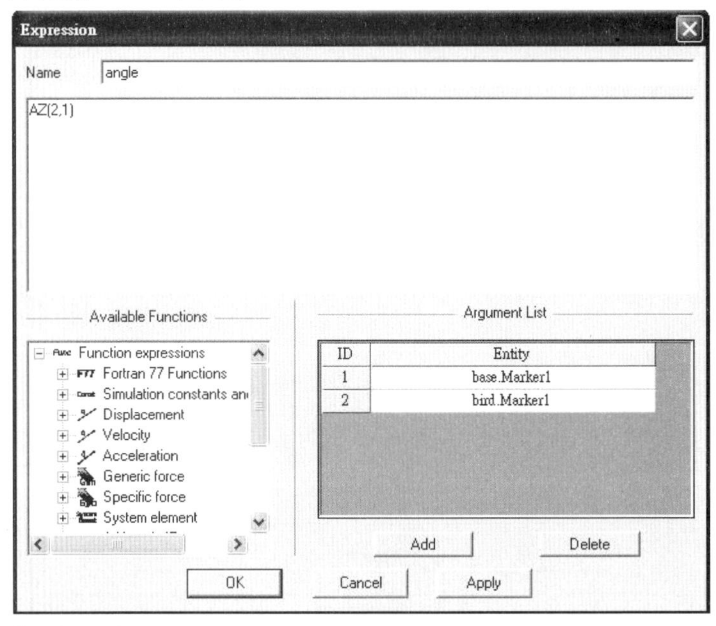

9. 輸入完成後的 Plant Output

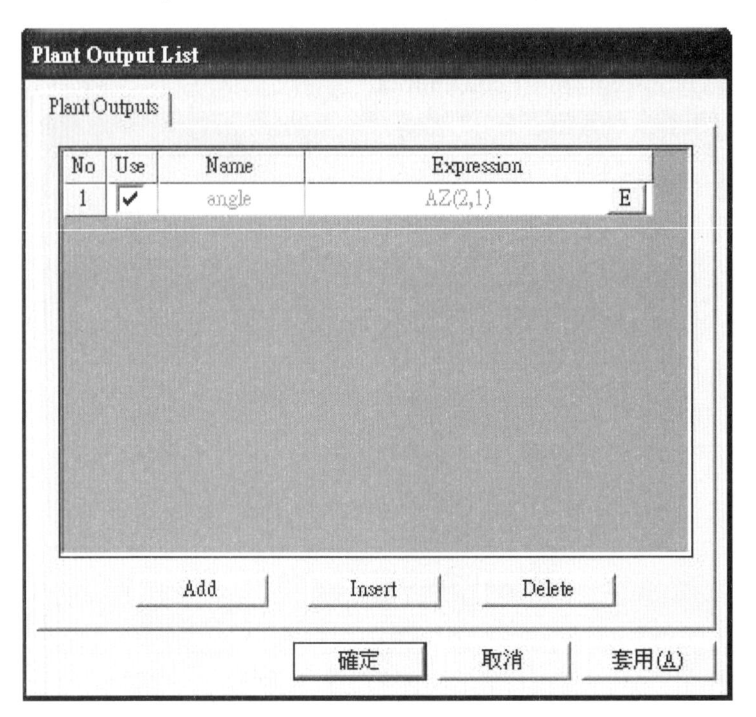

10. Colink 現階段設定完成

CoLink
RD Interface
Include CoLink System
Plant Input
Plant Output
CoLink Run
確定
取消
套用(A)

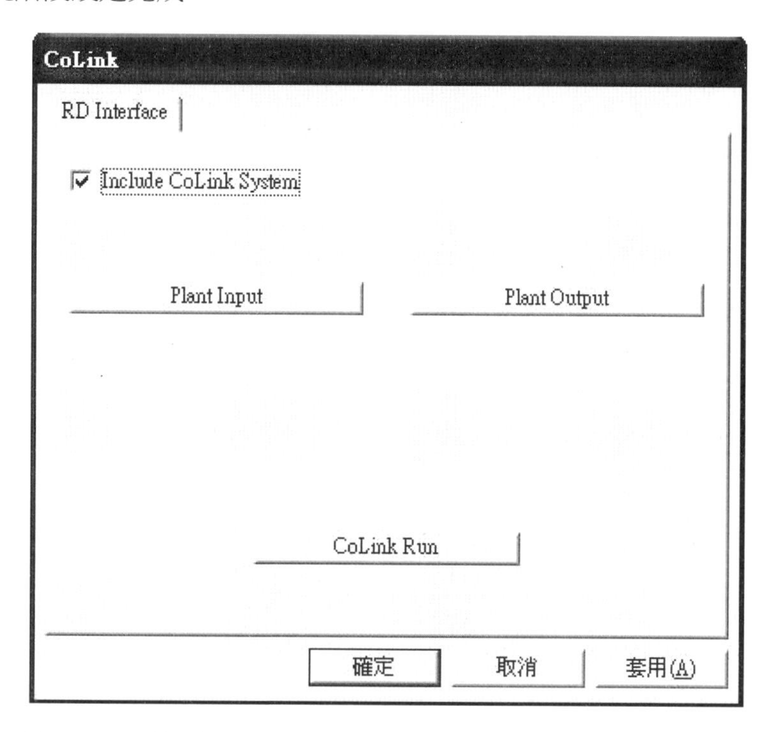

11. Revolute 接頭點右鍵選擇 Properties 並輸入 Position 數值假設為 1

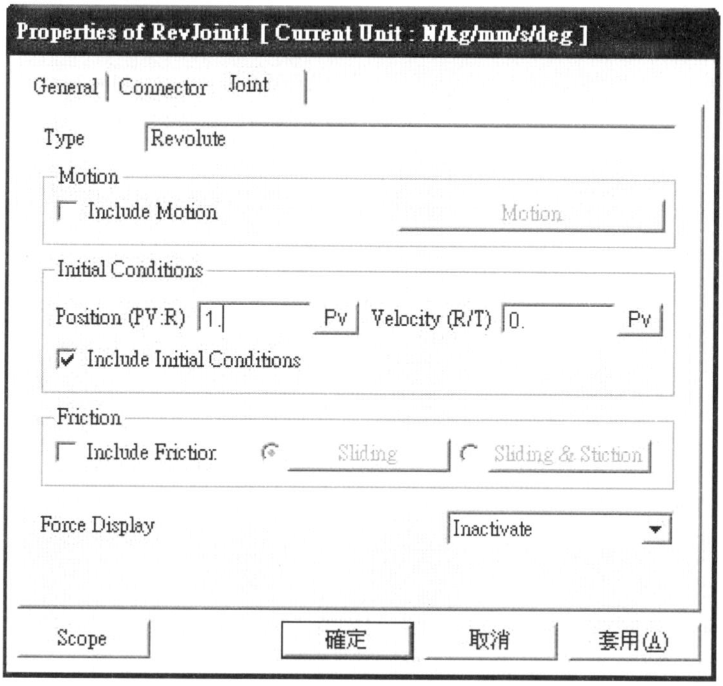

Properties of RevJoint1 [Current Unit : N/kg/mm/s/deg]
General
Connector
Joint
Type
Revolute
Motion
Include Motion
Motion
Initial Conditions
Position (PV:R)
1.
Pv
Velocity (R/T)
0.
Pv
Include Initial Conditions
Friction
Include Friction
Sliding
Sliding & Stiction
Force Display
Inactivate
Scope
確定
取消
套用(A)

12. 將右方主目錄 Axial 快點兩下

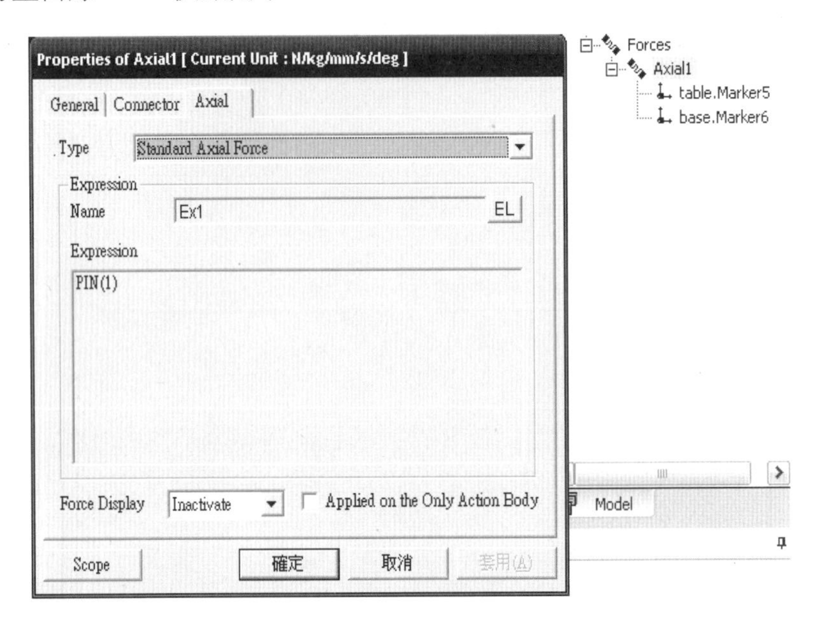

13. 點選 EL 後，再點 Insert，將設定好的 control_force 加入 ID1

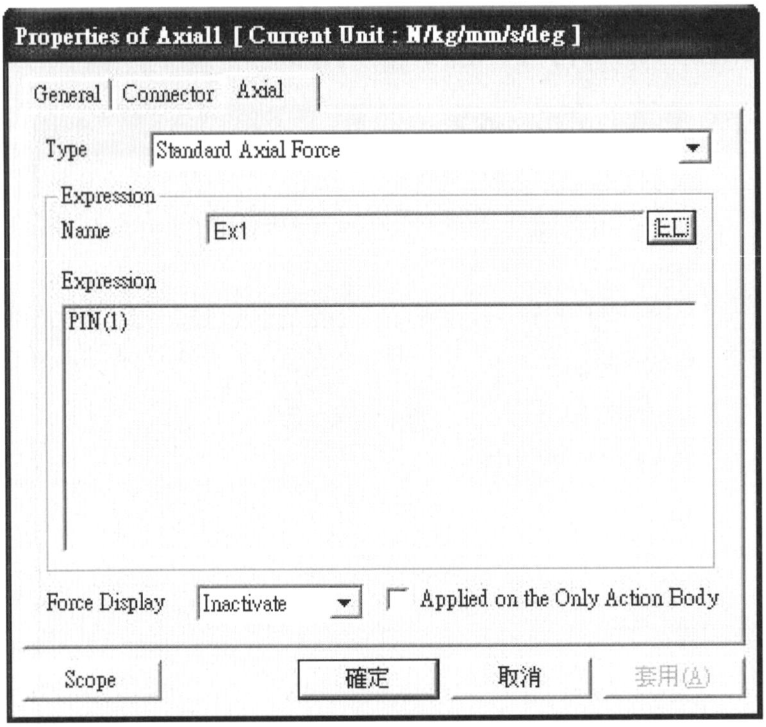

14. 設定好 control_force 後，輸入 PIN(1)

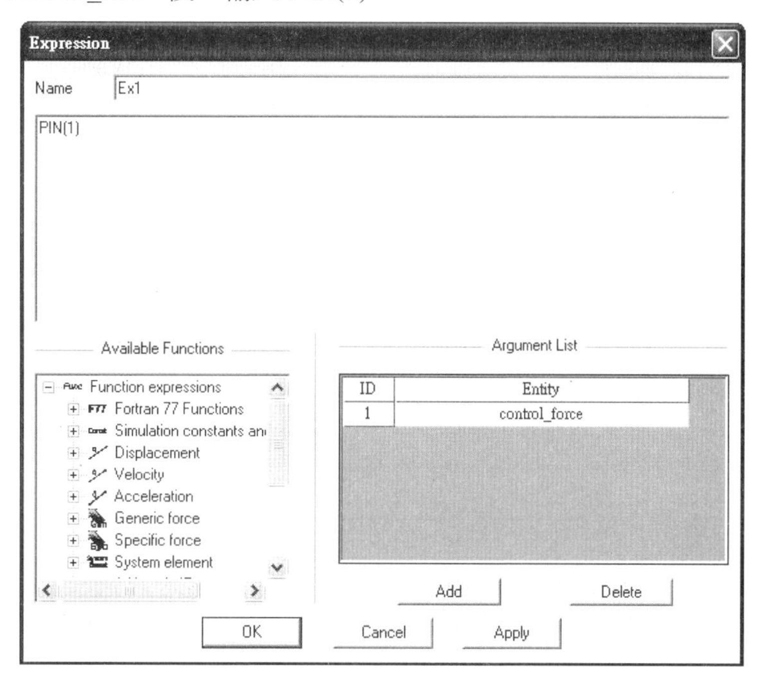

15. 設定完成

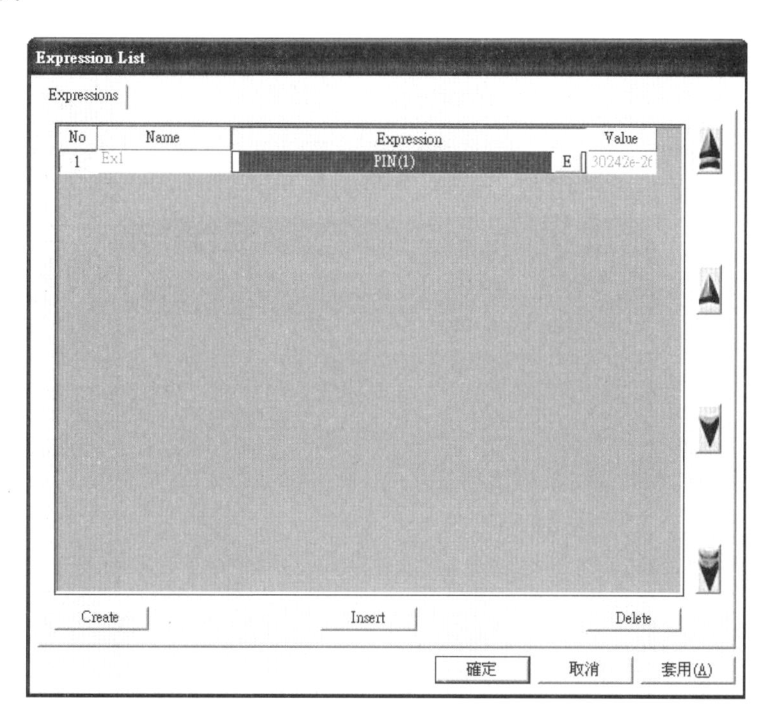

16. Axial 設定完成

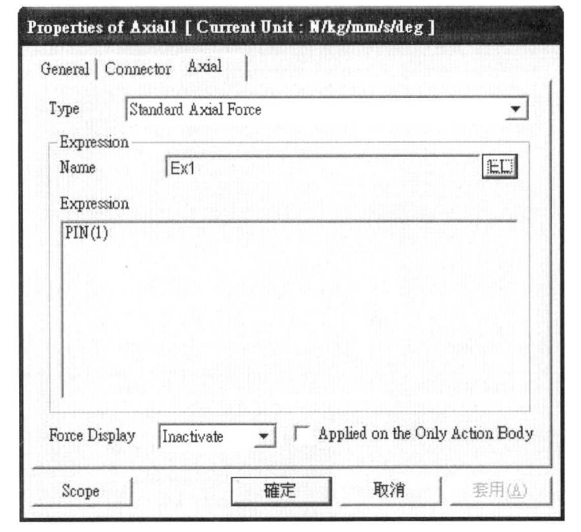

17. 再一次點選 Colink

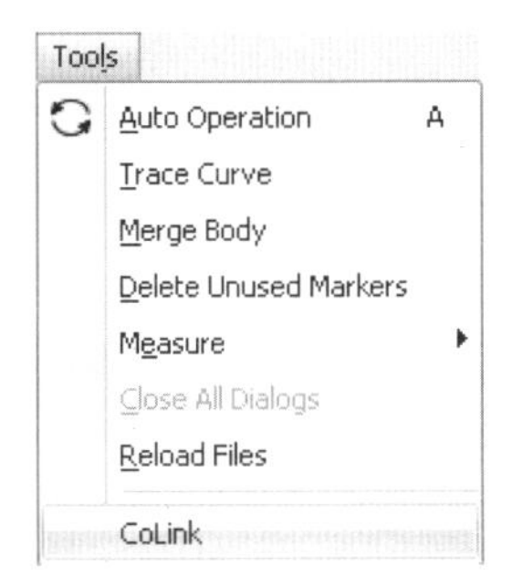

18. 然後點選 Colink Run

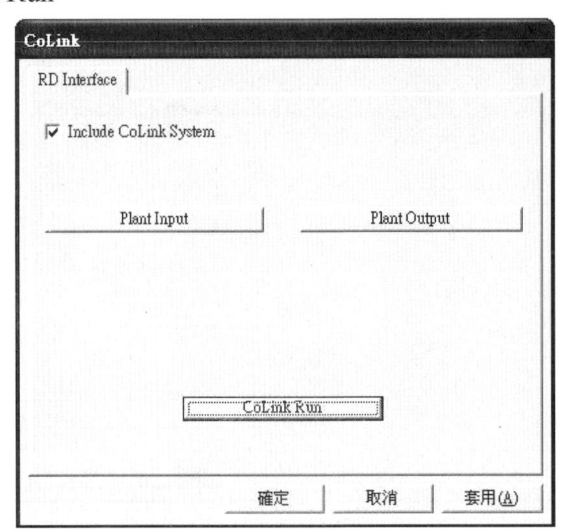

19.下面開始皆爲 Colink 設定，首先將 RecurDyn 拉進主畫面

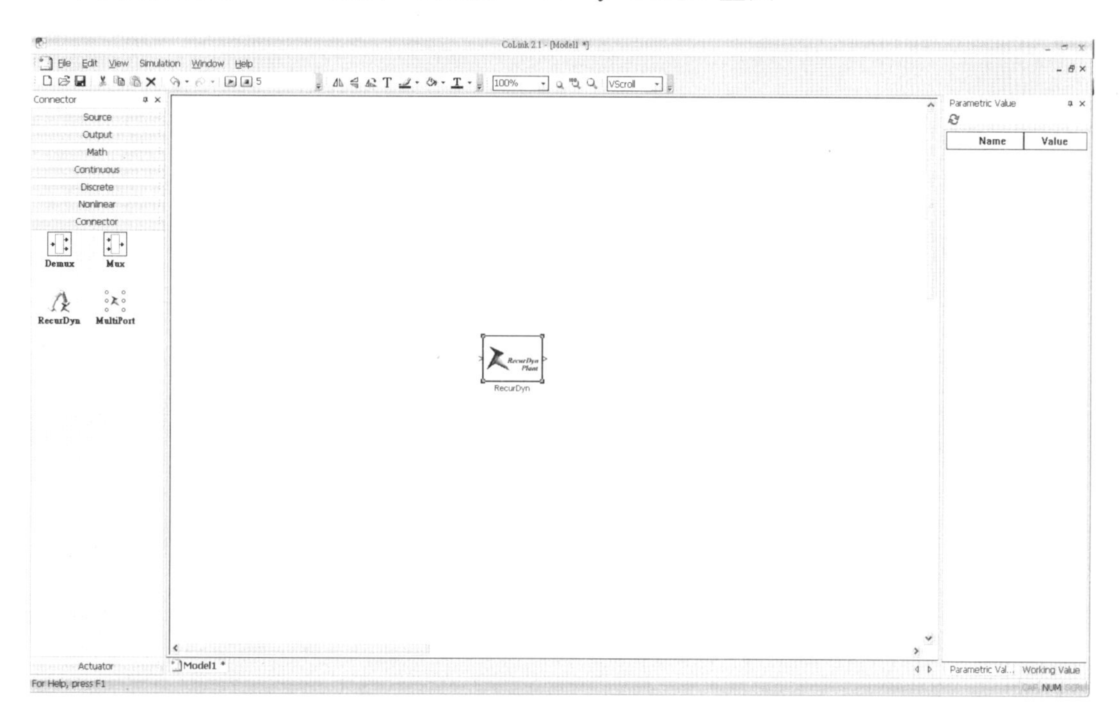

20. 加入 Sum 並快點 Sum 兩下將「++」改成「---」

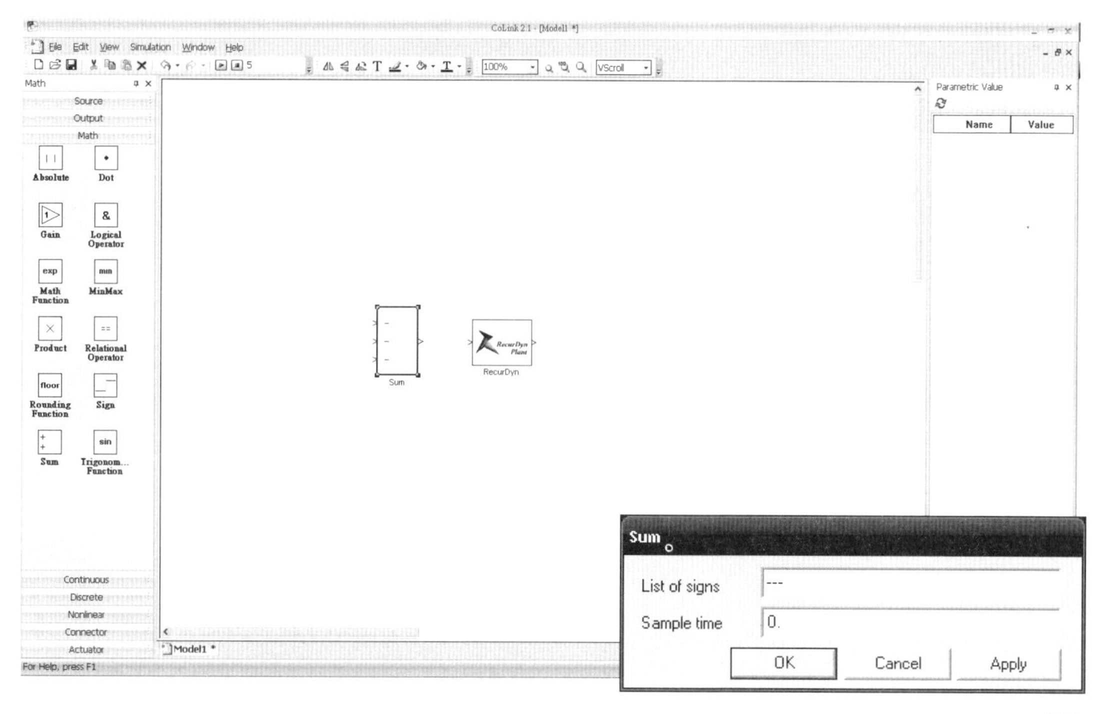

21. Gain 加入 3 次或 Gain 加入一次按 ctrl+c 再按 ctrl+v 兩次

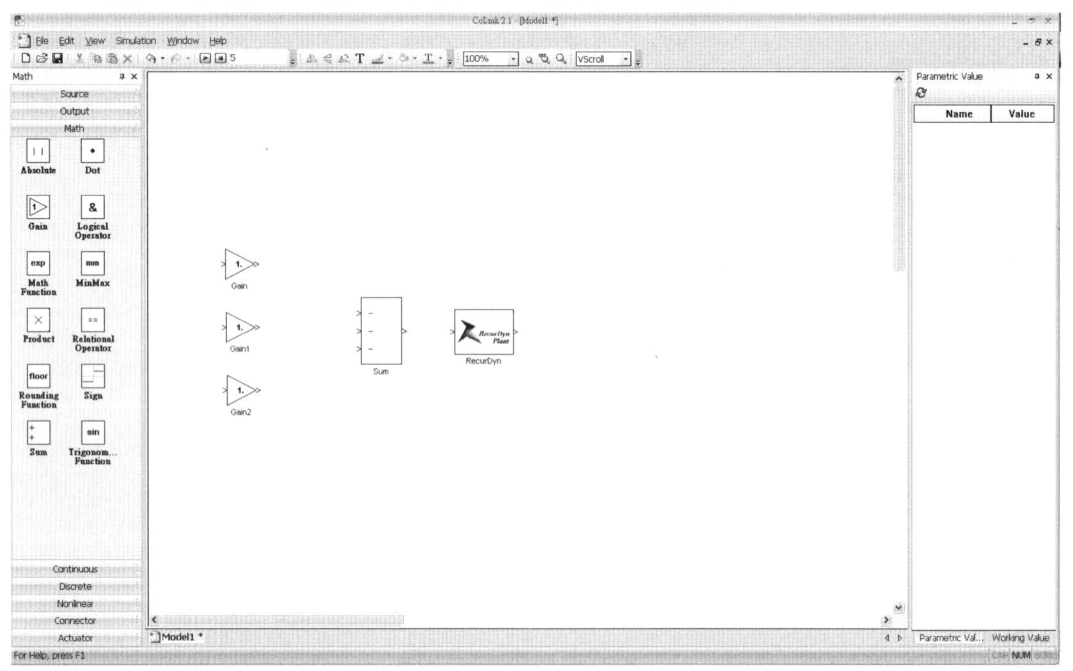

22. 加入 Integrator 與 Derivative 如下圖所示

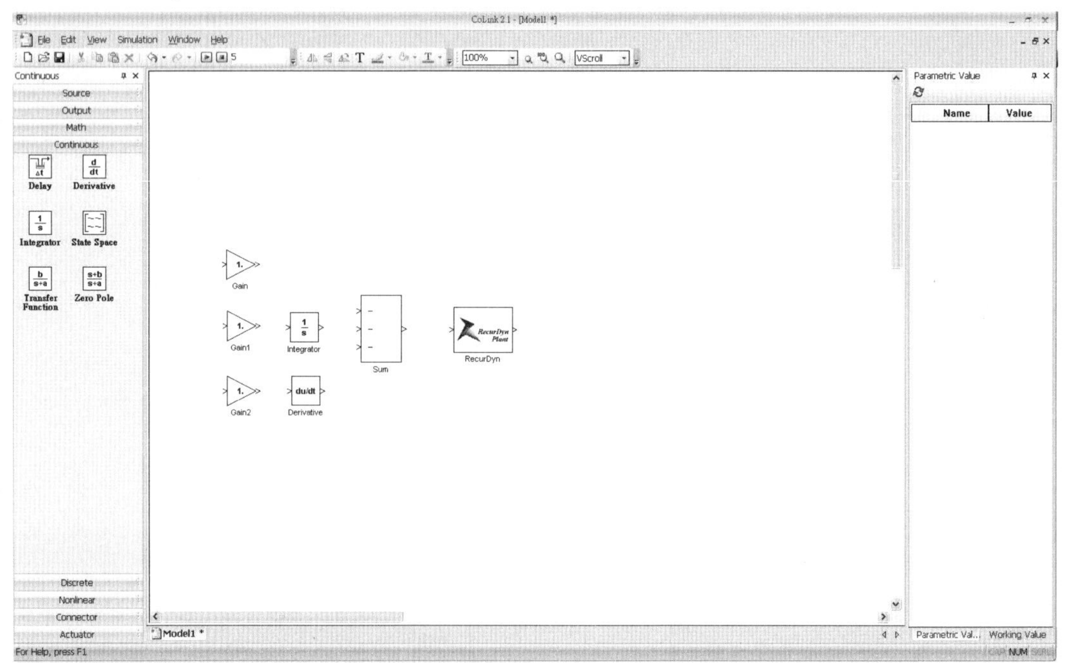

23.將之前設定好的方塊如下圖所示連接起來

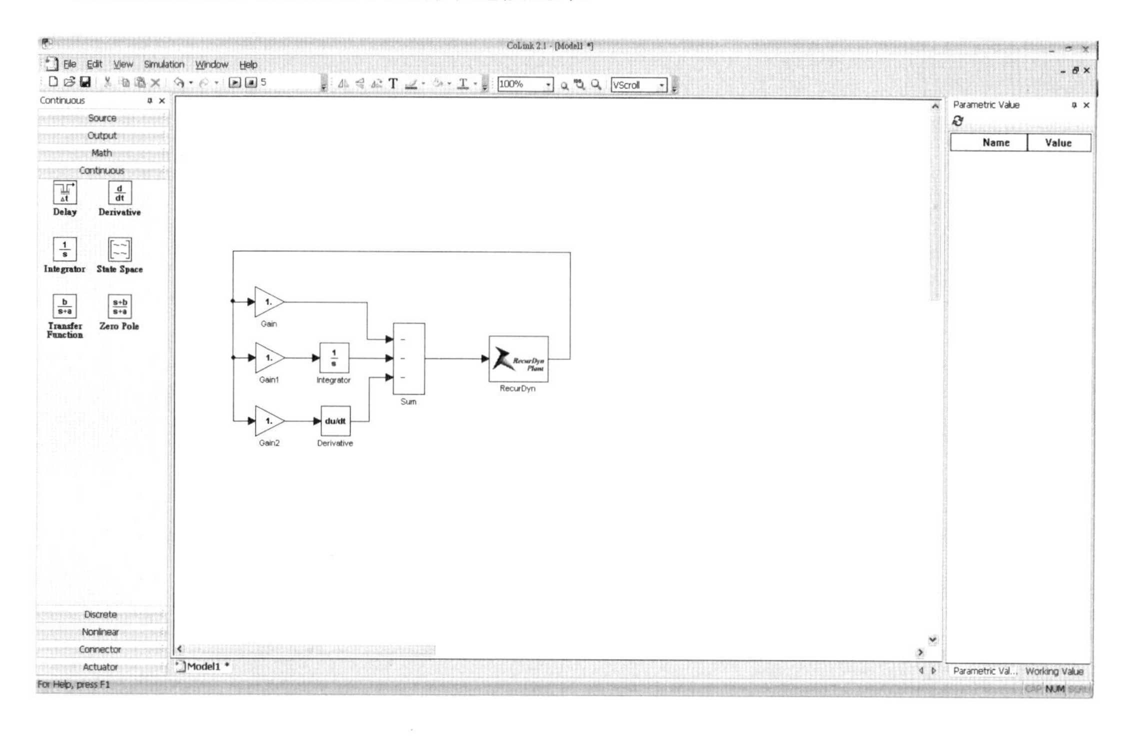

24. 快點兩下，將 Gain 原本數值改成 200，Gain1 保持 1，Gain2 改成 5

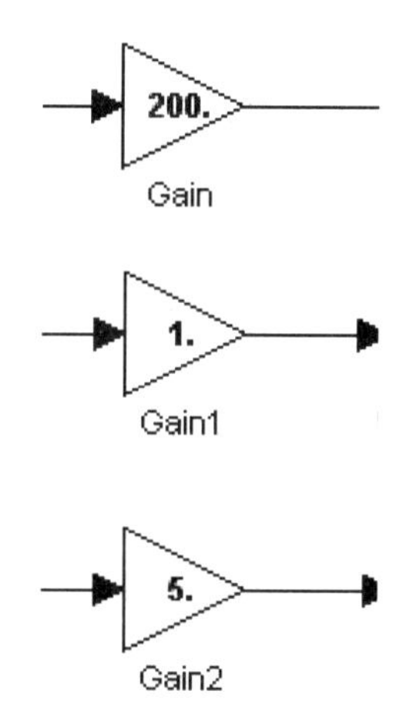

25. 修改完成後如下圖所示

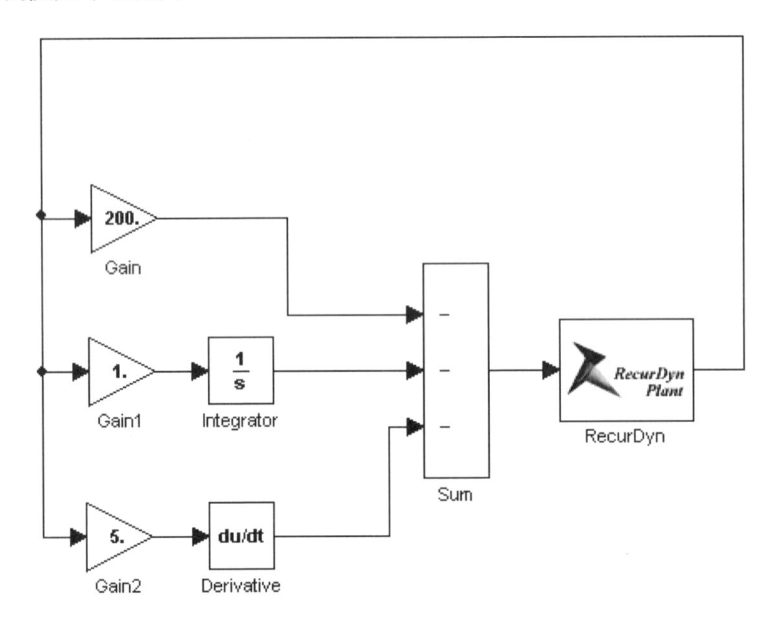

26. 設定完成後存檔。請特別注意! Colink 介面不能關掉

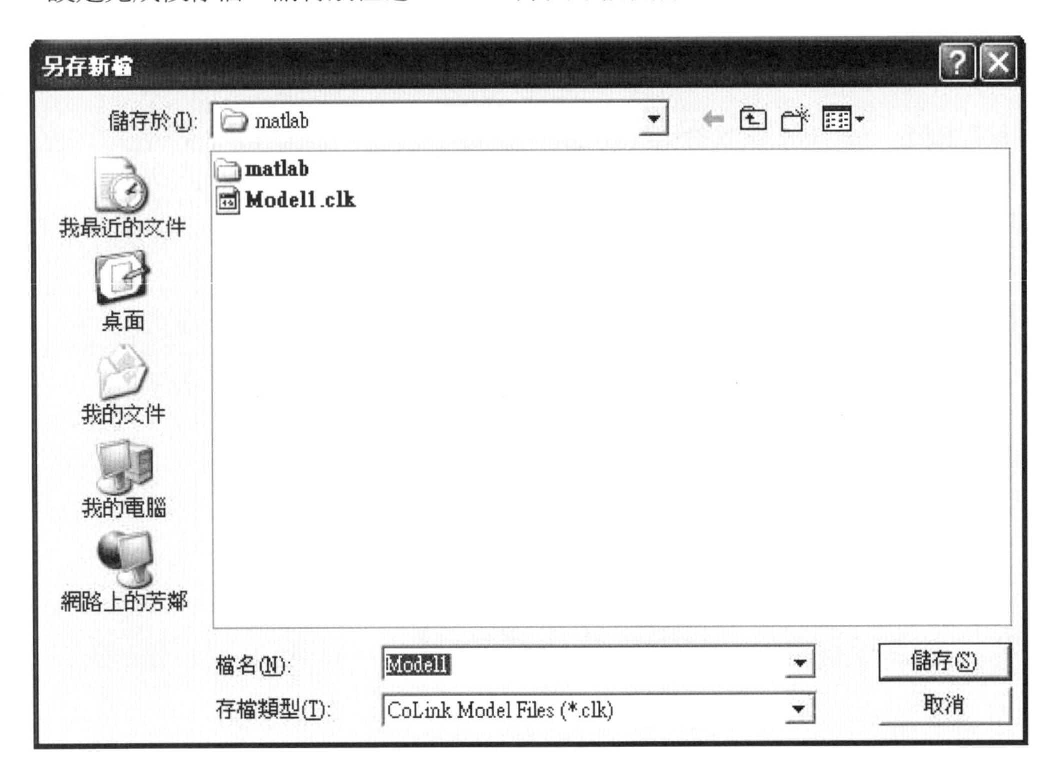

27. 將 Include Colink System 打勾

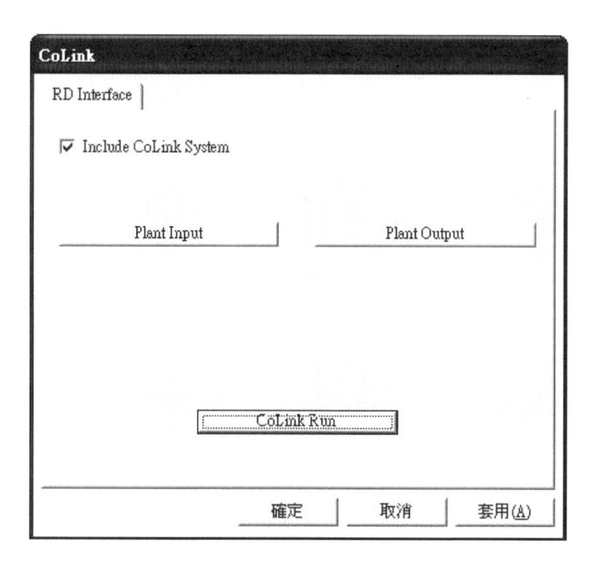

28. 回到 RD 操作介面，點選 Analysis 再按 Simulate

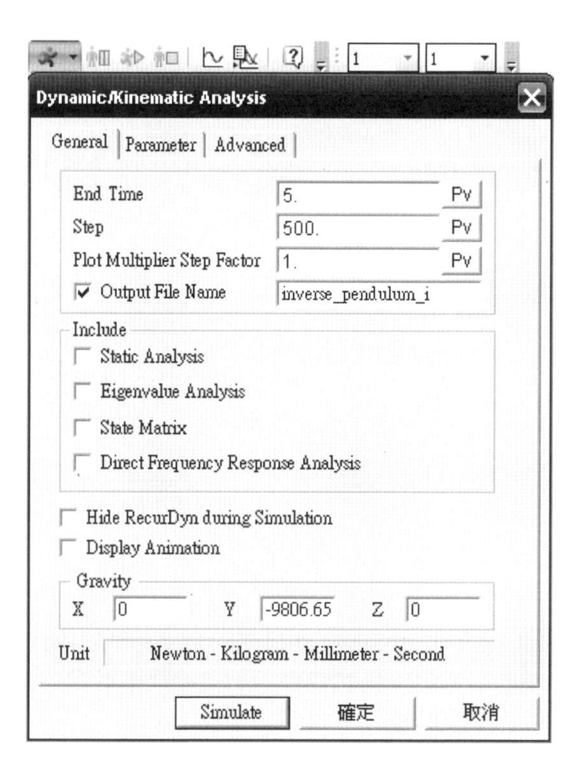

29. 最後可以得到分析模擬結果

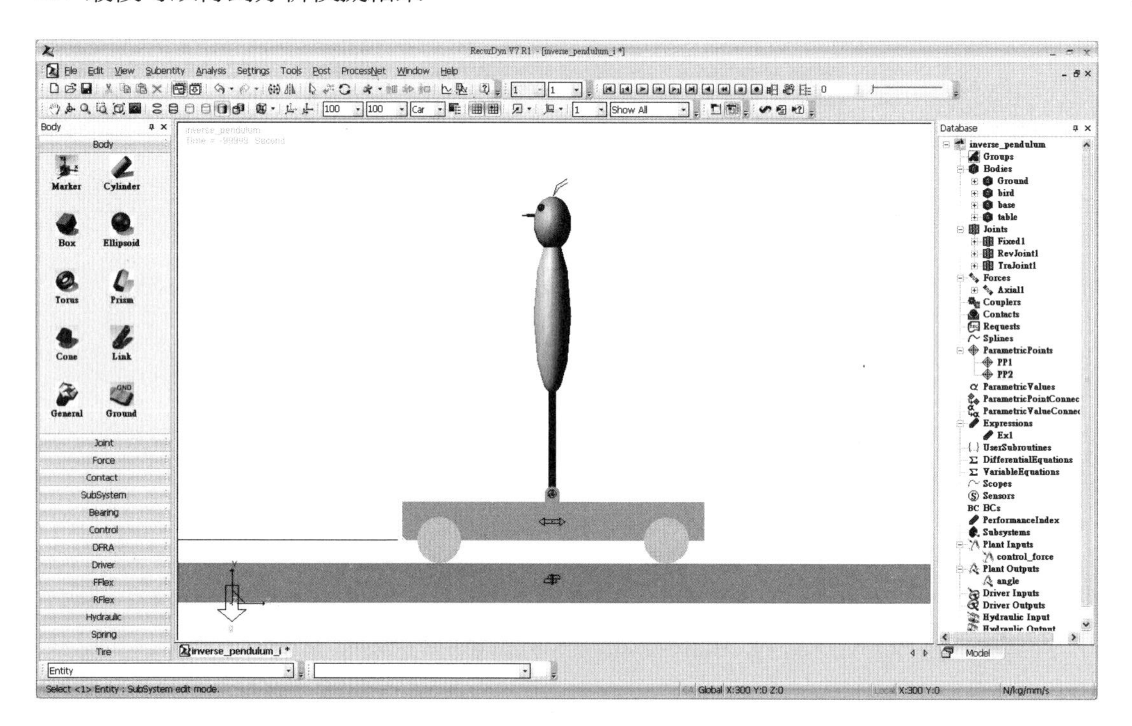

30. 軸向力的變化圖

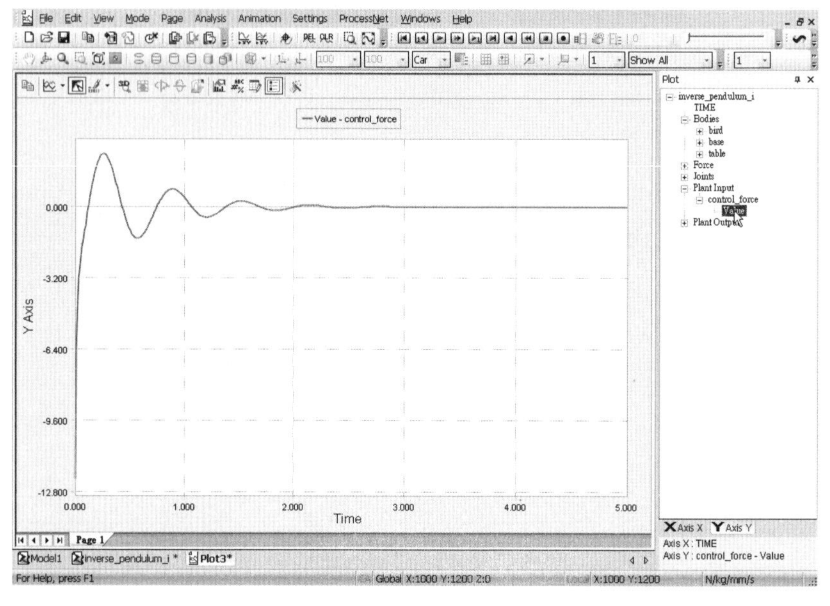

31. 可以從事其他後處理工作或結束

8.2 RecurDyn 與外部高階語言程式連結控制分析

在本範例中，吾人運用 RecurDyn 軟體中的使用者副程式介面模組與 Function Bay 所提供的一些 Fortran 副程式，經過外界程式編輯器的編譯與執行，以便進行控制分析與模擬一個多體系統-單擺之動力學控制分析問題，而所使用之程式編輯器為 Digital Visual Fortran Professional 6.0 的版本，其他版本或程式編輯器可以此類推。

1. 開啟 Fortran 程式編輯器，開新檔 New 先選擇 RD User Subroutine Wizard，再選擇儲存檔位置 D:\1，選擇新檔案名稱 1，按 OK

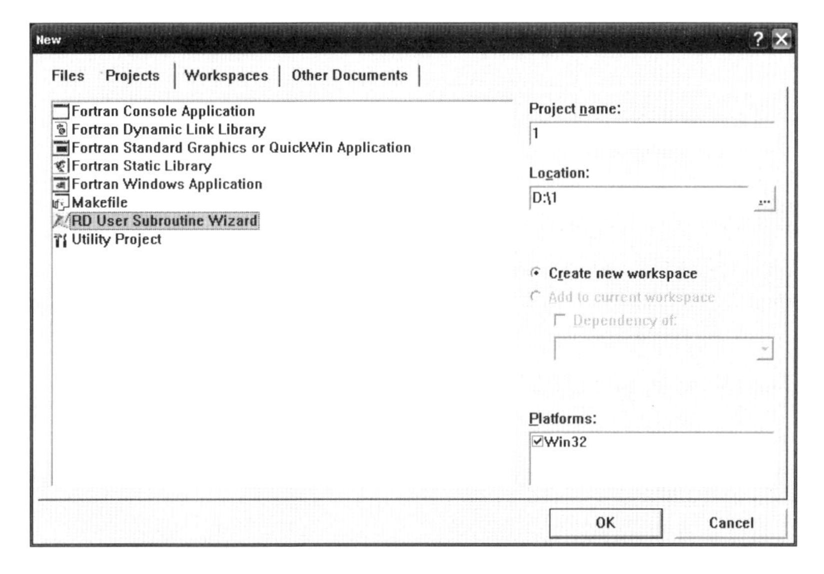

2. 選擇 Fortran，再選擇 Motion 打勾，先按 Finish，再按 OK

RD User Subroutine Wizard - Step 1 of 1
Select a programing language
C/C++
Fortran
Select user subroutines
SubEntity
DIFFERENTIAL
VARIABLE
REQUEST
Force
AXIAL
TRANSLATIONAL
ROTATIONAL
SCREW
MATRIX
TIRE
Constraint
MOTION
MTT3D
NODAL FORCE
< Back
Next >
Finish
Cancel
Help

3. 視窗左邊 1.files 底下 Source Files 底下 DllFunc.for，快點兩下

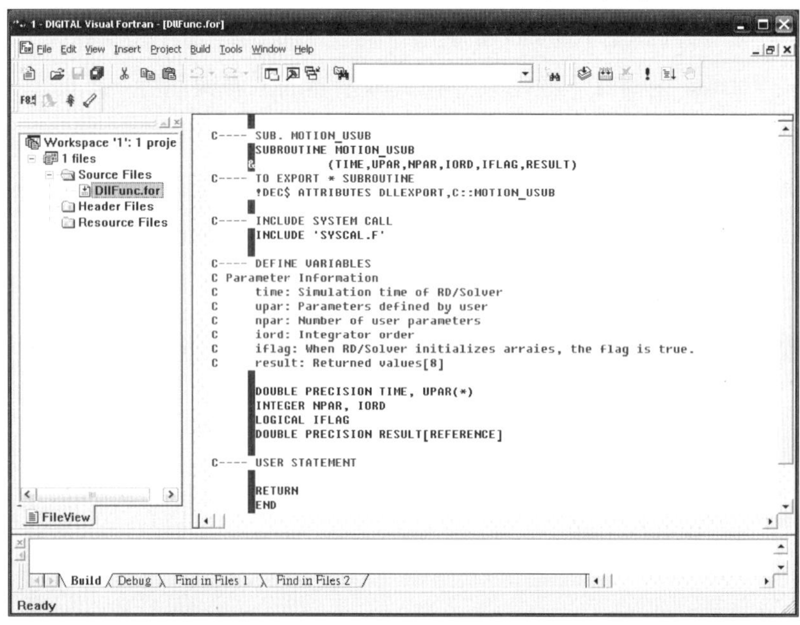

4. 在程式中USER STATEMENT下寫入result = 2*pi*time，再選擇工具列上面選項Build底下 Compile DllFunc.for(或按 Ctrl+F7)，編輯過程顯示零錯誤零警告，這是正確的 < DllFunc.obj - 0 error(s), 0 warning(s) >

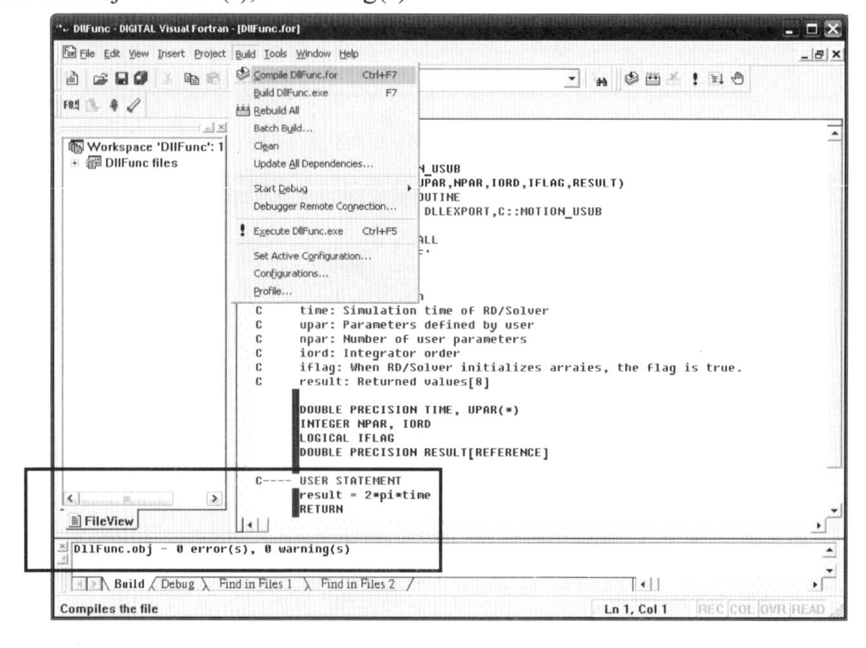

5. 選擇工具列上面選項 File 底下 Save All，關閉程式編輯器

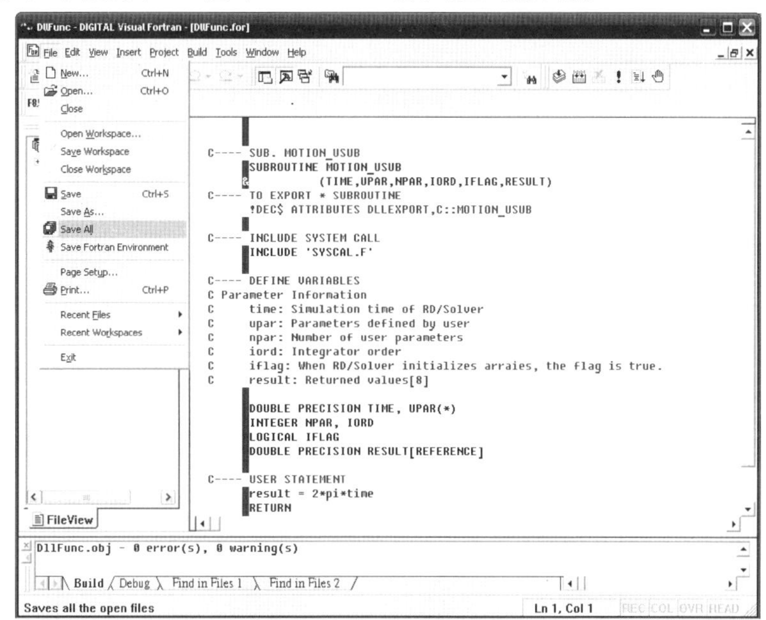

6. 進入 D:\1，然後從 RecurDyn Bin\USUB 目錄下複製 Solver.lib、SYSCAL.F 到 D:\1，再從 Fortran Library 目錄下複製 dfordll.lib, dfconsol.lib, dfport.lib 到 D:\1，最後編輯一個 1. bat 檔案，內容如下圖所示，並且執行之。

7. 此時會產生 dllfunc.dll 等檔案

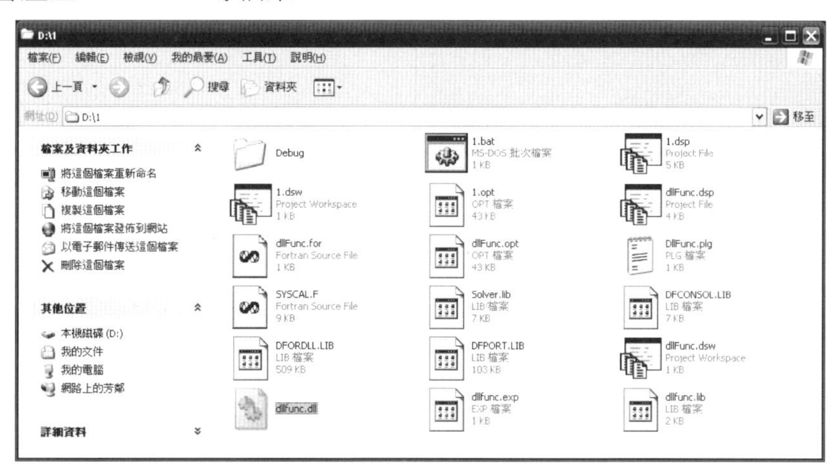

8. 先建一個簡單的模型，選擇 Body 底下 Link 按一下，點選原點到(0,600,0)，選擇 Joint 底下 Revolute 按一下，點選原點

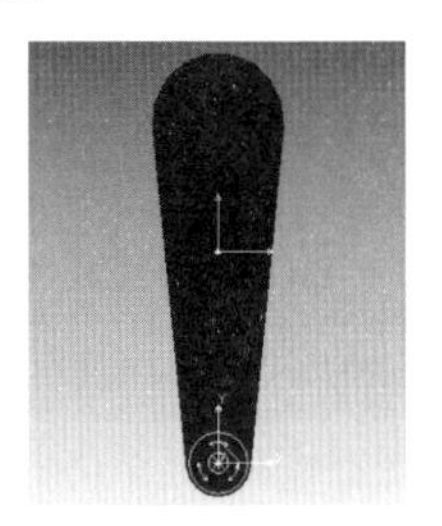

9. 點選 RevJoint1 按右鍵 Properties，出現下列視窗，Properties of RevJoint1，將 Include Motion 打勾，按 Motion 按鈕

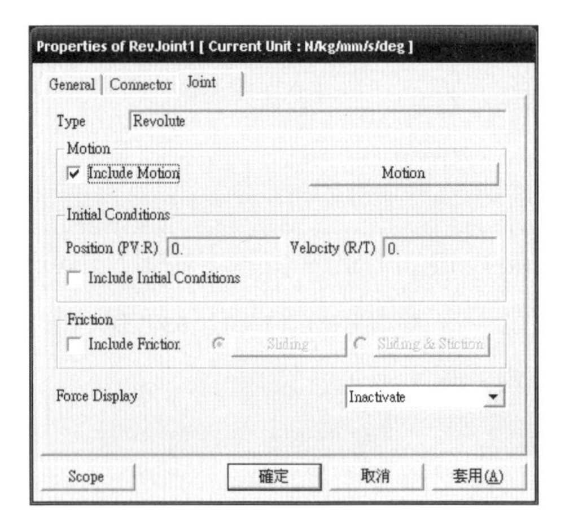

10. Type -> 點選 User Subroutine Motion，再點選 UL，然後 User Subroutine List 視窗下按 Create

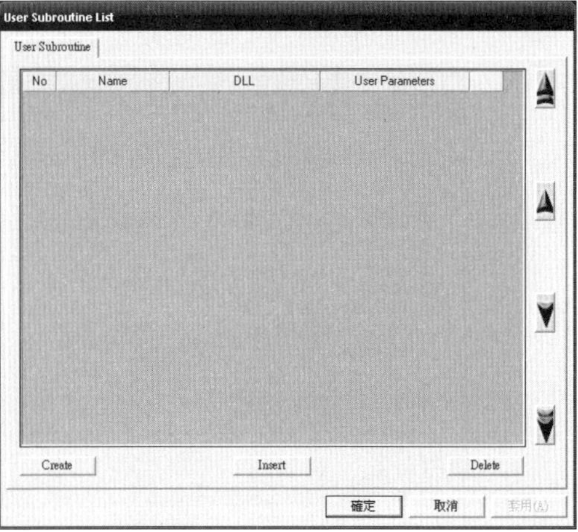

11. 按 D 按鈕去尋找剛剛在 Fortran 產生的 D:\1\dllfunc.dll，按 Add 按鈕在 Entity->1->輸入 Ground.Marker1，再按 Add 按鈕在 Entity->2->輸入 Body1.Marker1，在 User Parameter 輸入 ~1, ~2

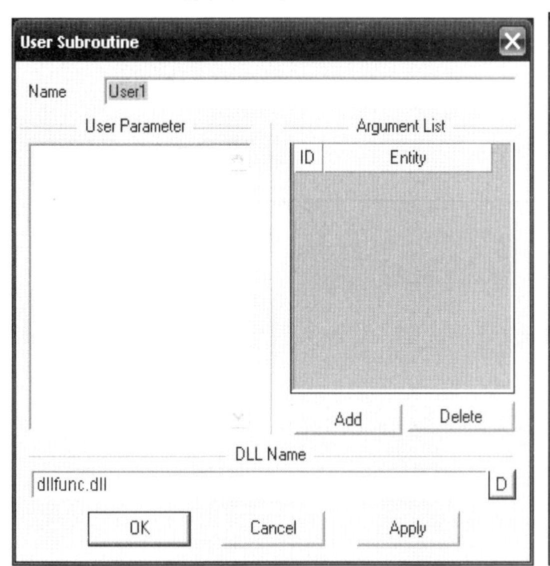

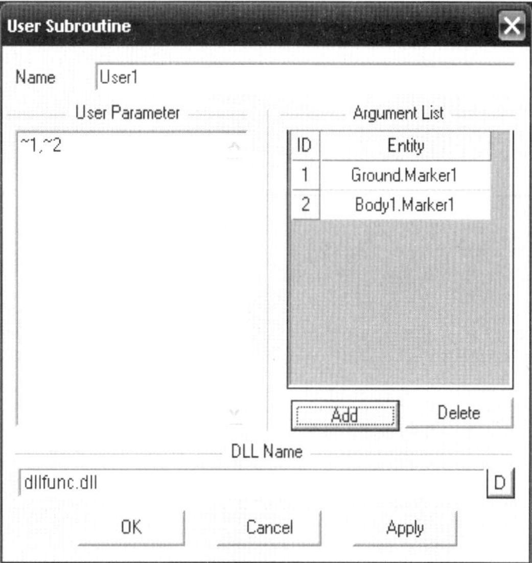

12. 按 OK 按鈕，如下圖所示，再按 確定 按鈕連續三次（因爲有三個不同視窗）

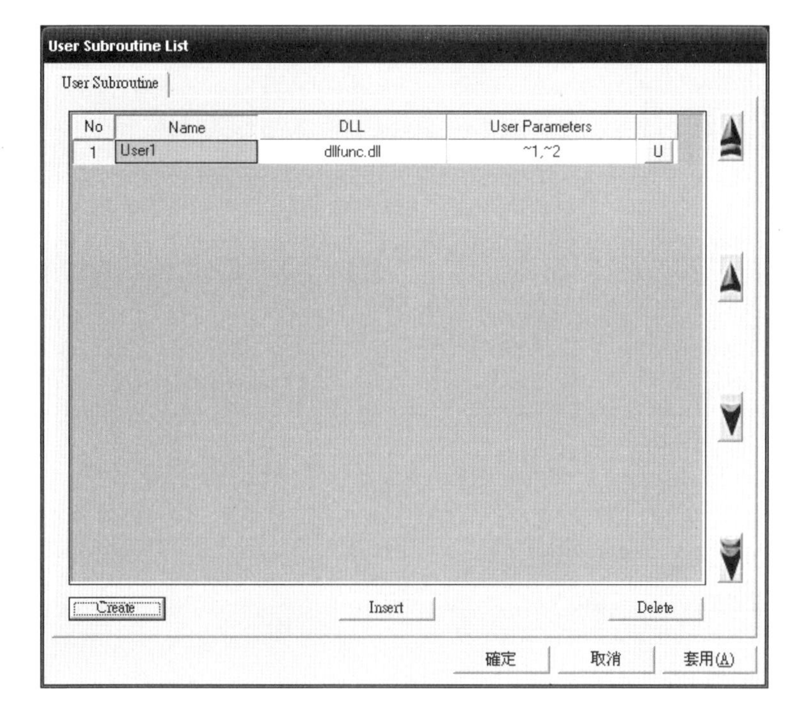

13. 按 Analysis，選取 Dynamic/Kinematic

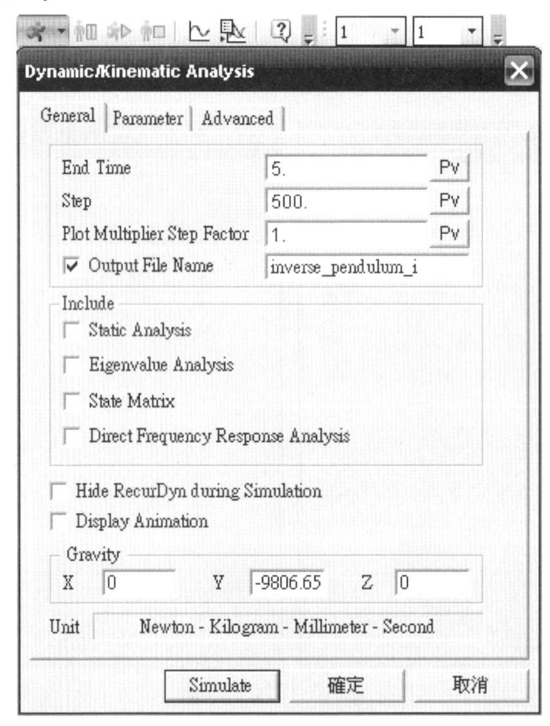

14. 按 Simulate，選擇儲存目錄與檔案名，開始模擬

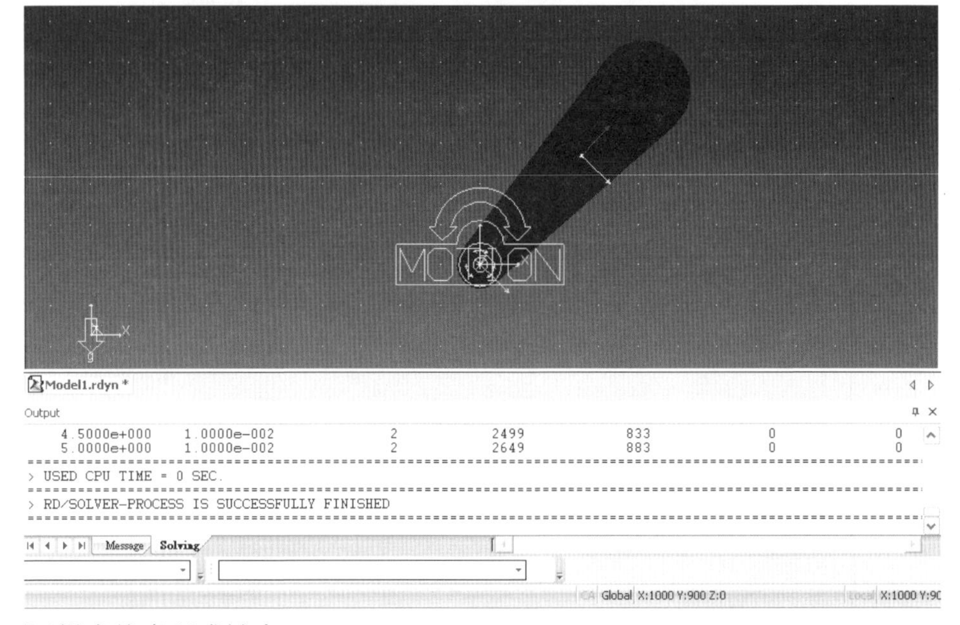

15. 可以從事後處理或結束

第九章 單自由度系統振動分析範例

9.1 RecurDyn 振動分析

在本範例中，吾人運用 RecurDyn 軟體中的彈簧阻尼模組來進行與模擬一個單自由度系統之振動力學控制分析問題[30-32]。

Problem：

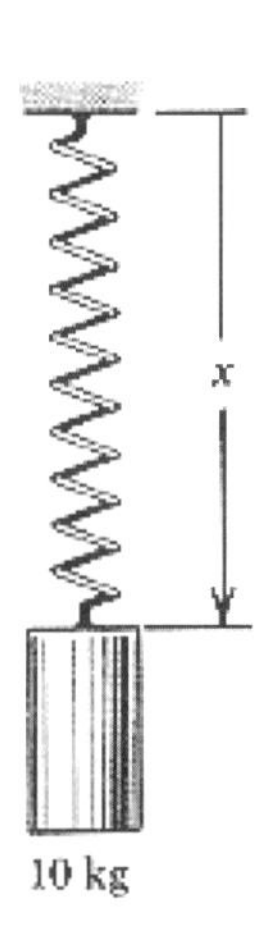

The 10-kg cylinder is released from rest with x = 1 m, where the spring is unstretched. Determine (a) the maximum velocity v of the cylinder and the corresponding value of x and (b) the maximum value of x during the motion. The stiffness of the spring is 450 N/m.

Solution：

- Maximum velocity = 1.4620m/s; displacement = 1.2177m at t=0.234s
- Maximum displacement = 1.4359m at t=0.468s

1. 開啓 RecurDyn 軟體，進入開始畫面
2. 選擇所要的檔名、單位（MKS）與重力方向（-Y）
3. 開始繪圖，選擇 Cylinder 爲繪圖的零件

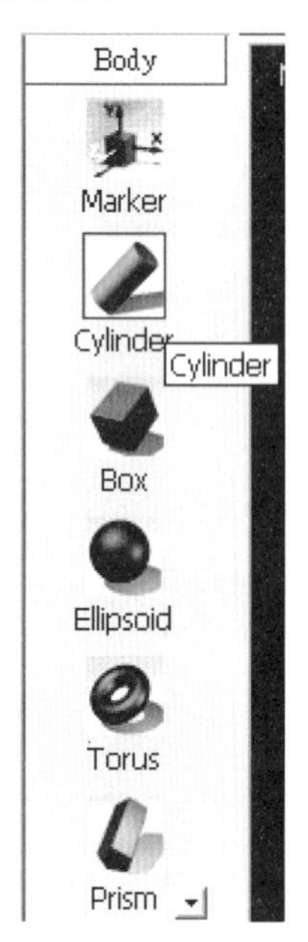

4. 先繪製一個 Cylinder 零件

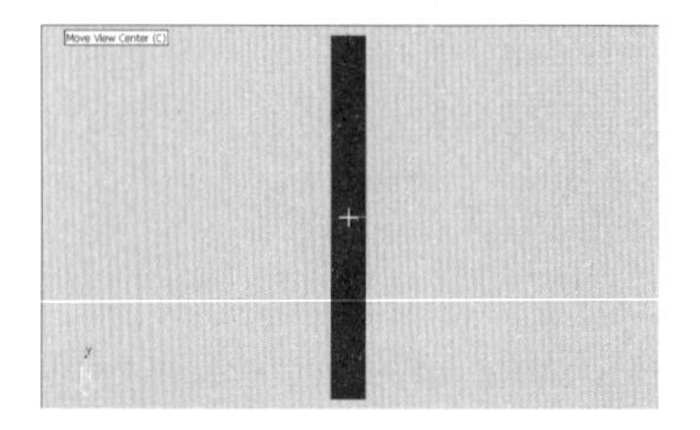

5. 可看到增加新的 Bodies —— Body1

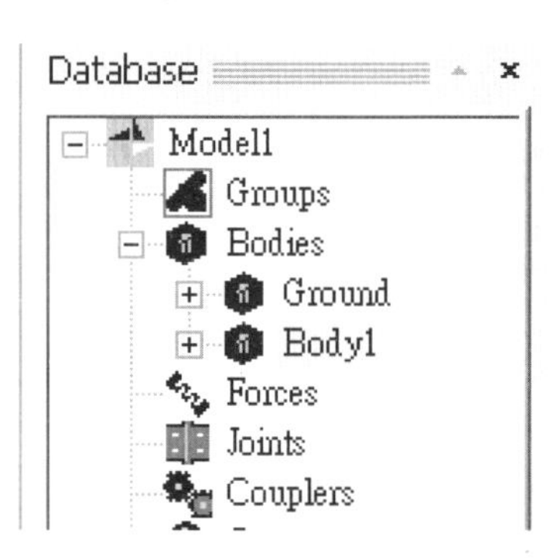

6. 對新增加的 Cylinder 進行修改，選擇 Edit

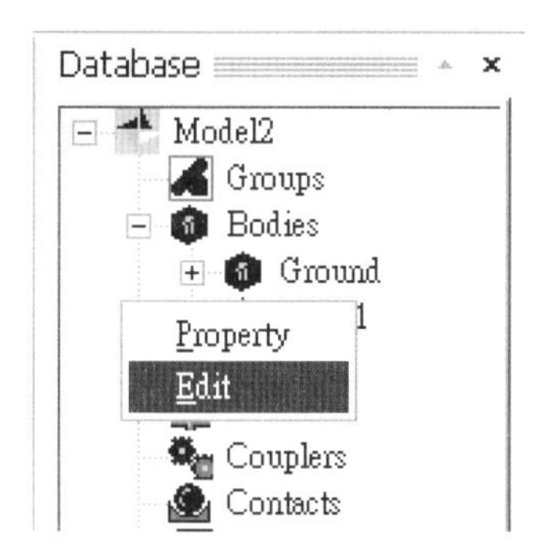

7. 進入零件的編輯修改畫面
8. 並選擇所要修改的零件，選擇 Properties

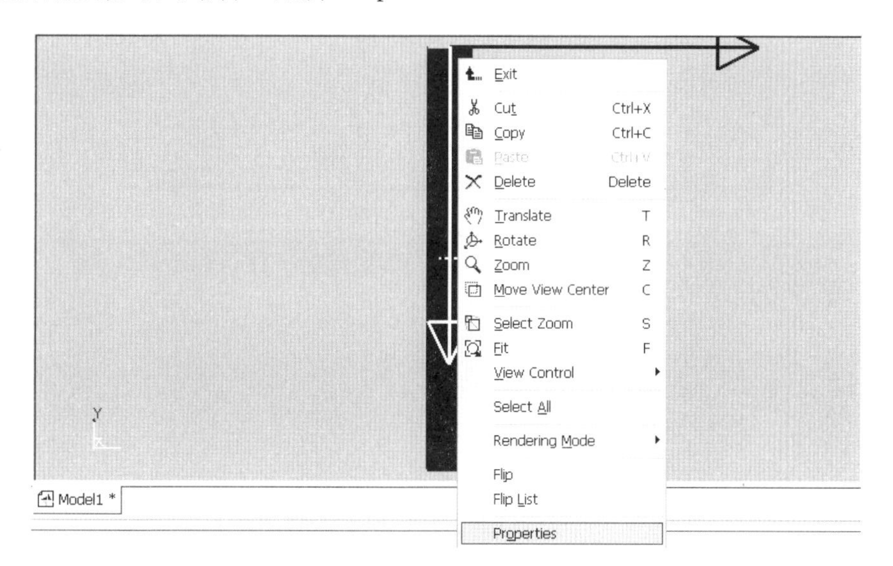

9. 可以看到原本繪製圖形的尺寸設定

Properties of Cylinder1 [Current Unit : N/kg/m/sec/deg]

General | Graphic Property | Cylinder

First Point 0, -0.4, 0 Pt
Second Point 0, -0.6, 0 Pt
Radius 1.e-002 Pv

確定 取消 套用(A)

10. 修改成所要的尺寸設定

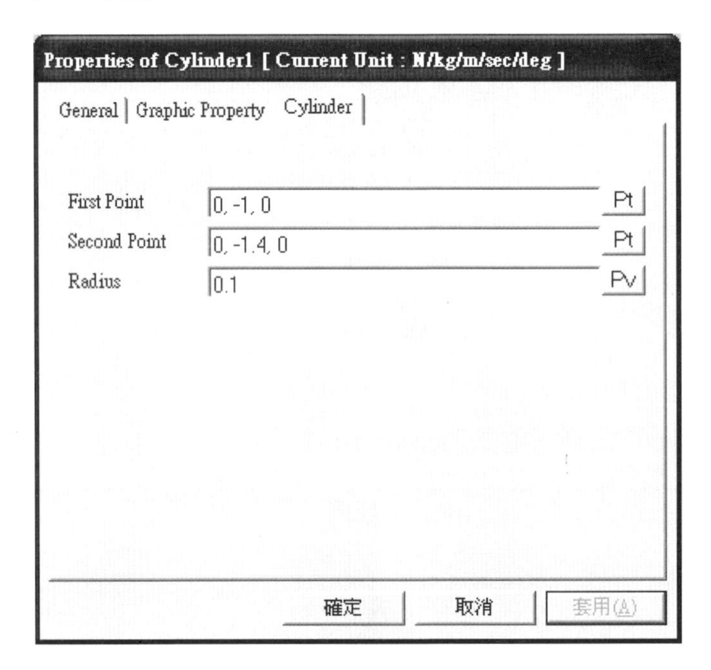

11. 修改完畢後可看到新產生的零件圖形

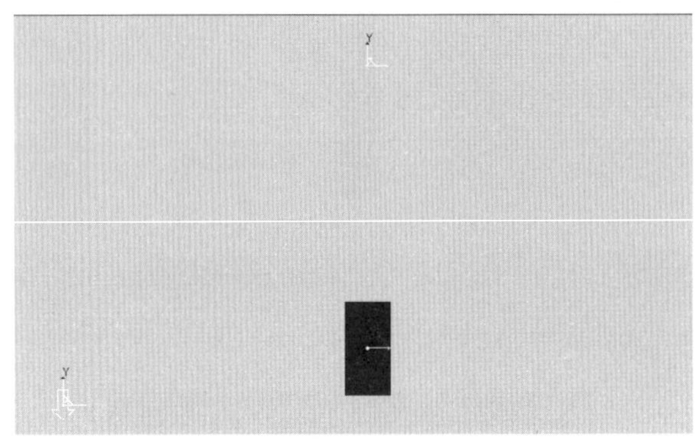

12. 選擇 Exit，離開編輯修改畫面

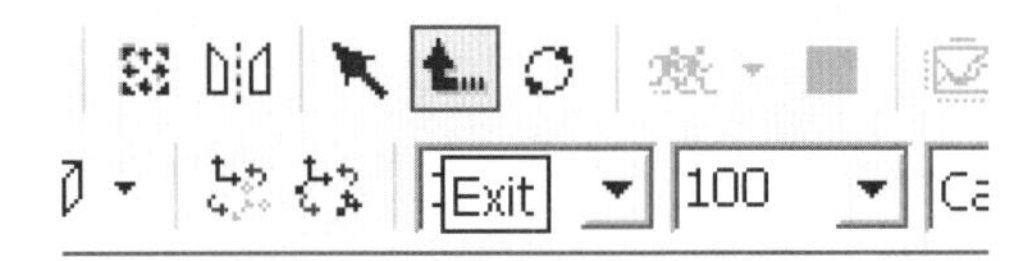

13. 選擇外力，依照所需的外力條件來選擇，這裡使用 Spring Force（彈簧）

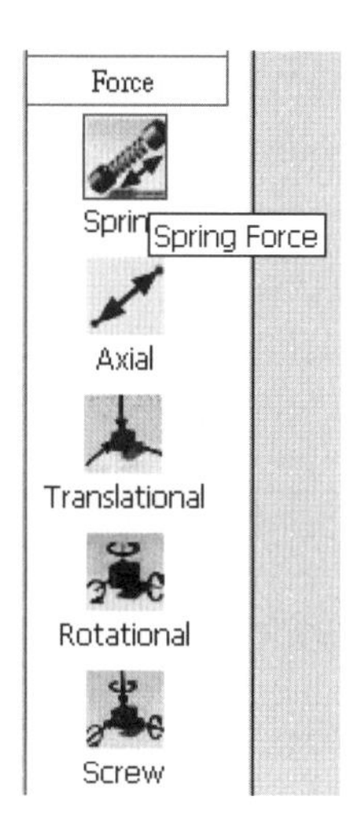

14. 選擇要建立外力條件的位置

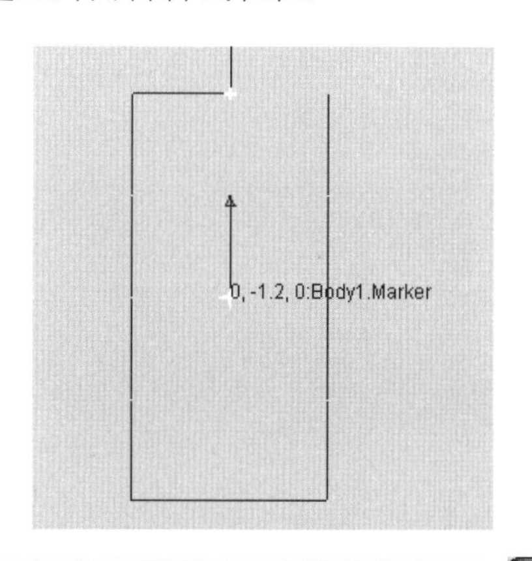

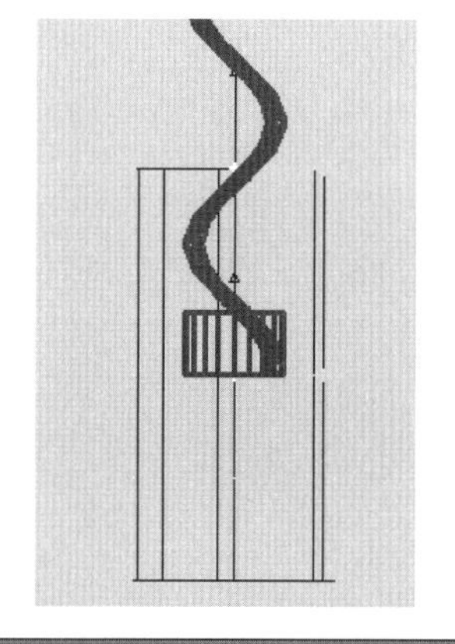

Properties of Spring1 [Current Unit : N/kg/m/sec/deg]

General | Connector | Spring | Graphic

Base Marker

Name	Marker1	Body	Body1
Orientation	Angles	Ref Frame	Body1
Origin	0, -1.2, 0		
Euler Angle	Angle313		0., 0., 0.

Action Marker

Name	Marker1	Body	Ground
Orientation	Angles	Ref Frame	Ground
Origin	0, 0, 0		
Euler Angle	Angle313		0., 0., 0.

Copy Base to Action | Copy Action to Base | All

Scope | 確定 | 取消 | 套用(A)

Properties of Spring1 [Current Unit : N/kg/m/sec/deg]

General | Connector | Spring | Graphic

Spring Diameter	0.1
Number of Coils	10
Distance between Base Marker and Damper	0
Distance between Action Marker and Damper	0.
Spring Color	Automatic
Each Rendering	WireFrame

☐ Simple Graphic

Scope | 確定 | 取消 | 套用(A)

15. 外力條件建立完成後可以看到圖形上有外力條件的圖形

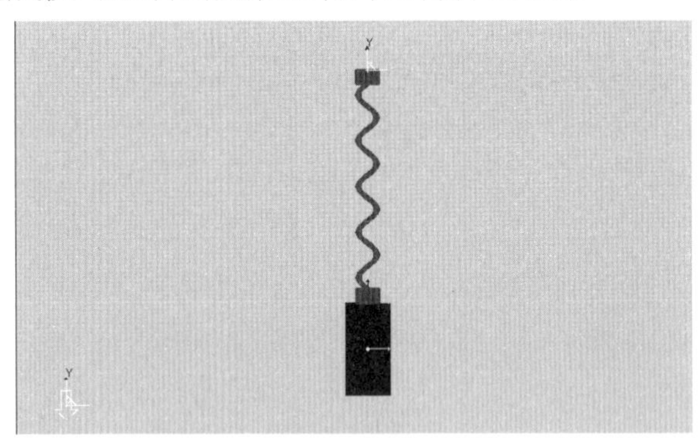

16. 可以看到 Forces 中產生一個新的 Spring1

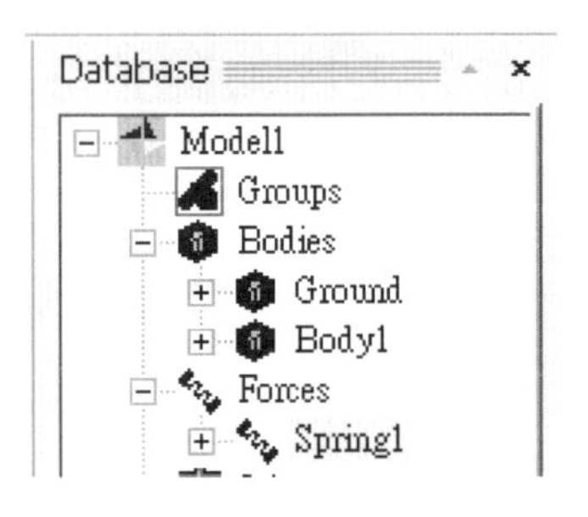

17. 進行 Spring 修改，選擇 Spring1，點選 Properties

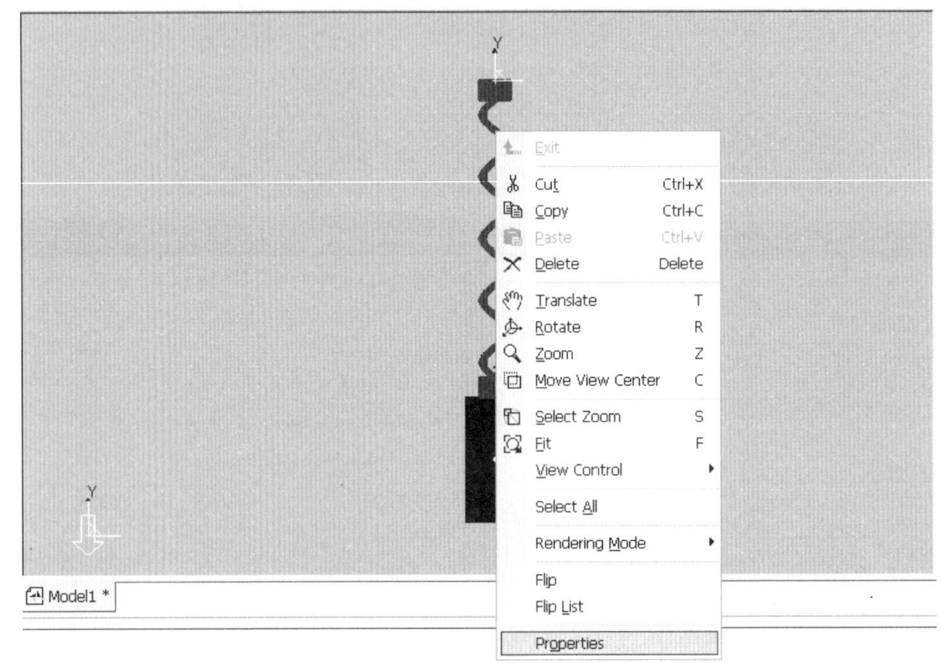

18. 可以看到 Spring 的參數值

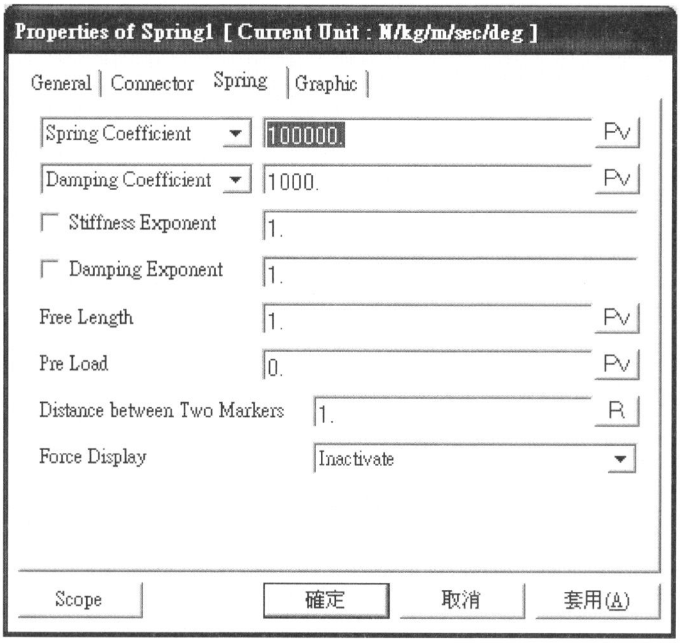

Properties of Spring1 [Current Unit : N/kg/m/sec/deg]

General | Connector | Spring | Graphic

Spring Coefficient 100000. Pv

Damping Coefficient 1000. Pv

Stiffness Exponent 1.

Damping Exponent 1.

Free Length 1. Pv

Pre Load 0. Pv

Distance between Two Markers 1. R

Force Display Inactivate

Scope　確定　取消　套用(A)

19. 輸入新的阻尼、彈性模數與基本長度

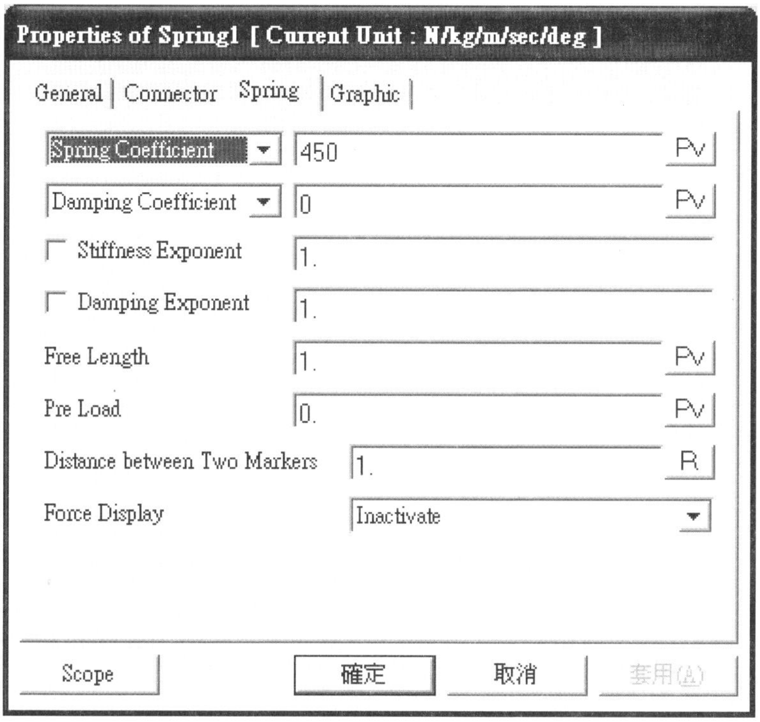

Properties of Spring1 [Current Unit : N/kg/m/sec/deg]

General | Connector | Spring | Graphic

Spring Coefficient 450 Pv

Damping Coefficient 0 Pv

Stiffness Exponent 1.

Damping Exponent 1.

Free Length 1. Pv

Pre Load 0. Pv

Distance between Two Markers 1. R

Force Display Inactivate

Scope　確定　取消　套用(A)

20. 進行零件的重量設定，選擇所要的零件，點選 Properties

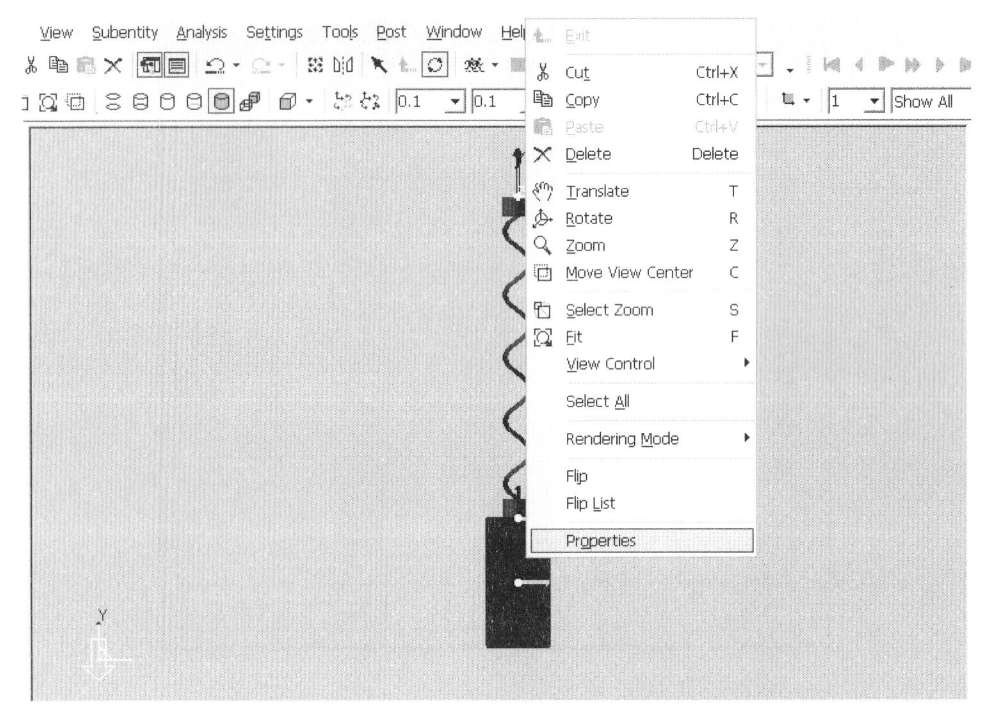

21. 選擇 Body － Material Input Type －＞User Input ，設定 Mass（2.0kg）

Properties of Body1 [Current Unit : N/kg/m/sec/deg]

General | Graphic Property | Origin & Orientation | Body

Material Input Type: User Input

Mass	10	Pv			
Ixx	1.5618951	Pv	Ixy	0.	Pv
Iyy	0.49323005	Pv	Iyz	0.	Pv
Izz	1.5618951	Pv	Izx	0.	Pv

Center Marker: CM

Inertia Marker: Create | IM

Initial Condition: Initial Velocity

Scope | 確定 | 取消 | 套用(A)

22. 更改零件的基本座標位置，選擇 Body － Center Marker －＞CM

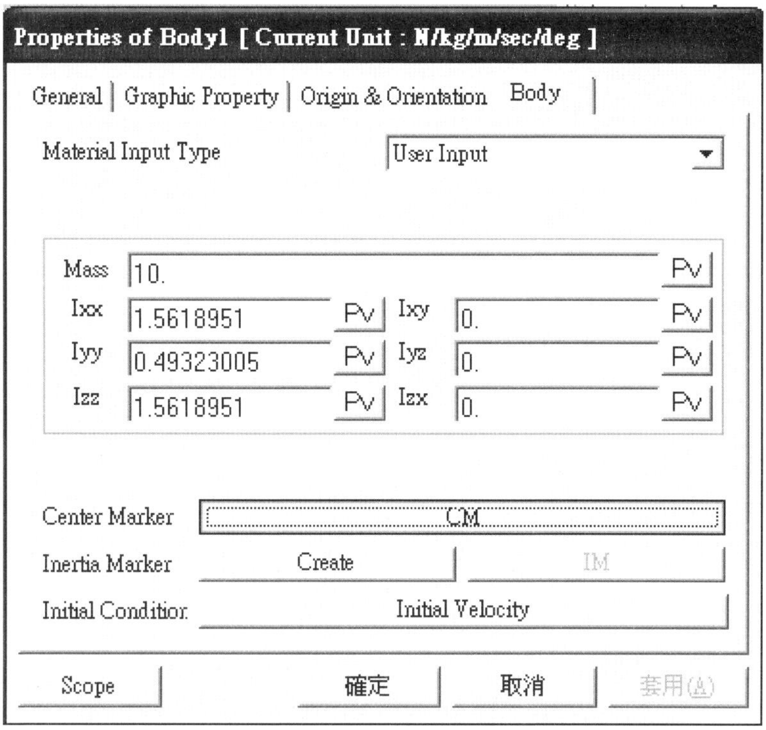

Properties of Body1 [Current Unit : N/kg/m/sec/deg]

General | Graphic Property | Origin & Orientation | Body

Material Input Type: User Input

Mass	10.		
Ixx	1.5618951	Ixy	0.
Iyy	0.49323005	Iyz	0.
Izz	1.5618951	Izx	0.

Center Marker: CM

Inertia Marker: Create / IM

Initial Condition: Initial Velocity

Scope　確定　取消　套用(A)

23. 更改零件的基本座標位置

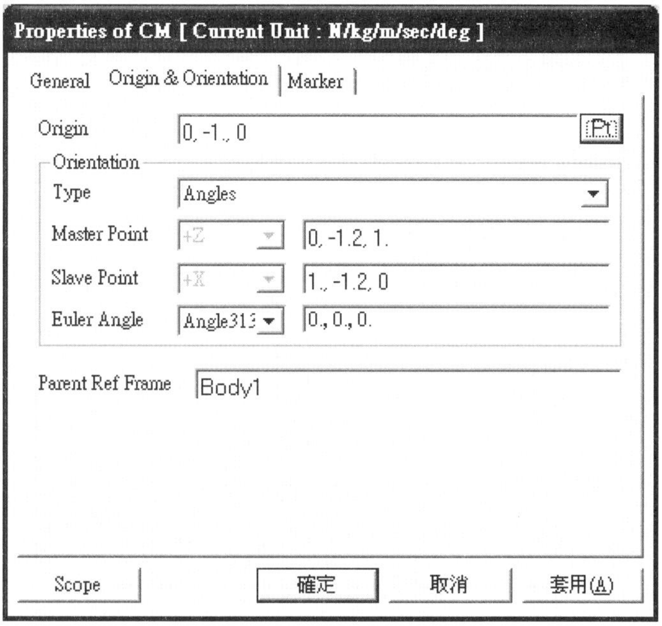

Properties of CM [Current Unit : N/kg/m/sec/deg]

General | Origin & Orientation | Marker

Origin: 0, -1., 0

Orientation

Type	Angles	
Master Point	+Z	0, -1.2, 1.
Slave Point	+X	1., -1.2, 0
Euler Angle	Angle313	0., 0., 0.

Parent Ref Frame: Body1

Scope　確定　取消　套用(A)

24. 可以看到經過上面設定後，零件已經產生的畫面

25. 進行結果計算，選擇 Analysis

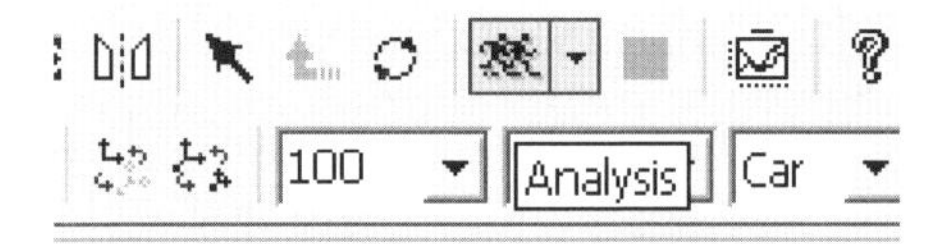

26. 設定結束時間與時間間距，還有一些所需要的計算設定

Dynamic/Kinematic Analysis

General | Parameter | Advanced

End Time 1

Step 1000

Plot Multiplier Step Factor 1

Output File Name

Include

Static Analysis

Eigenvalue Analysis

State Matrix

Hide RecurDyn during Simulation

Display Animation

Gravity

X 0 Y -9.80665 Z 0

Unit Newton - Kilogram - Meter - Second

Simulate 確定 取消

27. 系統會提示需要儲存檔案，設定要儲存的位置與檔名

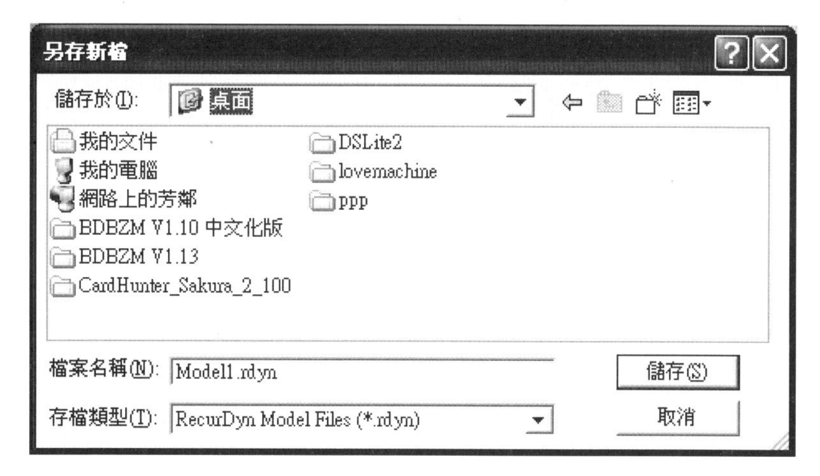

28. 計算完畢後，進入下面畫面

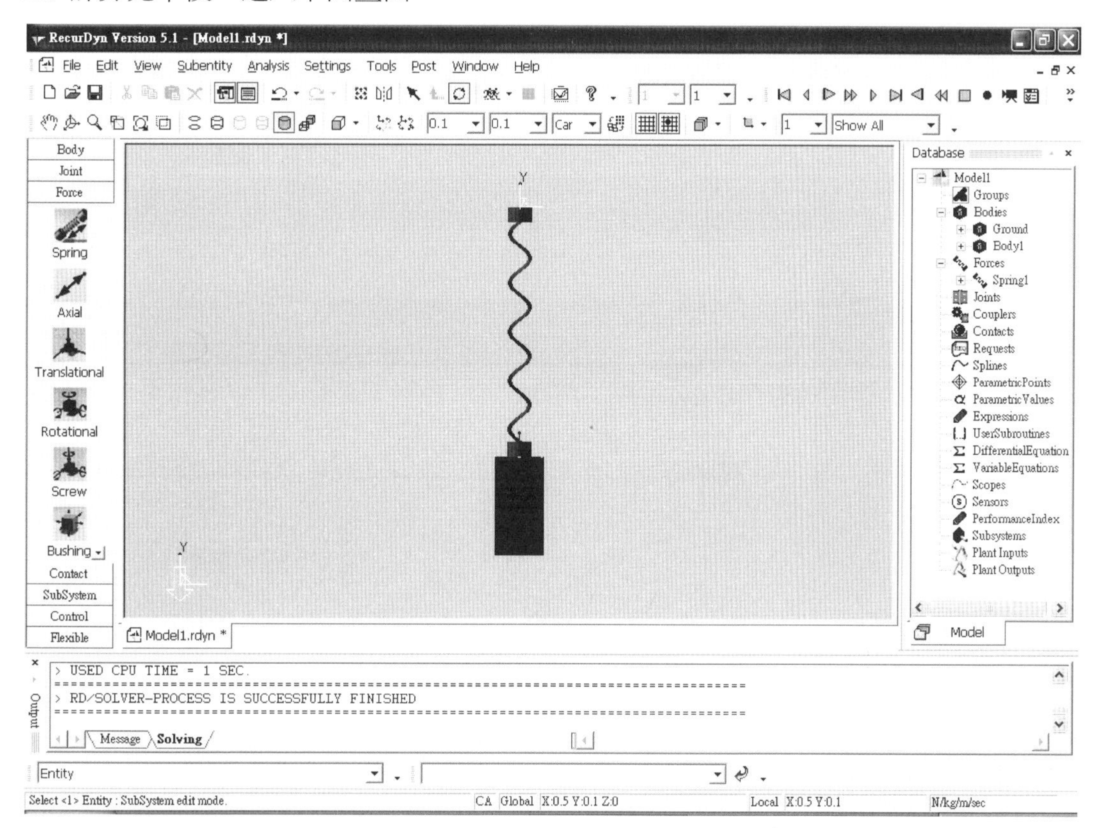

29. 可點選下面工具列，來觀看結果的動畫

30. 顯示所需要的數值，點選 Plot Result

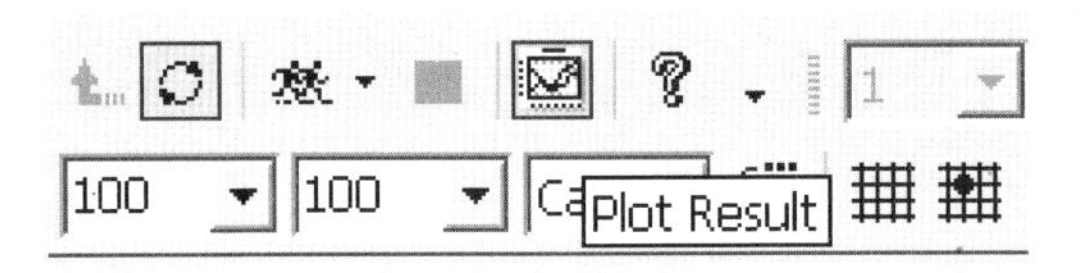

31. 進入 Plot Result 的畫面

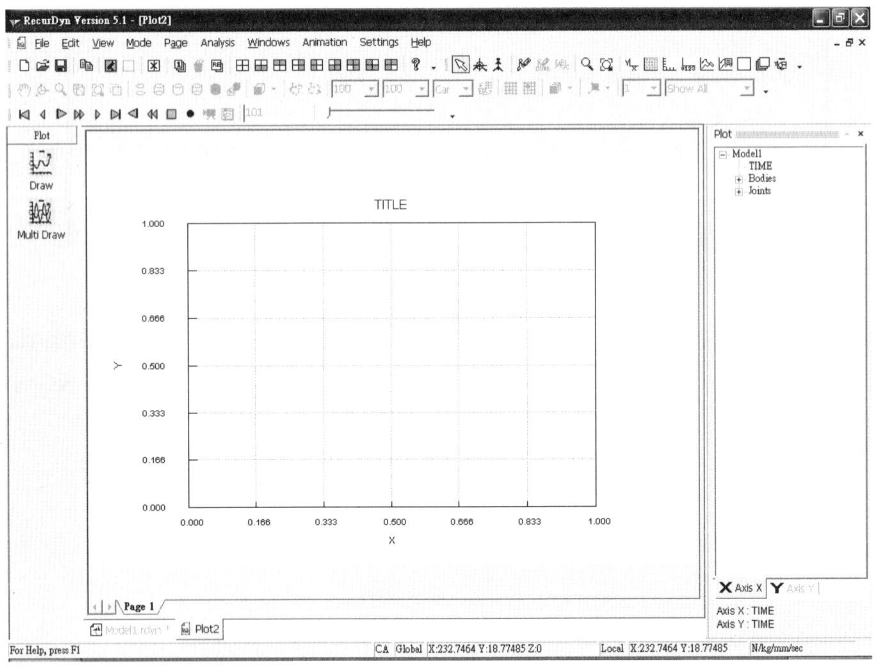

32. 觀看所需要的結果圖形（Body1－Pos_TY）

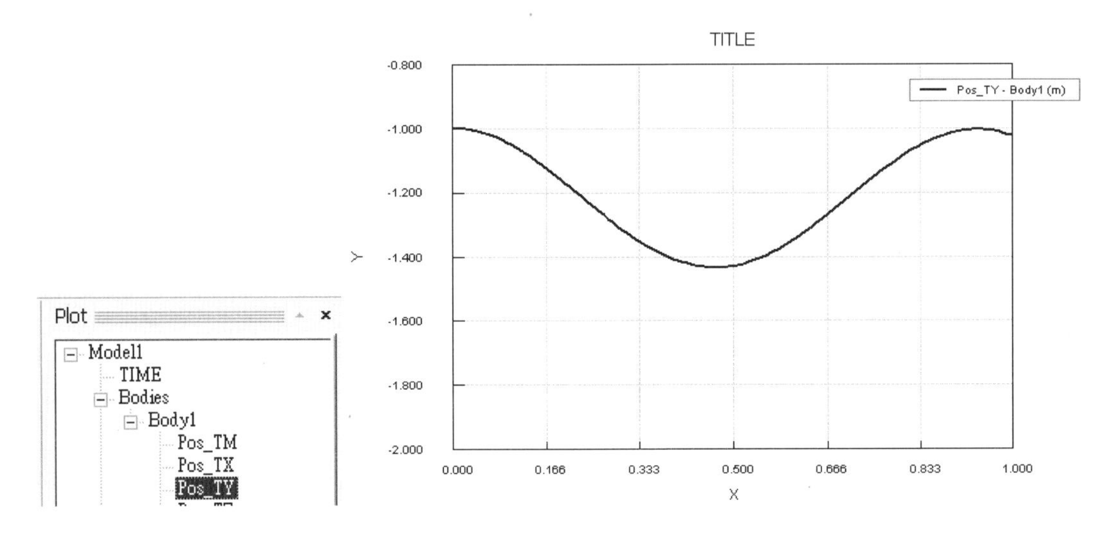

33. 觀看所需要的結果圖形（Body1－Vel_TY）

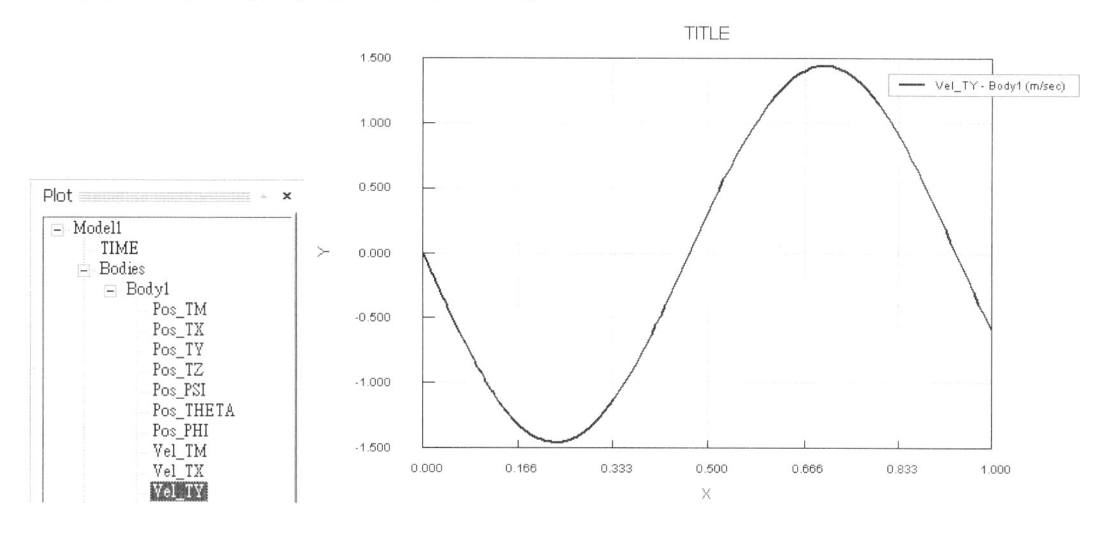

34. 觀看所需要的結果圖形（Translational Spring Damper－Spring1－FM_TSDA）

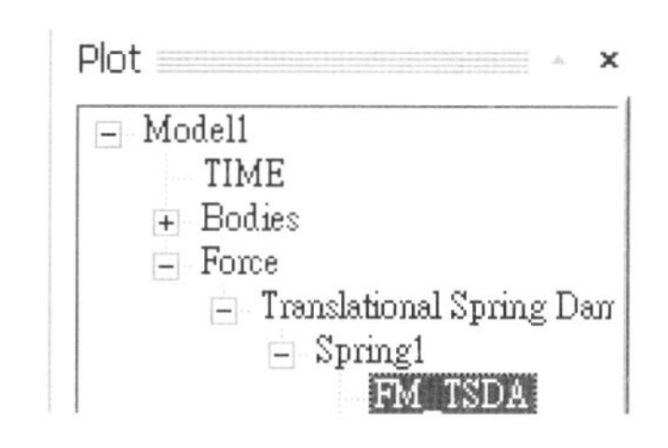

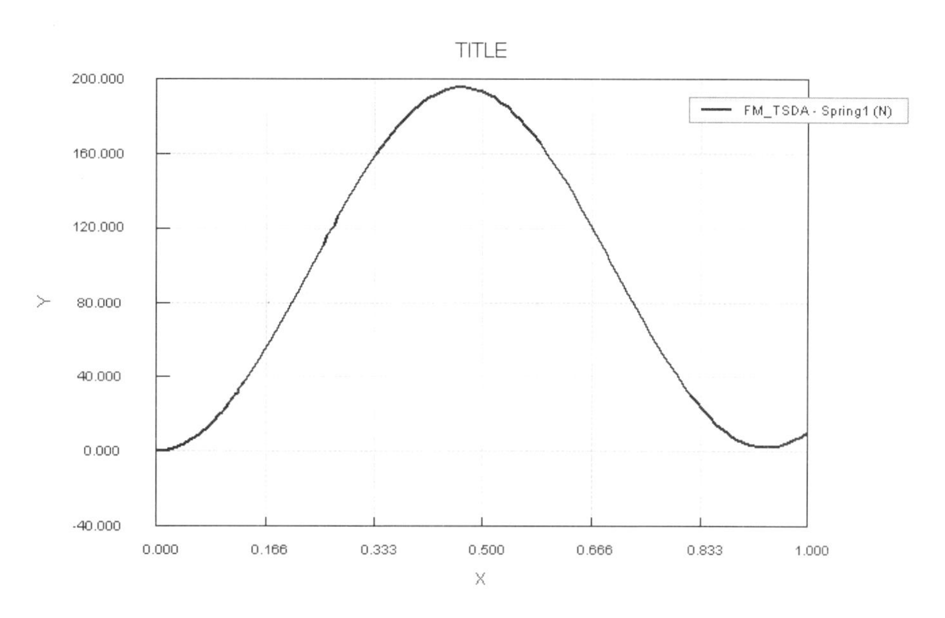

35. 觀看所需要的結果圖形（Translational Spring Damper－Spring1－FY_TSDA）

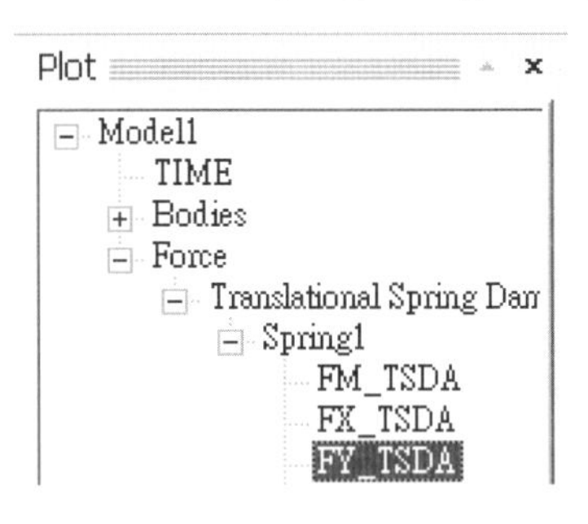

36. 輸出所需要的數值，點選 File －＞ Export －＞ Export Data

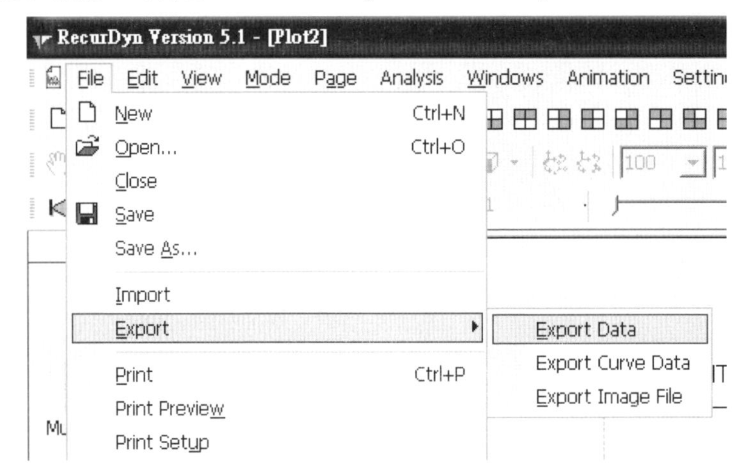

37. 選擇需要輸出的數值

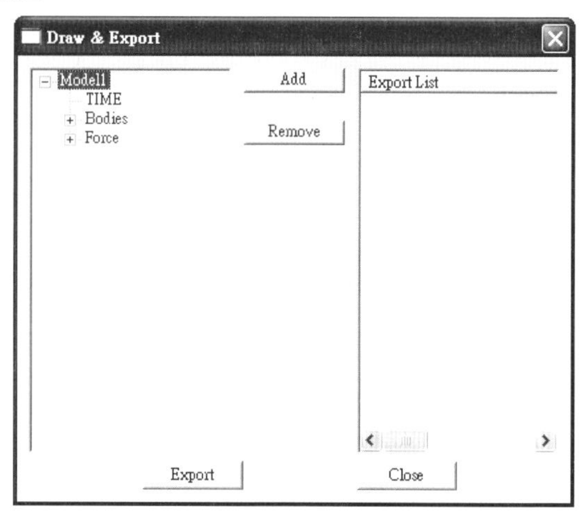

38. 輸出零件的位置與速度值

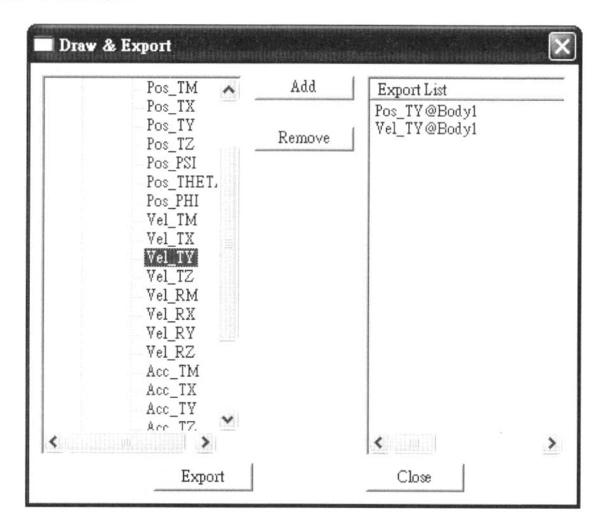

39. 設定儲存輸出參數的檔名與路徑

另存新檔
儲存於(I): 新資料夾
檔案名稱(N): 結果.txt
存檔類型(T): Text File(*.txt)
儲存(S)
取消

40. 觀看輸出的結果

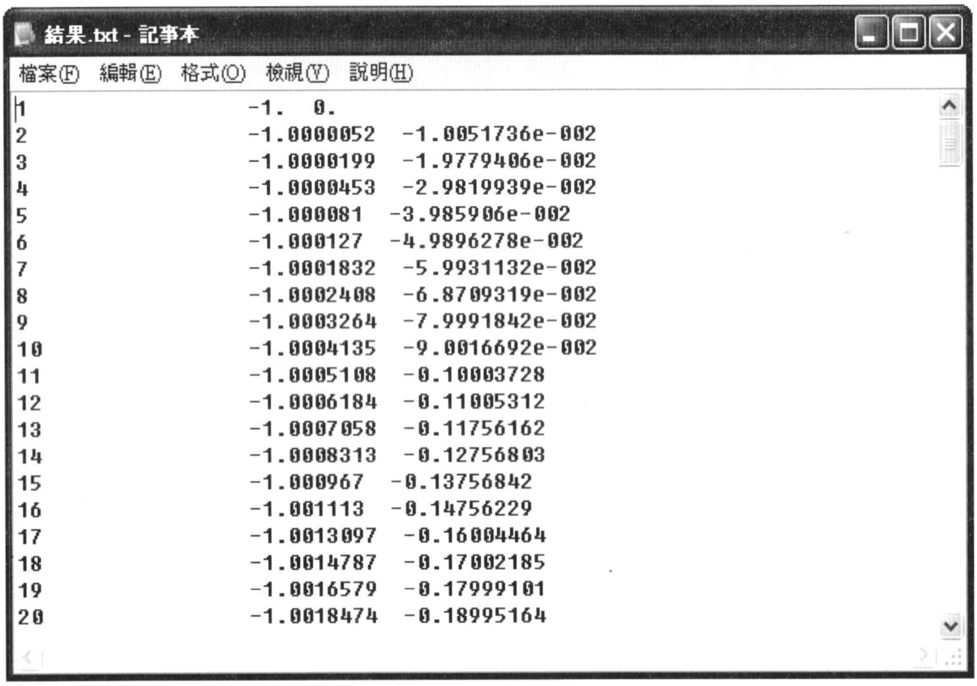

結果.txt - 記事本

檔案(F) 編輯(E) 格式(O) 檢視(V) 說明(H)

1	-1.	0.
2	-1.0000052	-1.0051736e-002
3	-1.0000199	-1.9779406e-002
4	-1.0000453	-2.9819939e-002
5	-1.000081	-3.985906e-002
6	-1.000127	-4.9896278e-002
7	-1.0001832	-5.9931132e-002
8	-1.0002408	-6.8709319e-002
9	-1.0003264	-7.9991842e-002
10	-1.0004135	-9.0016692e-002
11	-1.0005108	-0.10003728
12	-1.0006184	-0.11005312
13	-1.0007058	-0.11756162
14	-1.0008313	-0.12756803
15	-1.000967	-0.13756842
16	-1.001113	-0.14756229
17	-1.0013097	-0.16004464
18	-1.0014787	-0.17002185
19	-1.0016579	-0.17999101
20	-1.0018474	-0.18995164

41. 從事資料後處理與驗證結果的正確性(討論&結束)

參考文獻

[1] Huston, R. L.(黃世疇譯)，多體系統動力學(譯自:Multibody dynamics)，國立編譯館，台北市，台灣，1995.

[2] Shabana, A. A., "Flexible Multibody Dynamics: Review of Past and Recent Developments", Journal of Multibody System Dynamics, Vol. 1, pp. 189-222, 1997.

[3] 維滕伯格，J., 多剛體系統動力學，謝傳鋒譯，北京航空航天大學出版社，北京，中國，1986.

[4] Magnus, K., Dynamics of Multibody System, Springer-Verlag, Berlin, Germany, 1978.

[5] Schiehlen, W., Multibody System Handbook, Springer-Verlag, Berlin, Germany, 1990.

[6] 洪嘉振，多體系統動力學-理論、計算方法及應用，上海交通大學出版社，上海，中國，1992.

[7] 黃文虎等，多柔體系統動力學，科學技術出版社，北京，中國，1997.

[8] 秦化淑等，常微分方程初值問題的數值解法及其應用，國防工業出版社，北京，中國，1985.

[9] 周伯壎，高等代數，高等教育出版社，北京，中國，1987.

[10] 奚梅成，數値分析方法，中國科學技術出版社，合肥，中國，1995.

[11] 陳文良、洪嘉振、周鑒如，分析動力學，上海交通大學出版社，上海，中國，1990.

[12] 周德潤、張志英、傅麗華，線性代數，北京航空航天大學出版社，北京，中國，1996.

[13] 劉延柱、楊海興，理論力學，高等教育出版社，北京，中國，1991.

[14] Shabana, A. A., Computational Dynamics, John & Wiley, New York, USA, 2001.

[15] 安部正人[日]，汽車的運動與操縱，機械工業出版社，北京，中國，1998.

[16] Crolla, D.[英]，車輛動力學及其控制，俞凡譯，人民交通出版社，北京，中國，2004.

[17] 史震、姚緒梁、于秀萍，運動體控制系統，清華大學出版社，北京，中國，2007.

[18] Kane, T. R., Ryan, R. R., Banerjee, A. K., "Dynamics of a cantilever beam attached to a moving base", Journal of Guidance, Control and Dynamics, Vol. 10, No. 2, pp. 139-151, 1987.

[19] Fisette, P., Vaneghem, B., "Numerical integration of multibody system dynamic equation using the coordinate partitioning method in an implicit newmark scheme", Computer Method in Applied Mechanics and Engineering, Vol. 135, pp. 85-105, 1996.

[20] Hwang, Y. L., "A new approach for dynamic analysis of flexible manipulator systems", Journal of Nonlinear Mechanics, Vol. 40, No. 6, pp. 925-938, 2005.

[21] Schiehlen, W., Advanced Multibody System Dynamics: Simulation And Software Tools, Kluwer Academic Publishers, 2007.

[22] http://www.functionbay.co.kr : RecurDyn User's Manual.

[23] Shabana, A. A., Dynamics of Multibody Systems, Cambridge University Press, Cambridge, UK, 3rd Edition, 2005.

[24] Haug, E. J., Computer aided kinematics and dynamics of mechanical systems, Allyn and Bacon, Boston, 1989.

[25] RecurDyn Basic Training Guide, FunctionBay Company, Seoul, Korea.

[26] Mabie, H. H., Ocvirk, F. W., Mechanisms and dynamics of machinery, 4th edition, John Wiley & Sons, New York, USA, 1987.

[27] RecurDyn Demonstration Examples. See RecurDyn Training Guide, FunctionBay Company, Seoul, Korea..

[28] RecurDyn E-learning Platform. http://recurdyn.cadmen.com/ .

[29] FunctionBay China 網站資源. http://www.functionbaychina.com.cn/ .

[30] 王栢村，振動學，全華科技圖書股份有限公司，台北市，台灣，1996.

[31] 龐劍、諶剛、何華，汽車噪聲與振動-理論與應用，北京理工大學出版社，北京，中國，2006.

[32] 黃運琳，機械振動概論與實務，五南圖書出版股份有限公司，台北市，台灣，2009.

國家圖書館出版品預行編目資料

RecurDyn在多動體力學上之應用／黃運琳著.
--初版.--臺北市：五南，2009.08
面；　公分
參考書目：面
ISBN 978-957-11-5746-7（平裝）
1.動力學　2.電腦軟體
332.3029　　98013538

5F49

RecurDyn在多動體力學上之應用

作　　者 — 黃運琳(303.4)
發 行 人 — 楊榮川
總 編 輯 — 龐君豪
主　　編 — 穆文娟
責任編輯 — 蔡曉雯
封面設計 — 郭佳慈
出 版 者 — 五南圖書出版股份有限公司
地　　址：106台北市大安區和平東路二段339號4樓
電　　話：(02)2705-5066　傳　　真：(02)2706-6100
網　　址：http://www.wunan.com.tw
電子郵件：wunan@wunan.com.tw
劃撥帳號：01068953
戶　　名：五南圖書出版股份有限公司

台中市駐區辦公室/台中市中區中山路6號
電　　話：(04)2223-0891　傳　　真：(04)2223-3549
高雄市駐區辦公室/高雄市新興區中山一路290號
電　　話：(07)2358-702　傳　　真：(07)2350-236

法律顧問　元貞聯合法律事務所　張澤平律師

出版日期　2009年8月初版一刷
定　　價　新臺幣400元